GEOPOLITIK

DIE LEHRE VOM STAAT ALS LEBEWESEN

VON

PROF. DR. RICHARD HENNIG

MIT 64 KARTEN IM TEXT

1928
SPRINGER FACHMEDIEN WIESBADEN GMBH

ISBN 978-3-663-15413-6 ISBN 978-3-663-15984-1 (eBook)
DOI 10.1007/978-3-663-15984-1

Vorwort.

> Von alters her hat sich die geographische Wissenschaft als eine politische Macht erwiesen.
> Ratzel.

> Unendlich groß ist der Schaden, der aus geographischer Unwissenheit erwächst.
> Sir Thomas Holdich.

Burckhardt hat einmal geäußert: „Für jeden Gebildeten besteht eine Pflicht zur Richtigerhaltung seines Weltbildes." In unserer gärenden Gegenwart mit allen ihren Nöten und düsteren Wolken ist insbesondere die Pflicht zur Richtigerhaltung des politischen Weltbildes dringlicher als in den sonnigen Tagen der Vorkriegszeit. In der zünftigen großen Politik ist heute nicht mehr mit staats-, rechts- und verwaltungswissenschaftlichen Kenntnissen allein auszukommen, sondern wirtschaftliches, erdkundliches, völkerpsychologisches Wissen ist mindestens ebenso wichtig geworden. Die Politik ist vielleicht die schwerste der angewandten Wissenschaften, und Außenpolitik ist in unseren Tagen der Weltweite nicht zum wenigsten angewandte Geographie geworden.

Von jeher ist aber die Geographie ein Aschenbrödel im Schulunterricht gewesen. Wer weiß, ob unser Volk und seine politische Leitung nicht den siegreichen Ausgang des großen Weltkrieges errungen hätte, wenn ein besseres Verständnis für die großen Zusammenhänge im erdkundlich-politischen Geschehen den Gebildeten, und insbesondere den Volksvertretern und Diplomaten, schon seit 50 Jahren eingeimpft worden wäre! In der auswärtigen Politik sollte sich hinfort überhaupt Niemand mehr betätigen dürfen, der nicht ein gediegenes geographisches, historisches und weltwirtschaftliches Wissen sein eigen nennt.

Das Gefühl, daß die ungebührlich starke Vernachlässigung der erdkundlich-politischen Kenntnisse Unheil über unser Volk gebracht hat, scheint sich widerzuspiegeln in dem rasch wachsenden Interesse weiter Kreise für Politische Geographie und ganz besonders für die von Ratzel und Kjellén begründete, junge Wissenschaft der Geopolitik. Die Geopolitik soll, nach einem Worte Haushofers „dem deutschen Volke den politischen Blick in die Weite der großen Erdräume vermitteln helfen, der vor dem Kriege fast völlig fehlte, und dessen Pflege in der Einschränkung unserer weltweiten Betätigung doppelt nötig ist." Jeder Aufwand, den Deutschland sich leistet, um das Denken in Erdteilen zu fördern, wird sich in einer Verbesserung seiner Stellung in der Welt hundertfach bezahlt machen.

Aus dieser Erwägung heraus ist das vorliegende Werk entstanden, zu dem meine in Düsseldorf gehaltenen Vorlesungen die Anregung gegeben haben. Möge es helfen, unserem Volke den Blick zu schärfen für das weltpolitische Geschehen unserer Tage, für die ewigen, ehernen, großen Gesetze, denen dieses Geschehen zwangsläufig unterliegt! Und möge der Inhalt recht vielen deutschen Volksgenossen die Überzeugung vermitteln: Die Politik ist nicht Freiwild für jedermann, sondern eine hohe Wissenschaft und eine Kunst dazu, in der Kurpfuscher vielleicht noch mehr Unheil anrichten können als in der Heilkunde!

So sei dieses Werk dem deutschen Volke dargebracht — „auf daß es glücklich sei und frei!"

Düsseldorf, 18. Mai 1928.

Richard Hennig.

Inhalt.

Kartenverzeichnis.

Einleitung.

Die Vorgeschichte der Geopolitik.

Die Geopolitik, die Wissenschaft vom Staat als Lebewesen, ist einer der jüngsten Zweige am Baume der menschlichen Erkenntnis. Der Ast, aus dem er hervorgesproßt ist, die Geographie, ist als streng betriebene Wissenschaft selbst bekanntlich noch nicht alt und wird sogar noch jetzt manchmal, bald von der Geologie, bald von der Geschichte, als Unterabteilung in Anspruch genommen. Neben der eigentlich physikalischen Geographie, die uns in diesem Zusammenhang zunächst nicht zu beschäftigen braucht, hat es es von jeher bekanntlich eine politische Geographie gegeben. Daß diese zur Geopolitik in engen Beziehungen steht, ist selbstverständlich; es ist aber durchaus verkehrt, beide als identisch anzusehen, wie es wohl hier und da geschieht. Die politische Geographie betrachtete ehedem die Staaten innerhalb ihrer Grenzen zu einem beliebigen Zeitabschnitt der Gegenwart oder der Vergangenheit, aber ohne jemals nach dem Warum dieser Staatsgrenzen zu fragen. Dieses Warum zu beantworten, ist nach der gewöhnlichen Auffassung Aufgabe der Geschichte, allenfalls auch der Politik, aber nicht der Erdkunde. Daß in Wahrheit rein geographische und dazu geologische, meteorologische usw. Faktoren in sehr starkem Umfang ebenfalls Einfluß auf die Tatsachen der politischen Länderkunde und vor allem auf die Grenzziehungen der Staaten ausüben, ist erst seit dem Ausgang des 19. Jahrhunderts immer klarer erkannt worden.

Man kann auch sagen, daß von unserer Geographie bis vor kurzem meist die spezielle politische Geographie gepflegt wurde, nicht die allgemeine, die den großen Grundtatsachen und Gesetzen in der Flucht der Erscheinungen nachspürt. Diese Lücke auszufüllen, ist eine wesentliche Aufgabe der Geopolitik, die auch bemüht ist, die objektiven Tatsachen der politischen Länderkunde durch psychologische Erkenntnis zu vertiefen und durch eine politische Völkerkunde zu ergänzen. Die politische Geographie, von Ratzel 1897 in ein System gebracht, nach dem Kriege von Supan, Vogel, Dix, Sieger und vor allem Maull großzügig ausgebaut, studiert neben dem Land selbst auch das Volk und die in ihm wirkenden seelischen Kräfte — nicht so sehr im Sinne einer physiologischen Stammeskunde oder der innenpolitischen Verhältnisse, als im Hinblick auf seine Charaktereigenschaften und die außenpolitischen Tendenzen.

Im Grunde genommen, sind Ansätze zur geopolitischen Betrachtungsweise schon recht frühzeitig in der Geschichte der Menschheit zu verzeichnen.[1]) Man sagt kaum zu viel, wenn man als den ersten Geopolitiker jenen Menenius Agrippa bezeichnet, der i. J. 494 v. Chr. eine der geistvollsten Fabeln aller Zeiten dichtete, als er den auf den Heiligen Berg ausgewanderten Plebejern die Geschichte von den gegen den Magen rebellierenden Gliedern des Körpers erzählte, die dem Magen die Nahrung verweigerten und die dadurch alle zur Entkräftung verurteilt wurden.

Auch bei Plato finden sich in seiner Lehre vom Staat manche Anklänge, die stark an die modernen geopolitischen Auffassungen erinnern. So schildert er recht gut den Wachstumszwang des jugendlichen Staates[2]):

„Der Grund und Boden, der ehemals ausreichte, die damaligen Bürger zu ernähren, wird nun zu klein werden und nicht mehr groß genug ... Also werden wir von den Nachbarn Land abschneiden müssen."

Weiterhin sind in des Aristoteles Politik ganz neuzeitliche geopolitische Ideen aufzuspüren, so etwa, wenn er einmal sagt[3]), Kreta sei durch seine Lage zur Vorherrschaft über Griechenland bestimmt, weil es dem von Griechen umwohnten Meer vorgelagert sei. Daher erkläre sich die große Seemacht des Minos, der die anderen Inseln teils erobert, teils besiedelt und seine Waffen schließlich bis Sizilien getragen habe.

In neuerer Zeit finden sich die ersten Ansätze zur modernen geopolitischen Betrachtungsweise in den Schriften Herders. Hier werden verschiedentlich Anschauungen vertreten, die wie in unserer Zeit erdacht anmuten. Man höre etwa folgenden Satz[4]):

„Unsere Staatskörper sind also Thiere, die unersättlich am Fremden, Gutes und Böses, Gewürze und Gift, Kaffee und Thee, Silber und Gold verschlingen und in einem hohen Fieberzustande viel angestrengte Lebhaftigkeit beweisen; jene Länder rechnen nur auf ihren inwendigen Kreislauf."

Ans Gebiet der Geopolitik grenzten im gleichen Zeitalter die so häufigen, auch von Herder gemachten Versuche, die „Volkscharaktere" als Wirkung des Klimas anzusprechen.[5]) Mögen diese Tendenzen manche Übertreibungen gezeitigt haben, der richtige Kern in ihnen ist nicht zu verkennen.

Unter den Geographen und Historikern stehen zwei erlauchte Namen an der Spitze der geopolitischen Entwicklung: Carl Ritter und Leopold von Ranke. Ritter prägte schon i. J. 1817 das ganz modern anmutende Wort vom „geographischen Individuum"[6]), und Ranke veröffentlichte

---

1) Vgl. die sehr eingehende Geschichte der politischen Geographie in Otto Maulls Werk „Politische Geographie", S. 1—31. Berlin 1925.

2) Platos Staat, XIII (373).

3) Aristoteles, pol. II, 7.

4) Joh. Gottfr. Herder, Ideen zur Philosophie der Geschichte der Menschheit, I, V. Riga 1784—1791.

5) Eine Übersicht in Friedr. Ratzels „Anthropogeographie" Bd. I, S. 13ff. Stuttgart 1899.

6) Vgl. Hözel, Das geographische Individuum bei Karl Ritter und seine Bedeutung für den Begriff des Naturgebietes und der Naturgrenze in „Geograph. Zeitschrift" 1896, S. 380.

i. J. 1833 seinen berühmten Aufsatz über „Die großen Mächte", der ebenso gut in unseren Tagen von Kjellén hätte veröffentlicht werden können. Noch klarer sind seine geopolitischen Ideen ausgesprochen in seiner Berliner Vorlesung vom Jahre 1836: „Über die Verwandtschaft und den Unterschied der Historie und der Politik"[1]), in der sich folgende ausgezeichneten Bemerkungen geopolitischen Charakters finden:

„Vorzüglich, wenn ich nicht irre, tritt in den Staaten die Continuität des Lebens hervor, welche wir dem menschlichen Geschlecht zuschreiben. Menschen sterben, ein Zeitalter folgt dem anderen oder wird von demselben verdrängt; Staaten aber, welche die Lebensdauer der einzelnen Sterblichen weit überragen, erfreuen sich eines sehr langen und immer gleichförmigen Lebens." (S. 285). — „Wer die Geschichte Venedigs durchläuft, kommt sich vor, als ob er dieselbe immer bewundernswürdige Dauer und Reihenfolge eines einzelnen Menschenlebens durch verschiedene Zeitalter hindurch verfolgte und anschaute" (S. 286). — „Die Staatsöconomie zeigt, wie die Glieder des Staates miteinander verwachsen sind, legt uns ihre Arterien und Adern vor Augen, die Orte, wo Odem und Blut sich befinden, und lehrt, wie die gesunde Beschaffenheit des Staatskörpers bewahrt, die ungesunde geheilt und ihr vorgebeugt werde" (S. 290).

Zumal der letzte Abschnitt enthält die Grundzüge eben derjenigen Anschauungsweise, welche die Geopolitik zur vollwertigen Wissenschaft auszugestalten bemüht ist.

Anklänge zu einer geopolitischen Betrachtungsweise sind im 19. Jahrhundert des öfteren nachzuweisen, wenn es auch durchweg bei Ansätzen geblieben ist. Einen Versuch dieser Art aus dem Jahre 1857, der ganz verblüffend modern anmutet, grub vor einigen Jahren die „Zeitschrift für Geopolitik"[2]) aus, die Schrift eines Balten Georg Julius v. Schultz: „Die Ströme in politischer Beziehung", worin sich so vorzügliche Bemerkungen finden, wie:

„Ein Volk kann die Mündungen seiner Ströme ebensowenig entbehren wie der Hausherr den Schlüssel zu seiner Haustür,"[3])

oder das Urteil über Dänemarks damalige Entdeutschungspolitik in Schleswig-Holstein, ein Urteil, das auch gegenüber manchen Gegenwartserscheinungen den Nagel auf den Kopf trifft:

„Es verzehrt seine Kräfte und seine Moral — gerade wie ein Individuum — in dem Festhaltenwollen an widernatürlichem, unrechtmäßigem Besitz."[4])

Erwähnt sei, daß auch Heinrich v. Treitschke, der große Historiker, den Staat als „lebendige Persönlichkeit" ansah.

In neuerer Zeit hat der Altmeister der Geographie Ferdinand v. Richthofen in seinen letzten Lebensjahren mehr als einmal Anschauungen geäußert, die von starkem geopolitischen Gefühl zeugen. Am deutlichsten hat er diese Überzeugungen wohl in der ein Jahr vor seinem Tode erschienenen, offensichtlich durch Ratzel beeinflußten Schrift „Das Meer und die

1) L. v. Ranke, Abhandlungen und Versuche, S. 280ff. Leipzig 1872.
2) Jahrgang 1925, S. 161.
3) S. 165.
4) S. 171.

Kunde vom Meer" (Berlin 1904) ausgesprochen. Auch in seinem nachgelassenen Werk „Allgemeine Siedlungs- und Verkehrsgeographie"[1]) finden sich manche Fäden zur Geopolitik hinüber angesponnen. Wenn Richthofen etwa „Seetüchtigkeit, einheitlichen Machtwillen und ein bedeutendes und geordnetes Staatswesen" als „Überflügelungsfaktoren" im politischen Machtkampf anspricht oder wenn er für die Völkerwanderungen die Formel prägt[2]):

„Wüsten, Steppen, Wälder und Sümpfe verhalten sich ähnlich wie die Gebirge. Auch sie wirken stauend, wandernde Scharen dringen nicht hinein. Die Steppenvölker folgen den Steppen und den fruchtbaren Gebieten auf ihren Wegen, sie meiden die Waldgebiete. Die Ackervölker folgen wesentlich dem Kulturland ... Schwache Stämme können in Wälder, Sümpfe, Tundren und Wüsten zurückgedrängt werden",

— so sind in diesen wenigen Worten ganze Kapitel geopolitischer Erkenntnis niedergelegt. Selbst die Eigenart der modernen geopolitischen Ausdrucksweise klingt bei v. Richthofen gelegentlich schon an. Was er etwa gelegentlich[3]) über die Japaner sagt, könnte genau ebenso Haushofer formuliert haben:

„Nie ist bei einem Volk so unvermittelt latente Energie in kinetische umgewandelt worden ... Dieser Anlaß war gegeben, als um 1860 plötzlich der Ausblick über die Meere sich eröffnete."

Als eigentlicher Vater der gegenwärtigen wissenschaftlichen Geopolitik ist unter den Geographen vornehmlich Friedrich Ratzel zu betrachten, der den Begriff der „Anthropogeographie" erfand und der fortgesetzt predigte, Staatswissenschaft, Historie, Kulturgeschichte usw. müßten an die Erdkunde herangebracht werden. Schon 1896 legte er die organischen Gesetze dar, denen das Wachstum der Staaten folgt[4]), und später hat er in seiner kleinen Schrift über das Meer[5]), die sichtlich auch Richthofens Denkweise stark beeinflußt hat, geradezu ein Muster geopolitischer Darstellungsweise geliefert. Ratzels geopolitische Anschauungen sind am treffendsten vielleicht wiedergegeben in den beiden Sätzen seines geopolitischen Hauptwerkes[6]):

1. „Der Staat ist ein Stück Menschheit und ein Stück organisierter Erde",

2. „Wo nicht natürliche oder wirtschaftliche Gründe dem Wachstum entgegenstehen, ist ein geräumiges, dünn bewohntes Land ein Großstaat der Zukunft."

Unter den verstorbenen deutschen Geographen verdient noch Robert Sieger hervorgehoben zu werden, der gelegentlich den Begriff der praktisch angewandten Geopolitik in ebenso einfacher wie zutreffender Weise

---

1) Herausgegeben von Otto Schlüter. Berlin 1908.

2) Allgemeine Siedlungsgeographie, S. 74/5.

3) Das Meer, S. 40.

4) Friedrich Ratzel, Über die Gesetze des räumlichen Wachstums der Staaten in Petermanns Mitteilungen, 1896, S. 97.

5) Derselbe, Das Meer als Quelle der Völkergröße. München 1900.

6) Derselbe, Politische Geographie, S. 4 und 437. München-Berlin 1903.

definiert hat[1]) als eine „von geographischen Gesichtspunkten bestimmte Staatskunst“.

Vor allem hat dann der große schwedische Staatswissenschaftler Rudolf Kjellén, der Vertreter der „biologischen Staatslehre“, durch seine zahlreichen, auch in Deutschland weit verbreiteten Schriften mächtig zu einer systematischen Verknüpfung von Staatswissenschaft und Geographie auf dem Boden der geopolitischen Betrachtungsweise beigetragen, insbesondere in seinem bekannten, schon durch seinen Titel sehr charakteristischen Werk „Der Staat als Lebensform“. In diesem finden wir u. a. folgenden sehr bezeichnenden Ausspruch[2]):

„Die Staaten, wie wir sie in der Geschichte verfolgen und uns in der Wirklichkeit unter ihnen bewegen müssen, sind sinnlich vernünftige Wesen — genau wie die Menschen.“

An anderer Stelle sagt Kjellén, der auch das Wort „Geopolitik“ geprägt hat, von den staatlichen „überindividuellen Lebewesen“[3]):

„Diese Staaten sprechen und handeln ja, halten Kongresse ab oder kämpfen auf Schlachtfeldern, beneiden und hassen einander oder sympathisieren miteinander, ziehen sich an oder fliehen einander, helfen und stürzen einander, wie andere lebende Wesen in einer Gemeinschaft“,

— und seine Definition des Begriffes Geopolitik lautet[4]):

„Die Geopolitik ist die Lehre vom Staat als geographischem Organismus oder als Erscheinung im Raume: also der Staat als Land, Territorium, Gebiet oder, am bezeichnendsten, als Reich.“

Unter den noch lebenden deutschen Vorkämpfern geopolitischer Betrachtungsweise seien die Geographen Karl Haushofer, Erich Obst, Otto Maull und Hermann Lautensach, der Historiker Walter Vogel, der Politiker Artur Dix an erster Stelle genannt, unter den englischen Bowman, Mackinder und James Fairgrieve, von dem ein vortreffliches Werk über Geopolitik, in der Übersetzung Frau Marta Haushofers, kürzlich in deutscher Sprache erschienen ist.[5]) Auch der sehr verdienstvollen, im Verlag von Kurt Vowinckel seit Jahren erscheinenden „Zeitschrift für Geopolitik“ sei in diesem Zusammenhang rühmend gedacht. — Wie sehr selbst die „reinen“ Geographen sich immer tiefer in geopolitische Ideen hineinfühlen, beweist eine Forderung Albrecht Pencks, der i. J. 1916 während des Krieges verlangte, es möge eine neue „Staatenkunde, welche den Staat nicht bloß als rechtliche Institution, sondern als lebenden Organismus mit sehr verschiedenen Funktionen betrachtet,“ geschaffen werden.[6])

Als Muster geopolitischer Darstellung sind aus letzter Zeit einige länderkundliche Monographien zu nennen, so vor allem Alfr. Hettners Stu-

1) Zeitschr. f. Geopolitik, 1924, S. 110.
2) Rud. Kjellén, Der Staat als Lebensform, S. 30. Berlin-Grunewald 1924.
3) A. a. O., S. 35. 4) A. a. O., S. 45.
5) James Fairgrieve, Geographie und Weltmacht. Berlin 1925.
6) Zeitschr. d. Ges. für Erdkunde zu Berlin, 1916, S. 237ff.

dien über England und Rußland, Karl Haushofers verschiedene Japan-Werke, Obsts große Arbeit über Englands Stellung in der Welt, Uhligs Bessarabien-Untersuchung u. a.

Immerhin ist die Berechtigung der geopolitischen Betrachtungsweise noch umstritten. Während eine gewisse historische Schule in der ganzen Geopolitik nur einen alten Bekannten sieht, so daß der Historiker Meinecke sich i. J. 1916 geradezu äußert[1]):

„Wir Historiker aus der Rankeschen Schule begrüßen freudig den Siegeszug dieser uns längst vertrauten Auffassungsweise auf dem Gebiete der Staatswissenschaften",

— will der Kieler Staatsrechtler Jellinek die Betrachtungsweise nicht gelten lassen und polemisiert gegen „jene, die den Staat als ein neben oder über den Menschen stehendes Gebilde auffassen".

Daß aber auch große Geister, die weder Geographen noch Historiker, noch Staatswissenschaftler, noch Politiker waren, dennoch aus der Fülle ihrer philosophischen Ideenwelt heraus, genau wie Plato im Altertum, zu geopolitischen Erkenntnissen gelangen und im Zusammenhang damit geradezu zu Propheten der politischen Zukunftsentwicklung werden konnten, hat in wahrhaft erstaunlicher Weise Goethe zu wiederholten Malen bewiesen. Neben jenem gar nicht genug zu bewundernden Tischgespräch mit Eckermann vom 21. Februar 1827, worin er in einer Zeit, da noch nichts in der Welt auf eine solche Entwicklung schließen ließ, vorherverkündete, daß die Ver. Staaten einen Seekanal durch Mittelamerika und die Engländer einen solchen durch den Isthmus von Suez besitzen würden, kommt hier in erster Linie in Betracht das wundervolle Eckermann-Gespräch vom 23. Oktober 1828, worin Goethe u. a. äußerte:

„Man hat einen Staat wohl einem lebendigen Körper mit vielen Gliedern verglichen, und so ließe sich wohl die Residenz eines Staates dem Herzen vergleichen, von welchem aus Leben und Wohlseyn in die einzelnen nahen und fernen Glieder strömt. Sind aber die Glieder sehr ferne vom Herzen, so wird das zuströmende Leben schwach und immer schwächer empfunden werden ... Gesetzt, wir hätten in Deutschland seit Jahrhunderten nur die beiden Residenzstädte Wien und Berlin, oder gar nur eine, da möchte ich doch sehen, wie es um die deutsche Cultur stände? ja auch um einen überall verbreiteten Wohlstand, der mit der Cultur Hand in Hand geht ... Nun denken Sie aber an Städte wie Dresden, München, Stuttgart, Cassel, Braunschweig, Hannover und ähnliche; denken Sie an die großen Lebenselemente, die diese Städte in sich selber tragen; denken Sie an die Wirkungen, die von ihnen auf die benachbarten Provinzen ausgehen, und fragen Sie sich, ob das alles seyn würde, wenn sie nicht seit langen Zeiten die Sitze von Fürsten gewesen? ... Mir ist nicht bange, daß Deutschland nicht eins werde; unsere guten Chausseen und künftigen Eisenbahnen werden schon das ihrige thun. Vor allem aber sey es eins in Liebe unter einander! und immer sey es eins gegen den auswärtigen Feind."

Diese prachtvollen Worte, die so restlos in Erfüllung gegangen sind, zeugen von einer ganz „modernen" geopolitischen Denkweise: die Einheit des deutschen Reiches wird richtig als Folge der Zwangsläufigkeiten des Wirtschaftslebens betrachtet!

---

1) Neue Rundschau, Juniheft 1916, S. 724.

Das ist ja eben das Große in der neuartigen Betrachtungsweise: auch das historische und außenpolitische Geschehen in den Völkerschicksalen soll zum erheblichen Teil unabänderlichen Naturgesetzen unterliegen, die sich nach den Regeln des Parallelogramms der Kräfte auswirken. Wie die Wirtschaftswissenschaft ein „ehernes Lohngesetz" kennt, so kann man auch vom ehernen Gesetz der geopolitischen Einflüsse sprechen. Menschliche Größe und Energie einzelner großer Führer werden dabei keineswegs als belanglos gewertet, stellen vielmehr innerhalb jenes Parallelogramms der bewegenden politischen Kräfte eine sehr beachtenswerte Größe dar. Aber Deutschland hätte z. B. seine politische Einheit auch ohne die überragende Persönlichkeit Bismarcks zwangsläufig schließlich erlangt — nicht so schnell und nicht so vollkommen, vielleicht auch nicht so dauerhaft, wie es nunmehr der Fall gewesen ist; aber das Eine hat schon Goethe, der von Bismarck nichts wußte, geopolitisch vollkommen richtig vorhergesehen: daß die Weltgeschichte im Zeitalter der Eisenbahnen und der guten Chausseen im Herzstück des europäischen Erdteils keinen Raum mehr haben konnte für 36 selbständige und sich gegeneinander abschließende Staaten. Bismarcks Größe wird wahrlich so wenig geschmälert wie etwa Columbus' oder Luthers, wenn man in ihnen lediglich die Vollstrecker geistiger Naturgesetze erblickt, für die die Zeit erfüllt war.

Und wie die erhebenden werden auch die peinlichen Geschehnisse im Leben der Völker und Staaten oft in ganz anderem Lichte erscheinen, wenn man den Maßstab geopolitischer Notwendigkeit an sie legt. Vor dem Richterstuhl der Moral wird sicher die Art und Weise nie bestehen können, wie im Weltkrieg 1914—18 Italien und Rumänien über ihre bisherigen Bundesgenossen, Japan und die Ver. Staaten über einen ehrlichen und vertrauensseligen Freund im Augenblick seiner höchsten Not herfielen; wer aber durch die geopolitische Brille das Weltgeschehen betrachtet, der wird zugeben müssen, daß zumindest in dem besonders anstößigen Verhalten Italiens und Japans gewisse politische Notwendigkeiten sich auswirkten, die jenen Verrat vielleicht nicht verzeihlich, aber doch verständlich zu machen vermögen.

Jeder Staat folgt in seinem Handeln dynamischen Kräften, die nur teilweise vom Willen der Staatslenker abhängig und von ihm zu zügeln oder zu überstürzen sind. Auch die Staatsform spielt dabei keine Rolle. Das englische Königreich der Königin Elisabeth unterschied sich im außenpolitischen Denken und Handeln nicht im mindesten von der englischen Republik unter Cromwell. Der französische Imperialismus unter Ludwig XIV. war zum Verwechseln ähnlich dem der Revolutionsjahre 1792 bis 1794 und dem des Kaisers Napoleon. Das Rußland der Zarenzeit und Sowjet-Rußland gleichen sich, bei aller sonstigen Verschiedenheit, in bezug auf ihre außenpolitischen Ziele wie ein Ei dem anderen. Nur die Intensität des Ablaufs der staatlichen Entwicklungsgesetze hängt ab von der staatsmännischen Begabung und Einsicht der leitenden Minister oder

Fürsten, die Gesetze selbst unterliegen dem mathematischen Zwang des Parallelogramms der geopolitischen Kräfte.

Die Bewertung von Staaten als selbständige Individuen ist schließlich schon von jeher im volkstümlichen Sinne unbewußt geübt worden in der altbeliebten Personifizierung von Staaten in Menschen- oder Tiergestalten, wobei oft genug der gesunde Mutterwitz des Volkes ungemein treffsicher und zugleich etwas boshaft zu karikieren pflegt. Die allbekannte Charakterisierung Englands als John Bull oder auch als große Bulldogge, diejenige des Yankeelandes als Uncle Sam, Frankreichs als eitle Marianne oder als gespreizter Hahn, Deutschlands als schläfriger Michel mit der Zipfelmütze, Rußlands als Bär, die ehemals beliebte Symbolisierung Preußens als Pickelhaube sind in dieser Hinsicht als witzige Kabinettstücke der Charakterisierung mit wenigen Strichen zu nennen. Aber auch die ernsten und idealisierenden Personifizierungen, die in den einzelnen Staaten selbst üblich sind, gehören hierher: so die Gestalt der Germania oder des deutschen Adlers oder die Deutungen der einzelnen deutschen Bundesstaaten als Bavaria, Hammonia usw., ferner das Mütterchen Rußland, die Darstellung der Ver. Staaten als Freiheitsgöttin usw. Wie allgemeinverständlich diese Individualisierung von Staaten ist, erhellt aus der Tatsache, daß die ernste wie die heitere Kunst sich ihrer so oft bedient. Die Germania, der John Bull, der Uncle Sam usw. sind sozusagen allbekannte Gestalten geworden, die auch ohne textliche Erläuterung Jedermann vertraut sind. Dasselbe gilt von der symbolischen Bedeutung gewisser Tiergestalten. Wer um die Jahrhundertwende auch nur oberflächlich etwas von den politischen Beziehungen der europäischen Staaten wußte, der konnte niemals zweifeln, wie zwischen den Zeilen der politische Sinn in den Versen des prachtvollen Liliencronschen „Cincinnatus" zu deuten war:

> „Und droht es von Osten und dräut es von West,
> Wir schlachten den Bären, den Hahn uns zum Fest."

Wenn man bedenkt, daß der Staat schließlich nichts anderes ist als eine Summe von Millionen einzelner menschlicher Individuen, kann es ja nicht überraschend sein, daß er mit seinen Menschen auch wünscht, fürchtet, hofft, handelt und irrt. Vollkommen richtig hat bereits Ferdinand Lassalle, der mit einem starken Gefühl für die Notwendigkeit des Staates und mit nationalem Wollen begabt war, in seinem „Arbeiterprogramm" diesen Charakter des Staates als Summe von unzähligen Einzellebewesen erkannt, wenn er einmal sagt:

> „Der Staat ist die Einheit der Individuen in einem sittlichen Ganzen; eine Einheit, welche die Kräfte aller einzelnen, welche in diese Vereinigung eingeschlossen sind, millionenfach vermehrt, die Kräfte, welche ihnen allen als einzelne zu Gebote stehen würden, millionenfach vervielfältigt."

Die beste Übersicht über die gesamte bisher erschienene geopolitische Literatur bieten die erst während der Drucklegung vorliegender Arbeit im Verlag Vowinckel (Berlin-Grunewald) herausgekommenen „Bausteine zur Geopolitik", die von den vier Herausgebern der „Zeitschrift für Geopolitik" gemeinsam verfaßt worden sind. Sowohl dieses Werk wie die gleichfalls erst nach Abschluß des Manuskripts erschienenen Arbeiten 1. Karl Haushofer, „Die Grenzen in ihrer geographischen und politischen Bedeutung", 2. Artur Dix, „Geopolitik" (Nr. 16 der Lehrschriften „Staat und Wirtschaft" des Athenäums), 3. Wilh. Ziegler, „Einführung in die Politik" konnten hier leider nicht mehr gebührend berücksichtigt werden. — Es möge genügen, die von jenen Herausgebern in einer eigenen Konferenz entworfene jüngste und beste Definition des Begriffes Geopolitik[1]) auszugsweise wiederzugeben, der ich selber vollen Beifall spende:

„Die Geopolitik ist die Lehre von der Erdgebundenheit der politischen Vorgänge. Sie fußt auf der breiten Grundlage der Geographie, insbesondere der Politischen Geographie als der Lehre von den politischen Raumorganismen und ihrer Struktur ... Die Geopolitik will Rüstzeug zum politischen Handeln liefern und Wegweiser im politischen Leben sein. Damit wird sie zur Kunstlehre, die die praktische Politik bis zur notwendigen Stelle des Absprungs vom festen Boden zu leiten fähig ist. Nur so wird dieser Sprung vom Wissen zum Können und nicht vom Nichtwissen aus erfolgen, woher er sicher weiter und gefährlicher ist. Die Geopolitik will und muß zum geographischen Gewissen des Staates werden."

Während Maull noch 1925 die Auffassung vertreten hatte, die ungefähr dem Standpunkt Kjelléns entsprach: „Geopolitik ist nichts anderes als angewandte Politische Geographie", darf man nun die Grenzlinie zwischen politischer Geographie und Geopolitik als endgültig festgestellt betrachten, wenn sich auch beide Begriffe in erheblichem Umfang decken.

---

1) a. a. O., S. 27.

I. Die Staaten als Lebewesen.

1. Geburt, Lebensfunktionen und Tod der Staaten.

Staaten werden, wie menschliche Wesen, geboren, haben Kinderunarten, machen (wenn sie gesund sind) eine Wachstumsperiode durch und ebenso eine Zeit des Fortpflanzungstriebes, erreichen schließlich eine Epoche des Stillstandes, der höchsten Wirksamkeit, zeigen Krankheitssymptome, Zeichen des Alterns, zuweilen des Verfalls, und sterben schließlich, wenn ihre Zeit erfüllt ist. Die Geschichte führt uns mit großer Eindringlichkeit immer wieder diese organischen Erscheinungen in der Entwicklung der politischen Staaten vor Augen. Unter Umständen können einzelne Staaten ein sehr hohes Alter erreichen, aber die Regel ist dies nicht. Was ist noch vorhanden von all den glänzenden Staatsgebilden des Altertums und Mittelalters? Nur wenige hohe Säulen, die von vergangener Pracht zeugen! Die einzigen Staaten des Altertums, die ohne Unterbrechung dem Sturm der Zeiten getrotzt haben, sind China und Japan, allenfalls noch Persien, aber auch sie konnten nur durch eine Reihe von rechtzeitig erfolgten „Häutungsprozessen" ein so hohes Alter erreichen. In dem einen Punkt unterscheidet sich nämlich das Lebewesen Staat von den anderen Lebewesen der organischen Welt: es kann unter glücklichen Umständen gelegentlich einen Verjüngungsprozeß durchmachen, der nicht selten mit einer zeitweiligen oder auch dauernden Teilung in zwei oder noch mehr staatliche Lebewesen verbunden ist. Wir sehen augenblicklich eine solche phönixgleiche Verwandlungs- und Verjüngungskur offenbar vor sich gehen in dem lange Zeit von seniler Schwäche befallen gewesenen China. Das 19. Jahrhundert hat ein besonders glänzendes und besonders typisches Beispiel dieser Art gebracht, als aus dem seit 843 bestehenden, greisenhaft gewordenen und 1806 scheinbar aufs Sterbelager gesunkenen alten deutschen Kaiserreich überraschend das Bismarcksche Reich von 1871 als junger Phönix emporstieg. Man würde geopolitisch durchaus irren, wenn man diese Schöpfung von 1870/1 lediglich nach Art eines Additionsexempels auffaßte als die Summe der vorher dagewesenen 36 staatlichen Einzelwesen, die wir dann deutsche Bundesstaaten nannten. Mit vollem Recht sagt Artur Dix einmal[1]):

„Das deutsche Reich ist nicht nur die Summe seiner einzelnen Staaten, sondern etwas Neues, Starkes und Großes."

Das heutige Deutschland ist etwas Ähnliches wie das alte Heilige Römische Reich Deutscher Nation, in gewissem Sinn sogar der Rechtsnach-

1) Artur Dix, Politische Geographie, S. 228. München-Berlin 1921.

folger und doch auch wieder ein junges und neues Individuum, in ähnlichem Sinne wie eine alte, angesehene Firma, die in schwere wirtschaftliche Krisen hineingeraten war und die nach glücklich erfolgter Sanierung wieder vertrauenerweckend und unternehmungslustig dasteht wie in ihren ersten Anfängen. Maulls Vergleich[1]) mit dem „Keimungs"-Prozeß des Samens trifft auf gewisse Vorgänge im Leben der Staaten vollauf zu, wenn sie auch nur hier und da einmal vorkommen und keineswegs die Regel darstellen. Ob auch das wiedererstandene Polen einen solchen Regenerationsprozeß von Dauer durchgemacht hat, kann erst die Zukunft lehren. Gewisse Wahrnehmungen lassen hieran noch einen Zweifel zu, auch Wahrnehmungen rein geopolitischer Art. Das äußere Kennzeichen eines echten staatlichen Verjüngungsprozesses pflegt nämlich in der Regel eine Verlagerung der Hauptstadt, des Regierungssitzes, zu sein. Im alten deutschen Reich war zuletzt Wien die Residenz, im neuen wanderte sie nach Berlin; der Wille zum staatlichen Wiederaufbau auf neuer Grundlage in einem zerfallenen Staat spiegelte sich im Sowjet-Rußland in der Verlagerung der Hauptstadt von Petersburg nach Moskau, in der neuen Türkei von Konstantinopel nach Angora, und in China könnte unter Umständen als Schlußergebnis der jetzigen bedrohlichen Wirren leicht eine Wanderung des politischen Schwergewichtes von Peking nach Kanton, Hankau oder Schanghai stattfinden. In Polen ist von einer solchen äußerlich sichtbaren Spiegelung des Willens zu einem kraftvoll verjüngten Staat auf neuer Grundlage nichts zu spüren gewesen. Die betonte Anknüpfung an die Überlieferungen der 1795 an Altersschwäche eingegangenen alten polnischen Großmacht des 16. Jahrhunderts, wie sie sich in der Beibehaltung der Hauptstadt und allerhand Kundgebungen und Aspirationen äußert, läßt vermuten, daß man im heutigen Warschau nicht die Absicht hat, sich von den verhängnisvollen Tendenzen frei zu machen, die dem alten Polen den Untergang gebracht haben und läßt daher nur mit starker Skepsis auf die Lebensfähigkeit des neuen Staatsgebildes blicken. Möglich wurde die Wiedergeburt ohnehin nur in einem Zustand völliger Ohnmacht der drei Nachbarn, die einst Polen unter sich aufgeteilt hatten. Die polnischen Aufstände von 1830, 1848, 1863 führten nicht zum Ziel. Nur eine europäische Katastrophe, wie sie die Jahre 1914—18 brachten, konnte die polnischen Wünsche erfüllen. Der polnische Nationaldichter Mickiewicz hatte dies richtig erkannt, als er das frivole Gebet dichtete: „Um den Völkerkrieg bitten wir dich, o Herr!"

Vor 1914 wiegte sich der Beschauer wohl gern in dem Glauben, daß die seit vielen Jahrzehnten leidlich beständig gebliebenen politischen Gebilde der europäischen Landkarte eine gewisse Dauer verbürgten. Der Ausgang des Weltkriegs hat gezeigt, daß das Naturgesetz vom Werden und Vergehen noch immer mit unerbittlicher Schwere für das organische Leben der modernen Staaten gilt. Aber auch vorher waren die Verhältnisse

1) O. Maull, a. a. O., S. 111.

durchaus nicht so stabil, wie man es sich wohl zumeist vorstellte. Gewiß waren seit 1815, dem Jahre der endgültigen Niederwerfung des korsischen Unruhestifters, die Umwälzungen im staatlichen Bestande des Erdteils geringer als in den meisten anderen Jahrhunderten, aber es lohnt dennoch festzustellen, wieviele Staaten von längerer oder kürzerer Lebensdauer allein innerhalb Europas seit 1815 neu „geboren" worden sind, um erkennen zu lassen, wie sehr das weise Wort des altgriechischen Philosophen *πάντα ῥεῖ* auch im geopolitischen Geschehen unserer Tage noch Geltung hat. Es traten in rund 110 Jahren in Europa neu ins Leben die Staaten:

1815	Luxemburg, Ionische Inseln, Krakau,
1829	Griechenland,
1830	Belgien,
1830/78	Serbien,
1860/70	Italien,
1861	Rumänien,
1867	Ungarn,
1871	Deutsches Reich,
1878	Bulgarien, Montenegro,
1905	Norwegen,
1913	Albanien,
1917/19	Finnland, Esthland, Lettland, Litauen, Polen, Tschechoslowakei, Südslavien, Thüringen, Danzig,
1918	Island,
1921	Irland.

Manchmal entwickeln sich neue Staatenbildungen fast mit stürmischer Schnelligkeit zu ungemein großer politischer Macht. Der erst i. J. 1805 von Mehemed Ali begründete, neue ägyptische Staat wäre ohne das Dazwischentreten der Westmächte 34 Jahre später nach dem Siege über die Türken bei Nisib (24. Juni 1839) zweifellos eine neue orientalische Großmacht geworden. Ungleich häufiger tragen freilich neuentstehende Staaten von Anfang an hektische Züge, wie das am 28. Dezember 1912 als typischer Notbehelf „erfundene" Albanien und gar manche der in Versailles zur Welt gebrachten Zangengeburten. Uns interessiert hier jedoch nicht die Frage der Lebensfähigkeit und Lebensdauer, sondern lediglich der Umstand, daß auch auf diesem Gebiet das Keimen und Blühen nicht enden will. Daß ebenso zahlreich staatliche Gebilde vergehen und sterben, ist allgemein bekannt und braucht nicht erst durch Beispiele bewiesen zu werden. Nur sei hinzugefügt, daß es zuweilen gar nicht ganz einfach ist, festzustellen, ob ein staatliches Individuum noch am Leben ist oder nicht. Ein so seltsames politisches Geschöpf z. B., wie der Kirchenstaat, dürfte der historisch-standesamtlichen Festlegung sowohl seines Geburts- wie seines Todesjahres die allergrößten Hemmnisse in den Weg legen.

Im Dasein der Staaten bedarf es zuweilen der Ruinen, damit neues Leben blühen kann. Die Neuschaffung des Deutschen Reiches bzw. seines Vorläufers, des Norddeutschen Bundes, kostete vier selbständigen Staaten das Leben: Hannover, Kurhessen, Nassau und Frankfurt. Die Geburt des Königreichs Italien blies etwa gleichzeitig sogar sieben Staaten das Leben aus: Parma, Modena, Lucca, Toskana, Sardinien, Sizilien und dem Kirchenstaat. Allein seit der letzten Jahrhundertwende sind die kleinen thüringischen Staaten, Montenegro, die beiden Burenstaaten, Marokko, Korea als selbständige oder halbsouveräne Staaten eines sanften Todes verblichen und in größeren Gemeinwesen aufgegangen. Der Reichsdeputationshauptschluß vom 25. Februar 1803 strich sogar 112 selbständige deutsche Staaten auf einmal von der Karte.

Gerade weil das Leben der Staaten gewissen Naturgesetzen von starkem Zwang unterliegt, dürfen wir bei der Beurteilung politischer Handlungen einzelner Nationen und ihrer Regierungen nie außer Acht lassen, daß in sehr vielen Fällen von einer Willensfreiheit nur in beschränktem Umfang, zuweilen sogar überhaupt nicht, die Rede sein kann. Mit vollem Recht sagt Kjellén einmal[1]), daß ein „kategorischer politischer Imperativ" die Geschicke der Völker und der Staaten bestimmt, und dieser politische Imperativ ist zwar nicht ausschließlich, aber doch in sehr beträchtlichem Umfang geopolitischer Art, denn der geographische Naturzwang, der die Geschicke der Völker und der Staaten lenkt, wirkt sich eben unentrinnbar aus, und je vielseitiger unser modernes Wirtschaftsleben wird, in um so mannigfacheren Gestalten und Formen macht sich jener Naturzwang im Parallelogramm der treibenden politischen Kräfte bemerkbar.

Die Erkenntnis der geopolitischen Naturgesetze erweist sich als ungemein fruchtbar für jeden, der im wirren politischen Geschehen eines jeden Zeitalters nach einem verläßlichen Ariadnefaden durch das Labyrinth der Erscheinungen sucht. Sowohl das geschichtliche wie das politische Verständnis wird machtvoll gefördert und philosophisch vertieft, wenn man sich nicht nur mit der geographischen Betrachtung der äußeren Gestalt der Staatenbauten begnügt, sondern gewissermaßen ihre Statik und Dynamik studiert, indem man sie daraufhin betrachtet, inwieweit sie mit den geopolitischen Naturgesetzen in Einklang stehen oder nicht. Selbst die praktische Politik der zünftigen Diplomaten kann daraus bedeutsame Winke und Anregungen entnehmen, wenn sie sich zu der Erkenntnis durchringt, daß nur solche politischen Schöpfungen die Gewähr der Dauer in sich tragen, die sich freihalten von groben Willkürlichkeiten, von persönlichen Wünschen oder Stimmungen und die in harmonischen Zusammenhang gebracht werden mit den besonderen „geopolitischen Kraftlinien" des jeweiligen Zeitalters. Diesen tastend nachzuspüren, wie es Bismarck so vorbildlich verstand, ist das Kennzeichen des echten staatsmännischen Genies. Der Staatsmann, der sich über das Studium der Theorie des politischen Geschehens nichtachtend hinwegsetzt und persönliche Willkür bei der Fundamentierung staatlicher Gebilde walten läßt, der kann und wird im besten Falle nur glänzende Prunkgebäude von ephemerer Dauer, nach Art eines Alexander und Napoleon, zimmern, Prunkgebäude, die aber, wie der babylonische Turm, im ersten Unwetter krachend in sich zusammenstürzen.

---

1) A. a. O., S. 81.

2. Die zonale Verbreitung der Staaten.

Staatenbildungen sind nur dort möglich, wo eine gewisse Mindestgrenze der Kultur- und Wirtschaftsbedürfnisse erreicht und überschritten wird. Wo der Kampf ums Dasein allzu hart ist, wo die einzelnen Individuen vollauf damit beschäftigt sind, für sich und ihre nächste Familie dem primitivsten Nahrungs- und Erhaltungsbedürfnis zu genügen, da kann mit der Wohlfahrt auch die Staatenbildung nicht gedeihen. In nördlicheren Breiten als dem 65., meist sogar schon dem 60. Grad, haben sich daher niemals in der Menschheitsgeschichte Ansätze zu staatlicher Gemeinschaft gezeigt. Über das schwache Rudiment der Vereinigung zu Stämmen gedeiht dort die politische Entwicklung nirgends hinaus, soweit nicht in den letzten Jahrhunderten südlicher gelegene Staatsgebilde die Ausdehnung ihres Herrschaftsbereiches bis in die arktische Zone hinein verkündet haben. Von selbst gedeiht in den hochnordischen Breiten ein Staatsgebilde so wenig wie ein Baum. Selbst der einzige in der Geschichte bekannte Versuch, wo ein aus milderen, wenn auch nicht südlicheren Zonen kommender, an staatliche Gemeinschaft gewöhnter Volksteil in den kalten Gebieten der Subarktis den Versuch einer Staatsgründung unternahm, die Ansiedlung der Normannen in Grönland seit dem Jahre 983, führte nur zur Schaffung einer blühenden und unternehmungsfrohen Kolonie, in der schließlich das kirchliche Leben ungleich besser als die staatliche Organisation geregelt war, denn es gab zwar Bischöfe für Grönland, aber nie ein politisches Oberhaupt, nie eine geregelte Regierung. Nur am Klima, nicht an den Normannen selbst kann es gelegen haben, daß kein grönländischer Staat das Licht der Welt erblickt hat, denn eben dieselben Normannen erwiesen sich zur selben Zeit in West- und Südeuropa als Staatenbildner ersten Ranges und haben auf Sizilien sogar eine glänzende staatliche Großmacht von allerdings nur kurzer Lebensdauer geschaffen. Wir sehen es an den im hohen Norden autochthonen Völkerstämmen überall, bei den Eskimos, den Lappen, Finnen, Jakuten, Tschuktschen usw., daß sie über die Stammesgemeinschaft hinaus zu staatlicher Organisation unfähig sind, daß wir berechtigt sind, auf unserem Erdball auch von einer Zone der politischen Tundra zu sprechen.

Genau ebenso wie das allzu rauhe Klima ist aber das sehr heiße Klima der Staatenbildung unzuträglich. In den tropischen Zonen gibt es, zum mindesten im Tiefland, nirgends echte Staaten, die sich ohne Anstoß von außen entwickelt haben, nur kurzlebige Ansätze dazu, so daß Franz Oppenheimer sagen kann[1]: „In Afrika kommen und vergehen die feudalen Großstaaten wie Blasen, die aus dem Strom des ewig gleichen Geschehens auftauchen und wieder zerplatzen.“ Infolgedessen haben sich im inneren Afrika die durch mohammedanische Eroberung begründeten

1) Franz Oppenheimer: „Der Staat“, S. 118—119. Frankfurt a. M. 1912.

staatenartigen Gebilde als besser entwickelt und haltbarer erwiesen als die einheimischen Ansätze zur Staatenbildung. Unter den Negerstämmen Afrikas können wohl hier und da mächtige Stammeshäuptlinge emporkommen, die über sehr weite Landstriche mit völlig unbeschränkter Gewalt und Willkür herrschen, aber zu einer wirklichen staatlichen Organisation langt es bei ihnen nicht. Bei den eingeborenen Stämmen des tropischen Amerika, Arabiens, Indiens usw. ist es nicht sehr viel anders. Autochthone staatliche Gebilde von mehr oder weniger gut entwickelter Eigenart gibt es in den tropischen Zonen nur dort, wo das Klima kühler ist, so in den Hochgebirgsländern Abessiniens, des Inkareiches und im Himalaya oder in einigen meernahen Häuptlingsstaaten Hinterindiens.

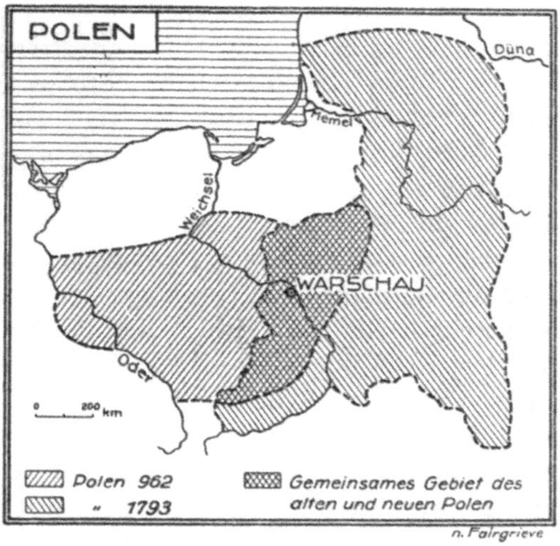

Fig. 1.
Die Ostwanderung des alten polnischen Staates.

Ungünstig für Staatenbildungen sind ferner die Trockengebiete der Erde, jedoch mit Ausnahme von denen, die einer guten künstlichen Bewässerung zugänglich sind. Es ist nicht nur die natürliche Menschenarmut der Wüsten und Steppen, die in ihnen eine staatliche Konzentration schwer und sehr oft unmöglich macht, sondern auch die Lebensart ihrer Bewohner. Die kleinen Oasen der Wüste, die allein Menschen beherbergen, widersetzen sich unter allen Umständen einer Bildung von Staaten, da solche ohne eine Vermählung mit dem größeren Raum ohnehin kaum denkbar sind. In den Steppen aber sind die auf Viehzucht angewiesenen Bewohner infolge des kargen Bodens zum häufigen Wechsel des Wohnortes und somit zum Nomadenleben gezwungen. Wenn nun auch Nomadenvölker keineswegs unter allen Umständen unfähig zur Staatenbildung sind (es hat ja sogar einmal eine Nomaden-Großmacht gegeben: das Mongolenreich Dschingis Khans), so hindert die mangelnde Seßhaftigkeit doch im allgemeinen das Entstehen staatlicher Keimzellen, denn *ein Staat ohne engste Bindung an ein bestimmtes Stück Boden ist unvorstellbar; es können wohl Völker, aber niemals ihre Staaten wandern.* Daß dieses bestimmte Stück Boden im Laufe der Jahrhunderte über gewisse Landstriche hin und her pendeln kann, so daß sich die Lage der Staaten zuweilen nicht unbedeutend verschiebt, ist eine Sache für sich. Dort, wo vor 1000 Jahren etwa die Ostgrenze Deutschlands lag, befindet sich heute der geographische Mittelpunkt des deutschen Reiches, und daß das Polen vom Jahre 962 mit dem Polen vom Jahre

1793 nur das unmittelbare Gebiet um Warschau gemein hatte, hat Fairgrieve in der vorstehenden überaus instruktiven Karte (Fig. 1) gezeigt.[1])

Aus dem gleichen Grunde wie die Viehzucht treibenden Nomaden sind im allgemeinen auch die reinen Jäger- und Kriegervölker unfähig, Staaten ins Leben zu rufen. Bei den nordamerikanischen Indianerstämmen haben sich nirgends Staaten oder auch nur staatenähnliche Gemeinschaften entwickeln können. Ausgedehnte Wald- und Steppengebiete gestatten ja nur spärliche und dünne Siedlungen, genau wie die nordischen Länder. Ohne ein gewisses Minimum an Besiedelungsdichte ist aber eine Staatsbildung nicht nur nicht möglich, sondern hat auch keinen rechten Zweck. Wo keinerlei Rechte zu schützen sind, bedarf es keines Staates und keines Herrschers. Wo es aber nur zu Stammesgemeinschaften kommt, da sind auch schon einige primitive Rechte zu wahren. Wenn sich bei den jagd- und kriegsfrohen germanischen Stämmen der Römerzeit hier und da einige erste Ansätze beginnender Staatsbildung zeigten, wenn vielleicht ein Armin bei längerem Leben fähig gewesen wäre, schon ein Königreich Germanien zu begründen, so hängt dies unzweifelhaft damit zusammen, daß die Germanen, im Gegensatz zu den Indianern, bereits seit langem begonnen hatten, sich dem Ackerbau zuzuwenden und somit seßhaft zu werden. — Wohl kann es im Nebeneinanderleben der Stämme mannigfach vorkommen, daß ein ehrgeiziger und machtgieriger Häuptling sich eine Reihe von anderen Stämmen untertan und tributpflichtig macht, aber von der schrankenlosen Tyrannis bis zur Bildung eines Staates, als dessen wesentlichstes Kennzeichen eine geregelte Verwaltung und Organisation angesprochen werden kann, ist noch ein weiter Weg.

Als der stärkste Hebel der Staatenbildung hat sich der Ackerbau erwiesen, der ja gewissermaßen das Symbol einer Verehelichung zwischen Mensch und Boden ist. Allerdings muß ein sehr gewichtiges Moment hinzukommen; der Ackerbau allein tut es noch nicht. Ackerbau findet sich auch in den tropischen Ebenen, wo, wie wir sehen, der Boden dennoch steril ist für die Entstehung von Staaten. Der Umstand, der in den heißen Ländern die Schaffung von autochthonen Staaten verhindert, obwohl Ackerbau daselbst heimisch ist, ist der Mangel an jeglicher Vorratswirtschaft. In den warmen Zonen lebt der Mensch von der Hand in den Mund, er wirtschaftet für den Tag, nicht für das Jahr, und was der Boden ihm darbringt, verbraucht er mit kindlicher Unbekümmertheit, ohne je an die Zukunft zu denken. Die unerhört üppige Fruchtbarkeit des Bodens gestattet eine solche Verschwendung, und tritt dennoch einmal als Folge ungünstiger Witterung, insbesondere von Trockenheit, eine Knappheit der Nahrungsmittel ein, so nimmt man eben Hungersnot und Massensterben als eine Schickung hin, gleichwie ein großes Unwetter, dem sich nicht entrinnen läßt. Es ist das Kennzeichen des Staates

1) A. a. O., S. 252.

und der staatlichen Verwaltung, daß in den sieben fetten Jahren vorgesorgt wird für die sieben dürren. Wohl nötigt in den kalten Ländern der „Naturzwang" auch das staatenlose Individuum zu sehr sorgsam überlegter Vorratswirtschaft auf lange Sicht, der Naturmensch der Tropen kommt nicht einmal auf den Gedanken, daß derartiges möglich sei. Wie die Natur selbst dort verschwenderisch mit ihren Gaben umgeht, so denkt auch der Mensch an keine Ersparnis von Energie. Staatenbildung aber bedeutet Energieersparnis. Nur dort, wo der Mensch genötigt ist, über zweckmäßige Nutzbarmachung und Verteilung von dargebotenen Bodenschätzen nachzusinnen, entschließt er sich zur Konzentration von Energie in Form von Staatenbildungen. Genau wie die Vorratswirtschaft zur freiwilligen Annahme von teilweisen Entbehrungen des Augenblicks nötigt, bedeutet auch die freiwillige oder erzwungene Ein- und Unterordnung in staatlichen Gemeinschaften ein gewisses Opfer von persönlichen Freiheiten und Wünschen, von Geld und Gut, aber die Menschen, die sich zu solchen Opfern entschließen, merken bald, daß sie dagegen Vorteile von ungleich höherem Wert eintauschen, Vorteile der größeren persönlichen Sicherheit und meist auch des wirtschaftlichen Wohlergehens auf Grund eines gegenseitigen Garantieverhältnisses zwischen den einzelnen Staatsbürgern. Wie nun im modernen Wirtschaftsleben die großen Betriebe rationeller als die kleinen arbeiten können und wirklich arbeiten, so gewähren auch größere Staaten bei geringer werdenden Opfern ein wachsendes Maß von Sicherheit und Behaglichkeit, von Energieersparnis. Daraus erklärt sich der in der gesamten Menschheitsgeschichte immer wieder zu beobachtende Drang zum Wachstum junger Staatsgebilde zu einem erheblichen Teil. In der Staatenbildung wirkt sich also unbewußt der Trieb der kulturell entwickelteren Menschen zur Rationalisierung aller Betriebe aus, und die Geopolitik stellt dabei sozusagen die politische Betriebswissenschaft dar.

3. Die ältesten Staaten der Menschheit und ihre geographischen Vorbedingungen.

Daß die Antwort auf die Frage, wo auf Erden die ersten Staatsbildungen möglich waren, auf die geographischen Faktoren in stärkster Weise Rücksich nehmen muß, geht aus einem Vergleich zwischen den ältesten Staaten der Welt hervor. Es sind dies Ägypten, Mesopotamien, Indien und China gewesen (wobei kein Wert gelegt werden soll auf die im einzelnen noch recht erheblichen zeitlichen Unterschiede ihrer staatlichen Anfänge, die sich zahlenmäßig überhaupt schlecht erfassen lassen). Es kann kein bloßer geschichtlicher Zufall sein, daß alle diese vier ältesten Staaten und Menschheitskulturen sich übereinstimmend entwickelten in einer weiten Ebene unmittelbar am Ufer eines großen Flusses, dessen Quellen in einem mit reichlichen Niederschlägen ausgestatteten Hochgebirge des weiteren Hinterlandes gelegen waren (Fig. 2—5). Wenn wir von China absehen, dem einzigen jener Staaten, der außerhalb der subtropischen Zone lag und wohl auch der jüngste unter ihnen war, entwickelten sich jene Staaten durchweg in ausgesprochenen Hitze- und Trockengebieten von wüstenartigem Charakter,

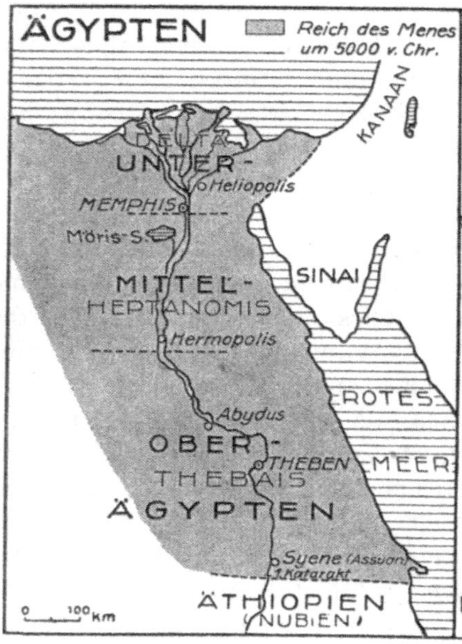

Fig. 2.

Fig. 3.

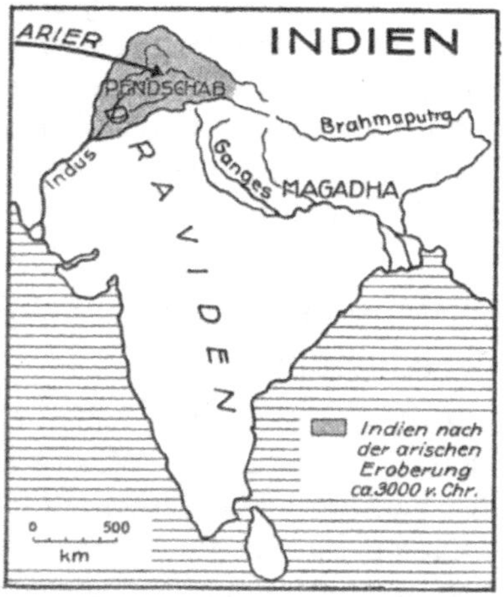

Fig. 4.

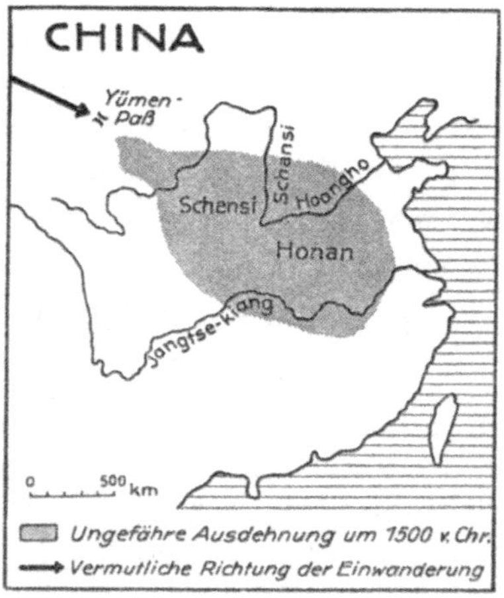

Fig. 5.

Die vier ältesten Staaten.

die jedoch bewohnbar werden durch die reichliche Wasser- und Schlammzufuhr der drei Ströme Nil, Tigris und Indus. Solche Charakterlandschaften gibt es nicht eben häufig auf der Erde. Wenn gerade sie übereinstimmend die ersten höheren Blüten menschlicher Kultur- und Staatsgemeinschaften aufweisen, so kann es keinem Zweifel unterliegen, daß sich hier Naturgesetze, geopolitische Zwangsläufigkeiten ausgewirkt haben.

Ägypten, Assyrien und Indien sind übereinstimmend emporgeblüht in einem dürren Wüstenklima auf einem fruchtbaren, waldarmen Boden, der leicht und ausreichend bewässert werden konnte, dazu in einer hervorragend guten Schutzlage, welche die Bewohner gegen Einfälle räuberischer Horden sicherstellte. Ägypten hatte vielleicht die in bezug auf Sicherheit idealste Lage der Welt: im Westen und Osten ein unabsehbar breiter Wüstengrütel, der nur nach umfangreichen Vorbereitungen von technisch hochstehenden Heeren durchschritten werden kann und der selbst noch im Weltkrieg das Land besser als alle moderne Befestigungskunst gegen den geplanten türkisch-deutschen Angriff schützte, im Norden das Meer, das man erst im 5. vorchristlichen Jahrtausend befahren lernte, im Süden die Katarakte des Nil, die eine Annäherung auf dem Wasserwege ebenso sicher vereitelten, wie die Wüste auf dem Landwege. In Assyrien war es ähnlich: seitwärts im Südwesten und Nordosten Wüste oder wüstenähnliche Gebiete von großer Ausdehnung, im Nordwesten unwegsame Gebirge, im Südosten das Meer und ein riesiger, unüberwindlicher Mündungssumpf der beiden großen Flüsse, die aus den armenischen Bergen in dieses Land hinunterströmen.

Dazu kommt in beiden Fällen, daß die Flüsse auch in den heißesten Zeiten des Jahres ausreichend Wasser behalten, ja zum Teil gerade in den heißen Monaten des Jahres ihre höchsten Wasserstände aufweisen. In Ägypten liegt der eine Quellfluß des Landes, der Weiße Nil, im Bereich der ständigen Tropenregen, während der andere, der Blaue Nil, aus dem Gebiet der starken Sommerregen in den abessinischen Bergen kommt, aus denen der Strom reiche Schlammengen mit sich zu Tale führt. Etwa um Mitte August tritt daher in Ägypten das gesegnete Hochwasser des Nils ein, das bis Ende Oktober anzuhalten pflegt und auf dem gesamten Überschwemmungsgebiet reichliche Sinkstoffe von hoher Fruchtbarkeit ablagert. So sorgt die Natur selbst in geradezu vorbildlicher Weise jahraus jahrein für treffliche Düngung des Kalksteinbodens. Die außerordentlich seltenen Jahre, in denen die Hochwasserwelle des Nils erheblich zu niedrig bleibt (dies war z. B. in den Jahren 902, 966, 1200, 1783 der Fall)[1]), bedeuten eine Katastrophe für das Land. Um aber auch solchen Vorkommnissen gewachsen zu sein, haben die alten Ägypter schon sehr frühzeitig den riesigen Mörissee, als Vorläufer des jetzigen englischen Staubeckens von Assuan, geschaffen, der etwaige ungenügende Wasserversorgung durch künstliche menschliche Einwirkung zu verbessern und ausreichend zu gestalten erlaubte — eines der denkwürdigsten Zeugnisse für die bereits in sehr frühen Zeiten herrschende, ausnehmend hohe geistige und technische Kultur der alten Ägypter!

Demgegenüber pflegt in Mesopotamien das Hochwasser der Ströme Euphrat und Tigris, von denen der erstere unterhalb von El Buseira auf

1) R. Hennig, Katalog bemerkenswerter Witterungsereignisse von den ältesten Zeiten bis zum Jahre 1800. Berlin 1904.

einem viele hundert Kilometer langen Laufe, wie der Nil, nicht einen einzigen Zufluß mehr empfängt, schon im Februar zu beginnen und bis zum Juli zu dauern, mit einem normalen Höhepunkt im Mai und Juni. Hier ist die Schneeschmelze in den armenischen Gebirgen die speisende Quelle. Wieder ist es der aus den Bergen mitgeführte Schlamm, der dem Kalkboden der Ebene seine außerordentliche Fruchtbarkeit verleiht. Frühzeitig lernten die Bewohner Mesopotamiens durch ein System von unzähligen großen und kleinen Bewässerungskanälen (ihre Gesamtlänge soll in der Babylonierzeit volle 18000 km erreicht haben!) möglichst große Teile der zwischen den Strömen liegenden Ebene mit dem befruchtenden Wasser und Schlamm zu versorgen. Während in Ägypten die Möglichkeit der Bodenbestellung auf einen nicht sehr breiten Uferstreifen beschränkt blieb und nur im Delta die Ausdehnung der Kultur über eine ausgedehnte Fläche zu ermöglichen war, konnte im unteren Zweistromland von vornherein flächenförmig die Kultur des Bodens gepflegt werden.

In beiden Ländern lebten jahrtausendelang die Bewohner in der Tat unter der Herrschaft des von unserer hochgepriesenen Gegenwart noch immer nicht wieder erreichten ewigen Friedens. Wenn man von dem einen verhältnismäßig harmlos und friedlich verlaufenden Einfall der Hyksos-Nomaden ins Land Ägypten um 1700 v. Chr. absieht, konnte sich das Nilland rund 3000 Jahre, das Zweistromland nahezu 2000 Jahre lang bis zum Einfall der Elamiten um 2280 v. Chr., eines anscheinend fast ungestörten Friedens erfreuen!

Franz Oppenheimer will von einer solchen friedlichen Entstehung mancher der ältesten Staaten durchaus nichts wissen. Von seinem soziologischen, stark auf Karl Marx eingestellten Standpunkt aus definiert er[1]) jeden ursprünglichen Staat als ein brutales Machtgebilde, als „eine Gesellschaftseinrichtung, die von einer siegreichen Menschengruppe einer besiegten Menschengruppe aufgezwungen wurde mit dem einzigen Zwecke, die Herrschaft der ersten über die letzte zu regeln und gegen innere Aufstände und äußere Angriffe zu sichern".

Ähnliche Auffassungen vertritt Stier-Somlo, bei dem es einmal heißt[2]):

„Der wichtigste Entstehungsgrund des Staates ist die Gewalt, sei es im Wege der kriegerischen Eroberung und Unterwerfung, sei es im Wege einer okkupatorischen Kolonisation."

Es ist ein Trugschluß, wenn Stier-Somlo diese Behauptung damit begründet, daß er sagt:

„Rein historisch ist keine Staatsgründung (älterer Zeit H.) durch Vertrag nachweisbar."

Diese Tatsache als solche ist schon richtig, aber Stier-Somlo übersieht eben, daß keine Staatsverträge möglich sind ohne schon vorhandene Staa-

---

1) Franz Oppenheimer a. a. O., S. 8.
2) Fritz Stier-Somlo, Politik, S. 107. Leipzig 1911 (2. Aufl.).

ten. Philipp Zorn hat hier die historischen Zusammenhänge klarer erkannt, wenn er ausdrücklich feststellt:

„Die Entstehung des Staates ist kein Rechtsprodukt, sonder eine historische Tatsache."

Mag die Auffassung von Oppenheimer und Stier-Somlo für eine ganze Reihe von frühen Staatsbildungen zutreffen, man darf ihr Allgemeingültigkeit dennoch schwerlich zusprechen. Die früheste Geschichte Ägyptens und Babyloniens mutet ausgesprochen friedlich an, wir hören von kulturellen Taten sehr viel früher als von blutigen und kriegerischen im Leben dieser Staaten. „Innere Aufstände" sind der ältesten Geschichte ebenso unbekannt wie „äußere Angriffe", von denen z. B. die ägyptische Überlieferung erstmalig ums Jahr 2050 v. Chr. zu berichten weiß. Es ist daher wohl mindestens eine gewisse Wahrscheinlichkeit gegeben, daß manche erste Staatsbildungen auf einem gewissen patriarchalischen System und auf freiwilligem Zusammenschluß der Nachbarn eines einheitlichen Wirtschaftsgebietes beruhten, die an verschiedenen Stellen der Erde der Naturgewalten, der wilden Tiere, feindlicher Stämme und auch eigener Unruhestifter viribus unitis besser Herr wurden, als wenn jeder sich selbst überlassen blieb. Wie ein jeder Stamm sich einen Führer, einen Häuptling kürte oder duldete, weil die soziologische Weisheit des alten Homer[1]) *οὐκ ἀγαθὸν πολυκοιρανίη· εἷς κοιρανὸς ἔστω* (Niemals frommt Vielherrschaft im Volk; nur Einer sei Herrscher) frühzeitig dem menschlichen Verstand einleuchtete, wie noch in unseren Tagen sich jeder Verein, jede Partei, jeder wirtschaftliche Zweckverband, jedes Parlament einen mit erhöhter Machtbefugnis ausgestatteten Vorsitzenden wählt, so konnte auch das über den Stamm hinausgehende höhere Stadium des freiwilligen Zusammenschlusses zum Staat nur bestehen, wenn es sich freiwillig oder gezwungen einem Staatsoberhaupt und seinen Vertrauten unterordnete. Daß im Laufe der Zeit mancher Herrscher seine Macht mißbrauchte und seine eigene Stellung, nach Art der römischen Cäsaren, zu der einer allmächtigen Gottheit zu erhöhen suchte, ist durchaus eine Sache für sich, ebenso wie die Tatsache, daß eine große Reihe von alten Staaten — Rom und Karthago sind Typen! — in der Tat auf dem von Oppenheimer gezeichneten Wege entstanden ist. Daß aber ein Naturzwang zu staatlicher Disziplin, zum unbedingten Gehorsam unter den Willen des Führers und seiner Ratgeber sich allein schon aus dem Suchen nach den zweckmäßigsten Lebensformen ergab, betont ja Oppenheimer selbst, wenn er eine sehr treffende Bemerkung von Ratzel[2]) zitiert:

„Man geht wohl nicht fehl, wenn man zu den disziplinierenden Kräften im Leben des Nomaden die seit Urzeiten gleiche Zeltordnung rechnet. Jeder und alles hat hier seine feste, altbestimmte Stelle; daher die Raschheit und Ordnung im Auf- und Abbruch, Neuaufstellung und -einrichtung. Unerhört, daß jemand ohne Befehl oder dringendsten Grund seinen Platz verändert."

---

1) Ilias, II, 204/05.

2) Friedr. Ratzel, Völkerkunde, 2. Aufl., Bd. II, S. 545. Leipzig-Wien 1894/5.

Hier ist in nuce gezeigt, wie eine staatliche Ordnung sich durchaus nicht gegen den Willen der Gehorchenden zu entwickeln brauchte. Man hat wohl gesagt: „Wahrhaft frei ist, wer will, was er muß.“ Nun, aus freiem Willen haben die freiesten Stämme oft genug ihrem Führer unbeschränkte Gewalt über alle „Untertanen“ eingeräumt, denn auch hierin äußerte sich Energieersparnis, Rationalisierung der verfügbaren Kräfte. Wie man im Kriege ohne eine diktatorische Führermacht nicht Erfolg haben konnte und den Kürzeren zog, wenn jeder kleine Besserwisser das Recht hatte, auf eigene Faust Krieg zu führen, so ließen sich zunächst auch staatliche Gebilde nicht schaffen und lebensfähig erhalten, wenn nicht ein mit schrankenloser Macht ausgestattetes, gewähltes oder durch Gewalt emporgekommenes Staatsoberhaupt die Zügel fest in der Hand hielt. In dem sinnigen deutschen Märchen, das einen Vater seinen streitenden sieben Söhnen zeigen läßt, wieviel widerstandsfähiger ein Rutenbündel ist als eine Vielheit von einzelnen Ruten, äußert sich dieselbe soziologische Urweisheit, die überall den vornehmsten Grund zur Staatenbildung gelegt haben muß.

Ein vertrauensvoll friedliches, patriarchalisches Verhältnis zwischen Herrschern und Beherrschten, wie es uns etwa bei so manchem der in der Odyssee gezeichneten Miniatur-Staatsgebilde entgegentritt, ist dabei wohl doch wesentlich häufiger gewesen, als es Oppenheimer annimmt, der in der Meinung „Es gibt nur Herren und Knechte“ befangen ist. Mindestens ein gewisser Teil der frühesten Staaten der Geschichte hat in den Anfängen sich weit friedlicherer Zeiten erfreut, als sie in den späteren Jahrtausenden je zu verzeichnen gewesen sind.

Wenn man dies berücksichtigt, so erscheint es berechtigt, daß in den Überlieferungen so mancher Völker die Erinnerung an ein „goldenes Zeitalter“, am Anfang der Menschheitsentwicklung festgehalten ist, und begreiflich, daß gerade an das gesegnete und glückliche Zweistromland die Berichte der Bibel über ein köstliches Paradies, den Garten Eden, anknüpfen, aus dem die Menschen später wegen ihrer Sündhaftigkeit vertrieben wurden.

Im Rahmen solcher glücklichen Natur entwickelten sich also die ältesten Staatswesen der Welt. Die Menschen brauchten dort nicht im steten Kampf ums Dasein nur darauf bedacht zu sein, des Lebens nackte Notdurft zu fristen. Sie konnten sich den seelischen Luxus erlauben, über Gott und Welt und Menschheit ausgiebiger nachzudenken als die Bewohner rauherer Zonen und kargerer oder von Feinden bedrohter Böden. Sollte es wirklich nur ein reiner Zufall sein, daß die wichtigsten monotheistischen Religionen der gegenwärtigen Erde, die jüdische, christliche und mohammedanische Lehre sowie der Buddhismus, sämtlich in den Trockengebieten Südwest- und Südasiens ihren Ursprung gehabt haben? Müssen wir etwa der Geopolitik auch noch eine Geokultur angliedern — das, was Hellpach[1]), wenigstens teilweise, mit dem Ausdruck „Geopsychische Erscheinungen“ bezeichnet?

---

1) Willy Hellpach, Die geopsychischen Erscheinungen. Leipzig 1911.

Die Bewohner jener gesegneten Länder konnten sich aber auch, wenigstens in den durch Intelligenz und größere Energie ausgezeichneten Herrenschichten, frühzeitig das Leben behaglich gestalten, Kunst und Wissenschaft pflegen und insbesondere die Kunde des fast stets unbewölkten Sternenhimmels zu jener fast unbegreiflich anmutenden Höhe entwickeln, zu der wir noch heute mit höchster Bewunderung aufblicken müssen.

Nur dort, wo das individuelle Leben sichergestellt, von Hunger sowohl wie von Feinden im allgemeinen unbedroht war, vermochten sich die höheren geistigen und kulturellen Bedürfnisse zu regen und der Mensch sich froh zum Menschen zu gesellen, um freiwillig den Grundstein zu höheren Gemeinschaften zu legen. Es hieß auch hier: primum vivere, deinde philosophari.

Allerdings stehen den gewaltigen geopolitischen Vorzügen, die jenen frühesten Staaten und Kulturvölkern der Welt ihren erstaunlichen Aufstieg ermöglichten, kaum minder große Nachteile entgegen. Das leichte und behagliche Leben, die mangelnde Stählung des Willens in den Ungewittern des Krieges, die Gewöhnung an den Naturschutz der Umwelt, sie hinderten schließlich auch die Entfaltung neuer Energien, und wie die Natur alljährlich gleich und nicht entwicklungsfähig war, so erstarrten ebenso die Bewohner auf einem gewissen behaglichen Kulturzustande, da jeder Anreiz zu weiteren kulturellen Fortschritten fehlte. Als daher in jüngeren Perioden der Geschichte die schützende Kraft des umgebenden Naturgürtels nicht mehr ausreichte, das Land vor den begehrlichen Zugriffen kriegstüchtiger gewordener Nachbarn zu schützen, da wurde es eine leichte Beute von immer neuen feindlichen Eroberern. Ägypten, das durch rd. 4000 Jahre, länger als jedes andere Land der Welt, ohne Unterbrechung mit staatlicher Unabhängigkeit gesegnet war, ist nunmehr schon seit 3000 Jahren fast immer fremden Herren untertan gewesen: von 1100 v. Chr. bis zur Gegenwart hat sich Ägypten nur noch ein einziges Mal, von 663 bis 330 v. Chr., einer (durch die Zeit der persischen Eroberung unterbrochenen) Unabhängigkeit erfreuen können. Die Kultur der Bewohner, die Wirtschaft, sie haben sich, soweit nicht europäischer Einfluß fördernd einwirkte, in den letzten 3000 Jahren aus sich heraus kaum weiter entwickelt, haben eher einen Rückschritt durchgemacht. Der wegen seiner Bedürfnislosigkeit und Armut verschriene Fellache im heutigen Ägypten bedient sich noch genau derselben Wirtschaftsgeräte wie sein Vorfahr vor 3—4000 Jahren. Alles Autochthone scheint erstarrt in diesem zeitlosen Lande, und das ägyptische Wort spricht wahr: „Alles fürchtet die Zeit, aber die Zeit fürchtet die Pyramiden".

Und wenn wir unseren Blick nach Mesopotamien lenken, treffen wir alle die gleichen Erscheinungen auch dort an. Rund 3000 Jahre war das Land keinen Fremdem untertan, aber seit dem Jahre 538 v. Chr., da die Perser Babylon eroberten, ist es bis auf den heutigen Tag stets in fremder Gewalt gewesen. Die Wirtschaftsformen der eingeborenen Bewohner, soweit nicht erzieherischer Einfluß des Auslands Änderungen erzwingt, sind noch immer dieselben wie vor 5000 Jahren. Die primitiven Boote und Flöße, die den oberen Tigris und Euphrat hinunterschwimmen, die hölzernen Pflüge und sonstigen kümmerlichen Ackergeräte, sie haben sich in nichts verändert seit den Tagen, da sie in genau der gleichen Ausführung auf alten assyrischen und babylonischen Denkmälern abgebildet wurden. Dieselbe merkwürdige, kreisrunde Form der Boote, die die Eingeborenen heute noch benutzen, wurde von Woolley bei seinen Ausgrabungen in Ur als Grabbeigabe, in Silber ausgeführt, in einem Königsgrab der Zeit um 3500 v. Chr. gefunden.

Wenn wir aber hinüberblicken nach den anderen ältesten Kulturstaaten der Welt, nach Indien und China, so finden wir auch dort Verhältnisse, die sich nicht sehr wesentlich von den eben geschilderten unterscheiden: Völker, in denen die Masse heute von einer fast erschreckenden Bedürfnislosigkeit ist, die mit zähestem Konservatismus an längst überlebten Gebräuchen, Sitten, Vorstellungen festhalten und die wenig geeignet sind, ihre volkliche und staatliche Eigenart gegen fremde Einflüsse zu verteidigen. Indiens 300 Millionen-Volk wird von einer Handvoll englischer Soldaten und Beamten sicher am Zügel geführt, und China hat zwar bisher alle fremden Eroberer sich assimiliert und ihre Einflüsse, gleichwie ein starkes Serum, unschädlich gemacht, aber die Erstarrung und Untüchtigkeit zum Kampf ums staatliche Dasein ist doch in den letzten Jahrhunderten nur allzu fühlbar gewesen, wenngleich es augenblicklich den Anschein hat, als wolle man sich auf sich selbst besinnen und, wie schon früher hier und da, die fremden Ausbeuter aus dem Lande hinauswerfen.

Dabei ist zu bemerken, daß China, dessen Anfänge bis über die Mitte des 3. Jahrtausends v. Chr. zurückreichen (Huangti-Zeit 2698—2599 v. Chr.) nicht denselben glänzenden Naturschutz besitzt, wie Ägypten und Mesopotamien. Sind doch selbst die ersten Staatenbildner und Kulturträger als Eroberer von Nordwesten her in die Hoangho-Ebene eingedrungen. Aber was die Natur versagte, schuf man sich künstlich in Gestalt des Wunderwerkes der Chinesischen Mauer. Ebenso waren im Pendschab Indiens die ersten Staatenbildner nicht einheimische Stämme, sondern Indogermanen, die von Nordwesten her ins Indusgebiet eindrangen, ein mächtiges Reich gründeten, die altindische Kultur schufen, schließlich sogar erobernd ins Gangesland einbrachen, dann aber erschlafften und schließlich zum Spielball fremder Herren wurden.

Der Unterschied zwischen der Geschichte Indiens und Chinas besteht im übrigen nicht zuwenigst darin, daß ersteres Land die hineinbrandenden Erobererwellen eine nach der anderen aufnahm und die einzelnen fremden Volkssplitter nicht zu einer einheitlichen Nation verschmolz, sondern neben und übereinander aufspeicherte, so daß das typischste Kastenvolk der Welt entstand, während China eine völkerverdauende Kraft entwickelte, die nur allenfalls in den Ver. Staaten unserer Tage ein geschichtliches Gegenstück findet. Yuan-Shi-Kai soll einmal, einer freundlichen Privatmitteilung Prof. Haushofers zufolge, im Hinblick auf die schnelle Chinesierung selbst der jüdischen Gemeinden in Schansi, treffend geäußert haben: „China ist ein Meer, das alle Flüsse salzig macht, sobald sie sich hinein ergießen. In drei Generationen sind sie alle Chinesen."

Vergegenwärtigt man sich alle jene merkwürdigen Übereinstimmungen in der geographischen Lage und der Geschichte der ältesten Kulturländer des Erdballs, so drängt sich fast von selbst die Wahrnehmung auf, daß die Staaten den einzelnen Menschen sogar gleichen in den Alterserscheinungen, im Verknöchern und Verkalken der Organe. Die Dementia senilis, die so oft dazu führt, daß greise Menschen unter Vormundschaft gestellt werden müssen, scheint auch überalterte Kulturstaaten zu befallen und nötigt dazu, daß andere jugendlichere Völker verfügungsberechtigt über ihr Wohl und Wehe werden müssen. Immer wieder zeigt es sich, daß Staaten und Völker, die einst die ersten der Welt waren, nach Erreichung einer gewissen, im einzelnen stark variierenden Altersgrenze, saft- und kraftlos werden und, einem „zerbrochenen Rohre" (Fairgrieve) gleich, jedem entschlossenen kriegerischen Eroberer zur Beute fallen. Man denke in unseren Tagen etwa an Portugal, das noch um 1500 der mächtigste Staat der Welt war!

An zahlreichen Beispielen lehrt uns die Geschichte, daß kulturell rückständige Völker über kulturell höherstehende mindestens ebenso oft den Sieg davontragen wie umgekehrt. Ackerbauende Völker fallen benachbarten Hirten- und Nomadenvölkern so oft und so regelmäßig zum Opfer, daß Ratzel geradezu das Gesetz formulieren konnte[1]):

„Wüste und Kulturland ruhen nie und nirgends kampflos nebeneinander."

Für die ältesten Perioden der Geschichte mag diese Behauptung nicht zutreffen; für die späteren ist sie unbedingt richtig, zumal wenn man in die „Wüsten" die Steppen einrechnet.

Die Staaten, die entstanden, wenn die kulturlose Steppe Herr des Kulturlandes wurde, waren an Bedeutung sehr verschieden. In vielen Fällen kam es nur zu rudimentären Staatengebilden, wie sie sich selbst im tropischen Afrika finden, etwa in der Herrschaft der Fulbe im Benuë-Gebiet, der Kaffern im Sambesiland, der Araber im Sudan, ferner bei den Galla, den Massai, den Wahuma usw. Mit Recht spricht Ratzel[2]) von dem:

„von Timbuktu bis Peking gültigen Gesetz, daß bevorzugte Staatenbildungen in den an weite Steppen grenzenden, reichen Ackerbauländern entstehen, wo eine hohe Kultur sedentärer Völker gewaltsam in den Dienst energischer, herrschfähiger, kriegerischer Steppenbewohner gezogen wird ... In dem kriegerischen Charakter der Nomaden liegt eine große, staatenschaffende Macht, die sich vielleicht noch klarer als in den von Nomadendynastien und -armeen beherrschten Großstaaten Asiens: dem von Türken regierten Persien, dem von Mongolen und Mandschu verwalteten China, den Mongolen- und Radschputen-Staaten Indiens, am Rande des Sudans ausspricht."

In den meisten Fällen wird die „Staatenbildung" in solchen Fällen einfach darauf beruhen, daß das Herrenvolk die Unterworfenen, die es früher

1) Ratzel, Völkerkunde, Bd. II, S. 405. 2) A. a. O., Bd. II, S. 470.

umbrachte, tributpflichtig macht und ihnen wohl auch einmal bewaffnete Hilfe im Kampfe gegen neue Angreifer leiht, um die wertvolle Quelle der regelmäßigen Tributzahlungen (der heutigen Dawes-Zahlungen!) nicht verstopfen zu lassen. Treffend sagt Oppenheimer[1]):

„Der Hirt im ersten Stadium ist der Bär, der den Bienenstock zerstört, indem er ihn ausraubt; im zweiten ist er der Imker, der ihm genug Honig läßt, um zu überwintern."

Auf sehr hohen Kulturen konnten tüchtige Herrscher erobernder Nomaden Staaten von hohem Glanz errichten, wie es uns die Herrschaft eines Kublai Khan im China Marco Polos oder die Herrschaft des Aztekenherrschers Montezuma im unterjochten Toltekenreich Mexikos zur Zeit des Cortez vor Augen führt.

Wie oft mag Ähnliches in den Anfängen der Geschichte vor sich gegangen sein, aber „kein Lied, kein Heldenbuch" meldet das Geringste davon! Und wie viele Staaten, die einst einer kleinen Welt geboten, sind vielleicht namenlos dahingegangen, verdorben, gestorben! Ubi sunt, qui ante nos in mundo fuere —? ubi iam? fuere . . .

Wir wissen heute, daß es einst mächtige Staaten, Großmächte ihrer Zeit, gegeben hat, von denen wir kaum mehr als den Namen, ja, vielleicht selbst diesen nicht immer sicher, kennen, Staaten, über deren geopolitischen Ursprung wir einfach aus dem Grunde nichts aussagen können, weil wir überhaupt so gut wie nichts von ihnen wissen. Wir hören, daß zwischen 3000 und 1000 v. Chr. blühende Staaten bestanden auf Kreta, in Achaja, bei den Hethitern (Chatti) in Vorderasien, die mit Ägypten Kriege führten oder „ewige Friedensverträge" abschlossen und bis 1200 eine Großmacht bildeten, ebenso in Tartessos, bei den Sabäern Südarabiens usw. Aber außer dem Wenigen, was ägyptische Dokumente, manche Stellen der Bibel, altgriechische Sagen, die neuaufgefundenen Texte von Boghazköj und die junge „Wissenschaft des Spatens" uns lehren, wissen wir von jenen und sicher noch manchen anderen Staaten nichts. Wir fangen an zu ahnen, daß es außerhalb und vor unserer offiziellen „Weltgeschichte" schon allerhand staatliche Gebilde und kulturelle Verkehrsbeziehungen gab, von denen keine Überlieferung uns etwas meldet. Schuchhardts prächtiges Werk „Alt-Europa" läßt einen Einblick in die Reichhaltigkeit dieser vor- und frühgeschichtlichen Völkerschicksale tun, auf die nur hier und da einmal ein vereinzeltes Schlaglicht eigentümlichster Art fällt, wie jener auf dem ägyptischem Boden gemachte, aus der Zeit des beginnenden „neuen Reiches" stammende, heute in Florenz befindliche Fund eines ganzen Streitwagens altnordischer Herkunft samt nordischen Schwerterklingen usw.[2]) Was gibt der in Afrika und Südeuropa nirgends vorkommende Birken-Bast, mit dem die Speichen jenes nordischen Streitwagens umwunden sind, für unfaßbare und vielleicht für immer unlösbare kulturhistorische Rätsel auf! Wer weiß denn, ob jene frühesten Kulturstätten, von denen

1) A. a. O., S. 38/9.
2) Prähistorische Zeitschrift, 1912, S. 447.

wir etwas wissen, auch wirklich die ältesten gewesen sind? Sagt doch Schuchhardt schon rundheraus[1]:

„Jetzt sind Babel und Memphis an Alter weit überholt durch Laussel (Südfrankreich) und Altamira (bei Santander)."

Bezieht sich auch diese Bemerkung nur auf kulturelle Leistungen, nicht auf politische Gebilde, so kann es doch keinem Zweifel unterliegen, daß es machtvolle Staaten gegeben hat, von deren Existenz wir erst in jüngster Zeit zum ersten Male etwas erfahren haben. Wohl hat man nie bezweifelt, daß z. B. die Gesänge der Ilias auf irgendein geschichtliches Ereignis Bezug gehabt haben müssen, aber erst jetzt haben die in der alten Hethiter-Hauptstadt Boghazköj aufgefundenen Texte uns erkennen lassen, daß sie wahrscheinlich viel mehr geschichtliche Wahrheit enthalten, als man bisher für möglich hielt. Was Schliemanns Grabungen in Mykenä uns andeuteten, ist durch die Boghazköj-Texte zur Gewißheit geworden: daß es schon vor 1200 v. Chr. einen mächtigen Staat Achaja (Achawija) gab, einen „Bundesstaat unter Führung eines Großkönigs"[2], der in der Agamemnon-Stadt Mykenä seinen Mittelpunkt hatte und dessen Herrschaft bis zur kleinasiatischen Westküste hinüberreichte. Nun, und von Troja selbst, der „ersten Burg am Gestade des griechischen Meeres"[3], wissen wir heute, daß der von Homer besungene griechische Feldzug, dessen politisches Ziel wohl die Öffnung der Dardanellen und des Schwarzen Meeres für die griechische Schiffahrt war, nicht die älteste, sondern erst die sechste Siedlung am Fuß des Ida zerstörte, daß die ältesten Palastbauten Trojas bereits zwischen 3000 und 2500 v. Chr. angelegt worden waren und daß schon die zweite Siedlung um 2000 v. Chr. einer an sich noch gewaltigeren Kriegskatastrophe zum Opfer gefallen ist als 800 Jahre später die sechste, die in Homer ihren Sänger gefunden hat und dadurch unsterblich geworden ist.

Wir fangen langsam an, es zu begreifen: die politische Weltgeschichte hat viel früher begonnen, als man bis jetzt annahm. Hat man früher ihren Anfang auf etwa 3000 v. Chr. angesetzt, so werden wir sie künftig etwa beim Jahre 5000 v. Chr. beginnen lassen müssen. Es steht heute fest, daß sowohl die Ägypter der 4. Dynastie wie die Babylonier derselben Zeit schon ums Jahr 3800 v. Chr. aus der Sinai-Halbinsel Kupfer und Steine in ihre Heimat geschafft haben. Was erfordern derartige Verkehrsleistungen für eine Organisation, was für eine Technik, was für eine staatliche Regelung, was für eine lange politische Vorgeschichte!

---

1) Karl Schuchhardt, Alteuropa, 2. Aufl., S. 273, München 1926.
2) Ebendort, S. 227.
3) Ebendort, S. 203.

4. Das Mittelmeer als Schöpfer der ersten Seestaaten.

Das östliche Mittelmeer brachte in den frühen Perioden zumindest sechs verschiedene Völker hervor, die in der Seeschiffahrt Ansehnliches leisteten: die Ägypter, die Kreter, die Phönizier, die Griechen, die an an der thrazischen Küste wohnenden Minyer und die im südwestlichen Kleinasien ansässigen Karer. Es ist kein Zufall, daß gerade das östliche Mittelmeer mitsamt dem Ägäischen Meer eine so große Zahl von Schiffahrtsvölkern sich entwickeln ließ, wie sonst wohl nur noch die Nordsee mit dem Ärmelkanal und die polynesischen Gewässer. Jene Meere sind eben eine geradezu ideale „Kinderstube" für Seefahrervölker. Eine große Menge von Inseln belebt die Gewässer und erleichtert die Fahrt übers Meer in weite Fernen. Außer im Süden ist eine außerordentlich große Zahl von guten, geschützten Buchten und trefflichen Häfen vorhanden. Irgendwie nennenswerte Gezeitenunterschiede, auf die Rücksicht genommen werden muß, gibt es nicht. Vortreffliche Sichtigkeit der Luft ist die Regel, durch rund 7 Monate in jedem Jahre herrscht fast immer gutes, heiteres Wetter, das eine leichte Orientierung nach der Sonne und den Sternen ermöglicht. Die Winde wehen ziemlich gleichmäßig, ebenso wie verläßliche und günstig gerichtete Strömungen vorhanden sind. Dazu kommt ein für praktische Zwecke günstiger, äußerst regelmäßiger Wechsel zwischen Land- und Seewinden in der guten Jahreszeit: etwa zwischen 9 und 11 Uhr abends setzt an Sommertagen der Landwind ein und ermöglicht den Schiffen ein bequemes Verlassen des Hafens, wenn sie zu den wegen des gleichmäßigen Windes beliebten und infolge der steten Sternklarheit fast immer möglichen Nachtfahrten aufbrechen, ebenso wie morgens der aufkommende Seewind die Landung zu erleichtern pflegt.

So kann man es geopolitisch wohl verstehen, ja, muß es als der Logik der staatlichen Entwicklung angemessen bewerten, daß der älteste europäische Staat, von dem wir wissen, auf der großen und dennoch ungewöhnlich gut gesicherten Insel Kreta entstand. In die uralte Theseus-Sage klingen bekanntlich Motive hinein, daß selbst Athen mit dem umliegenden Gebiete dereinst politisch den Herrschern von Kreta tributpflichtig war. Es ist von vornherein unwahrscheinlich, daß eine allbekannte athenische Lokalsage, mit einem für das nationale Selbstgefühl der Athener doch immerhin peinlichen Anfang, gänzlich aus der Luft gegriffen und ohne geschichtliche Vorgänge entstanden sein soll. Jetzt aber dürfen wir behaupten, daß ein erhebliches Maß von historischer Wahrscheinlichkeit für eine zeitweilige Ausdehnung der kretischen Herrschaft auf attischen Boden spricht, ja, man hat sogar Grund zu der Annahme, daß der oben erwähnte ältere und anscheinend noch gewaltigere „Trojanische Krieg" ums Jahr 2000 v. Chr., der die überaus schatzreiche älteste Burg Troja in Trümmer legte, von Kretern ausgefochten worden ist[1])! Ägypten konnte

---

1) Pauly-Wissowas Realenzyklopädie, Bd. XI, 2, Sp. 1750.

keine größere Seemacht werden, weil es ihm auf eigenem Boden an brauchbarem Schiffsholz fehlte; Kreta aber war dazu infolge seines Holzreichtums in der Lage.

Kretas Macht und Herrlichkeit tritt uns in den homerischen Gesängen noch anschaulich genug entgegen, obwohl zur Zeit des trojanischen Krieges die kretische Großmachtstellung schon seit über 200 Jahren nicht mehr bestand und der Hegemonie Mykenäs Platz gemacht hatte. Der Ilias zufolge[1]) sollen auf Kreta 100, der Odyssee zufolge[2]) 90 Städte gelegen haben. Die seit 1899 durch Evans vorgenommenen Ausgrabungen in den Hauptstädten Knossos und Phaistos, die ganz offen und ungeschützt an der kretischen Nordküste lagen — ein sicherer Beweis für die überragende kretische Seeherrschaft! — haben uns ein staunenswertes Bild von der Macht und der Kultur der sogenannten „minoischen Periode" ergeben, deren höchste Blüte etwa auf die Zeit um 1700—1500 v. Chr. anzusetzen ist. Insgesamt dürfte sich die politische Macht Kretas (mit Unterbrechungen) über rund 1½ Jahrtausende, von 2900—1400 v. Chr., erstreckt haben. Sie fand offenbar ihr Ende dadurch, daß der Staat Achaja Kreta eroberte. Viele aus Kreta stammende Schätze, die man in Mykenä gefunden hat, lassen darauf ziemlich unzweideutig schließen.

Die Kreter haben, als Vorläufer der Phönizier auf dem Mittelmeer, anscheinend schon ein Jahrtausend vor diesen Handelsbeziehungen mit Spanien unterhalten:

„In Kreta hat man die Dolchklingen im Funde von Kumasa mit Recht immer schon als spanischen Import angesehen, weil er auch ein paar silberne Klingen enthielt."[3])

Die Vermutung hat wohl viel für sich, daß auch die in Troja II aufgefundenen Silberwaren von voraussichtlich spanischer Herkunft durch kretische Händler nach Kleinasien gebracht worden sind.

Kreta scheint die älteste politische Seemacht der Geschichte gewesen zu sein. Was es als Rasseproblem zu bedeuten hat, daß die Träger dieser Kultur zum erheblichen Teil blond gewesen sein sollen, wage ich nicht zu beurteilen. Es heißt ja, daß die Kreter „ganz unzweifelhaft ungriechischen Ursprungs" gewesen sind.[4])

Auf Kreta trafen alle trefflichsten Vorbedingungen für ein wirtschaftliches und politisches Gedeihen zusammen: Holzreichtum, zumal an Eichen und Fichten, Wasserreichtum infolge zahlreicher Gießbäche, die aus den Gebirgen des Inneren herunterströmen, meist steile Küsten, die die Verteidigung ungemein erleichterten, ein treffliches Klima und, infolge der Nähe des Meeres, reichlicher und regelmäßiger Tau auch in dem regenlosen Sommern, so daß der Boden Getreide, Oliven, Wein, Honig in reicher Fülle hervorbrachte. Daß es der Großmacht Achaja, die auch den berühmten Krieg gegen Troja führte, um 1400 gelang, eine so trefflich

---

1) Ilias, II, 649.
2) Od. XIX, 174.
3) Schuchhardt, a. a. O., 1. Aufl., S. 58.
4) Pauly-Wissowas Realenzyklopädie Bd. XI, 1, Sp. 928.

geschützte Seemacht niederzuzwingen, läßt die kriegerische Tüchtigkeit der Hellenen im hellsten Lichte erscheinen, während im übrigen die Kultur in Griechenland um 1500 v. Chr. gegenüber Kreta, Ägypten, Babylonien, Südwest-Spanien, selbst Germanien usw. noch stark rückständig gewesen sein muß.[1])

Sonst hat es im Altertum nur noch ein Mal eine wirkliche staatliche Großmacht zur See gegeben: Karthago, das zeitweilig an Stelle seiner Feindin Rom die Herrin der Welt werden zu wollen schien. Unter welchem äußeren Anreiz die phönizischen Händler, die sich im 9. Jahrhundert in Karthago niedergelassen hatten, verhältnismäßig schnell ihre hervorragende Kriegstüchtigkeit erwarben, ist nicht ganz klar. Ursprünglich sollen sie ja den in Tunis einheimischen Libyern, denen sie ein Stück Boden für ihre Siedlung, der Sage nach, abkauften, tributpflichtig gewesen sein. Es dauerte aber nicht lange, dann hatten sie sich selber die Libyer untertan gemacht und dehnten ihre Herrschaft bis an den Atlantischen Ozean, auf Sizilien, Sardinien und Korsika, die Balearen und Spanien aus, bis sie in den verhängnisvollen Zusammenprall mit den Römern hineingezogen wurden (Fig. 6).

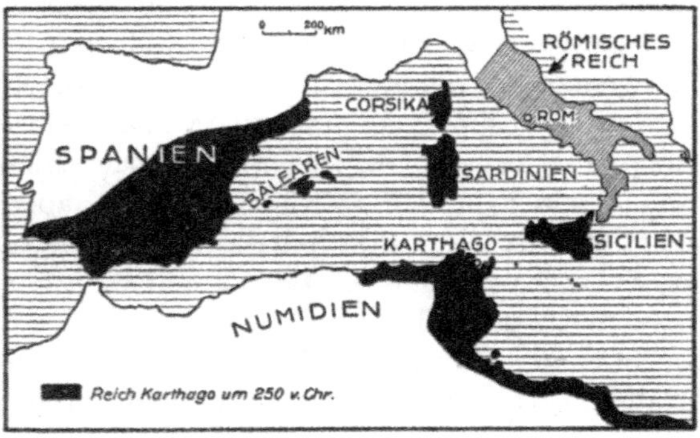

Fig. 6.
Das karthagische Reich zur Zeit der höchsten Blüte.

Wenn wir die Lage des karthagischen Kernstaates geopolitisch betrachten, so erkennen wir wieder eine ausgezeichnete Sicherheitslage nach allen Seiten. Die Kulturzone des nordwestlichen Afrika bildet ja gewissermaßen eine Insel und heißt bei den Arabern auch geradezu „Insel des Westens" (Gezireh el Magrib). Gegen Süden ist sie durch die Wüste, gegen Westen durch den Ozean, gegen Norden und Osten durch das Mittelmeer geschützt, worauf bereits Carl Ritter hinwies.[2]) Sie kann demnach in ihrer Sicherheit keinesfalls bedroht werden, solange nicht eine fremde Seemacht sich ihren Küsten nähert. Eine solche fremde Seemacht bestand aber in den ersten $5\frac{1}{2}$ Jahrhunderten karthagischer Geschichte nicht. Es scheint, daß die Bevölkerungszunahme in Karthago sehr bedeutend war und daß dann der zu knappe Nahrungsspielraum zu fortgesetzter, teils kriegerischer, teils friedlicher Ausdehnung nötigte. Hören wir doch, daß etwa gegen Ende des 6. Jahrhunderts von den karthagischen Suffeten beschlossen wurde, eine überschüssige Volksmenge von 30000 Köpfen zur Auswanderung zu ver-

1) Wilh. Weber, Die Staatenwelt des Mittelmeers in der Frühzeit des Griechentums, S. 17. Stuttgart 1925.

2) Carl Ritter, Erdkunde, Afrika, Bd. I, 1, S. 884.

anlassen und sie in neu zu gründenden Kolonien an der Küste des Atlantischen Ozeans anzusiedeln.[1]) Die staatliche Großmacht der Karthager im westlichen Mittelmeer brach schließlich unter den Schlägen des zäheren und sittlich höherstehenden Rom zusammen. Wie sehr aber der Boden Nordwestafrikas und zumal derjenige von Tunis geopolitisch geeignet war zur Bildung machtvoller Staaten, zeigte sich noch einmal, als im 5. Jahrhundert n. Chr. die germanischen Vandalen unter dem bewundernswerten Herrscher Geiserich (428—477) sich auf den Trümmern Karthagos wiederum ein starkes und stolzes, wenn auch nur kurzlebiges Reich schufen, das ebenso, wie dereinst Karthago in der Hannibal-Zeit, Rom in seinen Grundvesten erbeben ließ und sich nach der Seeschlacht am Kap Bon (468) anschickte, die erste Vormacht im gesamten Mittelmeer zu werden. Hieß doch eben dies Mittelmeer von da an lange Zeit Wendel(Wandalen)-Meer! — Und noch einmal, im 16. Jahrhundert, fehlte nicht viel, daß wieder an derselben Stelle der Seeräuber Djereddin Barbarossa einem kraftvollen Staat von Dauer zum Leben verholfen hätte. Nur Karls V. Eingreifen zur See hat diese Entwicklung verhindert.

5. Die Gegenpole antiken staatlichen Lebens: Phönizien, Hellas, Rom.

Nicht immer entwickelte sich aus jener günstigen Lage zum Mittelmeer eine staatliche Macht. Die Phönizier, deren Seeruhm den der Kreter bekanntlich noch weit überstrahlt hat, waren in dieser Hinsicht das genaue Gegenteil der Kreter, was ebenfalls geopolitisch durchaus verständlich ist. Ihre Küste war zwar holzreich (Libanon), aber verhältnismäßig leicht zugänglich, schlecht geschützt, sowohl gegen die See wie gegen das Hinterland. Der allgemeine Charakter dieses typischsten orientalischen Kaufmannsvolkes, das mehr dem Händler- als dem Heldentum zuneigte, mag auch das Seinige dazu beigetragen haben, daß die phönizischen Städte, unter denen bekanntlich Sidon (das heutige Saïda) und Tyrus (Sur) die wichtigste Rolle spielten, nie auch nur den Willen gehabt zu haben scheinen, sich staatlich zusammenzuschließen und politisch eine Eigenrolle zu spielen. Während 2½ Jahrtausende später die Seestädte der deutschen Hanse doch wenigstens den Versuch eines staatlichen Zusammenschlusses zur gemeinsamen Wahrung identischer Interessen machten, führten die einzelnen phönizischen Städte etwa bis zum Jahre 1000 v. Chr., ein vollendetes Eigenbrötlerleben und waren nur auf Wahrung ihrer wirtschaftlichen Belange bedacht. Jeder politische und staatliche Ehrgeiz lag ihnen so vollkommen fern, daß sie kaum je wagten, sich gegen fremde Eroberer zu schützen (nur Tyrus verteidigte sich um 670 gegen die Assyrer mit und 332 gegen Alexander ohne Erfolg). In den 2½ Jahrtausenden der Geschichte der altphönizischen Gebiete, vom Anfang des 3. Jahrtausends bis

1) Hannonis periplus, § 1.

332 v. Chr., hat das phönizische Küstenland fast dauernd wechselnden, fremden Herren gehorcht und war zufrieden, wenn man es friedlich Handel treiben und Tribut zahlen ließ. Dem jeweilig stärksten Staat war es willig untertan. Nur in der Periode nach 1000 v. Chr., als die angrenzenden Großmächte Assyrien, Hethiterreich, Ägypten selber eine Zeit starker Schwächung durchmachten, rafften sich die Phönizier unter Führung von Tyrus zu einem Ansatz von staatlichem Eigenwillen auf, ja, sie betätigten sich in dieser Zeit sogar selbst als Herren und Eroberer im fernen Spanien, wo sie das reiche Tartessos vorübergehend in Abhängigkeit von sich brachten. Aber lange dauerte dieser Aufschwung nicht: bald waren die Assyrer neuerdings die Herren im Lande.

Die geopolitische Lage Phöniziens war die denkbar trefflichste zur Entwicklung eines einträglichen Land- und Seehandels und zur Sammlung erheblicher Reichtümer. Am Fuße eines mit Holz- und Metallschätzen ausgestatteten Gebirges gelegen, gegen Osten durch das Euphrattal mit Babylonien und weiter mit den reichen Rohstoffländern Indien und selbst China verbunden (von wo schon im 2. Jahrtausend v. Chr. Seide ans Mittelmeer kam!), gegen Westen auf das für die Seeschiffahrt trefflichst geeignete Meer und unbegrenzt viele, handelsfrohe Küsten blickend, mußten sie, sobald sich ihnen politisch mächtigere Wettbewerber nicht in den Weg stellten, zu einer Großmacht des Handels werden, und sie wurden dies um so sicherer, je bewußter sie jeden nationalen Ehrgeiz zurückstellten. So viele Eroberungen ihr Land im Lauf der Zeit auch durchmachte, die fremden Herren hüteten sich 2000 Jahre lang wohlweislich, die Henne zu schlachten, die die goldenen Eier legte.[1]) Die Phönizier gehorchten in buntem Wechsel den Assyrern, den Ägyptern, Hethitern, Babyloniern, Persern und trieben unter allen Herren ihren einträglichen Handel von China bis zum Atlantischen Ozean nach dem Motto: „Die fremden Eroberer kommen und gehen; wir gehorchen, aber wir bleiben stehen!" Rühmlich für ihre Staatsgesinnung, für ihr Nationalgefühl ist ein solches ruere in servitium gewiß nicht, aber kulturhistorisch haben dennoch die Phönizier mehr als irgendein anderes Volk der alten Welt für die Entwickelung der Handelsbeziehungen zwischen den Völkern getan.

Der Wille zum Staat und der Wille zum Handel sind nur allzu oft, auch in unseren Tagen noch, Gegensätze, denn dem Handel pflegt eine weitgehende Verwischung staatlicher Grenzen im allgemeinen durchaus willkommen zu sein. Kaum jemals aber in der Geschichte hat ein leidlich kultiviertes Volk so bewußt das staatliche Eigenleben negiert und einseitig den Handel und nur den Handel gepflegt wie die Phönizier. So viel wir wissen, haben sie, im schroffen Gegensatz zur kretischen Seemacht, während ihrer ganzen Geschichte nie ein einziges Kriegsschiff besessen, geschweige denn eine Kriegsflotte. Sie haben Kolonien in großer Zahl be-

---

1) Vgl. die bezeichnende Äußerung Herodots (III, 19): „Gewalt wollte Kambyses den Phöniziern nicht antun, weil sie sich den Persern freiwillig ergeben hatten und die ganze Seemacht von den Phöniziern abhing."

gründet, über 300 im Bereich des Mittelmeers und seiner nächsten Umgebung[1]), unter denen die berühmtesten Gades und Karthago waren. Gades trug den echt phönizischen Charakter: es war eine lediglich für Handelsgeschäfte ins Leben gerufene Stadt ohne jeden noch so bescheidenen politischen Ehrgeiz, gegründet ausschließlich zu dem Zweck, den höchst einträglichen Zwischenhandel zwischen dem metallhungrigen Mittelmeergebiet und dem westlichen Haupt-Metallmarkt Tartessos (Tarschisch) an der Guadalquivir-Mündung tunlichst ausschließlich in phönizischen Händen zu behalten. Das Ratzelsche Wort[2]): „Reich, aber vaterlandslos" hat nie eine typischere Verwirklichung als in Phönizien gefunden. Karthago dagegen schlug gewissermaßen aus der Art, denn es hat sich bekanntlich, obwohl es eine Tochter phönizischen Händlergeistes war, zu einem machtvollen und kriegstüchtigen Staat ersten Ranges entwickelt.

Die Tatsache, daß die so ganz unkriegerischen Phönizier in weiter Ferne Kolonien ins Leben rufen und ebenso, wie die gleichfalls kriegsuntüchtigen und handelsfrohen Bewohner von Tartessos, jahrhundertelang ungestört Seehandel treiben konnten, läßt darauf schließen, worauf auch die homerischen Gesänge hindeuten, daß es in jener Periode ums Jahr 1000 v. Chr. eigentliche Berufs-Seeräuber nicht gab. Wo eine solche Plage sich nämlich entwickelte, da war eine nur auf den Handel eingestellte Betätigung zur See von Dauer nicht mehr möglich, da wirkte sie auf die betroffenen Seevölker als ein Zwang zur staatlichen Konzentration, zur Schaffung staatlicher Machtmittel, zur Erweckung kriegerischer Tüchtigkeit. Angeblich soll ja auch Kreta seine Seemacht entwickelt haben, um sich gegen Seeräuber durchzusetzen. Verkehrsgeschichtlich bleibt zu beachten, daß in der Regel Seeräuberei erst eine Folge des Seehandels sein kann. Bezeugt ist das Auftreten von Seeräubern aus der Ägäis, der Chalyber, die selbst im Nildelta um 2050 v. Chr. noch Plündereien verübten.[3]) Daß immerhin auch die friedlichen Handelsleute hier und da vor Seeraub im kleinen nicht zurückscheuten, lehrt uns die Odyssee am Beispiel des Eumäus[4]), wie ja auch Odysseus selbst gelegentlich Seeräuberei zu treiben nicht verschmähte.[5])

Für das Staats- und Nationalgefühl der Phönizier wäre es entschieden förderlicher gewesen, wenn ihr Seehandel sich unter steter Bedrohung durch räuberische und feindliche Angriffe hätte abspielen müssen. Wir sehen es mehr als 2000 Jahre später am Beispiel der deutschen Hansa, wie bei einer Händlerbevölkerung, der sicher ein völlig ungefährdeter Seehandel nach phönizischer Art am willkommensten gewesen wäre, der Zwang, sich gegen die Konkurrenz der Dänen, Schweden, Norweger,

1) Alexander Peez, Zur neuesten Handelspolitik, S. 326. Wien 1895.

2) Fr. Ratzel, „Das Meer als Quelle . . .", S. 46.

3) Robert Eisler, „Die Annahme eines arisch-europäischen Ursprungs des Alphabets im Lichte neuer Funde" in der Festschrift zu Lehmann-Haupts 60. Geburtstag, S. 18. Wien-Leipzig 1921.

4) Od. XV, 414—474. 5) Od. IX, 40—42.

Engländer, der holländischen und flandrischen Städte durchzusetzen und gleichzeitig die Angriffe der Vitalienbrüder und anderer Seeräuber abzuwehren, sich politisch und militärisch auswirkt: die Kaufherren sind gezwungen, sich kriegerische Schlagfertigkeit zu erwerben, sich eine zu stolzen Leistungen fähige Kriegsflotte zu verschaffen und sich auch politisch zu organisieren. Die „Hansa" ist bekanntlich nie ein staatliches Gebilde gewesen, sondern lediglich ein politischer und wirtschaftlicher Zweckverband losester Art, und dennoch sehen wir von dieser unstaatlichen Organisation politische Wirkungen einschneidendster Art ausgehen. Ist doch die Hansa das einzige Beispiel der Geschichte, daß sich ohne jede staatliche Grundlage eine politische Macht, ja, sogar eine Großmacht entwickeln kann, denn es ist nicht zu verkennen, daß nach dem glänzendsten aller Hansatage, der am 19. November 1367 in Köln abgehalten wurde, und nach dem glorreichen Frieden von Stralsund (24. Mai 1370) der lockere deutsche Hansabund einige Zeit hindurch die politische Vormacht im ganzen Bereich der Ost- und Nordsee gewesen ist. Vielleicht hätten sich in der Schule der Gefahr auch die unkriegerischen Phönizier zu stärkerer politischer Aktivität entfaltet!

Mit wenigen Ausnahmen haben die zahlreichen phönizischen und griechischen Kolonien im westlichen Mittelmeer, im Schwarzen Meer, in der Adria, am Atlantischen Ozean usw. keine größere politische und staatliche Bedeutung erlangt (vgl. S. 215ff.). Sie waren politisch überwiegend Stadtstaaten von durchaus lokaler Wichtigkeit und meist nur auf Pflege des Handels bedacht, ohne staatlichen Ehrgeiz. Einzig und allein Karthago machte eine Ausnahme.

Dem Typus Phönizien stellten sich der Typus Hellas und der Typus Rom als völlig andere politische Ideenwelten gegenüber.

Wir hörten oben, daß um 1200 v. Chr. im südlichen Griechenland eine staatliche Großmacht Achaja bestand, organisiert anscheinend in der Weise, daß viele kleine König- und Herrscherreiche in losem Verhältnis, nach Art von Bundesstaaten, einem Großkönig in Mykenä gehorchten, wie es uns die Organisation des Feldzugs der Ilias vor Augen führt. In der gesamten späteren Entwicklung ist Griechenland nie ein einheitlicher Staat gewesen und wurde zu einem solchen erst wieder geeinigt, als der mazedonische und später der römische Eroberer das Land von außen her gewaltsam zusammenfügten. Genau wie im deutschen Reich der Jahrhunderte vor 1870 oder im Italien des Mittelalters und der beginnenden Neuzeit war die innere Zerrissenheit des Volkes so groß, daß eine staatliche Einigung nie und ein gemeinsames Vorgehen nur in schwersten Notzeiten, wie anläßlich des Perserkrieges, zu erzielen war. Bei den alten Hellenen überwucherten, wie bei den Deutschen, Partikularismus und Eigenbrötelei fast immer das Nationalbewußtsein, und trotz hoher militärischer Tüchtigkeit blieben politische Erfolge versagt, weil jedem großen Staatsmann und Führer die schlimmsten Feinde unter den eigenen Landsleuten erwuchsen. Ganz große Geister konnten vorübergehend das hellenische und das deutsche Volk zur ersten politischen Macht des Zeitalters emporreißen: ein Alexander, ein Barbarossa, ein Bismarck; aber stets setzte bald nach dem Tode dieser Genies durch Zerklüftung im Innern auch wieder der staatliche Verfall ein: das Diadochentum, das Interregnum, der Selbstmord von 1918. Erstaunlich ist es, wie die Perioden stärkster politischer Zerrissenheit eines Landes und gesamtstaatlicher Machtlosigkeit oftmals gleichzeitig die höchsten Steigerungen kultureller Blüte und unsterblichen Geisteslebens brachten: die Perikleszeit, die Renaissance, die klassische Periode von Weimar. Es zeigt sich beim Hellenen wie beim Deutschen, daß mit einer glänzenden Disziplin im kleinen (Sport-, Turn-, Gesangvereine usw., politische Parteien) eine unbegreifliche Disziplinlosigkeit, Querköpfigkeit und Kurzsichtigkeit im staatlichen Dasein Hand in Hand geht. Bei den Hellenen stellten ein Kleon, ein Alkibiades u. a. solche zersetzenden Elemente von besonderer Eindringlichkeit dar. Nun, und in unserer Gegenwart ist es nicht schwer, Parallelbeispiele nachzuweisen. In Rom machte man solche Staatsfeinde und Wirrköpfe, wenn sie einmal auftauchten, rücksichtslos unschädlich (Spartacus, Catilina); im zerrissenen und politisch unreifen Hellenenvolk aber und im deutschen Volk haben sie sich nur allzu oft durchgesetzt und schweres Unheil gestiftet.

Diese Eigenart des Nationalcharakters hat es bedingt, daß das kulturell höchststehende Volk der alten Welt niemals nach außen politisch eine Rolle zu spielen vermochte. Wenn wir absehen von dem geschlossenen Auftreten in der Perserzeit, das die aus der Not geborenen Großtaten von Marathon, Salamis und Platää verrichtete, besteht die politische Geschichte der klassischen Zeit Griechenlands fast ausschließlich aus Kriegen der einzelnen Stämme untereinander, aus Kämpfen um die Hegemonie, genau wie die deutsche politische Geschichte Deutschlands ungleich reicher ist an Schmalkaldischen, Dreißigjährigen, Siebenjährigen und 1866er Kriegen als an Taten der Gesamtnation, wie sie auf dem Lechfeld, bei Leipzig und Sedan vollbracht wurden, und selbst in schwersten nationalen Notzeiten lähmten nur allzu gern denkbar geringfügigste innerpolitische Meinungsverschiedenheiten jede erfolgreiche Aktivität gegen den äußeren Feind. Als Philipp von Mazedonien schon die Hand nach der griechischen Beute ausstreckte, rieben sich die hellenischen Stämme noch in Zwistigkeiten zwischen Athen und Theben und Phokis auf, bis es zu spät zum Widerstand war, und bei Legnano vollführte Heinrichs des Löwen Eigenbrötelei ebenso einen Dolchstoß gegen Barbarossas Kampffähigkeit wie der innerpolitische Machthunger deutscher Parteien in den bösen Tagen von 1918. Auch in Kreta, das in vorgriechischer Zeit durch $1\frac{1}{2}$ Jahrtausende eine glänzende politische Blüte erlebt hatte, ist es nach der griechischen Eroberung und Besiedlung zu keiner staatlichen Machtentfaltung mehr gekommen. Vielmehr bekriegten sich die einzelnen Städte gegenseitig so lange und so gründlich, daß schließlich der römische Eroberer leichtes Spiel hatte.

Wie ganz anders ist demgegenüber das Bild, das uns der beispiellose Aufstieg Roms zur politischen Weltmacht gewährt! Daß gerade Rom es war, das sich unter Tausenden von anderen Städten zur Herrin der Erde aufschwang, läßt sich geopolitisch wohl begründen. Rom lag am Schnittpunkt der hellenischen und der etruskischen Kultur, dazu an derjenigen Stelle Italiens, wo das Tibertal als Hauptverkehrsweg über die Appenninen mit dem von Norden an der Küste herunterkommenden Verkehrsweg zusammentraf, so daß Rom an derjenigen Stelle aufblühte, wo der Zugang nach dem Süden am leichtesten zu verteidigen, wo der ganze Verkehr zwischen Nord- und Süditalien am besten zu beherrschen war (Fig. 7).

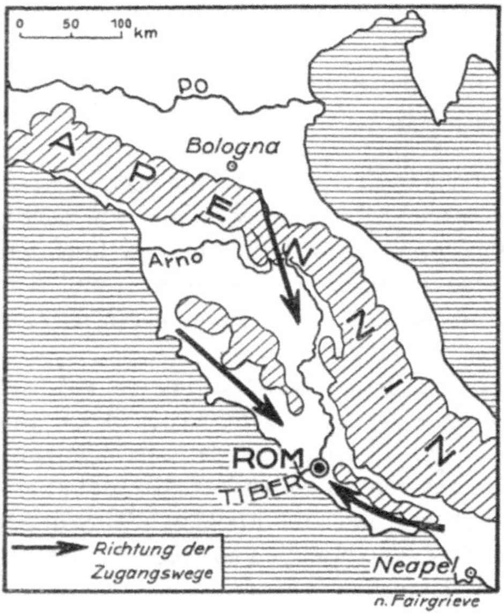

Fig. 7. Roms verkehrsgeographische Lage.

Gegen unmittelbare Angriffe von See durch eine gegen das Hinterland vorgeschobene Lage gesichert, war dennoch Rom von Anfang an gefährdeter gegen Angriffe von außen als die älteren, auf Inseln oder in Wüsten gelegenen Staaten. Mit genialem Scharfblick für geopolitische Notwendigkeiten begann daher Rom schon frühzeitig in dem von ihm beherrschten Gebiet erstklassige Fahrstraßen zu bauen, in richtigem Vorgefühl für die später von *Friedr. List* geprägte Formel: „Wer die Verkehrsmittel eines Landes in seiner Gewalt hat, hat auch, falls Recht und Vernunft ihm zur Seite stehen, das Land selbst in seiner Gewalt." Die Römer wurden, um ihr Gebiet politisch sicher in der Hand zu haben, die größten Meister des Straßenbaues, und so weit späterhin auch die Grenzen des Imperiums vorgeschoben wurden, überallhin folgten ihnen die mustergültigen römischen Straßen. Die erste von ihnen, die Via Appia, die zunächst bis Capua, späterhin, in 8 m Breite und 540 km Länge, bis Brundisium geführt wurde, stammte bereits aus der Zeit des Appius Claudius um 300 v. Chr. Möglich war ein solches Werk einer steingepflasterten Straße natürlich nur in einem Lande, wo die Beschaffung des Steinmaterials keine größeren Schwierigkeiten machte.

Ähnlich wie im Perserreich des Altertums, im mittelalterlichen China Kublai Khans, im Frankreich Napoléons I., war die ausgezeichnete Fürsorge für jegliches Verkehrswesen und ganz besonders für einen mustergültigen Straßenbau bei den Römern eine Art von Symbol für die aufs äußerste gesteigerte staatliche Konzentrierung, die straffste Zentralisation der Verwaltung, die ohne das gute Straßennetz gar nicht möglich gewesen wäre. *Politische Zerrissenheit eines Staates und Volkes erkennt man an mangelhaftem Zustand der Verkehrswege:*

im alten Griechenland ließen die Straßen viel zu wünschen übrig, bis der Römer sich ihrer annahm, und in den deutschen Landen pflegte die Güte der Fahrstraßen im umgekehrt proportionalen Verhältnis zur Vielheit der Einzelstaaten zu stehen. Staatliche Geschlossenheit aber spiegelt sich auch wieder in der Güte und Einheitlichkeit des Verkehrs: das Wort „Alle Wege führen nach Rom" hatte nicht nur verkehrsgeographische, sondern auch verwaltungspolitische und organisatorische Bedeutung.

Wenn Rom, ursprünglich nur ein Stadtstaat wie alle anderen des Altertums, als politisches Machtgebilde schließlich über seine Mitbewerber, selbst die gewaltigsten, triumphierte, so war freilich auch eine staatspolitische Begabung, neben der militärischen Tüchtigkeit, dabei ausschlaggebend, die, außer im modernen England, nie ihres Gleichen gehabt hat. Vor allem aber lehrt Roms Beispiel, daß staatliche Macht als oberste Voraussetzung den Willen zur Macht verlangt. Ranke hat einmal sehr treffend gesagt:

„Wahre Politik kann nur von einem großen nationalen Dasein getragen werden."

Das gilt in unseren Tagen genau wie im Altertum. Der Unterschied besteht nur darin, daß im planetarischen Wettbewerb der Gegenwart die staatliche Basis des „großen nationalen Daseins" nicht mehr so schmal sein kann wie ehedem. Im Altertum und noch im ausgehenden Mittelalter mochten einzelne Städte, wie Rom und Venedig, einer halben Welt politisch und wirtschaftlich Gesetze vorschreiben. Auch noch im 17. und 18. Jahrhundert konnten kleine Länder, wie Holland und Preußen, Machtfaktoren ersten Ranges werden durch starken Willen zur staatlichen Selbstbehauptung. Gegenwärtig dürfen in der Regel nur die großen Staaten von 40 und mehr Millionen Bewohnern darauf rechnen, eine erste Geige in der Weltpolitik zu spielen, aber auch nur, wenn ein starker Machtwille Träger ihrer Politik ist.

Man ließ in Rom den unterjochten Volksstämmen, Völkern und Staaten in allen kulturellen Dingen völlig freie Hand: sie durften ihre Religion ungestört ausüben, niemand tastete ihre liebgewordenen Eigenarten an, man ließ sie eine Sprache sprechen, welche sie wollten. Es genügte, daß sie Steuern zahlten und politisch gehorchten — sonst konnten sie tun und lassen, was sie mochten. Wie ungleich dilettantischer muten demgegenüber die Bemühungen vieler moderner und modernster Staaten an, die großen Bruchteilen ihrer Bürger vorschreiben, welche Gefühle und Gesinnungen sie zu hegen, welche Sprache sie zu sprechen haben und die mit allen ihren Maßnahmen Eines ganz gewiß nie und nimmer erreichen werden, was die Römer so meisterhaft verstanden: alle ihre Untertanen mit Staatsgesinnung zu erfüllen und zu freiwilliger Hingabe an den Staat zu erziehen! Überall, wo es einem unterworfenen Volke wirtschaftlich gut geht, wo ihm freie Hand in religiösen und kulturellen Dingen gelassen wird, da söhnt es sich leicht mit einem etwaigen politischen Wandel seiner Geschicke aus. Denken wir etwa daran, was für gute Briten die Schotten seit 1600 geworden sind, die ehedem so viele und erbitterte Kriege mit den Engländern geführt haben! Diese politische Weisheit hatten die Römer so gut wie heute die Engländer erfaßt, und sie erzielten mit solchen liberalen Grundsätzen tausendmal größere Erfolge als die politischen Dilettanten, die mit Zwangsmaßnahmen, mit Gesinnungsschnüffeleien und Schikanen aller Art ihren Bürgern eine „vorschriftsmäßige" Gesinnung aufzwingen und die Anschauungen, die Religion, die Sprache nach einem Einheitsschema uniformieren wollen. Derartige Maßnahmen, die nur Haß und Verbitterung erzeugten und den Widerstandsgeist großzogen, wurden im Altertum von den Assyrern und Karthagern angewandt — mit dem Erfolg, daß der schließliche Zerfall des Herrenstaates von allen unterworfenen Völkerschaften mit freudigem Aufatmen begrüßt wurde (genau wie es heute bei einem Zerfall gar manchen Staatsgebildes der Fall sein würde!). Im Römerreich dagegen herrschte im größten Teil seiner Machtsphäre das freudige Bekenntnis „Civis Romanus sum", die Hingabe an den Staat, die ja doch auch im wesentlichen Roms Triumph über seinen gefährlichsten Nebenbuhler Karthago erst ermöglichte. Dieser Sieg im ausgehenden 3. Jahrhundert v. Chr. ist jedenfalls mehr mit sittlichen als mit militärischen Mitteln erstritten worden. Wo freilich bei Unterworfenen Aufsässigkeit gegen den Staat, trotz liberalster Konzessionen an kulturelle Wünsche, festgestellt wurde, da griff Rom rücksichtslos und hart durch, wie das moderne England: Karthago wurde vernichtet, und der Hochmut und schlechte Wille der unterworfenen jüdischen Nation wurde i. J. 70, nachdem alle Langmut versagt hatte, mit der Zerstörung Jerusalems und der Zerstreuung des halsstarrigen Volkes in alle Winde furchtbar schwer gestraft. Roms feindselige Haltung gegenüber dem christlichen Bekenntnis durch $2\frac{1}{2}$ Jahrhunderte hindurch war dagegen nicht ein Produkt religiöser Intoleranz, die dem Römer weltenfern lag, sondern weit mehr eine Abwehrmaßnahme gegenüber einer Lehre, die in so mancher Hinsicht politisch bedenklich und sozial umstürzlerisch war, die eine gewisse Verachtung der staatlichen Macht und der Staatslenker in sich barg und ihnen eine höhere, unsichtbare Autorität überordnen wollte. Es war aber auch eine echt römische Staatsmaßnahme von englisch-moderner Großzügigkeit, daß nach der schwersten aller Christenverfolgungen, der Diokletianischen, Kaiser Konstantin, als er erkannte, daß der Feind nicht mehr unterdrückt und vernichtet werden konnte, plötzlich seinen Frieden mit ihm schloß, anzubeten befahl, was vorher verbrannt worden war und das Christentum zur Staatsreligion erhob. Es war dies ein unendlich kluger politischer Schachzug, der bemerkenswert stark an Englands Haltung gegenüber den Buren Südafrikas nach beendetem Kriege oder auch an Bismarcks Schonung des besiegten Österreichs i. J. 1866 erinnert.

Phönizien, Griechenland, Rom, diese drei größten Kulturträger des letzten Jahrtausends v. Chr. — sie stellen auch die drei größten Extreme des staatlichen Seins dar: den in nationaler Hinsicht indifferenten, reinen Händlertyp, den stark dezentralisierten, politisch zerrissenen, ewig mit sich selbst uneinigen Kulturtyp und den zentralistischen, straff geeinten, zielbewußt-zähen Machttyp. Schon im Altertum war man sich dieses grundsätzlichen Unterschieds der Völkercharaktere wohl bewußt. Bezeichnend hierfür sind jene berühmten Worte des Anchises in Vergils „Äneis"[1]) über Roms Zukunftsaufgaben:

„Andere werden aus Erz anmutiger treiben Gebilde,
Lebende sicher in Stein das Antlitz wahrer gestalten,
Führen beredter das Wort, nachziehn die Bahnen des Himmels
Rein mit Zirkel und Stab, Aufgang ansagen den Sternen:
Dein Beruf ist es, o Römer, als Herr zu gebieten den Völkern
(Diese Kunst pflege du) und dem Frieden die Sitten zu lehren,
Unterjochte zu schonen und niederzuringen die Stolzen!"

6. Ein Vergleich zwischen heutigen und antiken Staatstypen.

Wenn es übrigens in der Tat das Zeichen staatspolitischer Fähigkeit und erfolgreicher Kolonialtätigkeit ist, daß die beherrschten Völker mit Staatsgesinnung erfüllt werden, so können wir Deutschen uns rühmen, daß wir als einzige Nation neben den Engländern dieses höchste Ziel einer guten Kolonialverwaltung erreicht haben: das Verhalten der Askaris im ostafrikanischen Feldzug Lettow-Vorbecks, die sich häufenden, tunlich totgeschwiegenen Völkerbund-Eingaben von Eingeborenen der früheren deutschen Kolonien Kamerun, Togo, Deutsch-Ost, Samoa, Neuguinea mit dem Ziele der Rückkehr unter deutsche Herrschaft, zuletzt noch die Denkschrift der Togo-Häuptlinge vom 9. August 1926 an den Völkerbund, sie haben hinreichend bewiesen, in wie hohem Maße Deutschland in 30 Jahren es verstanden hatte, die ihm anvertrauten Volksstämme mit freudiger Staatsbejahung Deutschland gegenüber zu erfüllen.

Der Unterschied zwischen Griechenland und Rom im Altertum, Deutschland und England in der Gegenwart ist in politischen und kulturellen Fragen gleich groß. Die hervorragende politische Begabung ruft Spitzenleistungen in allen Fragen der praktischen Verwaltung und der nüchternen, poesielosen Technik hervor. In Rom waren die Staatsverwaltung, das Beamtentum, die Heeresorganisation, die Rechtsprechung, der Straßenbau, das Leuchtturmwesen und vieles andere in einer Art und Weise musterhaft durchgebildet, wie es Europa bis in die neuere Zeit nie wieder erlebt hat. Von moderneren Herrschern erinnert vielleicht der energische, hausbacken-tüchtige, aber stocknüchterne und völlig amusische König Friedrich Wilhelm I. am meisten an die römische Kunst, den Staat zu verwalten und aufzubauen. Auf fast allen den geistigen Gebieten aber, auf denen Griechenland so Unsterbliches leistete, versagte Rom, oder es schuf nur unindividuelle, wenn auch geschickte Nachahmungen. Rom hat nicht einen Bildhauer oder Maler ersten Ranges, nicht einen Musiker, nicht einen großen Dramatiker hervorgebracht; seine Dichter standen bewußt auf griechischen Schultern, Vergil auf denen Homers, Horaz auf denen

1) Vergil, Äneis VI, 847—853.

Anakreons und Sapphos; selbst die römischen Versmaße waren durchweg den griechischen entlehnt. Ebensowenig gab es wirklich große römische Philosophen, Ärzte, Astronomen, Geographen usw., während das kleine Griechenland führende Geister auf allen Gebieten von Kunst und Wissenschaft in fast unbegrenzter Fülle hervorbrachte. Rom machte sich politisch Hellas untertan, aber Hellas eroberte kulturell Rom.

Besteht nicht auch in dieser Hinsicht, auf geistigem Gebiet wie auf staatspolitischem, eine Parallele zwischen Deutschland und Griechenland einerseits, Rom und England andererseits? In Rom und in England bei freiheitlicher Behandlung aller Staatsbürger straffste Machtpolitik des Staates und stärkstes Nationalbewußtsein; in Griechenland und im Deutschland vor 1871 nationale Uneinigkeit und Zersplitterung unter Lähmung der gesamtnationalen Stoßkraft, aber Schwelgen in Kunst und Romantik und philosophischen Problemen, „Staats"grenzen auf Schritt und Tritt, manchmal mitten durch Ortschaften (Ruhla), ja, mitten durch Häuser hindurchgehend, ohne daß die „Staatsgesinnung" der Bürger einer solchen Atomisierung der Länder folgen konnte, ganz abgesehen davon, daß oft durch Tausch, Heirat, Erbgang ihre Staatszugehörigkeit wechselte. — Welche überraschende Parallelität besteht nicht zwischen des Aristoteles Ausspruch[1]:

„Die Hellenen, kräftig und regsam, in Freiheit lebend und gut verwaltet, könnten alle Barbaren beherrschen, wenn sie zu einem Staate vereinigt wären"

und einem schon im Jahre 1720 gesprochenen Wort[2]:

„Sonsten wird Teutschland insgemein das Brust- und Sternstück von Europa genennet und soll ihm nichts mangeln, sich unüberwindlich zu machen, als die Einigkeit"!

Es scheint eben unter den Völkern der Erde Gefühlsnationen und Verstandesnationen zu geben. Ob auch hier Einflüsse des Bodens im Spiel sind, läßt sich nicht sicher sagen; allzu wahrscheinlich ist es nicht. Der Unterschied macht sich in allen Lebensäußerungen mehr oder weniger deutlich bemerkbar, bis in das nebensächlich-nüchterne Gebiet der Namengebung hinein. Was bietet uns die griechische Sprache für prachtvolle Namen, die überwiegend Tugenden und Weisheiten des Trägers andeuten sollen: Aristides, Themistokles, Sophokles, Timotheus usw.! Die Römer liebten demgegenüber das Nüchtern-Praktische: Quintus, Sextus, Claudius, Caecus, Naso usw. Es ist derselbe Unterschied wie in unseren Tagen zwischen der blumigen Sprache des nahen oder fernen Orients und der Namengebung der Angelsachsen, die in den Ver. Staaten selbst für ihre Straßennamen Nummern anwenden und nicht einmal für ihr Land einen Namen voller Phantasie zu erfinden vermochten. Und ebenso ist die Sprache ein Spiegel der Seele der Völker. Man vergleiche das musikalische

---

1) Aristoteles, Polit. VII, 7.

2) Joh. Christoph Wagners „Compendiöse Cosmographia", S. 11. Augsburg 1720.

Italienisch, das theatralisch-elegante Französisch mit dem nüchtern-knappen, unendlich praktischen, wenn auch wirklich nicht schönen Englischen und seiner einfach klaren Grammatik, die so lebhaft an die verstandesklare lateinische Sprache und ihren Aufbau erinnert. Sind diese Sprachen nicht die trefflichsten Charakterisierungen und Spiegel der Völker selbst? Der romanischen Völker mit ihrer auf den schönen Schein eingestellten Lebensweise, ihrer Geselligkeit, Liebenswürdigkeit, Eitelkeit, Redseligkeit, wobei nur allzuoft die Redseligkeit zur Tüchtigkeit und Zuverlässigkeit im umgekehrten Verhältnis steht, und der angelsächsischen Rasse mit ihrer Nüchternheit, ihrer Arbeitsamkeit, ihrer Phantasielosigkeit, die so weit geht, daß die größten „englischen" Komponisten — Händel und Mendelssohn heißen? Britannia non cantat. Auch in dieser Hinsicht sehen wir die Ähnlichkeit zwischen dem heutigen England und dem alten Rom, wobei es kaum zu begreifen ist und entschieden gegen etwaige Einflüsse der Umwelt auf die Wesensart der Völker spricht, daß dasselbe Land, das heute die phantasiebeschwingten, moralisch laxen, unzuverlässigen Italiener birgt, ehedem die nüchternen, sittenstrengen, stolzen Römer hervorgebracht hat. Unzweifelhaft sind die arbeitsamsten und tüchtigsten Völker (und oft auch Individuen) vielfach unliebenswürdig, verschlossen, kurz angebunden, „grantig" — man denke an die Engländer, Norweger, Preußen, Friesen usw. Unendliche Liebenswürdigkeit und mangelnde Verläßlichkeit, „Schlamperei", gehen auf der anderen Seite gleichfalls oft Hand in Hand. Bei jenen heißt es: „Ein Mann ein Wort", bei diesen gehört selbst der Bruch des feierlichst verpfändeten Wortes zum machiavellistischen Rüstzeug der „sacro-egoismo-Politik".

In unseren Tagen ist, wie erwähnt, England der weitaus am meisten dem alten Rom verwandte Staat. Es hat aber nicht immer diesen „römischen" Charakter gehabt und hatte etwas bis 1550 weit mehr „phönizischen" Einschlag. Zwar war es nie so unkriegerisch wie die Phönizier; im Gegenteil, seine zähen Kriege gegen die Schotten, seine Eroberungszüge nach Frankreich, das 200 Jahre lang englische Calais, die Namen Crécy, Poitiers, Azincourt beweisen, daß schon im Mittelalter die Angelsachsen neben dem Händler- auch den Heldengeist besaßen, wie die Karthager des Altertums, aber das lange Dulden der deutschen Hansa in den verschiedensten englischen Städten (London, Ipswich, Lynn, Yarmouth, Boston, Hull), die ihnen allerhand wertvolle Handelsgewinne wegschnappte, und die eigene noch sehr geringe Macht auf der See, sie zeigten an, daß der nationale Wille doch damals noch schwach entwickelt war. Am deutlichsten trat dies zutage in dem Hansakrieg gegen England, der den tapferen Danziger Seehelden Paul Beneke i. J. 1468 in die Themse eindringen, den Londoner Lordmayor gefangen nehmen und den vertriebenen englischen König Eduard IV. gegen Zusicherung weitgehender Privilegien unter Hansaschutz nach England zurückgelangen ließ. Noch in den Tagen der großen englischen Königin Elisabeth besaß die eine deutsche Seestadt Emden i. J. 1572 eine größere Handelsflotte als ganz

England, und in Spanien glaubte man damals, England werde eines Tages, wie Mailand, als Beute zwischen Spanien und Frankreich aufgeteilt werden![1]) Um Anteil am einträglichen Indien-Handel zu erlangen, sah sich England genötigt, da der Seeweg dorthin durch Portugal allen anderen Nationen verboten war, zeitweilig (nach 1554) eine unendlich umständliche Landverbindung nach Indien von — — Archangelsk über Moskau, die Wolga, das Kaspische Meer und durch Persien hindurch einzurichten! Eben dieser grenzenlose Eigennutz der damaligen Herren aller wertvollen Überseegebiete, der Portugiesen und der Spanier, zwang aber England schließlich, sich auf die „römischen" Methoden umzustellen und auch auf der See, wie Rom im 1. Punischen Kriege, sich die für ein staatliches Gedeihen unentbehrliche Macht zu erkämpfen. Der erfolgreiche Krieg gegen die spanische „unbesiegliche Flotte" i. J. 1588 und die Bundesgenossenschaft mit den Naturgewalten der Stürme ermöglichten dann jenen beispiellosen Aufstieg zur ersten Seemacht der Erde und zur Königin der Meere. Die wirtschaftliche Grundlage dieser fabelhaften Entwicklung aber gewährte erst jene rücksichtslos-geniale Navigationsakte Cromwells vom 9. Oktober 1651. England, das in den Anfängen seiner Geschichte oft genug von anderen Nationen erobert worden war, von Römern, Pikten und Skoten, Dänen und Normannen, das dann etwa seit 1150 selber erobernd gegen seine Nachbarn Schottland, Irland und Frankreich vorgegangen war, ist durch jene Navigationsakte befähigt worden, seine erst durch den Weltkrieg verlorene Stellung als politische und wirtschaftliche Vormacht der Welt, die erste Seenation, das Zentrum der Weltbörsen und des Weltnachrichtenwesens, das führende Industrieland zu werden und überdies eine Kolonialmacht, wie sie die Welt nie zuvor gesehen hat.

Die wahrhaft bewundernswerte Großzügigkeit, mit der England die Politik der bewußten Erziehung zum Civis Britannicus betrieb, hat sich nie glänzender erwiesen als in der Tatsache, daß den i. J. 1902 nach grausamem, dreijährigen Kampf auf die Knie gezwungenen und annektierten Burenstaaten schon i. J. 1910 die Autonomie verliehen wurde. Wie sehr es gelang, selbst diese erbitterten Feinde durch die „römische Methode" zur britischen Staatsgesinnung zu erziehen, hat sich im Weltkrieg dann wahrhaft überraschend gezeigt.

Keiner der anderen älteren Kolonialstaaten hatte ähnlich glänzende Erfolge aufzuweisen wie England. Spanien, Portugal, Frankreich verwalteten ihre überseeischen Besitzungen ausschließlich nach „karthagischen" Methoden: sie beuteten sie aus, aber entwickelten sie nicht. Nur Holland nahm eine höhere Stufe als Kolonisator ein, dazu von den jüngeren Kolonialmächten Deutschland und die Ver. Staaten. Die letzteren beiden könnten im Laufe der Zeit wohl Ähnliches leisten als Kolonialpioniere wie England, aber die koloniale Tätigkeit der Nordamerikaner ist noch zu jung, als daß schon ein abschließendes Urteil möglich wäre, und Deutsch-

1) Leop. v. Ranke: „Englische Geschichte", Bd. I, S. 230. Berlin 1877.

land, das auf dem besten Wege war, Schutzgebiete nach „römischen" Methoden zu entwickeln, ist gewaltsam aus dieser Bahn herausgeschleudert worden. Im Zusammenhang mit dem kolonialen Problem wird unten über diese Dinge noch einiges Weitere zu sagen sein.

Wie wenig aber der größte Teil der Welt aus den staatspolitischen Methoden und Erfolgen der Römer und der Engländer gelernt hat, ist daraus zu ersehen, daß die Mehrzahl der Nationen, ganz besonders in der Nachkriegszeit, selbst gegen kulturell höchststehende, fremde Volkssplitter in den Grenzen des eigenen Staates so „unrömisch" wie möglich vorzugehen pflegt. Statt die nationalen Minderheiten zu freudiger Mitarbeit an dem Staat zu erziehen, in den sie das Schicksal hineingestellt hat, befolgen Frankreich, Italien, Polen, Litauen, die Tschechoslowakei, Südslawien, Rumänien u. a. ihnen gegenüber die Politik der fortgesetzten Nadelstiche, der systematischen Verärgerung und Herabwürdigung zu Staatsbürgern zweiten und dritten Grades. Noch niemals aber hat sich Staatsgesinnung gewaltsam aufzwingen lassen. Das hat auch England in dem einzig schwarzen, sehr schwarzen Blatt seiner Kolonialgeschichte, in Irland, hinreichend deutlich verspürt. Man kann es allenfalls verstehen, wenn Nationen, die selber lange unterdrückt waren und sich einer staatlichen Selbständigkeit nicht erfreuen konnten, im aufwallenden Selbstgefühl nach erfolgter Befreiung des Guten zu viel tun. Aber etwas Kindlich-Naives eignet einer solchen nationalen Proselytenmacherei unter allen Umständen, so bösartig sie ist. Noch nie in der gesamten Geschichte haben solche primitiven Methoden den gewünschten Erfolg gehabt, daß fremde Volkssplitter dadurch aufgesaugt und der jeweilig zufälligen Herrennation assimiliert wurden. Im Gegenteil, sie haben den nationalen Abwehrwillen der Geknechteten jedesmal nur erstarken lassen, und die Erfahrung lehrt, daß dieser Abwehrwille auf die Dauer doch unüberwindlich ist. Entnationalisierung kann die „römische" Methode erreichen, wenn sie die Zeit für sich arbeiten läßt und nicht die Entwicklung beschleunigen will. Die „karthagische" Methode ist aber immer impotent gewesen, hat noch niemals Staatsgesinnung erzeugt und wird dies auch in Zukunft nicht tun.

Die Art und Weise, wie heute manche Staaten ihre nationalen Minderheiten zur Staatsbejahung bringen wollen, nicht minder auch die Methoden, mit denen in einigen neuentstandenen Republiken die Anhänger der derzeitigen Staatsform die ihr ablehnend Gegenüberstehenden zu bekehren suchen, sie erinnern bedenklich an die landesväterliche Erziehungspraxis des Preußenkönigs Friedrich Wilhelm I., der seine vor ihm flüchtenden Untertanen mit den Worten verprügelte: „Ihr sollt mich nicht fürchten, ihr sollt mich lieben." Auch im Leben der Staaten ist es eben nicht möglich, durch Zwang Liebe auszulösen, Liebe zur Nation, zum Muß-Vaterland, zur Staatsform.

Eine rühmliche Ausnahme unter den neuen Staaten bildet Finnland. das die Minderheitenfrage gegenüber seinen schwedischen Bevölkerungselementen vorbildlich gelöst hat. Auch Esthland hat 1925 als erster Staat grundsätzlich die kulturelle Autonomie der Minderheiten anerkannt und schickt sich gegenwärtig (1927) an, die unbeschränkte Ausübung des Rechtes des freien Nationalitätenbekenntnisses unter gesetzlichen Schutz zu stellen. Doch ist noch nicht zu übersehen, ob es diesem Staat ernst ist mit seiner liberalen Politik. Manche Tatsachen berechtigen zum Zweifel, wie die am 19. Februar 1927 erfolgte Beschlagnahme des deutschen Doms in Reval. — Solche Staaten werden vermutlich rasch freudige Mitarbeit der Minderheiten am Staat erleben, auf die Frankreich, Italien, Polen è tutti quanti noch lange werden warten können.

Wie war es doch mit dem Wettstreit zwischen Sturm und Sonne, wer von ihnen den Wanderer aus dem Pelz herausbringen könne? Der Wind mochte blasen, so viel er wollte, der Wanderer hüllte sich nur immer tiefer in seinen Pelz ein. Als aber die Sonne nur wenige Minuten lang so recht freundlich niedergestrahlt hatte, da zog er ihn aus und hängte ihn beiseite — —

II. Die geopolitischen Faktoren der Staatenbildung.

Einleitung.

In Passarges grundlegenden Werken über Landschaftskunde[1]) werden folgende wichtigste Charakterlandschaften unterschieden:

Die Naturlandschafts-Typen — Beispiel: Oberrheinische Tiefebene;

die Kulturlandschafts-Typen — Beispiel: Ruhrgebiet;

die Raublandschafts-Typen — Beispiel: Lüneburger Heide.

Walter Vogel, der den reinen Geographen Passarge, im „anthropogeographischen" Sinne Ratzels, nach der historisch-politischen Seite zu ergänzen sucht, will demgegenüber lieber unterscheiden[2]) zwischen „Charakterlandschaften", d. h. Naturgebieten „ohne Rücksicht auf Zwecke des Menschen", und „Zwecklandschaften", d. h. Naturgebieten „im Hinblick auf Zwecke des Menschen". Die letzteren, die für geopolitische Untersuchungen allein in Betracht kommen, teilt er abermals ein in „wirtschaftsharmonische" und in „strategisch-kommerzielle Verkehrs-Gebiete". In diesem Sinne sind ihm die Staaten Siedlungs- und Verkehrsgemeinschaften. Er nähert sich hiermit erheblich der Auffassung Kjelléns, der die Entstehung der Staaten aus „Naturgebieten", aus der Beschaffenheit des Bodens, ableiten will.

Der Einfluß der Bodenbeschaffenheit auf das Wirtschaftsleben ist allbekannt. Gibt man nun aber zu, daß die Staatenbildungen durch wirtschaftliche Zweckmäßigkeitserwägungen machtvoll gefördert wurden, so ist damit gleichzeitig anerkannt, daß der Erdboden selbst mitbestimmend auf das Werden der Staaten gewirkt hat. Freilich geht diese geopolitische Wirkung noch weiter, denn außer dem Boden selbst haben auch die Verhältnisse auf und über seiner Oberfläche, seine Vegetation, seine Tierwelt, die klimatischen Zustände im darüber befindlichen Luftmeer häufig bedeutsamen Einfluß auf das staatliche Werden und Wachsen und Gedeihen gewonnen.

Als wichtigste geopolitische Faktoren der Staatenbildung haben wir zu unterscheiden:

die geologische Beschaffenheit des Bodens,

die klimatischen Verhältnisse,

---

1) Siegfried Passarge, Vergleichende Landschaftskunde. Berlin 1921.

2) Walter Vogel: „Politische Geographie" (Aus Natur und Geisteswelt, Bd. 634), S. 27, 28. Leipzig-Berlin 1922.

die Gestalt des Bodens,
die Fauna und Flora,
die Lage zu den Gewässern,
die Lage zu den Hochstraßen des Verkehrs.

Die Wirkungen dieser Faktoren im einzelnen nachzuweisen, sei nunmehr unsere nächste Aufgabe.

1. Die Beschaffenheit des Bodens.

Schon die obigen Ausführungen über die Entstehung der ältesten Staaten der Erde ließen die Wichtigkeit der Bodenbeschaffenheit für die Staatenbildung deutlich in die Erscheinung treten, denn in den Wüstenstaaten bildete die wirtschaftliche Grundlage des Gedeihens der von den Flüssen in regelmäßigen Perioden abgelagerte, überaus fruchtbare Schlamm, und in der Hoangho-Ebene ist der nicht minder fruchtbare Löß der Träger der Wirtschaftlichkeit gewesen, jener kalkhaltige Lehm, der, durch Humus in Schwarzerde verwandelt, auch in Deutschland (Rhein- und Donauebene, Magdeburger Börde) und an anderen Stellen Europas (vor allem in der Ukraine) die fruchtbarsten Böden liefert und der nirgend sonst auf der Erde so gewaltige Mächtigkeit wie in China aufweist. Als sehr günstige Böden für die Entstehung kraftvoller Staatengebilde sind ferner die vulkanischen Verwitterungsböden anzusehen, wie das Beispiel des alten Rom, des alten Mexiko und Japans beweisen.

Demgegenüber sind die armen Böden, die nur eine bescheidene Vegetation und unsichere Gras- oder Getreideerträge hervorbringen, eine Gefahr für das Gedeihen der Staaten auf besseren Böden. Die Steppen selbst eignen sich selten und, wenn überhaupt, so erst spät zur Staatenbildung. Die in ihnen wohnenden Nomadenvölker sind zwar Hirten, aber keineswegs „fromme" und friedliche Hirten, die ihre Lämmer weiden und mit Blumen schmücken, die Flöte blasen und Reigen tanzen, sondern gleichzeitig schlimme Eroberer und Krieger, die bedrohlichste Gefahr für die fruchtbareren Länder am Rande der Steppen. Mit Recht betont Ratzel den Doppelcharakter dieser Hirten- und Steppenvölker[1]):

„Der Nomade ist als Hirt ein wirtschaftlicher, als Krieger eine politischer Faktor."

Immer wieder im Laufe der Geschichte haben sich die armen Böden der Steppen und gelegentlich selbst der Wüsten als die vaginae gentium erwiesen, als die Staubecken der großen Völkerwanderungen: von Zeit zu Zeit brach der Damm, und die angehäuften Menschenmassen wälzten sich verheerend, in unaufhaltbarem Lauf durch ungezählte wohlhabendere Länder, ja, durch ganze Erdteile dahin. Das Steppenvolk der Hunnen gab den wesentlichsten Anstoß zu der größten Völkerwanderung der europäischen Geschichte 375—476 n. Chr. und zu den Schreckens-

1) Friedr. Ratzel, Völkerkunde, 2. Aufl., Bd. II, S. 390. Leipzig-Wien 1894.

zügen gegen Westen, denen erst auf den Katalaunischen Feldern (451) Einhalt geboten werden konnte. Aus den arabischen Steppen und Wüsten, in denen ein Mohammed nicht nur als Religionsstifter, sondern vielleicht in noch höherem Maße als Staatenbildner sich betätigte, brach jener Arabersturm los, der in kurzer Zeit alle Länder von Indien bis zur marokkanischen Küste durchbrauste, der noch nach Spanien und über die Pyrenäen hinüberwogte und erst durch Karl Martells Sieg bei Tours und Poitiers (Juli 732) gebändigt wurde. Aus der ungarischen Pußta flutete dann im 10. Jahrhundert eine andere Völkerwanderung hervor, und erst bei Riade (933) und auf dem Lechfeld (10. August 955) konnte „der Ungarn Wut" ein Damm entgegengestellt werden. Und abermals drei Jahrhunderte später entsandten die Salzsteppen Innerasiens jene unabsehbaren und durch nichts zu hemmenden Scharen, die in einem halben Jahrhundert alle Länder vom Gelben Meer bis nach Ungarn und Schlesien entsetzlich verheerten, bis die Schlacht bei Wahlstadt (9. April 1241) ihrem weiteren Vordringen nach Westen ebenso ein Ende machte wie 800 Jahre vorher der Riesenkampf auf den Katalaunischen Feldern dem Hunnensturm.

Die staatenzerstörende Kraft, die so oft von den armen Böden ausgegangen ist, ist in ihrem ersten Ursachen durch Oppenheimer klar erkannt worden[1]:

„Der Hirtenstamm ist an Kopfzahl viel stärker als die Jägerhorde, nicht nur, weil die Erwachsenen viel mehr Nahrung von einem gegebenen Gebiet erzielen können, sondern vor allem auch, weil die Verfügung über tierische Milch die Säugeperiode der Mütter abkürzt und eine größere Zahl von Geburten und den Aufzug von mehr Geborenen erlaubt. Daher sind die Weidesteppen zu jenen unerschöpflichen Staubecken geworden, die periodisch in Überschwemmungen austraten.

Aus ähnlichem Anlaß ist der arme Felsboden Skandinaviens, der nur stellenweise Ackerbau gestattet und nur beschränkte Mengen von Menschen ernähren kann, im Mittelalter die Ausgangsstelle jener kühnen See-Nomaden geworden, die als Normannen von Nordafrika bis Spitzbergen und vom Kaspischen Meer bis nach Grönland und zur amerikanischen Küste im 9., 10. und 11. Jahrhundert der Schrecken der Länder und Meere waren, alte Staaten zertraten und neue gründeten.

Andererseits darf nicht verkannt werden, daß arme Böden, auf denen Ackerbau betrieben wurde, die sittlichen Energien im Menschen zu wecken und zu stählen geeignet waren, die in Reichtum und Wohlleben nur allzu leicht zu verkümmern pflegen. Wenn der Bewohner, der schwer um des Lebens Notdurft zu ringen hatte, dem Heimatboden überhaupt treu bleiben wollte, so mußte er sich einen steifen Nacken gegen Schicksalsschläge erwerben, der ihm dann oft genug auch im Kampfe gegen politische Feinde trefflich zugute kam. Die Norweger, die Schweizer, die Friesen, die Dithmarschen, die Halligenbewohner, die Bauern der sandigen Mark, sie sind auf kargstem Boden die Träger staunenswerter sittlicher Energien geworden. Die Abschüttelung der maurischen Herrschaft in Spanien ging

1) A. a. O., S. 25.

von dem rauhen Asturien aus; der Heldenkampf der Niederlande gegen die spanische Tyrannei von der armen holländischen Geest, nicht der fetten holländischen Marsch; der schwedische Freiheitskampf gegen die dänische Blutherrschaft entsprang 1521 nicht den Städten, sondern dem armen Bauernlande von Dalarne; und die karge Mark Brandenburg erzeugte die Sieger von Fehrbellin, Roßbach und Leuthen und wurde die Wiege des neuen Deutschen Reiches. Auf fetten Böden, in Überflußgegenden gedeihen derartige sittliche Energien niemals; auf üppigen Fluren werden die Befreier eines Volkes aus der Knechtschaft nicht geboren.

Eroberervölker, die aus kargen Gegenden in fruchtbare Länder und höhere Kulturen eindringen, können sich dort im allgemeinen nicht sehr lange behaupten. Sie vermögen daselbst vorübergehend mächtige und glänzende Reiche ins Leben rufen — man denke an die Staatsschöpfungen eines Theoderich, Geiserich, Robert Guiscard, Kublai Khan — aber ihre Nachkommen verweichlichen und degenerieren schnell, und meist schon in der nächsten oder übernächsten Generation brechen die neuen Reiche wieder zusammen. Nur in niedriger Kultur und im rauheren Klima pflegen solche Erobererreiche unter Umständen von längerer Dauer zu sein, wie die Mongolenherrschaft in Rußland z. B. 2—300 Jahre währte. In der Regel werden die Eindringlinge von den Trägern der höheren Kultur entweder aufgesogen oder aber nach einiger Zeit wieder aus dem Lande gejagt bzw. vernichtet, wie es den Hyksos in Ägypten, den Goten und Vandalen in Italien und Tunis und auch den Mongolen in Rußland widerfuhr.

Unter den geologischen Faktoren, die auf das Werden und die Entwicklung der Staaten erheblichen Einfluß haben, stehen weiter die mineralischen Schätze an erster Stelle. In unserer Zeit sind Kohle, Eisen und Erdöl die eigentlichen Schöpfer und Träger der führenden Weltmachtstellungen geworden: die ersten Industrieländer sind auch die entscheidenden Faktoren der ganz großen Weltpolitik. Wer über die reichsten Mengen an jenen drei Gütern verfügt, beherrscht die Weltwirtschaft und damit das politische Geschehen. In anderem Sinne als früher besteht heute das Schillerwort zu Recht: „Wo das Eisen wächst in der Erde Schoß, da entspringen der Erde Gebieter." Aber ganz zutreffend ist dieses Wort heute doch nur, wenn das Eisen mit der Kohle im selben Lande vereint sich findet. Länder, die nur Eisenerze, aber keine Kohle besitzen, um jene zu verhütten, wie Schweden, Spanien und Brasilien, können sich keine Großindustrie samt der daran hängenden industriellen und politischen Macht verschaffen. Wo aber weder Eisen noch eine für Verkokung geeignete Kohle vorkommen, da darf auch eine erhebliche politische Machtstellung des Staates nicht darüber hinwegtäuschen, daß im Kampf der politischen Kräfte diese Stellung leicht erschüttert werden kann, daß die Rüstung unerwünscht stark von ausländischer Zufuhr und ausländischem Wohlwollen abhängig und demgemäß die geopolitische Basis der staatlichen Macht schmal bleibt. Italien und Japan sind in dieser Hinsicht typische Beispiele. Beide können ohne mächtige Freunde und Bundesgenossen dauernd keine bedeutende politische Rolle spielen. Das „Italia fara da sè“ hat sich weder in der italienischen politischen Geschichte der letzten dreiviertel Jahrhunderte durchführen lassen, noch wird sich Italien mit seinen sehr weitreichenden Aspirationen in der Mussolini-Zeit ohne fremde Hilfe künftig irgendwie durchsetzen können. Vielmehr muß Italien immer diejenige Partei ergreifen, die England genehm ist. Japans seit 1905 so besonders lebhafter Drang nach dem kohlen- und ölreichen Sachalin und dem eisenerzreichen Jangtse-Becken, aus dem aber England nur allzu gern ein Blümlein Rührmichnichtan machen möchte, hängt ebenfalls aufs engste mit jener fühlbarsten und gefährlichsten Schwäche der geopolitischen Stellung der japanischen Großmacht zusammen.

Früher bedingten andere mineralische Schätze das politische und kulturelle Geschehen. Gold, Silber, Kupfer, Zinn, Edelsteine waren im Altertum und Mittelalter die wesentlichsten mineralischen Bodenschätze. Die reichen Bergwerksschätze der Sierra Morena haben in Südwestspanien mit einer hohen Kultur auch schon ein blühendes Staatsgebilde entstehen lassen, dessen Mittelpunkt die rätselhafte, bis heute noch nicht wieder aufgefundene Stadt Tartessos war. Die in der Neuen Welt im 16. Jahrhundert neu geschaffenen spanischen Kolonialstaaten waren recht eigentlich auf goldenem Untergrunde erbaut. Freilich hat dieses Gold zuweilen auch staatenverderbend und -zerstörend gewirkt, wofür das Inka- und das Aztekenreich und in neuester Zeit die südafrikanischen Burenrepubliken die lehrreichsten Beispiele sind.

Wenn im 16. Jahrhundert Spanien die erste Großmacht der Welt wurde, Spanien, das soeben (1492) selber erst aus 700jähriger Abhängigkeit von den Arabern ganz befreit worden war, so war diese politische Tatsache die unmittelbare Folge des Umstands, daß die überreichen Goldschätze, die plötzlich aus der Neuen Welt nach Spanien strömten, das Reich eines Karls V. zum zahlungsfähigsten der Erde machten. Daß ebenso ein enger Zusammenhang besteht zwischen dem bedeutenden Silberreichtum Sachsens und Böhmens mit der mächtigen politischen Stellung der sächsischen und böhmischen Herrscher im alten Deutschen Reich etwa in der Zeit zwischen 1350 und 1550, hat schon W. Vogel[1]) treffend hervorgehoben.

Nun, und nach Beispielen, wie in unseren Gegenwartstagen das Vorkommen von Mineralschätzen richtungweisend für die hohe Politik sein kann, braucht nicht lange gesucht zu werden. Man denke an die Politik der Ver. Staaten gegenüber Mexiko, dem seine reichen Erdölschätze wirtschaftlich ein Segen, politisch aber ein Fluch sind, wie dereinst die neuaufgefundenen Gold- und Diamantenvorkommen den Burenrepubliken. Wie die Lübecker nach dem Tode Waldemar Atterdags (24. Oktober 1375) die maßgebliche Entscheidung fällten, welcher Meistbietende König in Dänemark sein sollte, so jagten am 26. Mai 1911 die Yankees den hochverdienten mexikanischen Präsidenten Porfirio Diaz aus dem Lande, weil

1) A. a. O., S. 49.

er den Wünschen ihrer Ölmagnaten nicht gefügig war (vgl. S. 245), und seither mischt sich der mächtige Nachbar bei jeder Gelegenheit in die inneren Verhältnisse des Landes ein[1]), und es kann wohl keinem Zweifel unterliegen, daß eines Tages, so oder so, die Erdöllager dieselbe Rolle wie im 16. Jahrhundert die Goldschätze für Mexikos Unabhängigkeit spielen werden. Auch für Venezuela, Kolumbien, Chile, Peru, Argentinien dürften die Erdöl-Vorkommen noch eine Quelle schwerer politischer Sorgen werden. — Anzeichen hierfür sind schon gegenwärtig zu spüren. Im russisch-japanischen Vertrag vom 20. Januar 1925 bezüglich Sachalins war das Erdöl wieder das Leitmotiv. Je knapper die Petroleumvorräte der Erde in Zukunft werden müssen, um so bedeutender wird die Rolle sein, die das Erdöl in der hohen Politik spielt. Der werdende Welt-Luftverkehr, in dem größte politische Energien zur Geltung kommen werden, muß, des Benzins wegen, auf die geographische Verteilung der Erdölquellen im erheblichen Umfang Rücksicht nehmen: „In der Tat sind die großen Bohrtürme der Petroleumfelder nichts anderes als politische Ferngeschütze größten Kalibers, welche besser geeignet sind als phantastische ‚Todesstrahlen', die Seele aller Luftfahrzeuge zu beherrschen und zu beeinflussen"[2]). Englands Politik gegenüber Persien ist ebenfalls durch das Erdöl ausschlaggebend bestimmt, Englands Haltung im Gebiet des Jangtsekiang gegenüber China wie allen anderen Mächten, die man dort tunlich fernzuhalten wünschte, dagegen einmal durch die dortigen Eisenerzlager und weiterhin durch die Eignung zur Baumwollkultur. Und wollen wir nicht ferner daran denken, wie i. J. 1904 die schon fast eingeschlummerten „Revanche"-Gedanken in Frankreich mächtig belebt wurden, als die Deutschen im zurückeroberten Elsaß beim Bohren nach Erdöl in der Nähe von Colmar unerwartet reiche Kalilager gefunden hatten? Oder wie der Appetit Englands bzw. der Südafrikanischen Republik auf das vorher für allzu wertlos angesehene deutsche Schutzgebiet Südwestafrika in demselben Augenblick mächtig angeregt wurde, da im Mai 1908 in öder Sandwüste des Südens unerwartet reiche Diamantlager angetroffen wurden, die in der Folge der wichtigste Konkurrent der Diamantminen von Kimberley wurden? Reiche Bodenschätze sind für schwache Staaten eher ein Verhängnis als ein Segen. Daß die letzten noch unabhängigen Länder in anderen Erdteilen, wie Abessinien, Afghanistan, Siam u. a. längst von England oder einer anderen Großmacht, koste es, was es wolle, annektiert worden wären, wenn in ihrem Boden sehr reiche Mineralschätze gefunden worden wären, kann ernstlich wohl nicht bezweifelt werden. Gegenwärtig wird allein schon die Energiequelle des großen Tana-Sees der Unabhängkeit Abessiniens bedenklich gefährlich!

1) Vgl. das soeben erschienene, umfangreiche Werk von Karl Hoffmann: „Ölpolitik." Berlin 1927.

2) Fischer von Poturzyn: „Luft-Hansa", S. 64. Leipzig 1925.

2. Der Einfluß der Fauna und Flora.

Ebenso wie die Mineralschätze, können auch die Tier- und Pflanzenbestände eines Landes entscheidenden Einfluß auf die Staatenbildung und auf die Politik moderner Mächte gewinnen. Warum ist es denn z. B. im vorkolumbischen Nordamerika nie zu einem Ansatz von Staatenbildungen der eingeborenen Völker gekommen? In der Hauptsache, weil man dort nur jagdbare, aber keine Haustiere kannte, die die Milchversorgung und somit die Ernährung reicherer Bevölkerungsmengen sicherstellen konnten. Die Frage, warum es nicht versucht oder nicht gelungen ist, den in unabsehbaren Mengen vorkommenden Bison zu zähmen und als Haustier zu verwenden, während doch das in den europäischen Wäldern vorkommende Wildrind frühzeitig ein wertvoller Hausgenosse des Menschen geworden ist, möge offen bleiben. Jedenfalls ist nicht zu verkennen, daß das Fehlen aller Haustiere bei den nordamerikanischen Indianern und der durch die Unsicherheit der Jagderträge und den fast fehlenden Ackerbau bedingte, knappe Nahrungsspielraum erheblich beigetragen haben zur Unmöglichkeit, Staaten zu gründen, und zu den grausamen Ausrottungskriegen der einzelnen Stämme gegeneinander, zur grundsätzlichen Abneigung, Gefangene am Leben zu erhalten und als Sklaven nutzbar zu machen. Sklaven werden nur dort gehalten, wo ihrer Hände Arbeit mehr nutzbare Werte schafft, als ihre Verpflegung verschlingt. Wo ferner Sklaven leicht beschafft werden können, ist die Fürsorge für sie gering und die Behandlung schlecht. Wo sie aber nur schwer zu erhalten sind oder teuer bezahlt werden müssen, da werden sie ebenso sorgsam betreut wie ein wertvoller Viehbestand. Diesem Gesetz der historischen Entwicklung gemäß, verschmähten die nordamerikanischen Indianer im allgemeinen die Sklaverei, und sie töteten deshalb ihre Kriegsgefangenen. Es ist ungemein bezeichnend, daß der einzige Indianerstamm Nordamerikas, der frühzeitig Sklaven hielt, die Tlinkit-Indianer der nordwestlichen Küste waren, die an reichen Fischgründen saßen und daher Arbeitskräfte zum Fischfang in größerer Zahl verwenden konnten.[1])

Auch das übrige Amerika der vorkolumbischen Zeit ist, im Gegensatz zur Alten Welt, ausgesprochen arm an Haustieren gewesen. Mit Ausnahme des Hundes und des Lamas kannte Amerika keinen vierbeinigen Hausgenossen des Menschen und somit auch keine bequeme tierische Milchquelle und nur stellenweise ein brauchbares Tragtier. Es mutet fast erstaunlich an, daß trotz schwierigen wirtschaftlichen Verhältnissen in den üppigeren und reicheren Ländern Mittel- und Südamerikas so große Staaten und reiche Kulturen entstehen konnten, wie sie uns bei den Mayas, den Tolteken und Azteken, den Inkas gar nicht genug Bewunderung erwecken können. Lediglich die Möglichkeit eines ergiebigen Ackerbaus bei fehlender Viehzucht hat dort die Grundlage der Staatenbildung

1) Fr. Oppenheimer, a. a. O., S. 28.

abgegeben. — Wie stark erschwerend die Unmöglichkeit, irgendwelches Großvieh zu halten, selbst in unseren Tagen noch auf die Staatsmaschine und die Verwaltung eines ausgedehnten Ländergebietes einwirkt, das kann man in den von der Tsetsefliege heimgesuchten Gebieten des tropischen Afrika noch Tag für Tag verspüren, das haben nicht zum wenigsten auch wir Deutschen in unserer Kolonie Ostafrika mit ihren primitiven Verkehrs- und Transportverhältnissen nur allzu schmerzlich empfunden.

Die Haustiere in ihren verschiedenen Formen haben gewaltig beigetragen zu den staatlichen Verhältnissen der Menschen. Die Nomadenvölker, die Pferde besaßen und sie als Reittiere benutzten, hatten eine starke Vorgabe vor ihren Nachbarn in bezug auf schnelle Beweglichkeit und demgemäß auch in bezug auf Kriegstüchtigkeit. Reiterstämme waren im Angriff wie in der Verteidigung unbesieglich und infolgedessen prädestiniert zur Eroberung und Beherrschung ausgedehnter Landflächen.

Das Kamel hat ebenfalls stark verkehrsfördernd und, wenn auch nicht in gleicher Weise, wie das Pferd, politisch förderlich gewirkt. Die Verwendung des Kamels hat ausgedehnte Wüsten erst dem Verkehr erschlossen, und es verdient daher um so mehr Aufmerksamkeit, daß gerade nach Nordafrika, das heutige wichtigste Verwendungsgebiet des Tieres, die ersten Kamele erst i. J. 525 v. Chr. von Asien her eingeführt worden sind.[1]) Ähnlich ist eine Verkehrserschließung und Bewohnbarkeit der rauhen subarktischen Tundragebiete ohne das Renntier schlechterdings eine Unmöglichkeit. Kamel und Ren haben freilich in der Geschichte wohl stark kulturfördernd, aber doch nicht eigentlich geopolitisch, nicht im Sinne der Konsolidierung staatlicher Verhältnisse gewirkt.

Wohl aber ist dies der Fall bei gewissen anderen milchgebenden Haustieren des Menschen, unter denen geopolitisch das Rind neben dem Pferd an erster Stelle genannt werden muß. Der jahreszeitliche Wechsel der Weidegründe der Rinder nötigte an manchen Stellen der Erde geradezu, die in Betracht kommenden Weidegebiete zu einem einheitlichen Wirtschaftsraum, zu einem Staat zusammenzufassen, wenn nicht fortgesetzte Reibungen und Streitigkeiten zwischen Hirten und Ackerbauern stattfinden sollten. An den Grenzen vieler Gebirge und Ebenen, z. B. in Kurdistan, sind die Hirten gezwungen, ihr Vieh im Sommer in den Bergen, im Winter in der Tigris-Ebene weiden zu lassen. Ohne eine Regelung der wirtschaftlichen Beziehungen durch eine staatliche Gewalt mußte es dann leicht zu einer Verdrängung der Ackerbauern durch die Hirten, zu einer Einengung der Getreideerzeugung und zu schädlichen Störungen des Wohlbefindens für beide Teile kommen. Wo Ackerbau und Viehzucht in enger Nachbarschaft als Grundlage der Ernährung eines Volkes aufkommen, ist eine staatliche Regelung der Beziehungen zwischen Hirten und Bauern eine schlechthin unentbehrliche Notwendigkeit, ebenso eine genaue Regelung und Abgrenzung der privaten Eigentumsverhältnisse an Stelle des ursprünglichen primitiven Gemeinschaftsbesitzes.

1) Théophile Gautier, Le Sahara, S. 98. Paris 1923.

Nicht unerwähnt sei in diesem Zusammenhang, daß die als Milchtier vornehmlich in Gebirgsgegenden seit ältester Zeit gern gehegte Ziege in zahllosen Fällen erheblich kulturzerstörend gewirkt hat. Die Waldlosigkeit vieler, einst reich bewaldeter Gebirge der Mittelmeerländer und des Orients beruht nicht ausschließlich, aber doch im großen Umfang auf der Vernichtung der jungen Triebe durch die weidenden Ziegen, die vielleicht mehr als jeder andere Faktor zur Ausbreitung der Steppe in historischer Zeit und zur fortschreitenden Siedlungsarmut in ausgedehnten Gebieten, stellenweise sogar zur Verkarstung weiter Landflächen beigetragen haben.

Auch die Verbreitung der Seetiere vermag für die hohe Politik Bedeutung zu gewinnen. In der Geschichte der Hansa, in ihren mannigfachen Kriegen, ist die Beherrschung der besten Herings-Fanggebiete und Herings-Märkte das Hauptleitmotiv, und die jüngste japanische Politik ist durch das Einbrechen in die reichen russischen Salm-Gründe, zwecks Nahrungsbeschaffung, gekennzeichnet. Ebenso hat in neuester Zeit die durch die reichen antarktischen Walfischgründe bedingte Besitzergreifung der Bouvet-Insel durch Norwegen (1. Dezember 1927) zu einer politischen Reibung leichterer Art mit England Anlaß gegeben (vgl. S. 240/1).

Wenn wir uns weiter von der Fauna zur Flora als geopolitisch bestimmendem Faktor wenden, so ist zunächst unverkennbar, daß sehr ausgedehnte, lückenlose Waldgebiete in der tropischen wie der gemäßigten und subarktischen Zone in allen Zeiten eine Staatsbildung unmöglich gemacht oder doch aufs äußerste erschwert haben. Sehr große Wälder sind Verkehrs- und Siedlungshindernisse allerersten Ranges und daher ursprünglich besonders beliebte Landesgrenzen.[1]) Wie die riesigen Urwälder im inneren Afrika und Südamerika noch in unseren Tagen stellenweise eine vollkommene, durch nichts zu überwindende politische Scheidewand zwischen den Bevölkerungen zu beiden Seiten bedeuten, so sind auch die ungeheuren Waldzonen im nördlichen Skandinavien, Rußland und Sibirien mächtige Feinde jeder staatlichen Wirksamkeit, mögen sie auch auf der Karte politisch in die Staatsgrenzen Schwedens, Finnlands, Rußlands einbezogen sein.

In älteren Zeiten war natürlich die staaten- und menschentrennende Wirkung selbst schon kleinerer Waldungen ungleich schärfer ausgeprägt als im Zeitalter der geregelten Forstwirtschaft und der Eisenbahn. Ganz deutlich hat der ehemalige, heute verschwundene Wald Silva Carbonaria im Gebiet zwischen Maas, Schelde und Sambre den Verlauf der alten deutsch-französischen Sprachgrenze bestimmt, wie überhaupt große Wälder in vortrefflicher Weise die vorzüglichste natürliche Sprachgrenze und somit auch politische Grenze ergeben. Auch der „Eiserne Wald" zwischen der Trave und der Eider bildete dereinst die sprachliche und politische Grenze zwischen Deutschen und Dänen. Für die politische Rolle

---

1) Genaueres bei Maull, a. a. O., S. 218—233.

des Waldes ist das trefflichste Beispiel wohl die bezeichnende Tatsache, daß die mongolische Fremdherrschaft über Rußland (1238—1480) sich nur über die waldlosen und waldarmen Teile des Landes erstreckte. Der Rand der großen Wälder setzte der weiteren Ausbreitung der Herrschaft des Steppenvolkes von selbst ein Ziel.

Nur die riesigen Sümpfe kommen den großen Waldungen an völker- und staatentrennender Wirkung gleich. Selbst in unserer nivellierenden Gegenwart sind diese Wirkungen noch deutlich genug zu spüren, wenn etwa das große Bourtanger Moor auf weite Strecken Deutschland von Holland oder die Polessje-Sümpfe die Polen, Weißrussen und Ukrainer voneinander trennen. Von jeher sind eben gern „die politischen Grenzen an menschenarme Gebiete gebunden".[1])

Wenn das Staatsleben in Kanada, Schweden, Finnland, Sibirien so gut wie ganz und gar — von einigen Seehäfen abgesehen — auf die südlichen Teile der Länder konzentriert ist, ist selbstverständlich die Tatsache daran schuld, daß allein in diesen Teilen Ackerbau und somit eine etwas stärkere Menschenkonzentration möglich ist.

Der Einfluß der floristischen Verhältnisse auf die politischen Zielstrebungen selbst der modernen Großstaaten geht am deutlichsten hervor etwa aus dem Streben der Engländer, Fuß zu fassen in Gebieten, die für den Baumwollbau geeignet sind und aus der Tatsache, daß Japan vor allem Ausschau halten muß nach einem Kolonialbesitz, in dem Reisanbau möglich ist. Wenn wir in China und Japan trotz industriell nur mangelhafter Entwicklung eine so dichte Bevölkerung vorfinden, wie sie, außer in den führenden Industrieländern, nur in den überaus üppigen Gebieten Indiens und Javas vorkommt, so sind auch für diese politisch hochbedeutsame Erscheinung die Eigenheiten der Flora des Landes verantwortlich zu machen. Die Möglichkeit einer zweimaligen Reisernte im Jahr gewährt für die Ernährung, die ausgedehnte Bambuskultur für die Siedlung so großer Menschenmassen die alleinige wirtschaftliche Unterlage.

3. Der Einfluß des Klimas.

Daß die wirtschaftliche Bedeutung eines Landes mit dem Klima aufs innigste zusammenhängt, ist natürlich von jeher erkannt worden. Daß das politisch-staatliche Geschehen durch das Klima beeinflußt wird, hat man erst in jüngster Zeit bemerkt. Auch hier hat Haushofer wegweisend gewirkt, der u. a. einmal das Klima als „Vorbedingung industrieller Menschenverdichtung" anspricht.[2]) Maull erklärt sogar[3]) das Klima als „vielleicht überhaupt die wichtigste aller Staatsgrundlagen".

Vielleicht gibt es kein deutlicheres Beispiel für den Einfluß des

---

1) Ebendort, S. 461.

2) Karl Haushofer, Zur Geopolitik der Selbstbestimmung, S. 22. München-Leipzig 1923.

3) O. Maull, a. a. O., S. 348.

Klimas auf die Staatenentwicklung als die von Fairgrieve[1]) nachgewiesene Tatsache, daß das römische Kaiserreich zur Zeit seiner höchsten Entwicklung im 2. Jahrhundert seine Grenze von der Nordsee bis zum Persischen Golf genau mit der 0^0-Isotherme des Januar zusammenfallen ließ. Dieses eine Beispiel beweist mit geradezu klassischer Deutlichkeit, wie selbst die mächtigsten Völker in ihren politischen Handlungen ganz unbewußt dem Einfluß von klimatischen Naturgesetzen unterliegen können. Ebenfalls im römischen Weltreich gab es, wie Vogel hervorhebt[2]), eine Lücke in der staatlichen Fläche an derjenigen Stelle, wo sich zwischen Donau und Theiß die ungarische Pußta ausbreitet. Ihr Klima, ihre Bodenbeschaffenheit sagte den europäischen Völkern der damaligen Zeit nicht zu, und so gab es zwischen Dacien und Pannonien ein politisches Vakuum bis zu dem Tage, da die Hunnen auf ihrer Wanderung in dieses Gebiet vordrangen und in seinen Steppen einen ihren heimischen Verhältnissen ähnlichen und darum doppelt willkommenen Boden vorfanden. Da erst wurde die Pußta der Kern eines neuen Staatsgebildes.

Ebenfalls auf das römische Weltreich bezieht sich die treffende Bemerkung Vogels[3]), daß die Einheitlichkeit des ums Mittelmeer herumgewachsenen Staates im Sommer größer als im Winter gewesen sei, da von den nie besonders schiffahrtstüchtigen Römern das Mittelmeer nur in der sturmlosen, guten Jahreszeit befahren wurde. Wie sehr dieser Gesichtspunkt politisch bedeutsam werden konnte, zeigte sich vornehmlich im Winter 41/40 v. Chr., als Mark Anton seinem in Perugia belagerten Bruder nicht zu Hilfe zu kommen vermochte, da er in Ägypten weilte und in der schlechten Jahreszeit das Mittelmeer nicht zu befahren wagte.

Daß im übrigen die Umgegend des Mittelmeers mit ihrem mindestens in der Sommerzeit fast immer heitren Himmel, ihrem reichlichen Sonnenschein, ihrer stets klaren Luft und den dadurch bedingten Vorzügen für Wirtschaft und Verkehr die besten, auf der ganzen Erde zu findenden Vorbedingungen für Entstehung von Staaten darbot, wurde schon oben hinreichend hervorgehoben. Auch sonst ist der enge Zusammenhang zwischen Meer, Meeresklima und Staatenbildung bzw. Staatenentwicklung unverkennbar. Ratzel hat „das Meer als Quelle der Völkergröße" gepriesen; es ist aber auch mit dem von ihm bedingten Klima in vielen Fällen der entscheidende Faktor, ob Staaten überhaupt entstehen können oder nicht. Die kalten und die warmen Meeresströmungen haben auf das staatliche Leben oft mehr Einfluß als der Wille des Menschen. An der vom Golfstrom bespülten europäischen Küste waren autochthone Staatenbildungen bis zum Wendekreis hinauf möglich, an der ostasiatischen und ostamerikanischen Küste mit ihren kalten Meeresströmungen haben nirgends nördlich vom 45. Breitengrad Staaten von selbst entstehen können.

---

1) James Fairgrieve, Geographie und Weltmacht, übersetzt von Marta Haushofer, S. 237. Berlin-Grunewald 1925.

2) A. a. O., S. 33/34.

3) A. a. O., S. 34/35.

Man stelle sich vor, was aus Englands staatlicher Weltgeltung würde, wenn seine Häfen durch 6 Monate im Jahr von Eis blockiert wären, wie es bei den unter gleicher geographischer Breite liegenden Häfen an der Amurmündung, in Kamtschatka, in Labrador der Fall ist. Die Beringstraße, die, südlicher gelegen, den Suez- und Panamakanal an Bedeutung übertreffen würde, jetzt aber dem menschlichen Wirtschaftsleben nichts zu bieten hat, hält mit ihrer nur geringen Breite schon jetzt die Eisberge des Nordens dem Stillen Ozean so völlig fern, daß auch in der Frühjahrszeit die Dampfer auf wesentlich nördlicheren Breiten als im Atlantischen Ozean verkehren können. Wäre sie gänzlich geschlossen, so würde das Klima Ostasiens durchgreifend zum Bessern gewandelt und damit eine Staatenbildung wesentlich nördlicher ermöglicht werden. Zumal die mit Bodenschätzen reich gesegnete Insel Sachalin könnte dann eines der bedeutungsvollsten Gebiete Ostasiens sein.

Die Geschichte lehrt uns an gar mannigfachen Beispielen, wie stark selbst ein einmaliges klimatisches Ereignis auf das Leben und Gedeihen eines Staates Einfluß zu gewinnen vermag. Holland dankt seine vortreffliche strategische Sicherung seinen zahlreichen Wasserstraßen. Aber als in dem besonders kalten Winter 1794/95 diese Wasserstraßen zufroren, wurde Holland ohne die Möglichkeit eines Widerstandes von den französischen Armeen besetzt und zur „Batavischen Republik" gemacht, und es konnte das weltgeschichtliche Unikum geschehen, daß am 25. Januar bei Texel die im Eise festsitzende Flotte von feindlicher Kavallerie fortgenommen wurde! Und ähnlich wurde der dänisch-schwedische Krieg 1657/58 unerwartet dadurch entschieden, daß das schwedische Heer mit allem schweren Geschütz über den hartgefrorenen Öresund ins Herz des Feindes vorstoßen und ihn zum Frieden von Rœskilde (26. Februar 1658) zwingen konnte. Wie sehr ferner der Staat des Deutschen Ordens im Sommer durch die Wälder und Seen im Osten besser als in der kalten Jahreszeit gegen feindliche Angriffe gesichert war, zeigte sich, als i. J. 1242 die Litauer über den gefrorenen Peipussee einen Angriff unternahmen und der Orden ihnen am 4. April in einem Kampf auf dem Eise des Sees unterlag, wodurch seiner weiteren staatlichen Ausdehnung gegen Osten ein Ziel gesetzt wurde.

Unter die klimatischen Einflüsse, die für das Leben eines Staates Bedeutung gewinnen können, muß man ferner die Fiebergegenden rechnen. Länder, in denen ständig Fieber, zumal die gefährlichen tropischen, herrschen, sind natürlich von vornherein der Staatenbildung, wie überhaupt der dauernden Besiedlung, abträglich. Aber für schon vorhandene Staaten können die lediglich jahreszeitlich auftretenden Fieber ein bemerkenswerter Schutz werden. Im Mittelalter ist Rom im Sommer durch alle seine Mauern nicht so gut gegen langwierige Belagerungen geschützt worden wie durch die Fieber der Campagna-Sümpfe, die ja schon dem Hannibal und seinem Heer arg zu schaffen machten. Ebenso wurde Walcheren i. J. 1809 durch die daselbst herrschenden Fieber vor der geplanten englischen Besetzung bewahrt, und in den Jahren nach 1830 wurde die französische Okkupation Algeriens empfindlichst dadurch erschwert, daß jährlich 7% der Truppen durch Fieber dahingerafft wurden. Die britische Expedition General Archibald Campbells im Birma-Kriege 1824 wurde ebenfalls dadurch teilweise zum Mißlingen gebracht, daß durch Fieber 72½% des weißen Heeres kampfunfähig gemacht wurden.

Ein ganz besonders charakteristisches Beispiel ähnlicher Art hat noch die jüngste Vergangenheit geliefert. I. J. 1919 hoffte England die damalige Schwäche Rußlands zu einem Vorstoß nach Afghanistan, dem noch unabhängigen Pufferstaat, ausnützen zu können. Die englischen Truppen wurden bei dieser Gelegenheit aber durch Seuchen derart dezimiert, daß sie schließlich unverrichteter Sache zurückgehen mußten. Im Frieden von Rawalpindi, im August 1919, behauptete Afghanistan nicht nur seine Unabhängigkeit, sondern hatte darüber hinaus seine politische Stellung derart gestärkt, daß man im afghanischen Staat vielfach die neue Vormacht des Islam erblicken wollte. Das Klima Afghanistans, das schon einmal im Winter 1841/42 Tausende von Engländern auf dem Rückzug durch den Khaiberpaß, wie der russische Winter 1812 die französische Armee, vernichtet hatte, erwies sich auch 1919 als ein den Staat schützender Faktor.

Wie sehr die koloniale Überseepolitik europäischer Staaten in den asiatischen Monsungebieten von den Jahreszeiten und somit dem Klima abhängig ist, belegt Haushofer in sehr wirkungsvoller Weise durch ein historisches Beispiel. Zwei der bedeutsamsten Ereignisse der Kolonialgeschichte, die Gründung von Manila durch Legaspi (1569) und die die britische Herrschaft in Indien endgültig festigende Schlacht von Plassey (1757), fielen auf das gleiche Datum, den 23. Juni. Haushofer meint nun[1]):

„Diese Übereinstimmung ist nicht ganz zufällig, weil dieses Datum einen Höhepunkt der Ungunst des Monsun-Klimas für militärische Operationen von Truppen gemäßigter Zone bedeutet, die nur außergewöhnliche Willenskraft eines Führers überwindet."

Mag diese Bemerkung auch etwas übertrieben zugespitzt sein, der richtige Grundgedanke darin ist einleuchtend.

4. Die Bedeutung der Niveauunterschiede.

Mit der geopolitischen Bedeutung der jeweiligen Oberflächenform eines Gebietes für die Staatenbildung haben sich in neuerer Zeit vornehmlich Passarge und W. Vogel beschäftigt. Passarge hat die treffende Bemerkung gemacht, daß in der gemäßigten und subtropischen Zone die Ebenen, in den Tropen dagegen die Gebirge für Staatenbildungen als „Vorzugsländer" anzusehen seien.

---

1) Karl Haushofer, Zur Geopolitik der Selbstbestimmung, S. 43. München-Leipzig 1923.

Fig. 8—11.

Vogel[1]) unterscheidet folgende wichtigsten rein-geographischen Einheiten als staatenbildende Vorbedingungen (Fig. 8 bis 13):

a) Becken- oder Muldenstaaten, die, von Bergen umrahmt, eine gesicherte Lage aufweisen und von der Natur oft über die wirtschaftliche zur politischen Einheit gezwungen werden, wobei ein etwa hindurchströmender Fluß das wirtschaftliche Band noch wesentlich fester schlingt. Besonders charakteristische Beispiele dieser Art sind Böhmen, Ungarn, die Poebene, das Ebrobecken, Mesopotamien, Bengalen, Kalifornien. Auch die Oberrheinische Ebene könnte hier genannt werden, doch ist sie infolge ihrer guten Erreichbarkeit von verschiedenen Seiten und ihrer Lage zum Rhein stets in so hohem Maße eines der wichtigsten Durchgangsländer des Verkehrs gewesen, daß bei ihr die staatliche Einheit hinter der Stellung im europäischen Verkehrsleben allzeit zurücktreten mußte. Als wichtigste Pforte des Handels und Verkehrs zwischen Süd- und Nordwesteuropa war die Oberrheinebene seit dem Altertum so nachdrücklich Ziel der Ausbreitungstendenzen angrenzender Staaten, daß sich die geopolitische Einheit nur in der Durchsetzung einer einheitlichen Sprache der Bewohner auswirken konnte, während sonst in den letzten Jahrhunderten zumeist, und auch gegenwärtig wieder, politische Grenzen mitten hindurchlaufen.

b) Horststaaten auf der Höhe von ausgedehnteren Tafelländern, gelegentlich umrahmt von noch höheren Gebirgsstöcken, als natürliche Festungen schwer angreifbar, aber infolgedessen auch von den Verkehrswegen gern gemieden und umgangen und oft rückständig in der Kultur. Gute Beispiele sind Siebenbürgen,

1) A. a. O., S. 36ff.

Arkadien, Armenien, Iran, Tibet, das innere Kleinasien und Spanien (Asturien). Die in solchen schwer zugänglichen Gebieten wohnenden Völkerschaften pflegen, ebenso wie die Inselnationen, stark konservative Gesinnung zu zeigen, neuerungsfeindlich zu sein und altererbte Sonderkulturen außerordentlich zäh zu wahren, wie es z. B. das uralte, entstellte Christentum in Abessinien und der Lamaismus in Tibet beweisen.

c) Sattelstaaten, die sich über den Kamm eines Gebirges hinweg, meist im Anschluß an einen besonders wichtigen Verkehrsübergang, unter dem einenden Zwang der Verkehrsbedürfnisse ausbilden. Charakteristische Beispiele sind die Schweiz, Tirol, Bulgarien, Kolumbien, Peru, Bolivien, seit 1919 auch Rumänien. So ist für die Schweiz der Gotthardpaß das geopolitische Einigungsmittel geworden, das das italienisch sprechende Tessin freiwillig mit den deutschsprechenden Ländern zwischen den Alpen und dem Oberrhein zu einer unzerreißbaren staatlichen Einheit zusammenwachsen ließ. In Tirol hat der seit vorgeschichtlicher Zeit rege benutzte Brenner, der bequemste und wichtigste aller Alpenpässe, dieselbe Rolle des geopolitischen Einigers gespielt.[1]) Daß seit 1919 unter dem nichtigen Vorwand strategischer Bedürfnisse durch dieses zusammengehörige, kulturell und sprachlich aufs innigste zusammengeschweißte Gebiet eine politische Kammgrenze gezogen und somit Tirol in zwei staatliche Gebiete auseinandergerissen worden ist, ist ein historischer Widersinn, eine Sünde wider die Natur, die unter gar keinen Umständen Bestand haben kann und ähnlich rasch berichtigt werden wird, wie die ähnlichen Zerreißungsversuche von 1805 und 1811.

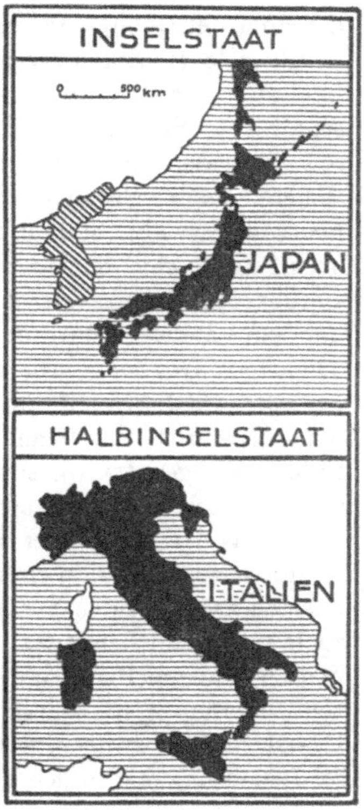

Fig. 12—13.

Fig. 8—13. Die Anpassung der Staatenbildung an das Erdniveau.

Die Sattelstaatbildung und die einende Kraft der Pässe tritt uns bei Kettengebirgen, die ungefähr west-östlich verlaufen, ungleich häufiger entgegen als bei solchen, die sich vorwiegend in nord-südlicher Richtung erstrecken. Der Grund ist wirtschaftsgeographischer Natur. Es liegt auf der Hand, daß zwischen dem Ost- und dem Westhang eines Gebirges in den meisten Fällen geringere Unterschiede bezüglich der Bodenprodukte und des möglichen Warenaustausches bestehen werden als zwischen der Nord- und der Südseite. Nord-südlich streichende Gebirge pflegen daher eine viel stärkere Verkehrs- und Wirtschaftsscheide zu sein als ost-westliche, wobei

1) Vgl. Albrecht Haushofer: „Paßstaaten in den Alpen." Berlin-Grunewald 1927.

die Höhe der Gebirge erst eine sekundäre Rolle spielt. Es gibt Gebirge, die durch viele Jahrhunderte hindurch und zum Teil selbst noch in unserem „Zeitalter des Verkehrs" ein fast völliges Hemmnis politischer und wirtschaftlicher Beziehungen sind. Das rauhe, langgestreckte Tydal-Gebirge, das Schweden von Norwegen scheidet, hat zu allen Zeiten beide Länder sicherer als ein Ozean voneinander getrennt und weist noch bis auf den heutigen Tag eine erstaunlich kleine Zahl von Verkehrsübergängen auf. Wenn die Geschichte beider Staaten seit dem 14. Jahrhundert allenthalben Berührungen aufweist, so fanden diese doch stets mehr auf dem See- als auf dem Landwege statt und waren nur im relativ ebenen äußersten Süden lebhafter. Der genau nord-südlich verlaufende Ural bildete bis zum Ende des 16. Jahrhunderts, bis der kühne Räuber und Abenteurer Jermak ihn überschritt, um Iwan dem Schrecklichen ein neues Riesenreich zu Füßen zu legen (1578), eine so vollkommene, nur ganz vereinzelt überwundene Schranke zwischen Rußland und Sibirien, daß er bis heute mit Recht als Grenze zweier Erdteile gilt. Die südamerikanischen Anden richteten noch bis zum Anfang des 20. Jahrhunderts eine so vollständige Scheide zwischen den Staaten des Ostens (Argentinien, Brasilien, Venezuela usw.) und denen des Westens (Chile, Peru usw.) auf, daß kaum jemals irgendeine Berührung über das Gebirge hinweg stattfand. Der einzige, überhaupt in Betracht kommende Paß über die Berge, der von Uspallata, 3967 m hoch, war ausgesprochen verkehrsarm und ist zu größerer Bedeutung erst in den letzten zwei Jahrzehnten gelangt, seit 1910 der „Transandino", die einzige Überlandbahn Südamerikas, eröffnet worden ist, die den Reiseverkehr zwischen Buenos Aires und Valparaiso in dem 3188 m hoch gelegenen Uspallata-Tunnel das Gebirge überwinden läßt.

Ausgesprochen arm ist ferner der Verkehr über die nord-südlich verlaufenden Vogesen hinweg, die zwar im Norden und Süden von einem regen Verkehr umgangen werden, die aber selber der Förderung der Wirtschaftsbeziehungen so wenig bedürfen, daß noch an keiner Stelle eine Vollbahn das Gebirge durchbricht[1]) und nur an einer einzigen, zwischen Colmar und Gerardmer, eine Kleinbahn hinüberführt. Der Schwarzwald weist demgegenüber einen wesentlich lebhafteren Verkehr in der Querrichtung auf, ist aber dennoch gegenüber manchem ähnlichen und viel gewaltigerem (Alpen!) Gebirge verhältnismäßig stark vom Verkehr zwischen den beiden Hangseiten vernachlässigt. Natürlich verschiebt hier, wie überall, heute ein lebhafter Touristenverkehr das Bild der ursprünglichen Wirtschaftsbeziehungen bedeutend. — Weiter wären als relative Verkehrswüsten folgende nord-südlich verlaufenden Gebirge zu nennen: der Böhmerwald, der Pindos, der Taygetos, die Appalachen usw.

d) Abdachungsstaaten zwischen einem Kettengebirge und einer parallel laufenden Meeresküste, wobei gelegentlich an die Stelle des

1) Ende März 1928 ist der erste Tunnel durch die Vogesen zwischen St. Dié und Saales gebrochen worden, womit sich ein Ausblick auf eine künftige Hauptstrecke Epinal—Straßburg ergibt.

Meeres auch ein wichtiger Flußlauf treten kann. Gute Beispiele sind Schweden, Chile, das Rumänien der Zeit vor 1918, Buchara (zwischen Alai-Gebirge und Amu Darja), in beschränkterem Sinne Norwegen, und in großem räumlichen Maße Argentinien, Brasilien und auch Deutschland (zwischen Alpen und Meer). Dabei ist die politische „Schicksalsseite" der Staaten wechselnd. Manche von ihnen sind politisch nur nach der Seite des Meeres orientiert, wie Norwegen, Chile, Argentinien, andere wenden den Blick wieder, wie gebannt, nach dem Gebirge bzw. der Landseite, wie Rumänien vor 1918 und das Deutsche Reich des Mittelalters.

e) Inselstaaten, gleichviel, ob auf einer großen oder mehreren kleineren Inseln. Solche Staaten sind strategisch am besten von allen gesichert, solange sie die Meerzugänge sicher beherrschen oder in einer seeuntüchtigen Umwelt leben. Das trefflichste Beispiel der heutigen Zeit ist England, dessen Hauptstadt als einzige in Europa, neben denen Schwedens und Norwegens, im 19. und 20. Jahrhundert keinen Feind gesehen hat. Aber England ist nicht das charakteristischste Beispiel der Geschichte, denn es hat von 55. v Chr. bis 1066 n. Chr. eine ganze Reihe siegreicher feindlicher Einfälle vom Festland her erlebt (vgl. S. 42). Ungleich typischer tritt uns die Sicherheit der Insellage in der Geschichte Japans entgegen, des einzigen Landes der Welt, dessen Boden in einer rd. 3000jährigen Geschichte nie von einem Feinde betreten worden ist. Selbst den übermächtigen europäischen Seestaaten gegenüber hat Japan durch seine grundsätzliche Abschließungspolitik von rd. 1600—1850 seine völlige Unabhängigkeit zu behaupten gewußt, während China europäisches Ausbeutungsobjekt wurde und die einst mächtigen Sultanate der Sundainseln in Abhängigkeit von Portugal, Spanien, Holland und England kamen. Wenn Inselstaaten zu einer gewissen Seemacht aufsteigen, können sie ihrerseits erobernd auf dem Festland auftreten, wie im Altertum das Beispiel Kretas zeigt, in neuerer Zeit die Geschichte Englands, das seit 1180 der Reihe nach Frankreich, Holland, Belgien, Norwegen, Dänemark, Portugal, letzthin auch Deutschland, Italien, Griechenland, die Türkei und Rußland seine militärische und maritime Überlegenheit spüren ließ. Ähnlich ist Japan in den letzten 40 Jahren erobernd vorgegangen gegen China, Rußland, Korea, die Mandschurei, Deutschland und hängt als dunkle Wetterwolke über Indochina, Australien, Neuseeland, Niederld.-Indien, den Philippinen, Honolulu usw. Selbst der nur kleine Inselstaat Sansibar genoß ja zeitweilig eine erstaunlich weitgehende politische Macht auf dem afrikanischen Festland.

f) Halbinselstaaten, die den großen Vorteil haben, daß sie nach ihrem Gefallen ihre Lage zum Meer oder zum Lande ausnutzen und beide gegeneinander ausspielen können. Für friedliche Zeiten ist diese Doppellage wirtschaftlich ein bedeutender Vorteil. Strategisch aber ist sie schlecht, da solche Staaten in der Regel genötigt sind, sowohl dem Landheer wie der Kriegsflotte Fürsorge zuzuwenden, wenn sie gut verteidigt sein wollen. Beispiele sind im Altertum Achaja, in unserer Zeit vor allem

Italien und Dänemark, während manche Halbinseln durch die Natur selbst, sei es durch Gebirge, Wüsten oder sonst dünnbesiedeltes Gebiet, nach der Landseite ziemlich gut geschützt sind, so Schweden, Spanien, Griechenland, Arabien, Indien.

5. Die Wirkung des Bodens auf den Volkscharakter.

Es kann keinem Zweifel unterliegen, daß neben der Eigenart eines Staates auch der Charakter seiner Bewohner durch die geographische Beschaffenheit des Landes in entscheidender Weise gebildet und gefeilt wird. Schon der Perserkönig Kyros hat ja einmal die scharfsinnige geopolitische Bemerkung gemacht[1]), „ein und dasselbe Land bringe nicht zugleich herrliche Früchte und tapfere Krieger hervor". Der geopolitische Einfluß läßt sich nicht ganz selten auch im innerpolitischen Geschehen, selbst in der Verfassung und Staatsform, verfolgen.

Aus naheliegenden Gründen ist das Gebirge ein verkehrserschwerendes, die Ebene im allgemeinen — von einigen Sonderfällen abgesehen — ein verkehrsförderndes Element, und zwar gilt dies nicht nur für den friedlichen Verkehr, sondern auch für die Kriegszüge feindlicher Räuber und Eroberer, die in schwieriges, unübersichtliches Gebirgsland immer nur zögernd, ungern und oft gar nicht eindringen. Im Gebirge sind die Siedlungen spärlich, in der Ebene hausen die Massen. Raubzüge finden daher in der Ebene nicht nur die wenigsten natürlichen Hindernisse, sondern auch die reichsten Beutemöglichkeiten vor. Im Gebirge ist die Lebensführung erschwert, jedoch verhältnismäßig stabil und gesichert, in der Ebene ist sie leicht, aber auch labil, oft gefährdet. Das Gebirge züchtet trotzige, freiheitsliebende Herrenindividuen und stolze, eigenwillige, hartschädlige Völker von ungebändigtem Unabhängigkeitsdrang, wie die Schweizer, die Basken, die Korsen, die Albanier, die Walliser, die Norweger, die kaukasischen Stämme, die Tibetaner, Abessinier usw., die Ebene verhältnismäßig oft anpassungsfähige, unterwürfige, mehr auf Handelsvorteil als auf stolze Eigenart bedachte Naturen und Nationen, die sich gegen fremdes Joch nur wenig zur Wehr setzen und willig jedem Herren dienen, wenn man sie nur sonst in ihrem Erwerbsleben so wenig wie möglich stört. Die unendlichen, schlecht zu verteidigenden Ebenen Rußlands haben, neben den Ebenen Indiens und Chinas, die charakteristischsten Volkstypen dieser Art hervorgebracht.

In vorzüglicher Weise, wenn auch durchaus unbewußt, hat Schiller den grundsätzlichen, durch geopolitische Einflüsse bedingten Gegensatz zwischen der Natur der Gebirgs- und der Ebenen-Bewohner im „Wilhelm Tell" in jenem Gespräch zwischen Tell und seinem Sohn Walter in der 3. Szene des 3. Aufzugs charakterisiert:

„Sie dürfen doch frei fischen in dem Strom?" —
„Der Strom, das Meer, das Salz gehört dem König." —

1) Herodot IX, 122.

„Wer ist der König denn, den Alle fürchten?" —
„Es ist der Eine, der sie schützt und nährt." —
„Sie können sich nicht mutig selbst beschützen?" —
„Dort darf der Nachbar nicht dem Nachbarn trauen." —
„Vater, es wird mir eng im weiten Land;
Da wohn' ich lieber unter den Lawinen."

Die politische Folgewirkung solcher verschiedenartigen Charakterveranlagung kann nicht ausbleiben. Man stelle sich eine Schweiz vor, die einem fremden Eroberer keinen Widerstand leistet, oder ein indisches Volk, das aus eigener Kraft seine nationale Unabhängigkeit im Kampf auf Leben und Tod zu verteidigen bereit ist. Im Gebirge lebt das konservative Element, das zäh, oft eigensinnig die von den Vorfahren überkommene Eigenart wahrt und sogar gelegentlich an einer eigenen Sprache in einer mundartlich völlig andersartigen Umgebung durch Jahrhunderte hindurch festhält, wie wir es etwa an den Basken und Wallisern sehen, in der Ebene dagegen die liberale Gesinnung, die auf das Leben und Lebenlassen eingestellt ist, die bereit ist, jede Neuerung, jede Modeströmung unbesehen mitzumachen und sich suggestiven Einflüssen hinzugeben, gleichviel ob sie vernünftig oder töricht sind. Im Gebirge ist das Individuum, in der Ebene die Mehrheit der entscheidende Faktor. Im Gebirge bilden viele Persönlichkeiten von starkem Eigenwillen eine konservativ eingestellte Demokratie, wie sie etwa die alten Norweger und Isländer mit ihren Things darstellten und wie sie in der Gegenwart nirgends charakteristischer ausgeprägt ist als in der Schweiz; in der Ebene dagegen gedeiht die Herdennatur des Menschen, die sich meist willig leiten und einem starken Führer gehorchen läßt, deren politisch-staatliches Gepräge daher bis in eine junge Vergangenheit hinein der Absolutismus oder der konstitutionelle Behördenstaat war und heute der von parteipolitischen Führern geleitete Staat ist. Demgemäß werden aber auch fast alle Kulturfortschritte von der Ebene ausgehen und dort ihren besten Boden finden, während sie in den Gebirgsländern erst wesentlich später und nur schwer Fuß zu fassen pflegen.

Ähnlich wie in den Gebirgen ist auf Inseln die Charakterveranlagung der Bewohner, und zwar aus dem gleichen Grunde der relativen Absperrung gegen die Umgebung. Auch hier ist der konservative Zug, das Haften an der Tradition ein Grundzug des Wesens. Ratzel hat in einem eignen Aufsatz „Inselvölker und Inselstaaten"[1]) auf die psychologische Sonderstellung der Inselbevölkerungen hingewiesen. Es ist kein Zufall, daß in keinem anderen modernen Kulturlande die Sitten und Gebräuche langvergangener Jahrhunderte sich so zahlreich und so zäh erhalten haben wie in England, kein Zufall, daß in keinem anderen Lande der Welt so zielbewußt und folgerichtig eine $2\frac{1}{2}$ hundertjährige Absperrung gegen die Umwelt durchgesetzt wurde wie in Japan, kein Zufall, daß in den Stürmen der Völkerwanderung, als so viel altes Schrifttum für immer verloren ging, in den christlichen Klöstern Irlands zahlreiche Literaturschätze des Altertums

1) Fr. Ratzel: „Kleine Schriften", Bd. II, S. 294.

gerettet wurden, kein Zufall, daß gerade auf dem weltenfernen Island die nordischen Heldenlieder und heidnischen Mythen uns so vollständig erhalten geblieben sind.

Eine Neigung, sich bewußt gegen fremde Einflüsse abzuschließen, kennzeichnet den Insel- wie den Gebirgsbewohner. Nicht umsonst und durchaus mit Recht spricht man von „insularen Vorurteilen". Eine Neigung zum Versteinern, zum Verpassen des rechtzeitigen Anschlusses an die Anforderungen einer neuen Zeit kennzeichnet sowohl das Japan des 17. bis 19. wie das Venedig des 16. bis 18. Jahrhunderts und im Altertum den konservativsten der hellenischen Staaten, Sparta, die Vormacht auf der „Insel" des Pelops. — Der Umstand, daß der Sondercharakter von Inselstaaten schärfer als der von Festlandsstaaten ausgeprägt zu sein scheint, hat zweifellos auch beigetragen zu dem eigenartigen Umstand, auf den Haushofer aufmerksam macht[1]): „daß alle berühmten Verfasser von Staatsromanen der Weltliteratur sich Inselstaaten als ihre Idealstaaten ausgedacht haben."

Die Abgeschlossenheit und Sicherheit der Inseln, die ja im Altertum z. B. den Stadtstaat Massilia (Marseille) veranlaßte, sein für die Bevölkerung bestimmtes Getreide nicht auf dem Festland, sondern auf den Hyerischen Inseln anzubauen, wo es dem Zugriff von Feinden besser entzogen war, hat in hervorragendem Maße auch dazu mitgewirkt, ihnen in dem Sinne eine politische Rolle zuzuweisen, daß sie so oft eine Freistatt für politische Flüchtlinge, aber auch ein Gewahrsam für gefährliche politische Gefangene wurden. Wie die Überlebenden der Familie der Bourbonen nach der französischen Revolution von 1792 zum größeren Teil in England eine Zuflucht fanden, so auch viele der Verfolgten der Metternich-Periode, ein Freiligrath, ein Engel, ein Karl Marx. Ähnlich gewährte ehedem die Inselrepublik Venedig politisch verfolgten fremden Staatsbürgern gern ein Asyl und in jüngster Zeit die holländische Insel Wieringen im Eingang der Zuyderzee dem deutschen Kronprinzen. Nun, und die Sicherheit von Inseln für Verwahrung politischer Gefangener ist bekanntlich nie deutlicher hervorgetreten als in der Geschichte Napoleons I., dem erst Elba und, als dieses sich zu nahe am Festland liegend erwies, das weltenferneinsame St. Helena von seinen grausamen Besiegern als Wohn- und Sterbeort bestimmt wurde. Ebenso ist noch in jüngster Zeit der marokkanische Patriot und Rif-Führer Abd-el-Krim auf die Insel Madagaskar verbannt worden, um unschädlich gemacht zu sein. Auch an die Stellung der berüchtigten französischen Teufelsinsel an der Küste von Guyana sei in diesem Zusammenhang kurz erinnert, ferner an die Verwendung der einsamen Osterinsel seit 1888 durch Chile als Strafkolonie oder des brasilianischen Fernando Noronha zu gleichem Zweck.

Aus demselben Grunde der erschwerten Erreichbarkeit und Angreifbarkeit werden Inseln besonders gern als Seefestungen ausgebaut oder zu bedeutungsvollen Stützpunkten der politischen Macht in fremden Gewässern

1) „Bausteine der Geopolitik", S. 46.

umgestaltet, natürlich nur durch Mächte, die politisch auf dem Weltmeer eine Rolle spielen und die in der Lage sind, jene Inseln bequem zu verteidigen. Es genügt in diesem Zusammenhang zu erinnern an die Namen Malta, Perim-Inseln, Singapur, Honolulu, an den früheren deutschen Kriegshafen auf Helgoland, die englischen Kriegshäfen auf den Inseln Portsmouth, in Scapa Flow, die zur Verteidigung der Hauptstadt bestimmten Inselfestungen Kronborg, Kronstadt, Sveaborg u. a. In diesen Rahmen gehört ferner der hohe strategische Wert, den England auf die Insel Cypern wegen ihrer flankierenden Stellung zum Suezkanal, auf die Falkland-Inseln wegen ihrer Lage zur Magellansstraße legt und wegen dessen die Ver. Staaten so begierig sind auf den Erwerb der eine ähnliche Stellung zum Panamakanal einnehmenden Galapagos-Inseln, nachdem sie 1917 in der atlantischen Flanke des Kanals die dänischen Antilleninseln durch Kauf bereits an sich gebracht haben.

Inselstaaten, die wegen ihrer Stellung auf der See ohnehin genötigt sind, eine kriegstüchtige Flotte zu unterhalten, pflegen sich zur Verstärkung ihrer politischen Machtstellung besonders gern auf Inseln zu stützen. Im englischen Weltreich sehen wir dies in ausgeprägtester Form. Aber auch Japan bemüht sich, aller festländischen Ausbreitungstendenzen unerachtet, vor allem recht viele benachbarte Inseln sich anzugliedern: das festländische Tsingtau mit dem Einflußgebiet Schantung gab es an China zurück, dafür aber faßte es dauernd Fuß auf den Inseln Formosa und Sachalin, den Bonininseln, den ehemals deutschen Südseeinseln nördlich des Äquators, und wirtschaftlich setzt es sich auch mehr und mehr fest auf den Hawai-Inseln, den Philippinen u. a. — Dänemark, das politisch nahezu als Inselstaat zu bewerten ist, da sein Schwerpunkt ausgesprochen auf den Inseln zwischen Ostsee und Kattegat liegt, hat nicht nur eine typische Seefestung auf einer Insel geschaffen, Kronborg bei Helsingör, sondern seine früheren Kolonien ebenfalls ohne Ausnahme auf Inseln angelegt — abgesehen von der mittelalterlichen Zeit, wo es auch an der baltischen Festlandsküste wichtige Stützpunkte besaß, während z. B. die berühmteste Seefeste dänischer Wikinger, die Jomsburg (ca. 950—1043), wieder auf einer Insel, dem damals wendischen Usedom, lag.

Weiter darf erinnert werden an die Insel-Großmacht Venedig, die ihr politisches Staatsgebilde zwar nicht ausschließlich, aber doch mit besonderer Vorliebe auf Inseln stützte, so auf Korfu, die Dalmatischen, Ionischen und Äginetischen Inseln, Kreta, Cerigo, Cypern, Inseln des Ägäischen Meeres usw. — Das alte Karthago, das geopolitisch, wie oben dargelegt, ebenfalls als Inselreich bewertet werden mußte, suchte in den ersten Jahrhunderten seiner staatlichen Ausdehnung seine Stützpunkte mit einer geradezu auffälligen Vorliebe auf den Inseln des westlichen Mittelmeers, auf Malta, Gozzo, Pantellaria, Sizilien, Sardinien, den Balearen usw. Merkwürdigerweise gehörten freilich genau dieselben Inseln (mit einziger Ausnahme des unbedeutenden Pantellaria) nahezu zwei Jahrtausende später, um 1400, zu einem ausgeprägten Festlandsstaat, dem

Königreich Aragonien. Auch das minoische Kreta stützte seine Macht, wie oben hervorgehoben (S. 2), fast restlos auf Inseln.

Bis auf die Eigenart des religiösen Lebens erstreckt sich der psychische Einfluß von Boden und Klima. Es kann, wie schon erwähnt (S. 22), kein Zufall sein, daß die drei großen und zugleich die intolerantesten Religionen, die mosaische, die christliche und die mohammedanische, alle im gleichen Lebensraum der subtropischen Trockenzone ihren Ursprung gehabt haben. Und treffend weist Haushofer[1]) hin auf:

„die weltmüde Lehre des Buddhismus aus den überwucherten Landschaften am Fuße des Himalaya, während der niederschlagsärmere, auf Bewässerungsarbeit und somit auf fleißige, rührige Hände angewiesene Nordwesten, der Pandjab, immer wieder mehr diesseits bejahende Weltanschauung aufkommen ließ."

6. Der Einfluß der verkehrsgeographischen Bedingtheiten.

Außer der obigen Einteilung der Staaten nach rein verkehrsgeographischen Gesichtspunkten, im Verhältnis zur Außenwelt, versucht Vogel[2]) noch eine weitere Klassifizierung nach den mehr innerpolitischen Beziehungen einer Zwangsläufigkeit des Verkehrs. Ich halte auch diese Einteilung für recht glücklich und möchte wünschen, daß die von Vogel geprägten Ausdrücke dem dauernden Wortschatze der geopolitischen Forschung eingereiht würden. Die wichtigsten, durch Verkehrsbeziehungen entstandenen Staatsgebilde nennt Vogel:

1. Paßstaaten,
2. Flußfadenstaaten,
3. Straßenstaaten,
4. Binnenmeerstaaten.

Der Begriff Paßstaat deckt sich zum großen Teil, wenn auch nicht völlig, mit dem, was oben, vom Standpunkt der physikalischen Geographie, ein Sattelstaat genannt wurde. Der gut gangbare Paßübergang schweißt die beiden Hangseiten des Gebirges wirtschaftlich, politisch und auch kulturell sowie sprachlich eng zusammen. Wo der Paß fehlt, wird der Gebirgskamm in den meisten Fällen verschiedene Staaten von einander trennen. Gelegentlich kann es zwar trotzdem zu Sattelstaat-Bildungen kommen, aber der politische Zusammenhang der beiden Gebirgshänge bleibt dann mehr nominell und äußerst lose. Das merkwürdigste Beispiel dieser Art bietet die peruanische Provinz Loreto, die auf der Ostseite der Anden im Amazonasgebiet liegt, jedoch mit dem übrigen Peru durch keinen einzigen brauchbaren Paß zusammenhängt. Beamte, die die Regierung in Lima nach Loreto schicken wollte, konnten ehedem nur auf dem ungeheuren Umweg über die Magellan-Straße, den Südatlantischen Ozean und die ganze Länge des Amazonas dorthin gelangen; auch ein Truppentransport,

1) A. a. O., S. 41 ff.
2) A. a. O., S. 41 ff.

der zur Bekämpfung eines ausgebrochenen Indianeraufstandes dorthin entsandt werden mußte, konnte nur auf dem genannten Wege sein Ziel erreichen. Heute gewährt der Panamakanal eine willkommene Abkürzung, aber das Fehlen eines guten Paßüberganges ist natürlich nach wie vor eine arge Erschwerung des staatlichen Zusammenhalts.

Wo demgegenüber ein wichtiger und verkehrsstarker Paß ein ausgedehntes Kettengebirge überschreitet, da wirkt er nicht nur staatlich einheitsbildend, sondern auch im Sinne eines einheitlichen Sprach- und Kulturgebietes auf beiden Seiten des Gebirges. Durch den Brenner hat sich die deutsche Sprache, Sitte und Kultur weit auf den Südhang der Alpenkette verbreitet, und es ist damit der Anstoß zur Bildung des Sattelstaates Tirol und zu der kulturellen und völkischen Wesenseinheit von Nord- und Südtirol gegeben worden, den keine künstliche politische Zerreißung auf die Dauer tilgen kann. Ebenso hat sich über den alten und hochwichtigen Paß des Großen St. Bernhard, der im Mittelalter geradezu „der König der Alpenpässe" war, die französische Sprache tief nach Süden, ins Aostatal hinein, ausgedehnt. Wenn wir demgegenüber am dritten Hauptpaß der Mittelalpen, am St. Gotthard, eine scharfe Sprachgrenze zwischen dem Nord- und Südabhang vorfinden, so ist ohne jeden Zweifel allein der Umstand daran schuld, daß jene beiden Pässe schon seit dem Altertum, der Gotthard jedoch erst seit dem 13. Jahrhundert benutzt wurden, nachdem es gelungen war, das Hindernis der kurzen, aber unzugänglichen Schöllenenschlucht im Reußtal oberhalb Göschenen um 1220 bis 1230 durch die Galerieanlage der „stiebenden Brücke" und das Urner Loch auszuschalten. Offenbar sind aber 700 Jahre eine zu kurze Zeit, um zwei Seiten eines Gebirges, trotz reger Verkehrsbeziehungen, zu einer Kultureinheit zusammenzuschließen. Die Graubündener Pässe, die ehedem im Mittelalter ebenfalls hohe Wichtigkeit für den Verkehr hatten, zeigen umgekehrt eine gewisse Neigung, die italienische Sprache in Spuren auf die Nordseite des Gebirges zu verpflanzen.

Weiter hat sich die deutsche Sprache und Kultur über die Pässe der Sudeten, des Erzgebirges und Fichtelgebirges weit nach Böhmen hinein verbreitet, schon zur Zeit, da die Sueben durchs Elbtal aufwärts vordrangen, bis ihr Zug im mittleren Böhmen durch die daselbst wohnenden Bojer nach Süd-West abgelenkt wurde. Tacitus[1]) zufolge war Böhmen zu seiner Zeit das südlich vom „Herzynischen Wald" (Böhmerwald, Erzgebirge, Sudeten usw.) gelegene Reich des germanischen Fürsten Marbod. Andererseits hat die rumänische Sprache über die Karpathenpässe hinweg sich einen beträchtlichen Teil von Siebenbürgen erobert. — Ob im einzelnen Fall die kulturellen Verkehrsbeziehungen stark genug sind, einen staatlichen Zusammenschluß zu erzwingen, hängt natürlich in vielen Fällen noch von allerhand anderen politischen und geschichtlichen Momenten ab, so daß allgemeingültige Regeln sich nicht aufstellen lassen. Trotz der vor-

1) Tacitus, Germania, cap. 42/3.

trefflichen Verkehrsbeziehungen, die sich seit ältesten Zeiten durch die bequeme Burgundische Pforte (zwischen Mülhausen und Belfort) abspielen, läuft dennoch mitten durch sie hindurch eine Sprachgrenze und in den meisten Perioden der Geschichte auch eine politische Grenze. Auch der ungewöhnlich vortreffliche Paß des Elbdurchbruchs durchs Elbsandsteingebirge hat nur zu einer sprachlichen, nie aber einer staatlichen Einheit zwischen Nord und Süd geführt, wenn gleich Jahrhunderte lang sowohl Böhmen wie Sachsen Glieder des Deutschen Reiches waren.

Ganz unverkennbar ist die Tendenz, daß fast immer die Ausbreitung der Sprache und Kultur von der Nord- nach der Südseite der Gebirge, von den kälteren nach den wärmeren Gebieten, erfolgt. In den meisten Fällen sind naturgemäß die sonnenreichen Südabhänge der Gebirge üppiger und fruchtbarer als die auf der Schattenseite liegenden Nordhänge. Die Sehnsucht, von Nord nach Süd zu gelangen, ist daher selbstverständlich ungleich stärker als die umgekehrte ausgeprägt. So werden wir den politischen Kern der Sattelstaaten wie der pässeüberwindenden Kulturtendenzen in der Regel auf der Nord (Nordwest, Nordost)-Seite der Gebirge der nördlichen Erdhalbkugel vorfinden. Sehr deutlich zeigte sich diese Entwicklung im Mittelalter an Graubünden, als es seine stärkste politische Macht erreichte.

Ganz anders ist demgegenüber das Verkehrsbild bei den nord-südlich verlaufenden Gebirgen in etwa den gleichen Klimazonen. Wie lebhaft war zu allen Zeiten der Verkehr über die vorzüglichsten nord-südlichen Alpenpässe: den Großen St. Bernhard, den St. Gotthard, die verschiedenen Graubündener Pässe, den Brenner oder durch die Elbpforte bei Schandau, den Rotenturmpaß (Trajanspforte) in den Transsylvanischen Alpen, die Cilicische Pforte im Taurus, die Grusinische Heerstraße im Kaukasus, den Khaiberpaß im afghanisch-indischen Grenzgebirge, den Nankou-Paß im Chingan-Gebirge zwischen Peking und Kalgan. Und wie gering ist andererseits, auch noch in unseren Tagen, jeglicher Verkehr über nord-südlich verlaufende Gebirge, so weit nicht in einem verkehrsstarken Land eine andere Wahl als die Überwindung der Gebirgsschranke gar nicht übrig bleibt, wie es in Nordamerika beim Felsengebirge und bei den Appalachen der Fall ist, die aber in ihrer Art gegenüber der Umwelt auch verkehrsschwach sind!

Die Flußfadenstaaten sind solche Staatengebilde, die im Anschluß an die verbindende Verkehrsader eines wichtigen Stromes entstehen. Hierher gehören natürlich die oben besprochenen vier ältesten Staaten der Erde, Ägypten, Babylonien, Ur-Indien und Ur-China. Die Bedeutung gewisser Flüsse für das Staatengefüge ist schon früh erkannt worden. Sprach doch Kapp bereits i. J. 1868 von den „Potamischen Staaten“[1]! So ist Nord-Brasilien das Land um den Amazonenstrom, Venezuela das Orinoko-, Britisch Guayana das Essequibo-Gebiet, Siam das Menambecken, das

1) Ernestus Kapp, Vergleichende allgemeine Erdkunde in wissenschaftlicher Darstellung. Braunschweig 1868 (2. Aufl.).

künstliche politische Gebilde des schon im Namen charakteristischen Kongostaates deckt sich ziemlich genau mit dem Niederschlagsgebiet des Kongo usw. Am Ende des 17. Jahrhunderts waren die französischen Kolonien in Nordamerika sehr charakteristische Flußfadenstaaten: Neufrankreich ein St. Lorenzstrom- und Louisiana ein Mississippi-Staat.

Das alte Deutschland des 9. bis 12. Jahrhunderts war im großen und ganzen ein durch den Rhein bestimmter Flußfadenstaat im etwas weiteren Sinne, jedenfalls waren in bezug auf den Schwerpunkt des politischen Geschehens Rheinland und Deutschland ziemlich identische Begriffe. In jüngster Zeit war die erst 1918 gegenstandslos gewordene politische Bezeichnung Donaumonarchie charakteristisch für die einigende Kraft, die ein bedeutender Fluß auf sonst in kulturellen Ansprüchen und politischen Zielstrebungen höchst diskordante Länder und Völker ausübt. Wenn die alte Ostmark des deutschen Reiches, die dann über 600 Jahre „das" Habsburgerreich par excellence war, trotz ihres bunten Gemisches von Sprachen und Volksstämmen dennoch rd. 1000 Jahre lang staatlich zusammenhielt, so hatte ganz ausschließlich der Flußfaden der Donau das Verdienst hieran, der bekanntlich auch die politischen Sympathien der süddeutschen Staaten viel häufiger mit Österreich als mit dem deutschen Norden zusammenklingen ließ und als eine wesentliche Ursache für den in Bayern am stärksten ausgebildeten Partikularismus anzusehen ist. Ja, man darf beinahe behaupten, daß die Auseinandersetzung von 1866 geopolitisch durch die auseinanderstrebenden Ströme Nord- bzw. Westdeutschlands und der Donau notwendig gemacht wurde. Andererseits ist nicht zu verkennen, daß die zentrifugalen Kräfte im alten Habsburgerreich und der schließliche Zerfall der zu übergroßer Ausdehnung gelangten Donaumonarchie geopolitisch nicht zumindest dadurch zu erklären ist, daß das deutsche Kernland zur Donau, dagegen Böhmen zur Elbe, Schlesien zur Oder, Galizien zur Weichsel und zum Dnjestr, Südtirol zur Etsch, Görz zum Isonzo gehörten, während Istrien, Dalmatien und die Herzegowina auf die Adria hinausschauten, ohne eine nennenswerte Flußverbindung dorthin zu besitzen. Auf sieben größere Flüsse blickte die Donaumonarchie — ist es ein bloßer Zufall, daß sie 1918 auch in sieben verschiedene staatliche Bestandteile zerfiel?

Die geopolitische Wirkung des Flußfadens tritt uns recht charakteristisch in der Art und Weise entgegen, wie die Oder preußisch wurde. Friedrichs des Großen schlesische Kriege sind geopolitisch die logische Schlußfolgerung aus der geschichtlichen Tatsache gewesen, daß i. J. 1720 durch den Stockholmer Frieden die Odermündung an Preußen gefallen war. Ohne ein preußisches Pommern hätte auch ein preußisches Schlesien keinen rechten Sinn gehabt. Ebenso kann es wieder geopolitisch kein bloßer Zufall gewesen sein, daß gerade die Stromgebiete der in die Nord- und Ostsee fallenden deutschen Ströme 1871 staatlich geeinigt wurden, während das zur Wasserscheide des Schwarzen Meeres gehörige deutsche Sprachgebiet von der staatlichen Einigung ausgeschlossen blieb. Wenn sich Bayern und Württemberg, obwohl auch sie, wie Österreich, Donauanlieger waren, den Nord- und Ostseeländern anschlossen, so spielten hier die starken Kraftlinien mit, die durch den Main und Neckar zum Rhein und zum Ozean wiesen, ebenso der Umstand, daß die bayrische Pfalz ein ausgesprochenes Rheinland war. Die ungeheure Verkehrsbedeutung des Rheins wirkte sich eben 1866 und 1871 auch darin aus, daß sich die staatenbildende Kraft des Stroms bis weit in seinen Oberlauf und auf alle seine Nebenflüsse erstreckte, so daß das nur bescheidene, nach der anderen Seite ziehende Gegengewicht der Donau überwunden wurde. Wenn das Deutsche Reich im Westen viel weiter nach Süden reicht als im Osten und in der Mitte, ist dies unverkennbar ein Werk des Rheinstroms, wie sich ja überhaupt die äußere Gestalt des Deutschen Reiches von 1871 bis 1914 ausgezeichnet den Stromgebieten der Flüsse zwischen Rhein und Oder angepaßt hatte. Die einzige Durchbrechung dieser Anpassung bestand im oberen Elbegebiet, wo das Moldaubecken von der staatlichen Zusammenschweißung ausgeschlossen blieb, weil es zu einem erheblichen Teil von volksfremden Elementen bewohnt war und für die Binnenschiffahrt damals auch noch nicht viel zu bedeuten hatte.

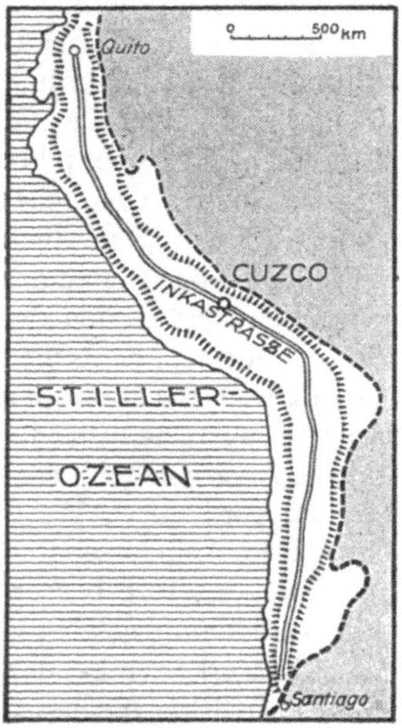

Fig. 14. Der Straßenstaat des Inkareiches.

In diesem Zusammenhang muß ferner auch der politisch einigenden Kraft des uralten, 1100 km langen chinesischen Kaiserkanals gedacht werden, der die Hauptstadt mit der Jangtsekiangmündung verband. Bei der besonders hohen Wichtigkeit der Binnenwasserstraßen in China, die so weit geht, daß man dort die Landstraßen „trockne Wege“ nennt, während wir Flüsse und Kanäle als „Wasserstraßen“ bezeichnen, kann es keinem Zweifel unterliegen, daß jener längste Kanal der Erde politisch etwa dieselbe Rolle spielte wie die Donau für das ehemalige Habsburgerreich.

Die Straßenstaaten sind im wesentlichen erst moderne politische Gebilde geworden, die in kulturell rückständigen Gebieten durch den Kulturfaktor einer wichtigen Eisenbahn ins Leben gerufen werden. Immerhin gab es Vorläufer auch schon in älteren Zeiten. Das wundersame Inkareich, das Pizarro vorfand und zerstörte, war im wesentlichen ein Straßenstaat im Hochgebirge der Anden, gekennzeichnet und zusammengehalten durch die über 20 Breitengrade sich hinwegziehende, staunenswerte Inkastraße (Fig. 14). In unseren Tagen ist Sibirien, soweit es bisher in die Weltwirtschaft eingetreten ist, ein typischer Straßenstaat, denn das politische und wirtschaftliche Leben des Landes spielt sich ziemlich ganz und gar auf dem 9000 km langen Streifen ab, der die Große Sibirische Bahn zu beiden Seiten umgibt. Ähnlich steht es im modernen Kanada. Ursprünglich war das politische Kanada nicht so sehr das riesenhafte, bis zum Eismeer hinaufreichende geographische Gebilde, das diesen Namen führt, sondern ein regelrechter Flußfadenstaat, der sich in seinem wirtschaftlichen Gedeihen — von der Pelzjagd abgesehen — vollkommen an den St. Lorenzstrom anpaßte. Alle anderen großen Flüsse des Landes haben ja, wegen ihrer ungünstigen Mündungsgebiete, nur sehr wenig Wert für das Land. Kanada gehört zu den waldreichsten Ländern und dennoch auch zu denen, in den Holz und Holzprodukte am teuersten sind. Das hängt eben eng damit zusammen, daß die großen wirtschaftlichen und politischen Mittelpunkte des Landes und fast sämtliche großen Städte des Landes sich im Süden fadenartig am St. Lorenzstrom oder parallel zu ihm gebildet haben, der aber nicht aus den großen Waldgebieten kommt und auch für die Flößerei ungeeignet ist. Die anderen Flüsse aber, die die Riesenwaldungen durchfließen, können nicht benutzt werden, da sie das Holz nur ins Eismeer oder in die Hudsonbai zu flößen gestatten, wo man keine Verwendung dafür hat. Bis zum Ende des 19. Jahrhunderts war Kanada in der Tat im wesentlichen ein St. Lorenzstrom-Staat. Das westliche Kanada ist erst durch die beiden, 1886 und 1909 eröffneten kanadischen Überlandbahnen zum wirtschaftlichen Leben und zu Anfängen staatlichen Bewußtseins erwacht. Winnipeg, noch 1871 ein unbedeutender Flecken von nur 741, heute eine Stadt von rd. 70000 Einwohnern und wahrscheinliche, künftige Hauptstadt des Landes, ist gewissermaßen die Eingangspforte zu den wirtschaftlich wertvollsten Teilen des gesamten Kanada, die erst gegenwärtig zum gesunden Eigenleben entwickelt werden. In keinem anderen Teile der Welt zeigt sich dabei so charakteristisch, wie in diesen neuerwachenden Getreideparadiesen der Provinzen Saskatoon, Saskatchewan und Manitoba, das Wesen des Straßenstaates, denn die neu entstehenden Ortschaften, Siedlungen und Gehöfte reihen sich geradezu perlschnurartig an die Eisenbahnlinien an, und in nicht großer Entfernung vom Schienenstrang bleibt der Boden unberührt und zunächst noch jungfräulich.

Etwas Ähnliches wies das Römerreich der Kaiserzeit am Rhein auf. Auch hier reihten sich perlschnurartig 20 Kastelle und etwa 50 Ortschaften am linken Ufer des Stromes aneinander, die von Koblenz bis zur Mündung gleichzeitig Grenzposten waren. Jahrhunderte lang spielte sich damals aller Landverkehr auf dem römischen, also linken Ufer des Grenzstromes ab, wo es auch allein gute Fahrstraßen gab, und dieser Verkehr hat sich dermaßen eingespielt, daß selbst in unseren Tagen noch, wo längst beide Ufer gleich gut fahrbar und mit Ortschaften versehen sind, der weitaus größte Teil des Automobilverkehrs am Mittel- und Niederrhein sich noch immer auf der linksufrigen Chaussee abspielt — eine verspätete Erinnerung an den Straßenstaat des einst dort vorhanden gewesenen römischen Koloniallandes.

Die naturgemäße, weite Längserstreckung der reinen Straßenstaaten wie auch vieler ursprünglicher Flußfadenstaaten ist selbstverständlich militärisch außerordentlich unzweckmäßig und daher in dichtbesiedelten Ländern und alten Kulturgebieten niemals zu ertragen. Sie ist daher charakteristisch für werdende Länder und Landesteile, werdende Staaten, und dürfte im allgemeinen nur als Übergangsstadium anzusehen sein, als ein staatliches Rückgrat, das möglichst bald Rippen ansetzen muß, sobald es einmal der strategischen Sicherung bedarf.

Die Binnenmeerstaaten entstehen um ein Meer oder eine größere Seefläche herum, teils durch freiwilligen Zusammenschluß, teils durch Eroberung. Nicht immer gelingt es, die ganze Wasserfläche mit einem einheitlichen Staatsgebilde zu umkreisen, oft ist nur die Tendenz in Ansätzen zu erkennen, oder die Entwicklung bleibt als halb oder dreiviertel vollendeter Torso stecken und verfällt dann in Rückbildung. Das Streben, wichtige Schiffahrtsgebiete in ihren Küstengebieten politisch-staatlich zusammenzuschließen, ist ein allgemeines geopolitisches Gesetz, das überall auf Verwirklichung drängt, wenn nicht allzu große Hindernisse im Wege stehen.

Auf dem Wege freiwilliger Vereinbarung haben sich die vier Uferkantone, die den Vierwaldstätter See umgrenzen, zur staatlichen Einheit der Ur-Schweiz zusammengeschlossen: Uri, Schwyz, Unterwalden und Luzern. Auch die Niederlande sind durch freiwillige Abmachungen der die Zuyderzee samt den Rheinmündungen umsäumenden Teile des alten Deutschen Reiches entstanden. Schon das alte Hellas, obwohl es selbst nie eine volle staatliche Einheit gefunden hat, solange es selbständig war, suchte das Ägäische Meer zu einem griechischen Binnenmeer, mindestens in kultureller Hinsicht, zu machen und hatte damit in der Hauptsache auch Erfolg. Fast 400 Jahre lang war dann das Mittelmeer im wesentlichen ein römisches Binnengewässer, und zwar in so hohem Maße, daß die gesamte Gestalt des römischen Weltreiches zur Zeit seiner größten Macht sichtlich durch die äußere Form des Mittelländischen Meers beeinflußt wurde, insofern als die West-Ost-Ausdehnung ungefähr doppelt so groß als die Nord-Süd-Ausdehnung war. Ungemein lehrreich war dann im Mittelalter das Verhalten der dänischen Normannen, die im Anfang des 11. Jahrhunderts den größeren Teil der Küsten der Nordsee auf allen Seiten unter ihre Botmäßigkeit gebracht hatten, während sie 200 Jahre später, nachdem ihre Nordseepolitik gescheitert war, drauf und dran waren, die Ostsee zum dänischen Binnenmeer zu machen. Und abermals 400 Jahre später war dieselbe Ostsee in der Hauptsache ein schwedisches Binnenmeer, und von der Newa an, auf deren Nordufer, gegenüber dem späteren Petersburg, sich ein schwedisches Fort erhob, bis nach Wismar gab es auf beiden Seiten nur wenige Lücken, die nicht dem König Gustav Adolf und seinen Nachfolgern untertan waren.

In jüngster Zeit hat Japan es verstanden, den weitaus größten Teil des Japanischen und dazu einen nicht kleinen Teil des Chinesischen Meeres staatlich unter seine Botmäßigkeit zu bringen und diese Meere militärisch so völlig unter seine Kontrolle zu bekommen, wie es am 27. Mai 1905 die Seeschlacht von Tsushima bewiesen hat. Das niemals verhehlte Streben des neuen Italien, wieder ein Binnenmeerstaat mit Bezug auf die Adria zu werden, war ein Hauptgrund für Italiens Krieg gegen Österreich 1915 bis 1918, für das Fiume-Abenteuer d'Annunzios, für Mussolinis Korfu-Sprung im August 1923, für die Erwerbung des italienischen Protektorats über Albanien, für die albanische Kriegsgefahr im Jahre 1927. Solange Italien von einem so starken nationalen Willen regiert wird, wie es der Duce an den Tag legt, wird es unzweifelhaft auch immer weitere Schritte tun, um seinem stolzen Ziel, sämtliche Küsten der Adria politisch zu beherrschen, näher zu kommen.

Die mare nostro-Tendenz (vgl. S. 206ff.) ist ja überhaupt natürlich aufs innigste verflochten mit den Bestrebungen zur Schaffung eines Binnenmeerstaates.

Das weitaus großartigste Beispiel aller Zeiten, einen Binnenmeerstaat riesigsten Maßstabes zu schaffen, haben wir ebenfalls erst in unseren Tagen sich verwirklichen sehen. Das englische Streben, den gesamten Indischen Ozean zum all red-Gewässer zu machen, ist seit 1918 als verwirklicht anzusehen, denn was noch an nicht-britischem Küstenbesitz vorhanden ist, ist nicht der Rede wert: Persien hat an seiner Küste kaum noch etwas zu sagen, Mozambique gehört nur nominell noch zu Portugal und wird in Wahrheit von England maßgeblich beherrscht, die französische Obock-Kolonie, das französische Pondichéry, das portugiesische Goa, selbst die italienischen Kolonien Somaliland und Erythräa sind winzige Enklaven in einer allenglischen Festlandsküste ungeheuersten Ausmaßes, und lediglich über manchen Inseln des Indischen Ozeans, über Madagaskar, Réunion und vor allem Holländisch-Insulinde, weht bisher der Union Jack noch nicht (vgl. Fig. 52 auf S. 208). Wir haben hier das einzige Beispiel aller Zeiten vor uns, daß das geopolitische Streben nach dem Binnenmeerstaat zur Verwirklichung eines Binnenozeanstaates geführt hat, wenn auch natürlich bei einem so riesenhaften Gebilde nur die politische, nicht die eigentlich staatliche Einheit möglich geworden ist.

Die hohe Wichtigkeit eines gut ausgebildeten Verkehrswesens für den politischen Zusammenhang eines großen Staates ist um so bedeutender, je ausgedehnter der Staat ist. Es ist bezeichnend genug, daß die Riesenstaaten der Geschichte stets gezwungen waren, der Ausgestaltung aller Formen des Verkehrswesens die denkbar sorgfältigste Fürsorge angedeihen zu lassen. Nirgends gab es im Altertum so vorzügliche Straßen, so vorzügliche Schnellposteinrichtungen der jeweiligen Staatsgewalten, wie im Perser-Riesenreich des Darius und im römischen Weltreich. Nirgends in Europa kannte man so prachtvolle Landstraßen und einen so glänzend organisierten Botendienst, wie ihn Marco Polo im fernen chinesischen Reich des großen Kublai Khan im 13. Jahrhundert staunend wahrnahm. Im Römischen Reich gewährten die meisterhaften Straßenbauten, die rasche

Bewegungen von Heereskörpern nach allen Richtungen erlaubten, die sicherste Garantie des staatlichen Bestandes. Rekord-Leistungen wie jene, die den späteren Kaiser Tiberius im Reisewagen binnen 4 Tagen von Pavia über die Alpen nach der Wetterau nördlich Frankfurt gelangen ließ, um seinen durch einen Sturz mit dem Pferde schwer verunglückten Bruder Drusus kurz vor seinem Tode (14. August 9 v. Chr.) noch einmal zu sehen, sind bis zum Zeitalter der Eisenbahnen niemals wieder erreicht worden.

Auch ein Karl der Große wandte der Pflege des Verkehrswesens in seinem gewaltigen Frankenreich eine Aufmerksamkeit zu, die in dem sonst ziemlich verkehrsfeindlichen Mittelalter durchaus einzig dasteht. Er war der einzige Herrscher in Europa, der vom 2. bis zum 14. Jahrhundert etwas für die Verbesserung der Schiffahrtsstraßen tat, der durch Arbeiten im gefährlichen Binger Loch das Rhein-Fahrwasser verbesserte, der sogar im Herbst 793 den (gescheiterten) in 1200 Jahren einzigen Versuch eines Kanalbaues, zwischen Main und Donau, machte, der 10 mal über die Alpen zog und nebenbei vielleicht der reisefroheste aller Herrscher gewesen ist, da für die 45 Jahre seiner Regierungszeit etwa 70000 km Reisen durch seinen Biographen Einhart bezeugt sind.

Die bedeutendsten Herrscher Rußlands, Peter der Große und Katharina II., haben wieder durch systematische Schaffung neuer Verkehrswege nicht zum wenigsten zur Stärkung der politischen Macht und der militärischen Schlagfertigkeit ihres gewaltigen Reiches beigetragen. Napoléon I. wäre als Herr moderner Verkehrsmittel vermutlich vollkommen unüberwindlich gewesen, denn schon ohne sie hat er sein zu ungeheuerlicher Größe aufgequollenes Reich durch systematische Pflege jeglichen Verkehrs politisch mit Erfolg zu festigen getrachtet. Das Frankreich des Korsen verfügte über die besten Straßen des Erdteils, Napoléon schuf 1805 die erste moderne Fahrstraße über die Alpen, beschenkte das Rheinland mit Chausséen und Häfen, wie es sie vorher nicht gekannt hatte, er schuf seinem Lande ein treffliches Netz von optischen Telegraphen, wie sie in auch nur annähernd gleicher Vollkommenheit nirgends auf der Erde zu finden waren, und sicherte sich dadurch einen sehr großen politischen und militärischen Vorsprung gegenüber seinen Feinden, wie sich in dem glänzenden Frühjahrsfeldzug des Jahres 1809, der sich dann in dem 5 tägigen Gewitter um Regensburg (19. bis 23. April 1809) entlud, besonders überzeugend gezeigt hat.[1])

Wie sehr sich andererseits die Vernachlässigung der Verkehrsmittel für den staatlichen Bestand eines großen Landes rächen kann, dafür ist die Türkei der letzten Jahrhundertwende ein warnendes Beispiel. 23 Jahre lang hatte die Regierung Sultan Abdul Hamids der Anlage moderner Verkehrswege so gut wie gar kein Interesse und Verständnis entgegengebracht, und als sie schließlich den Anforderungen der Zeit Gehör zu schenken begann und am 23. Dezember 1899 das Bagdadbahnabkommen

---

1) Richard Hennig, Anfänge der Telegraphie und Telephonie, S. 32. Leipzig 1907.

mit Georg v. Siemens traf, da war es zu spät. Die paar Bruchstücke von Bahnen, die 1904, 1911, 1914 zur Sicherung der entlegeneren Außenbezirke des Sultansreiches eröffnet wurden, konnten von dem türkischen Staat das selbstverschuldete Unheil nicht abwehren. Alle hohe Tapferkeit der türkischen Truppen vermochte nicht zu verhindern, daß das durch seine vernachlässigten Verkehrsverbindungen fast wehrlose Land eine Beute jedes Gegners wurde, der Lust auf irgendwelche Außenbezirke hatte. 1897 konnten sich die Griechen, 1905 die aufständischen Araber im Yemen, 1911 die Italiener, 1912 die Bulgaren, Serben und Griechen, 1914 die Russen, 1916, 1917 und 1919 die Engländer und Franzosen aus der zerbröckelnden Pastete die ihnen zu best behagenden Stücke nach Gefallen herausbrechen, ohne daß eine nachhaltige Abwehr möglich war. Daß in der Tat die Verkehrsarmut den Zerfall des alten Türkenreiches in erster Linie verschuldet hat, daß der eigentliche nationale Kern der ehedem für die christlichen Völker Europas so furchtbar gewesenen Großmacht gesund geblieben war, das hat die Welt im November 1912 in den Tschataldscha-Abwehrkämpfen, 1915 in der zähen Dardanellen-Verteidigung, im großen Erfolg von Kut el Amara über die Engländer (29. April 1916) und ganz besonders in der zerschmetternden Niederwerfung des griechischen Angriffs auf Kleinasien im August 1921 hinreichend erkannt. Die neue Türkei mit ihren bedeutenden Verkehrsplänen hat offensichtlich aus den Fehlern der alten die Erkenntnis entnommen, daß ein allzu verkehrsarmes Land schwach und wehrlos und daher als Staat schwer krank ist.

7. Die geophysische Lage.

Kultur ohne Staat ist eine Unmöglichkeit. Je kulturell entwickelter und je volkreicher ein Land ist, um so dringender bedarf es der staatlichen Ordnung, des Schutzes der Gesetze, der Polizei und — in gefährlicher Lage — auch des Heeres bzw. der Seewehr, da sich sonst das Naturgesetz vom Gefressenwerden der Schwachen unweigerlich an ihm erfüllt. Die geographischen Faktoren, die die Entstehung und Gestalt eines Staates bedingen, sind in ihrer vielfachen Intensität nicht zu verkennen, aber zu den reinen Naturgegebenheiten gesellt sich als ausschlaggebender Faktor schließlich immer noch die Charaktereigenschaft und staatenbildende Tüchtigkeit, sei es der bodenständigen, sei es der als Eroberer eingedrungenen Bevölkerung. Auch die vortrefflichsten geopolitisch wirksamen Faktoren versagen in einer geistig stumpfen oder allzu undisziplinierten und ewig hadernden Bevölkerung, und umgekehrt kann ein zur Staatenbildung hervorragend befähigtes Volk in einer ungeeigneten Umgebung seine politische, staatenschaffende Kraft nicht entfalten. Wenn heute etwa die Fellachen, die Hindus oder irgendwelche primitiven Völkerschaften völlig sich selbst überlassen blieben, sie würden auch auf einem zur Staatenbildung hervorragend geeigneten Boden, etwa auf dem Ägyptens, aus eigener Kraft keinen Staat zu schaffen vermögen; sie bedürfen eben eines fremden Vormunds oder eines starken Selbstherrschers, der sie zum Staat zwingt. Ebenso sind die Staaten, welche die Mestizen- und Mulattenvölker Amerikas geschaffen haben, durchweg ziemlich kümmerliche, schwächliche, von unaufhörlichen Krankheiten und Krampfanfällen heimgesuchte Gebilde, denen eine lange Lebensdauer keinesfalls verheißen werden kann und die eines Tages als wurmstichige Frucht ganz von selbst dem starken Yankee in den Schoß fallen werden, sobald es diesem beliebt, einmal am mittelamerikanischen Baum kräftig zu schütteln.

Umgekehrt zeigt uns die Geschichte, daß ein so hervorragend zur Staatenbildung befähigtes Volk, wie es die Normannen waren, die auf skandinavischem, russischem, französischem, englischem, holländischem, italienischem, sizilischem Boden neue Reiche geschaffen haben, in karger, geopolitisch ungeeigneter Umgebung nicht zur Staatenschöpfung gelangt sind. Auf Grönland ist, wie wir schon hörten (S. 14), ein Staat nicht zustande gekommen. Das harte Klima, die sehr dünne Bevölkerung, der schwere Kampf ums Dasein, der eines jeden Denken und Trachten völlig ausfüllte, sie machten eine staatliche Ordnung und Regelung um so mehr überflüssig, als dort jeder Bewohner im wesentlichen dasselbe besaß, so daß, wie auf einsamen Inseln, in entlegenen Gebirgstälern, Oasen usw., keine Veranlassung und kein Anreiz zu Eigentumsvergehen und keine Verwendung für Gestohlenes zu finden war. Der Schutz des Eigentums gegen äußere wie innere Feinde ist aber der hauptsächliche Anlaß zur Schaffung einer staatlichen Organisation.

Wie sehr selbst ein modernes Kulturgebilde in abgelegenen, hochnordischen Gebieten die staatliche Organisation, den polizeilichen und gesetzlichen Schutz entbehrlich macht, dafür sind die Verhältnisse in dem bis vor kurzem staatenlosen (seit 1920 norwegischen) Spitzbergen charakteristisch. Im Haupthafen Green Harbour dieser wegen ihrer Kohlenlager jetzt ständig bewohnten arktischen Inselgruppe lebten noch vor kurzem 400 Menschen aus mancher Herren Länder völlig ohne staatliche Kontrolle, ohne Gesetze, ohne Polizei, sogar fast ohne Geld, und unter den besonderen arktischen Verhältnissen, wo niemand einen Vorteil davon haben konnte, wenn er sich an fremdem Besitz vergriff, ging dies auch ganz gut, da jeder nur zu vorübergehendem Aufenthalt von höchstens einigen Jahren dorthin ging und ihm der Lohn für seine Arbeit bei freier Verpflegung irgendwo auf ein heimisches Bank- oder Spar-Konto überwiesen wurde. Heute wird ja wohl der neue Herr Spitzbergens, Norwegen, dort für staatliche und behördliche Organisation gesorgt haben, aber in den voraufgegangenen Jahren ist doch wieder einmal ein interessanter Beleg dafür geliefert worden, daß im arktischen Norden auch Kinder heutiger Kulturländer, genau wie die Eskimos und die alten Normannen, ganz ohne den Nachtwächter Staat zu leben vermögen. Freilich wird es sich kaum empfehlen, irgendwo in südlicheren Breiten ein solches Experiment zu wiederholen.

Zu der allgemeinen geophysikalischen und klimatischen Naturbeschaffenheit eines Wirtschaftsraumes und zur Charakterveranlagung, sowohl seiner

Bewohner wie seiner Nachbarn, gesellt sich nun freilich noch ein dritter, außerordentlich wichtiger Faktor, der die Stellung eines Staates in der Weltwirtschaft und der Weltpolitik maßgeblich zu bestimmen vermag: seine „geophysische“ Lage, d. h. die Möglickeit, sich an und auf den großen Hauptverkehrswegen eines bestimmten Zeitalters nutzbringend zu betätigen.

Die großen, gewinnbringenden Handels-Hauptstraßen der Welt machen ja von Zeit zu Zeit recht weitgehende Wandlungen und Verlagerungen durch, und es kann dann sehr wohl geschehen, daß eine Stadt, ein Land, ein Volk, die Jahrhunderte hindurch geophysisch einen Platz an der Sonne hatten, fast von heut auf morgen in den toten Winkel gerückt werden, ins „Altwasser des Verkehrs“ (Supan) geraten, während anderswo eine Stadt, ein Land, ein Volk, die vorher wegen ungünstiger Lage wettbewerbsunfähig waren, plötzlich, oft ganz ohne eigenes Verdienst, geophysisch vom Glück beispiellos begünstigt werden und zu Macht und Reichtum aufzusteigen vermögen. Es gibt einen „unverdienten Wertzuwachs“ nicht nur auf dem Grundstücksmarkt, sondern auch in der Geschichte der Völker und Staaten.

Das großartigste Beispiel dieser Art liefern uns die Rückwirkungen, welche die fast gleichzeitigen Entdeckungen Amerikas (1492) und des Seewegs nach Indien (1498) im Gefolge hatten. Mit einem Schlage stürzte damals die Königin des Welthandels, Venedig, die gerade nach der Abtretung Cyperns durch Catharina Cornaro (1489) auf dem Gipfel ihrer Macht stand und hoffen durfte, das altrömische Weltreich durch ein neues venetianisches Weltreich zu ersetzen, von ihrem Throne herunter, denn plötzlich war das Mittelmeer nur noch ein Seiten- und Nebenmeer, das von den neuen ozeanischen Verkehrsstraßen umgangen und gemieden wurde. Und an Venedigs Stelle stiegen nun die Anlieger des Ozeans zu Königen des Welthandels, zu Herren der Weltschätze empor: Spanien und Portugal. Und ebenso wurde damals im Norden Europas die Ostsee, vorher der Haupttummelplatz des dortigen Handels, zu einer von den Weltverkehrsstraßen abgesperrten Binnensee; Lübeck, die alte, stolze Vormacht der Hanse, sank, ebenso wie Venedig, zu nur noch bescheidener Bedeutung herab, und den besser gelegenen Hansestädten Hamburg und Bremen, noch mehr aber den kraftvollen atlantischen Staaten Holland und England wurde der ganze Segen der Ozeanlage als „unverdienter Wertzuwachs“ zu teil. Zumal England wurde mit einem Schlage aus einer peripheren Lage zum Handelsverkehr in seinen Mittelpunkt gerückt, ebenso wie künftig, nach der vollen Erschließung der pazifischen Welt, die bisher in der Randlage gewesenen Ver. Staaten das neue „Reich der Mitte auf dem Planeten“[1]) sein werden. Der staatliche Niedergang der Großmacht Venedig setzt mit jener Wende des 15. zum 16. Jahrhundert ebenso unverkennbar ein wie der staatliche Aufstieg Portugals, Spaniens, Englands und Hollands.

1) Kjellén, a. a. O., S. 113.

Ähnlich brachte das Jahr 1869 mit der Eröffnung des Suezkanals eine empfindliche Wertverminderung für Kapstadt, einen Wertzuwachs für Ägypten und Italien mit sich. Die Eröffnung der Sibirischen Bahn i. J. 1901 bedeutete den Todesstoß für die reiche Handelsstadt Kjachta, die bis dahin regelmäßig hohe Zwischengewinne aus dem chinesischen Teehandel bezogen hatte, während andererseits Sibirien selbst durch jene Bahn zum ersten Male Gelegenheit erhielt, sich am Welthandel lebhafter zu beteiligen. Daß die Eröffnung des Panamakanals i. J. 1914 mit ihrer weitgehenden Verlagerung alter Verkehrsstraßen ebenfalls starke Wandlungen in der wirtschaftlichen und politischen Geltung einzelner Städte und Länder nach sich gezogen hat, ist nicht zu verkennen, wenngleich diese Änderungen nicht annähernd so bedeutend waren wie die durch den Suezkanal bedingten.

Unter Umständen bringt ein „unverdienter Wertzuwachs" der angegebenen Art auch mancherlei politische Gefahren mit sich, denn wirtschaftliche Werte locken natürlich mächtige Staaten zur Besitzergreifung. Ägypten, das vor dem Bau des Suezkanals, ein leidlich selbständiger, wenn auch der Souveränität des türkischen Sultans unterstehender Staat und noch unter Mehemmed Ali (1806—1848) sogar eine beachtenswerte politische Macht gewesen war, erregte mit demselben Jahre 1869, das ihm den Segen des Suezkanals in den Schoß warf, die Besitzgelüste Englands, und nach der Schlacht von Tel el Kebir (13. September 1882) war es, wenn nicht de iure, so doch de facto, eine englische Kolonie und ist es bis heute, aller gegenteiligen Versicherungen ungeachtet, geblieben. — Ebenso hat der südamerikanische Staat Kolumbien den unverdienten Wertzuwachs, den ihm der Bau des Panamakanals brachte, politisch teuer bezahlen müssen: mit der durch eine nordamerikanische Schiebung schlimmer Art erzwungenen Losreißung der „selbständigen" Republik Panama aus dem kolumbischen Staatskörper (3. November 1903).

Die in nicht gar so sehr ferner Zukunft sicher bevorstehende Ausgestaltung des interkontinentalen Luftverkehrs dürfte dazu beitragen, daß rasch manche herrenlosen Gegenden der Erde, die gegenwärtig noch völlig wertlos scheinen, in eine günstige geophysische Lage zu wichtigen Verkehrslinien kommen und somit als Kolonien begehrenswert werden. Wie die im Südatlantik gelegene, einsame Insel Tristan d'Acunha, deren paar Bewohner nur einmal im Jahr ein Schiff in diesen vom Verkehr gemiedenen Meeresteilen erscheinen sehen, durch eine etwaige, künftige Einrichtung eines Flugverkehrs zwischen Südafrika und Südamerika als Zwischenlandeplatz plötzlich ungeahnt hohe Bedeutung erlangen kann, ebenso das im Südindischen Ozean gelegene Inselpaar Neu-Amsterdam und St. Paul für den Flugverkehr Südafrika-Australien, so mag auch, wenn künftig ein Verkehr London-Tokio oder Berlin-San Francisco sich auf dem kleinsten Kreisbogen als kürzestem Wege über arktische Länder hinweg abspielt, der staatliche Besitz manchen heute noch herrenlosen und als gänzlich wertlos erachteten Landes gar sehr begehrenswert erscheinen. Stark zu denken gibt die Tatsache, daß England i. J. 1921 bereits auf der öden Wrangel-Insel im Nördlichen Eismeer den Union Jack hißte und daß Rußland, unter Ignorierung dieses Aktes, 1927 auf derselben Insel einen „Sowjetstaat" von 50 Köpfen schuf.

Der Luftverkehr kann voraussichtlich in wenigen Jahrzehnten geopolitisch eine Umwälzung unserer Ansichten über Wert und Unwert von Verkehrslagen und damit von wirtschaftlich und politisch begehrenswerten Teilen der Erdoberfläche herbeiführen, die alles hinter sich läßt, was die Menschheitsgeschichte bisher auf diesem Gebiete erlebt hat. Setzen wir nur einmal theoretisch den an sich ja außerordentlich unwahrscheinlichen Fall, es gelänge dem Flugzeug oder Luftschiff eines Tages, Massengüter hinreichend billig über jede beliebige Entfernung und in beliebiger Menge zu transportieren, dann würden in derselben Stunde alle Seehäfen restlos entwertet und auch die Binnenschiffahrt und ein sehr großer Teil des Eisenbahnwesens zum Absterben verurteilt sein. Es wird ja wohl so gut wie sicher nicht dazu kommen, aber man muß sich doch einmal solche hypothetischen Folgewirkungen völlig klar vor Augen stellen, um zu erkennen, wie durch umstürzende Neuerungen im Verkehrswesen jener geopolitische Faktor, den wir als „geophysische Lage" bezeichneten, in seinem Wesen gänzlich umgestaltend wirken kann und wie ungezählte Milliardenwerte des Wirtschaftslebens, die „fest wie der Erde Grund", unerschütterlich sicher fundiert zu sein scheinen, durch ein geopolitisches Erdbeben auf dem Gebiete des Verkehrswesens in Trümmer gelegt werden können. Wir haben solche geopolitischen Erdbeben schon verspürt, als der Seeweg nach Indien entdeckt wurde, als die Eisenbahnen aufkamen, als der Suez- und Panamakanal zu arbeiten begannen, als die erste nordamerikanische Pacificbahn, die Sibirische Bahn den Verkehr aufnahmen und in manchen anderen Fällen von geringerer Wirkung. Der neue Luftverkehr birgt Keime zu Erschütterungen in sich, die alle jene früheren Wirtschaftsbeben weit übertreffen können. Auch die Kolonialpolitik kann, wie das Verkehrsleben überhaupt, durch den Luftverkehr weitgehend umgestaltet werden, doch ist es müßig, hier irgendwelche Prophezeiungen zu wagen, und nur einem Jules Verne des Wirtschaftslebens kann es erlaubt sein, die kommenden Entwicklungsmöglichkeiten schon heute zu schildern.

8. Das Meer als geopolitischer Faktor.

Sahen wir schon im vorausgegangenen Kapitel, von wie ausschlaggebender Wichtigkeit für das Wohl und Wehe der Staaten die Lage zu den großen Verkehrsstraßen des Welthandels sein kann, so ist in allen Stadien der staatlichen Entwicklung, die über den Zustand wirtschaftlicher Autarkie hinausgehen und Anteil an der Weltwirtschaft fordern, die Lage zu günstigen Seeküsten der wichtigste, die Lage zu gut schiffbaren Flüssen der zweitwichtigste Faktor im geopolitischen Geschehen. Das russische

Reich mochte in den Tagen der Iwane als ein Staat mit nur ganz unbedeutendem Außenhandel, dem es genügte, wenn die fremden Kaufleute der Hanse ihm die nötigsten Auslandswaren ins Land brachten, der eigenen Seeschiffahrt und somit auch des Besitzes an guten Seeküsten entbehren. Als Peter der Große dem Lande das „Fenster nach Westen" öffnete, wirkte ein elementarer Zwang dahin, die in erreichbarer Nähe liegenden Küstengebiete, die zudem während des Nordischen Krieges schlecht verteidigt waren, dem Staate einzuverleiben, und 1710 wurden demzufolge die baltischen Lande als „russische Ostseeprovinzen" dem Zarenreiche untertan. Hat doch der größte der russischen Zaren charakteristischerweise seine umfangreichen Eroberungen mit den Worten gerechtfertigt: „Ich suche nicht Land, ich suche Wasser!"

Trotzdem ist bekanntlich in den gesamten letzten 100 Jahren vor dem Weltkrieg Rußland der größte politische Unruhestifter in Europa gewesen. Weshalb? Weil ihm die „warme Küste" fehlte! Jahrzehnte lang stand die gesamte osteuropäische Politik und ein Teil der mittel- und nordeuropäischen sowie der asiatischen unter dem Zeichen der russischen Sehnsucht nach dem vollwertigen Meer, nach einem Meer, dessen Zugänge nicht von anderen, zuweilen kleinen und schwachen Staaten beliebig abgesperrt und verriegelt werden konnten. Ein geradezu tragisches geopolitisches Verhängnis hatte es gefügt, daß das größte zusammenhängende Reich, das die Erde je gesehen hat, zwar gleichzeitig über die gewaltigste Küstenlinie unter allen Ländern der Welt verfügte, daß aber die nicht weniger als 13000 km lange russische Küste an keiner einzigen Stelle den Anforderungen einer geopolitisch erträglichen Lage entsprach. An nicht weniger als sieben große Meere und Meeresbecken grenzte um die Jahrhundertwende das Zarenreich an: das Nördliche Eismeer und den Stillen Ozean, die Ostsee, das Kaspische Meer, das Schwarze, Weiße und Gelbe Meer. Und dennoch war das Streben Rußlands, immer weitere Landgebiete zu verschlucken, um neue Küsten in Besitz zu bekommen, geopolitisch so berechtigt, wie selten ein imperialistischer Macht- und Eroberungstrieb. Starrte doch der weitaus größte Teil der vorhandenen Küste auf die endlose Eiswüste des Arktischen Meeres hinaus, die Kaspische See war ohne jede Verbindung mit den Hochstraßen der Seeschiffahrt, stand auch, ebenso wie der Aralsee und Baikalsee, nicht einmal durch brauchbare Binnenschiffahrtsstraßen mit der Außenwelt in Verbindung, die russischen Häfen am Schwarzen Meer waren durch den türkischen Bosporus und die Dardanellen vom Weltmeer abgeriegelt, und internationale Verträge (London 13. Juli 1841, Paris 30. März 1856, Berlin 13. Juli 1878) wachten darüber, daß zumindest die russischen Kriegsschiffe im Schwarzen Meer eingesperrt blieben, wie ein wildes Tier in seinem Käfig. Ebenso war die Ostsee militärisch durch Dänemark, England und, wie der Weltkrieg gezeigt hat, auch durch Deutschland ungemein leicht zu verriegeln; dazu kam die langmonatliche Eissperre aller russischen und finnischen Ostseehäfen. Nicht minder waren die Zugänge zu den russischen Häfen im fernen

Osten, soweit sie überhaupt als Verkehrs-Stützpunkte in Betracht kamen, im Sommer durch überall vorgelagerten japanischen Landbesitz, im Winter durch Eis politisch entwertet — selbst der Haupthafen Wladiwostok kann ja nur in 6 Monaten des Jahres benutzt werden! — und die i. J. 1898 durch aufgezwungene „Pacht" von China hinzueroberten Küsten der Liautung-Halbinsel lagen zwar wirklich an einem „wärmeren Meer", das aber wiederum mit nur allzu leichter Mühe von der umlagernden japanischen Inselkette her gesperrt werden konnte, wie die Seeschlacht von Tsushima in so tragischer Weise bewiesen hat, und im übrigen wurde dieser neue Besitz mit dem wertvollen Hafen Port Arthur und dem neu-

Fig. 15. Rußlands Meeresküsten vor 1914.

angelegten, von Rußland mit großen Hoffnungen begrüßten, aber nie in Benutzung genommenen Hafen Dalni dem Zarenreiche schon nach weniger als 6 Jahren vom siegreichen Japaner wieder entrissen. Nun, und das letzte russische Meer, das Weiße, war zwar das einzige, bei dem auch der schlauchartig enge Zugang in unumschränktem russischen Besitz war, aber dieser Zugang öffnete sich wiederum in das öde Eismeer und war zudem 6 Monate in jedem Jahr vom Eise derart blockiert, daß der Haupthafen des Weißen Meeres, Archangelsk, nur immer in einer Hälfte des Jahres verwertbar war (Fig. 15).

Was Wunder, wenn unter solchen ausgesucht unglückseligen Umständen Rußland während des größeren Teiles des 19. Jahrhunderts und im Anfang des 20. ein politischer Erdbebenherd war, in dem die unterirdischen Feuer bald hier, bald dort einen Ausgang suchten und den Boden erschütterten! Die russische Sehnsucht nach der Hagia Sofia in Konstantinopel entsprang natürlich nicht so sehr religiösen Motiven, wenn diese auch gern als Aushängeschild benutzt wurden, als zwingendsten politischen Notwendigkeiten. Mag das sogenannte Testament Peters des Großen eine Legende sein, sicherlich ist die Sehnsucht nach Konstantinopel durch diesen geopolitisch ungemein scharfblickenden Herrscher zum beherrschenden Grundzug der russischen Außenpolitik gemacht worden, und in rund 200 Jahren haben nicht weniger als sieben russisch-türkische Kriege dieser Sehnsucht Ausdruck verliehen, darunter allein fünf im letzten Jahrhundert (Friedensschlüsse 1812, 1829, 1856, 1878, 1918). Aber Rußland konnte sein ersehntes Ziel, trotz meist großer militärischer Überlegenheit, nie erreichen, selbst wenn es unmittelbar vor dem letzten Enderfolg stand, wie an jenem 3. März 1878, als es hart vor den Toren Konstantinopels den Präliminarfrieden von Santo Stefano schloß und seine siegreichen Truppen am Marmarameer lagerten. Immer stieß es in solchen Fällen auf England als einen mächtigeren Gegner, dessen Kriegsdrohungen ihm den Siegespreis entrissen. England vereitelte auch den durch 30 Jahre stets aufs neue versuchten Durchbruch des russischen Kolosses an den Persischen Golf und den Indischen Ozean, dessen Erreichung alle die riesigen russischen Gebietseinverleibungen in Zentralasien während der 70er, 80er und 90er Jahre vorbereiten sollten. Weiterhin galt ein guter Teil der serbischen Politik Rußlands der Hoffnung, einmal einen russischen Hafen an der Adria gewinnen zu können, und im Weltkrieg schmeichelte sich die russische Politik und Kriegführung mit der Hoffnung, von der Kaukasusfront her ans Mittelmeer vorstoßen zu können, um im nordöstlichsten Hafen des Mittelmeers, in Alexandrette am gleichnamigen Golf, die russische Flagge entfalten zu können. Keine von allen diesen Absichten ließ sich verwirklichen.

Als aber Rußland im fernsten Osten sein heißes Verlangen nach dem eisfreien Meer durch den Erwerb der Liautung-Halbinsel endlich befriedigt zu haben glaubte und die Hand nach Korea ausstreckte, stellte sich ihm, wieder in Englands Auftrag, Japan entgegen und schlug ihm seine Hoffnung in Scherben. Heute steht es fest, daß Japans Sieg von 1905 Deutschland zum Unheil ausgeschlagen ist, denn erst die Abdrängung vom warmen Meer in Ostasien ließ Rußlands Gelüst nach Konstantinopel mit verstärkter Heftigkeit aufflammen, und da „der Weg nach Konstantinopel nur über Berlin und Wien führte", so war Rußlands Kriegslust von 1914 in der Tat die mittelbare Folge der russischen Niederlage von 1905.

Seit dem Verlust des japanischen Krieges wurde in Rußland der Trieb nach dem warmen Hafen so heftig, daß sich das politische Va banque-Spiel des Weltkriegs daraus entwickelte. Schon im Frühjahr 1905 schrieb „Nowoje Wremja":

> „Will Rußland seine historischen Aufgaben lösen, so braucht es einen Zugang zum Weltmeer, der seiner Größe entspricht. Einem Volk von 130 Millionen darf man den Rock nicht zu eng zuschneiden und die Ärmel zunähen."

Rußlands jahrzehntelanger Drang nach dem warmen Meer rechtfertigt in der Tat den geistvollen Vergleich[1]) mit einem „Inlandeis, das in vier Zungen das Meer zu erreichen sucht".

Als der Weltkrieg durch die russische Gesamtmobilmachung vom 29. Juli 1914 unvermeidlich geworden war, besaß Rußland noch immer

1) Kjellén, a. a. O., S. 147.

keinen guten Hafen. Die Ostsee und das Schwarze Meer wurden ihm mit leichter Mühe sogleich vollkommen abgeriegelt, und als im Oktober auch seine einzigen bis dahin noch verwendbaren Häfen Archangelsk und Wladiwostok durch den beginnenden Winter gesperrt wurden, war Rußland in der Tat zur See restlos von der übrigen Welt abgeschnitten. Da zeigte sich das geopolitische Moment im Weltgeschehen in einer besonders charakteristischen Episode. Von tötlicher Verkehrserstickung bedroht, machte Rußland Miene, durch Nordschweden und Nordnorwegen hindurch längs der Ofotenbahn nach Narvik vorzustoßen, um hier, am offenen Atlantischen Ozean, einen das ganze Jahr hindurch benutzbaren, durch eine Bahn mit dem Hinterland verbundenen, guten Seehafen gewaltsam an sich zu reißen. Die Malmöer Zusammenkunft der drei skandinavischen Könige am 18. Dezember 1914 ließ dann freilich die Zarenregierung von ihrem gefährlichen Vorhaben, das leicht einen neuen Nordischen Krieg hätte heraufbeschwören können, abstehen. Und gerade in dieser schicksalsschweren Stunde erinnerte der Russe Emeljanow daran, daß man seit über 100 Jahren einen das ganze Jahr benutzbaren, am offenen Ozean liegenden und daher nicht abzusperrenden Hafen hoch oben an der Murmanküste in der vortrefflichen Kola-Bucht besaß, die durch die Wirkung des Golfstroms auch im strengsten Winter stets so gut wie völlig eisfrei gehalten wurde, aber — dieser ersehnte Idealhafen war nicht zu gebrauchen, da die nächste Eisenbahnstation über 200 km von ihm entfernt war! Der mitten im Kriege durchgeführte Bau der „Murmanbahn" von Petersburg bis zur Kola Bucht konnte die tragische Sachlage nicht mehr verbessern: am 30. Dezember 1916 wurde die Murmanbahn endlich dem Betrieb übergeben, und — 3 Monate später war sie wertlos, da die ausbrechende Revolution keine Verwendung für sie hatte: sie ist längst wieder verfallen und in den nordischen Sümpfen versunken.

Der Ausgang des Krieges hat dann Rußland noch mehr vom Meer abgedrängt, als es vorher der Fall war, und ihm fast seine ganze Ostseeküste gekostet. Der geopolitische Gefahrenherd, der infolgedessen fortglimmt, kann um so weniger verkannt werden, als die Erfahrungen mit der Meeresverriegelung im verlorenen Kriege, wie Rohrbach es ausgedrückt hat[1]), „das ganze russische Denken beherrschen und die Macht einer politischen Zwangsvorstellung annehmen."

Diese kurze Übersicht zeigt, ein wie schwerer politischer Unruhestifter 100 Jahre hindurch die unglückselige geophysische Lage des küstenreichsten Landes der Welt zum offenen Meer gewesen ist. Und war nicht, im Grunde genommen, genau derselbe Anlaß auch entscheidend für den Haupt-Unruheherd auf dem Balkan in den Jahren bis 1914, für Serbien? vielleicht sogar für das gesamte politische Schüttergebiet Europas, das wir seit einem halben Jahrhundert unter dem Namen „Balkan" zusammenzufassen pflegen? Waren doch, mit einziger Ausnahme des in bezug auf

1) Paul Rohrbach im „Größeren Deutschland", 16. Oktober 1915.

seine geophysische Lage außergewöhnlich begünstigten Griechenland, alle ehemals türkisch gewesenen Balkanstaaten bis 1912 schlimm daran in bezug auf ihre Lage zum Meer. Bulgarien und Rumänien waren, genau wie Rußland am Schwarzen Meer, durch die türkische Herrschaft am Bosporus und an den Dardanellen sowie durch die internationalen Verträge über diese Wasserstraßen vom offenen Meer empfindlich abgeschnitten, Serbien hatte überhaupt keinen Zugang zum Meer, Montenegro grenzte zwar an die Adria, war aber noch in so primitivem Zustande und mit so rückständigen Verkehrsverhältnissen ausgestattet, daß ihm der Besitz eines an sich schwer zugänglichen Küstenlandes keinen nennenswerten Nutzen brachte. Der Umstand, daß Montenegro zu Anfang dieses Jahrhunderts noch keine Eisenbahn und lediglich einen einzigen kleinen Seedampfer, dazu noch ein paar unbedeutende Segelschiffchen besaß, ist ja bezeichnend genug. Die Grenzverschiebungen von 1913 haben dann wenigstens Bulgarien in eine erträglichere Lage gebracht, da es eine wertvolle Küste an der Ägäis erhielt, aber Serbien blieb reiner Binnenlandstaat, und der wichtigste europäische Nordägäis-Hafen, Saloniki, nach dem nicht nur Serbien und Bulgarien Begehr trugen, sondern auch Österreich-Ungarn, dessen gewaltige Landmasse auf einer allzu schmalen Küstenbasis ruhte, er fiel an Griechenland, das ihn am wenigsten nötig hatte. Die Weisheit der Friedensmacher von 1913 war, geopolitisch betrachtet, nicht sehr viel größer als die der Väter des Versailler Diktats, das, wie ein witziger Franzose gesagt hat, alle Vorbedingungen in sich trägt nicht für einen dauerhaften Frieden, sondern für une guerre juste et durable. Die unglückseligste Neuschöpfung von 1913 war das staatliche Verlegenheitsprodukt Albanien, das bis auf die Gegenwart nicht aufgehört hat, eine neue gefährliche Zündfläche der Balkan-Leidenschaften zu sein. Der schwerste Fehler aber war die Beibehaltung des Binnenlandcharakters Serbiens. Wer weiß: hätte Österreich beim Bukarester Frieden von 1913 nicht die Torheit begangen, Einspruch zu erheben gegen den von Serbien heiß begehrten Adria-Zugang durch Nordalbanien hindurch, es wäre vielleicht einige Monate später, im Juni 1914, nicht zu der verhängnisvollen politischen Explosion von Serajewo gekommen! Freilich, der Weltkrieg wäre dennoch nicht vermieden worden, und Rußland, dessen Mobilmachungsvorbereitungen ja schon in Februar 1914 begonnen hatten, würde dann eben nur eine andere Zündschnur benutzt haben ... —

Die Friedensschlüsse von 1919 haben Serbien zwar, unter Vereinigung mit Montenegro, endlich zum küstenbesitzenden Staate Südslawien gemacht, aber sie haben dafür auch Bulgarien wieder von der Ägäis abgedrängt und die dortige, einst bulgarische Küste an Griechenland übergeben. Ungarn und mit ihm Rest-Österreich sind nun ihrerseits zu reinen Binnenlandstaaten degradiert worden, wenn man sich auch bemüht hat, das dadurch entstehende Unruhemoment durch ungarische Sonderrechte im Hafen Fiume zu bannen. Ebenso hat Südslawien die Mitbenutzung des griechischen Hafens Saloniki zugestanden erhalten.

Aber die geopolitischen Brandherde auf dem Balkan sind schließlich nur umgelagert, nicht gelöscht worden. Der bedrohlichste Gefahrenpunkt liegt jetzt unzweifelhaft in der südslawisch-italienischen Grenzzone und in Albanien, wo ja schon mehrfach im Jahre 1927 die Glut nicht unbedenklich geknistert hat. Wie Südslawiens Lebensnotwendigkeit, einen Adriahafen zu besitzen, und Italiens zielbewußtes Streben nach dem mare nostro auf die Dauer ohne neuen Krieg miteinander in Einklang gebracht werden sollen, ist überhaupt nicht abzusehen. Auch Ungarn, dem man seinen einzigen Hafen Fiume genommen hat, muß sich, je mehr es erstarkt, notwendig zu einem neuen Unruheherd des Balkans entwickeln, und sein zu Anfang April 1927 mit Italien abgeschlossener Vertrag von Rom zeigt immerhin, wie die gemeinsame Gegnerschaft gegen Südslawien selbst die im Weltkrieg einander feindlichen Staaten zusammenführt.

Was schließlich den heutigen Österreichischen Staat anbetrifft, dem man den Triester Zugang zur Adria genommen hat und der somit auch ein reiner Binnenstaat geworden ist, so ist er natürlich zu schwach, um seiner Umgebung in absehbarer Zeit politisch gefährlich zu werden. Aber abgeschnitten vom freien Hauch des Meeres, verkümmert und erstickt dieser Staat, und wenn nicht auch er, mindestens wirtschaftlich, ein ständiger Krankheitsherd bleiben soll, wenn Italien zudem Triest und die Ost-Adria fest in der Hand behalten will, wird man in Rom gut daran tun, dem auf die Dauer doch vollkommen unvermeidlichen Anschluß Österreichs ans Deutsche Reich so wenig wie möglich Schwierigkeiten zu machen. Wir wollen nicht vergessen, daß die Möglichkeit, auch als Binnenlandstaat der Segnungen von zollfrei zu benutzenden, „eigenen" Seehäfen teilhaft zu werden, im beginnenden industriellen Zeitalter keines der geringsten Motive war, um 1870/1 Sachsen, Bayern, Württemberg, Baden und andere deutsche Binnenland-Bundesstaaten dem Plane des geeinten Deutschen Reiches geneigt zu machen. Bei Österreich liegen zurzeit, nachdem es Triest verloren hat, die Dinge ganz ähnlich. Daß es sich freiwillig an Italien anschließen wird, dürfte man selbst in den politisch extravagantesten Kreisen Roms nicht erwarten, wohl auch nach den mit Deutsch-Südtirol gemachten, trüben Erfahrungen nicht einmal wünschen. Um so mehr sollte Italien bestrebt sein, die Vereinigung Österreichs mit dem Deutschen Reich in jeder Weise zu begünstigen, nicht nur, weil es dann eine sehr willkommene, gemeinsame Grenze mit Deutschland erhielte, sondern auch weil damit dem österreichischen Krankheits- und Infektionsherd sogleich das rechte geopolitische Heilmittel gefunden sein würde.

Schon in früheren Zeitaltern, als der Welthandel zur See nicht annähernd die gleiche Bedeutung, wie gegenwärtig, hatte, wurde die Politik der Staaten und auch der freien Reichsstädte durch die geophysische Lage zum gut schiffbaren Meer häufig genug ausschlaggebend bestimmt. Die „Sundsperre", die Dänemark so oft mit geringer Mühe und aus geringem Anlaß im ausgehenden Mittelalter verhängte, hat die deutschen Hansestädte der Ostsee und vor allem ihre Vormacht Lübeck wiederholt in

Konflikte und Kriege mit Dänemark verwickelt. Und der von Dänemark erhobene Sundzoll, der eine empfindliche wirtschaftliche Benachteiligung der Häfen an der Ostsee gegenüber denen an der Nordsee bedeutete, veranlaßte den Großen Kurfürsten von Brandenburg, obwohl sein Staat fast ein reiner Binnenlandsstaat (mit Ausnahme der Exklave Ostpreußen) war, nach dem Scheitern seiner Herzenshoffnungen auf Erwerb vorpommerscher Häfen im Unglücksfrieden von St. Germain (29. Juni 1679) einen maritimen Stützpunkt an der Nordsee zu suchen, in dem noch nicht zu seinem Reich gehörenden Emden, wo das unbegreiflich modern anmutende Verständnis jenes großen Herrschers für Seehandel und Seegeltung dann i. J. 1681, zusammen mit einer brandenburgischen Kriegsflotte, auch einen brandenburgischen Kriegs- und Handelshafen ins Leben rief.

In ganz ähnlicher Lage, wie die alten Hansestädte, befinden sich ständig, wenn auch im viel größeren Maßstabe, Italien, Griechenland und alle anderen nur an das Mittelmeer und seine Randgewässer angrenzenden Staaten. Ihre Schiffahrt, soweit sie sich über das Mittelmeer selbst hinaus erstreckt, ist bedingungslos abhängig vom guten Willen Englands, das im Westen die Gibraltarstraße, im Osten den Suezkanal mit der Straße Bab el Mandeb jederzeit unschwer überwachen und für nicht genehme, fremde Schiffe ebenso sperren kann, wie es von 1914—1920 die Nordsee und den Ärmelkanal für deutsche Fahrzeuge versiegelt hatte.

Selbst überwiegend landwirtschaftliche Binnenland-Staaten mit nur bescheidenen Außenhandelsinteressen drängen in der Neuzeit gern ans Meer. Wie das Brandenburg des 17. Jahrhunderts unter der Führung eines weitblickenden, genialen Herrschers See- und sogar schon Kolonialpolitik zu treiben begann, so stieß auch das Rußland Peters des Großen gewaltsam das Fenster nach dem Westen auf, und selbst die ganz altväterlich eingestellten Burenrepubliken wünschten schon in den 60er und 70er Jahren einen Seehafen in Gestalt der Delagoabai, stießen aber hier, wie überall, auf den entschiedensten Widerstand Englands, und der Schiedsspruch des Präsidenten Mac Mahon sprach schließlich, am 24. Juli 1875, die umstrittene Delagoabai den Portugiesen zu und legte damit ein portugiesisches Schloß vor die von den Buren erhoffte „offene Tür". — Die Länderkarte von 1914 kannte nicht mehr viele reine Binnenlandstaaten. Außer der Schweiz, bei der besondere Verhältnisse vorlagen, und dem schon erwähnten Serbien gab es an größeren Binnenlandstaaten in der alten Welt damals nur die sich absichtlich gegen die europäische Kultur und den europäischen Appetit absperrenden Binnenlandstaaten Afghanistan, Tibet, Bhutan und Abessinien und in der neuen Welt Paraguay und Bolivien — das war alles!

Die Weisheit von Versailles hat nun die Zahl der europäischen Binnenlandstaaten wieder bedeutend anschwellen lassen. Zwar ist Serbien ausgeschieden, dem freilich nur schwer zugängliche Adriahäfen zugewiesen wurden und der einzig gut zugängliche, Fiume, vorenthalten geblieben ist, aber dafür sind neu hinzugekommen: Österreich, Ungarn, die Tschechoslowakei und anfänglich auch Litauen, bis dessen brutaler Griff nach dem deutschen Memelland am 13. Januar 1923, in einem Augenblick, da Deutschlands und der anderen Welt Aufmerksamkeit durch den französischen Einbruch an der Ruhr völlig absorbiert war, ihm einen Seehafen verschaffte. Wie sehr die Tschechoslowakei ein politischer Unruheherd ist, ist allbekannt. Immerhin ist bei ihm die nervöse Unrast durch Zuerkennung eines eigenen tschechoslowakischen Freihafens in Hamburg und Stettin sowie durch die Internationalisierung der Elbe erheblich gemildert. Dafür ist Polen, obwohl auch ihm allzu große Rechte und Vergünstigungen im Danziger Hafen eingeräumt und auch einige Küstenstriche im Norden des unsinnigen polnischen „Korridors" zugesprochen worden sind, der bedenklichste Unruhestifter in ganz Mitteleuropa geworden. Der einzige reinpolnisch gewordene Hafen im deutsch-sprechenden Gdingen ist und bleibt völlig unzureichend. Rein geopolitisch ist es natürlich unerträglich, daß die ganze Weichsel heute ein polnischer Strom ist und nur die äußerste Mündung mit dem Mündungshafen einem fremden, schwachen Stadtstaat gehört. Jedoch Danzig ist nun einmal eine deutsche Stadt und will von dem rückständigen und fremdstämmigen Polen nicht das Geringste wissen. Da sich ja nun aber 1919 die Tätigkeit in Versailles vorgeblich unter dem Schlagwort des Selbstbestimmungsrechts der Völker abspielte, sah man, trotz redlichsten Wollens, keine Möglichkeit, unter irgend einem Vorwand Danzig als polnische Stadt anzusprechen und ebenso Memel als litauische Stadt. Man begnügte sich daher damit, beide Seehäfen mit ihrem unmittelbaren Hinterland, ohne sie nach ihren Wünschen zu fragen, aus dem Rahmen des deutschen Reiches herauszuschneiden und sie zu „selbständigen" Staaten, wenn auch unter polnischer bzw. Entente-Vormundschaft, zu erklären — offenbar in der stillen Hoffnung, daß die unterbliebene Einverleibung in Polen und Litauen, die des weltfremden, für „Selbstbestimmungsrecht" schwärmenden Präsidenten Wilson Ideologie nicht zuließ, eines Tages ganz von selbst durch entschlossenes Zugreifen der interessierten Staaten korrigiert werden würde. Nur bei einem Hafen ist bisher diese Voraussetzung zugetroffen, aber daß in der Tat hoc erat in votis, geht daraus hervor, wie eilig der von der Entente geleitete Völkerbund bemüht war, seine Zustimmung zu der in Memel geschehenen Verletzung des Selbstbestimmungsrechtes der Völker durch Litauen auszusprechen. --

Bei kleinen, wenig mächtigen und wenig ehrgeizigen Staaten kann die Angrenzung an einen gut schiffbaren, großen Strom als Ersatz für die fehlende Seeküste betrachtet werden. So genügt der Schweiz der Besitz eines Stückes Rheinufer, Paraguay die Berührung mit dem prachtvollen Laplatastrom und dem Paraná in normalen Zeiten vollkommen. Unter den schwierigen Verhältnissen des Weltkriegs trat freilich auch die Schweiz vorübergehend dem Gedanken näher, sich in einem fremden Seehafen (Genua wurde in erster Linie genannt) einen Stützpunkt für eine schweizerische Seehandelsflotte zu schaffen. Schiffbare Flüsse sind eben auch unter günstigsten Vorbedingungen als Ersatz für fehlende Küsten stets nur ein Notbehelf.

Die geophysische Lage eines Landes zu den großen Weltverkehrsstraßen ist noch günstiger, wenn es nicht nur an ein, sondern möglichst gleich an zwei tunlichst verschiedenartige Meere mit guten Schiffahrtsverhältnissen angrenzt. Am idealsten ist diese Vorbedingung bei den großen nordamerikanischen Staaten einschließlich Mexiko erfüllt, die zwischen den beiden gewaltigsten Ozeanen der Erde liegen und an beiden bedeutenden Küstenbesitz aufweisen. Dieselbe Vorbedingung trifft auch zu bei einigen mittelamerikanischen Staaten, bei Kolumbien und selbst für Süd-Chile, doch sind diese zu unbedeutend oder zu seeuntüchtig, um bisher von der hohen Gunst ihrer Lage Gebrauch zu machen.

In der alten Welt sind, außer den reinen Inselstaaten, die naturgemäß auf verschiedene Schiffahrtsgebiete hinausblicken, vor allen anderen Frankreich, Spanien und Ägypten in der begünstigten Lage, daß sie an zwei Meeren Anteil haben. Ägypten ist neben Rußland, das aus anderen Gründen hier nicht in Betracht kommt, und neben der bis 1918 bestehenden Türkei, die aber von der Gunst ihrer Lage nicht Gebrauch zu machen verstand, das einzige Land der alten Welt, das von zwei verschiedenen Ozeanen bzw. ihren Randmeeren bespült wurde (auch Südafrika wäre hier noch zu nennen, doch fängt dieses noch sehr junge Land erst gegenwärtig an, eigene Schiffahrt in übrigens noch sehr bescheidenem Umfang zu treiben). Auf dieser Lage an zwei Ozeanen beruht ein sehr großer Teil von Ägyptens geschichtlicher Bedeutung etwa zwischen 330 v. Chr. und 1500 n. Chr. und dann wieder seit 1869, auf ihr die Tatsache, daß Alexandrien Jahrhunderte lang der erste Hafen und wichtigste Handelsplatz der Welt war. Ägypten hat den denkbar typischsten Brückencharakter zwischen zwei völlig verschiedenen, riesigen Schiffahrtsgebieten. Diese Stellung ist ihm politisch zum Verhängnis geworden, denn sie hat ihm nach der Eröffnung des Suezkanals die englischen Herren ins Land gebracht, aber wirtschaftlich hat sie ihm oft genug in der Geschichte zum Segen gereicht in allen Zeiten, wo der größere Teil des Indien-Verkehrs seinen Weg durchs Mittelmeer und Rote Meer suchte. — Es ist ebenfalls interessant und geopolitisch lehrreich, wie in der Zeit, da dieser Weg nach Indien im ausgehenden Mittelalter der wichtigste war, die verschiedenen Küstenanlieger in mannigfache Zwistigkeiten und Fehden miteinander verwickelt waren. Kaum war aber 1497/8 der Seeweg nach Indien ums Kap der Guten Hoffnung entdeckt, wodurch die größte in der Weltgeschichte dagewesene, plötzliche Verkehrs- und Machtverlagerung herbeigeführt wurde, da stellten alle Anlieger der alten, entwerteten Verkehrsstraße ihre eigenen Streitigkeiten in die Ecke und fanden sich als Bundesgenossen zur gemeinsamen Wahrung ihrer schwer bedrohten Lebensinteressen gegenüber dem erfolgreichen ozeanischen Staat Portugal zusammen, der nun mit einem Schlage der alleinige Herr des wichtigsten Verkehrsweges nach Indien geworden war. Damals ereignete sich das rassenmäßige Wunder, daß die durch die Verlagerung des Indienweges am schwersten getroffenen Venetianer, die ägyptischen Sultane, die Araber und die indischen Fürsten sich zu gemeinsamem kriegerischen Vorgehen gegen die portugiesischen Nebenbuhler zusammenfanden. Aber den letzteren war auf ihrem Wege zur kurzlebigen Großmacht der Sieg beschieden: der erste portugiesische Vizekönig d'Almeida schlug am 3. Februar 1509 in der Seeschlacht im Hafen von Diu die vereinigten Gegner aufs Haupt. —

Gleichzeitig an ein Haupt- und ein Nebenmeer des heutigen Weltverkehrs grenzen unter den heutigen europäischen Staaten noch Deutschland, Dänemark, Schweden und Finnland. Dabei ist zu berücksichtigen, daß Preußen als deutsche Vormacht, nachdem es vorübergehend schon einmal, von 1744—1807, ein Zweimeeresstaat gewesen war, erst i. J. 1866 neuerdings an der Nordseeküste Fuß gefaßt hat. Durch die wenige Jahre später erfolgte Gründung des Deutschen Reiches war es dann allerdings weniger Preußen als ganz Deutschland, dem die Vorteile des Meerzuganges nach zwei Seiten zugute kamen, denn Preußen sah vor dem Kriege, uneigennützig genug, seine deutsche Mission darin, im allgemeinen Interesse des Reiches Hamburg und Bremen nach Möglichkeit zu fördern, oft genug unter bewußter Zurückstellung rein preußischer Belange. Gegenwärtig hat sich diese Haltung leider geändert.

Schweden hat ähnlich wie Deutschland sein Angrenzen an zwei Meere wirtschaftlich auszunutzen gewußt. Dagegen kann das scheinbar so günstig gelegene Dänemark mit seiner langgestreckten Nordseeküste nicht viel anfangen und hängt eigentlich lediglich durch seine Berührung mit dem Öresund und dem Kattegat mit der Nordsee zusammen, da die „eiserne Küste“ Westjütlands mit ihrer gefährlichen Seichtheit und ihrem gänzlichen Mangel an etwas größeren Häfen für die Schiffahrtspraxis nur im bescheidensten Maße in Betracht kommt. Finnland dagegen hat, nachdem es 1918 seine Unabhängigkeit erlangt hatte, besonderen Wert darauf gelegt, daß es nicht nur an der Ostsee Anteil bekam, obwohl sich an deren Küsten schätzungsweise $\frac{9}{10}$ seines Wirtschaftslebens abspielen, sondern daß es auch zum Nördlichen Eismeer einen

Fig. 16. Finnlands Meereslage und der finnische Korridor zur Petschenga-Bucht.

Ausgang erhielt, von dem es durch Rußland und Norwegen abgeschnitten werden zu wollen schien. Es gelang ihm dann auch, im Frieden von Dorpat (14. Oktober 1920) von Rußland den „finnischen Korridor" zur Petschenga-Bucht zugestanden zu erhalten (Fig. 16).

Ein schwer zu begreifender geopolitischer Fehlgriff war es dagegen, daß 1919 im Frieden von Neuilly Bulgarien sowohl wie Serbien vom Ägäischen Meer abgeriegelt wurden, um Griechenland einen Zugang zum Schwarzen Meer zu verschaffen. Griechenland grenzt schon an zwei hervorragend gute Meere an und verfügt, im Verhältnis zu seinem nur mäßigen Flächeninhalt, über eine solche Menge von Küsten, und zwar vortrefflichen Küsten, wie sonst nur allenfalls noch Japan. Ein Zugang zum Schwarzen Meer, das von der Ägäis aus ohnehin leicht zu erreichen ist, hatte also für Griechenland auf dem Wege eines ungebührlich lang gestreckten „Korridors" keinerlei Wert, während das Land eben dieses Korridors für die Volkswirtschaft Bulgariens und Südslawiens sehr segensreich durch die Nähe der Küste sein könnte. Angesichts der 1919 getroffenen, neuen Verfügung über die betreffenden Küsten verwundert man sich nur wieder einmal, quantilla sapientia regatur mundus. 1923 hat Griechenland freilich den Korridor zum Schwarzen Meer bereits wieder verloren.

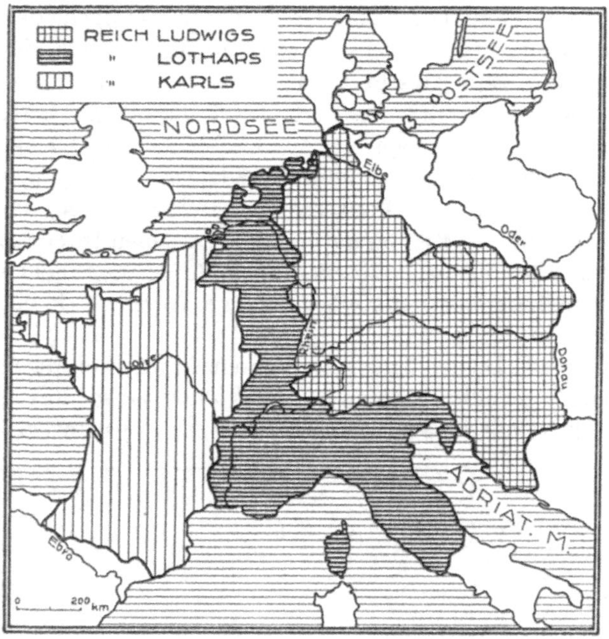

Fig. 17. Die Zweimeeres-Grenze aller drei Teilstaaten des Karolingerreiches.

Schon zu einer Zeit, als die Handelsschiffahrt noch in den ersten Kinderschuhen steckte, hatte man instinktiv ein Gefühl dafür, wie wichtig das Hinausschauen aufs Meer nach zwei verschiedenen Seiten für einen Staat sein kann. Wenigstens ist eine sehr eigentümliche historische Tatsache, durchaus nicht anders als durch ein Gefühl für die Zweckmäßigkeit der bimaris-Lage zu verstehen: daß nämlich bei der Teilung des Karolingischen Reiches im Vertrag von Verdun (11. August 843) die neugebildeten drei Staaten Deutschland, Lotharingien und Frankreich sämtlich im Norden an die Nordsee und im Süden ans Mittelmeer herangeführt wurden: Deutschland reichte von der Schlei und Eider bis nach Fiume, Lotharingien von der Weser- und Ems-Mündung bis Mittelitalien und Frankreich von der Schelde bis zum Ebro (Fig. 17). Auch der Kirchenstaat in den Tagen Karls des Großen griff quer durch Italien von einem Meer zum anderen, von der Tibermündung zur Pomündung, hinüber. Später wurde dann das Reich der Hohenstaufen, obwohl im Mittelalter außer Karl dem Großen und Karl IV. kein deutscher Herrscher Verständnis für Seegestaltung hatte, sowohl von der Nordsee und Ostsee wie vom Mittelmeer bespült, genau wie Napoleons I Imperium zurzeit seiner höchsten Blüte von 1810—1813. Lübecks Einverleibung ins französische Kaiserreich wurde ja ausschließlich durch den Wunsch bedingt, Frankreich auch zum Ostseestaat werden zu lassen. Und lag nicht, im großen gesehen, auch dem politischen Dreibund Bismarcks gefühlsmäßig wieder der geopolitisch richtige Gedanke zu grunde, eine politisch-militärische Einheit in Mitteleuropa zu schaffen, die von der Nord- und Ostsee bis zur Straße von Messina hinunterreichte (Fig. 18) und somit auf den drei wichtigsten europäischen Randmeeren eine dominierende Stellung ausübte? Als aber Italien, aus politischen Gefühlsmomenten heraus, die eine erfolgreiche Kolonialpolitik des Landes auf weite Sicht eher gehemmt als gefördert haben (um wieviel größer wäre Italiens Machtstellung gewesen, wenn es neutral geblieben wäre und mit unverbrauchter Kraft bei der Verteilung der Kolonialmandate in Genf ein Wort hätte mitreden können!), aus dem Dreibund herausbrach und die Bundesgenossen von gestern bekriegen half, bildete sich da nicht sogleich ein neuer territorialer Block der Mittelmächte, der nach Sprengung des schmalen serbischen Riegels von der Nord- und Ostsee bis zum Persischen Golf und Roten Meer reichte? Schließlich deutet auch die Zwangs-

Fig. 18.
Die Dreimeeres-Lage des Bismarckschen Dreibundes.

läufigkeit, mit der sich Deutschlands und Italiens Politik von Jahr zu Jahr wieder mehr zusammenfinden — trotz der noch entfremdend wirkenden Südtiroler Frage, die ein schwer zu begreifender und verhängnisvoller geopolitischer Fehler Italiens war und noch ist — darauf hin, daß mindestens eine gemeinsame, von Meer zu Meer reichende Interessengemeinschaft ein nicht zu verachtendes Energiemoment im politischen Diagramm der Kräfte ist.

Angesichts der hohen Wichtigkeit, welche die gleichzeitige, ungehemmte Erreichbarkeit verschiedener Schiffahrtsgebiete für einen kraftvollen Staat oftmals bedeutet, ist es verständlich, wie von der hohen Politik der Staaten und vor allem des bis 1914 mit politischer Erbweisheit gesegneten England in den letzten Jahrhunderten steigender Wert auf die Beherrschung oder zumindest die Mitbeeinflussung des Verkehrs an wichtigen Staustellen der Seefahrt gelegt worden ist. Der Wert enger und einziger Schiffahrtswege, sowohl natürlicher wie künstlicher, zwischen zwei Schiffahrtsbecken wächst ja proportional sowohl der Größe der miteinander verbundenen Meere wie der Größe der voneinander getrennten Landflächen. Deshalb sind und bleiben die Kanäle von Suez und Panama in ihrer Art, als verbindende Wasserstraße zwischen ganzen Ozeanen und als trennende zwischen ganzen Kontinenten so vollkommen einzigartig und unerreicht im geographischen Bild der heutigen Erde.

Seit den Tagen der Königin Elisabeth geht Englands Politik, in nicht genug zu bewundernder Großzügigkeit, systematisch darauf aus, die wichtigsten Meerengen und Staustellen des Schiffsverkehrs unter seine Kontrolle zu bringen oder mindestens der Beherrschung durch andere, politisch starke Staaten zu entwinden. Der Umstand, daß Gibraltar seit über 200 Jahren (4. August 1704) in englischem Besitz und, als einzige „Kolonie“ auf europäischem Festlandsboden, ein schmerzender Pfahl im Fleische Spaniens ist, zeigt zur Genüge, mit welcher eisernen Energie und Rücksichtslosigkeit England an der Beherrschung wichtiger See-Verkehrswege selbst dann festhält, wenn dadurch ein moderner Kulturstaat, mit dem man sonst auf gutem Fuß zu leben wünscht, vor den Kopf gestoßen wird. Die britische Festsetzung in Malta, in Kapstadt, in Colombo, in Singapur, in Aden, in Suez und Port Said, auf den Bahrein-Inseln, von 1814—1890 in Helgoland, die Flankierung der Magellanstraße durch die britischen Falkland-Inseln, des Suezkanals durch die 1857 annektierten Perim-Inseln im Süden und das 1878 in „Pfand“ genommene Cypern, sie zeigen, wie genial England es allzeit verstanden hat, die Schiffahrt in den wichtigsten Verkehrsbrennpunkten in Abhängigkeit von sich zu bringen. Und wo man selber nicht Fuß fassen konnte, ohne schwere Konflikte mit anderen Großmächten heraufzubeschwören, da sorgte man wenigstens dafür, daß nur schwache, zu größerem Widerstand unfähige Staaten oder gar „internationale“ Gemeinschaften an wichtigen Wasserstraßen Territorialbesitz erhielten. So wurde dem „kranken Mann“ der Besitz des Bosporus belassen, der in Friedenszeiten ungehindert benutzt werden konnte und dennoch militärisch für die drohende Gewitterwolke Rußland restlos gesperrt war. Und am Öresund hätte England eine Großmacht wie Deutschland oder Rußland nie geduldet, aber Dänemark mochte dort getrost die Herrschaft ausüben — so lange es der britischen Politik gefügig war. Wollte es einmal wider den britischen Stachel löcken, so wurde es nach dem Muster des 2. bis 5. September 1807 selbst im Frieden „gekopenhagent". Gegenüber von Gibraltar dagegen, am afrikanischen Ufer der Meerenge, gönnte England keiner anderen Macht eine Festsetzung: der wichtigste Hafen Tanger durfte weder den Franzosen noch den Spaniern, die beide in Marokko Fuß zu fassen wünschten, überlassen werden, sondern ist mit einer nicht ganz kleinen Umgebung als „internationale Zone" gemeinsamer Besitz der verschiedensten Mächte, also selbstverständlich auch Englands, geworden.

So treffen wir den englischen Grundsatz, wichtige Knotenpunkte des Seeverkehrs in Abhängigkeit von London zu bringen oder doch mindestens keiner anderen, zur See starken Macht zu überlassen, in wechselnden Formen auf dem ganzen Erdball immer aufs neue bestätigt. Erst in den letzten Jahrzehnten sind zweimal bedeutsame Durchbrechungen des britischen Verkehrsstraßen-Monopols erfolgt. Die erste Durchbrechung, die der deutsche Kaiser Wilhelmkanal zwischen Nord- und Ostsee brachte, war für England noch nicht allzu empfindlich, da ja der nicht so sehr viel größere Umweg ums Kap Skagen daneben verfügbar blieb: der Wert der neuen Wasserstraße, so bedeutend er für Deutschland selbst war, ist für die übrige Welt deshalb nur mäßig geblieben, weil der Nordteil der zerschnittenen Landmasse an Umfang nicht sehr groß war. Ganz anders war es dagegen mit dem amerikanischen Panamakanal, einer Verkehrsstraße ersten, allerersten Ranges, aus deren Kontrolle England sich gänzlich ausgeschaltet sah, trotz seiner frühen, rechtzeitigen Vorsorge, durch den Clayton-Bulwer-Vertrag vom 19. April 1850 auch in diesem Zukunftskanal seine altgewohnten Grundsätze zur Geltung zu bringen. Die Ver. Staaten aber waren klug und rücksichtslos genug, in einem Augenblick, da den Engländern durch die Verlegenheit des Burenkrieges die Hände gebunden waren, Englands Einfluß in dem von ihnen geplanten Kanal völlig auszuschalten und im neuen Hay-Pauncefote-Vertrag vom 18. November 1901 sich zu alleinigen und nahezu unbeschränkten Besitzern des neuen Weltverkehrsweges zu machen.

Die Seetüchtigkeit der einzelnen Völker ist natürlich sehr verschieden. Man sollte zunächst glauben, daß es sich hier um eine rein psychische Veranlagung handelt, die mit der geographischen Lage nichts oder doch nur wenig zu tun hat. Aber dennoch ist auch hier der Einfluß der Beschaffenheit der Erdoberfläche von einer entscheidenden Bedeutung.

Die Küste selbst, an der ein Volk sitzt, muß nämlich gewissermaßen zur Seefahrt herausfordern, wenn Seetüchtigkeit und unter Umständen politische Seegeltung sich entwickeln sollen. Daß hierbei gute Buchten und Flußmündungen ein sehr wichtiges Element sind, liegt ohne weiteres auf der Hand. Aber selbst die guten Buchten und eine noch so reiche Küstengliederung genügen nicht allein zur Ausbildung seemännischer Eigenschaften, wenn nicht eine weitere, noch wichtigere Vorbedingung hinzukommt: das Vorhandensein einer nicht zu fernen und begehrenswerten Gegenküste oder, noch besser, einer Reihe von vorgelagerten Inseln. Wo die Inseln fehlen, da genügt keine noch so günstige und ausgedehnte Meeresküste, um einer Bevölkerung seemännische Tugenden anzuerziehen. Die Länder ohne nennenswerte und erstrebenswerte Inseln in erreichbarer Nähe vor ihren Küsten sind bis auf die Gegenwart allzeit rückständig in der Seefahrt geblieben. Blicken wir auf Afrika, mit Ausnahme des Nordens und Nordwestens, auf Australien, auf ganz Südamerika: ihre Eigenleistungen zur See sind stets mehr als bescheiden gewesen, und auch heute noch bringen sie es über eigene Handelsflotten vierten Ranges nicht hinaus. Chile z. B. hat eine ungemein langgestreckte, hafenreiche, treffliche Küste, die zumal im Süden prachtvolle, fjordartige Einschnitte in reichster Fülle aufweist, aber ein Seevolk hat sich dort so wenig entwickelt, daß noch jetzt die chilenische Handelsflotte nur eine Gesamt-Tonnage von 120000 T aufweist, d. h. ein rundes Drittel der durchschnittlichen deutschen Neubaumenge eines einzigen Jahres! Auch Nordamerika, mit Ausnahme der Golfküste, entbehrt des Anreizes wertvoller Inseln, die der Küste vorgelagert sind, merklich. Dem Erdteil fehlt daher empfindlich das, was Fairgrieve treffend die „Kinderstube der Kultur" genannt hat.[1]) Ähnlich sehen wir in Europa an der Westküste Irlands eine mit herrlichen, geschützten Buchten in einem für Seeschiffahrt vorzüglich geeigneten Klima verschwenderisch ausgestattete Küste. Aber es liegen keine Gegenküsten weit und breit in diesen Meeren, und eine Seeschiffahrt, die über örtliche Fischereibedürfnisse hinausgeht, hat sich hier nicht entwickelt. Was die Iren zur See geleistet haben, die ja zumal zu Beginn des Mittelalters tüchtige Seefahrer waren, ist an der Ost- und vor allem Südostküste zur Entwicklung gekommen, wo gute Gegenufer und andere Inseln in mäßiger Entfernung winkten.

Dagegen blicken wir — wie anders wirkt dies Zeichen auf mich ein! — auf die inselreichen Meere Norwegens, Frieslands, Griechenlands, Hinterindiens, Japans, der Südsee u. a.! In solcher Umgebung werden selbst kulturell rückständige Volksstämme zu vortrefflichen Seefahrern, wie uns am charakteristischsten vielleicht die eingeborenen Mincopies auf den Andamanen beweisen, die auf einer der untersten Stufen menschlicher Entwicklung stehen, die aber dennoch allererste Meister des Ruders sind. Das inselreichste Meer der nördlichen Halbkugel, vor der norwegischen Westküste, hat im Zusammenhang mit den wundervollen, tief ins Land einschneidenden Fjorden die größten und kühnsten Seefahrer der Geschichte erzeugt, jene Normannen des 9., 10. und 11. Jahrhunderts, die selbst ihren Namen Wikinger von ihrem geographischen Wohnsitz an den

1) A. a. O., S. 332.

Wiken (Buchten, Fjorden) ableiteten. Und auf der südlichen Halbkugel hat ebenfalls das inselreichste Meer die glänzendste Seefahrerbevölkerung sich entwickeln lassen: die polynesische Inselwelt, die einen den Normannen ungemein ähnlichen Seefahrerstamm mit weit mehr heldischen als händlerischen Eigenschaften hat entstehen lassen, jene See-Nomaden, die sich selbst orang malaju = „schweifende Menschen" nannten und die wir deshalb Malaien zu nennen pflegen. Sie haben von Madagaskar bis zur Osterinsel und von Neuseeland bis Hawai die Ozeane durchschweift, d. h. über mehr als 200 Längengrade und 65 Breitengrade, und ihre Sprache hat sich von Ceylon bis Neuguinea zur Hauptverkehrssprache der Einheimischen, zur lingua franca, entwickelt. Die von ihnen gar mannigfach begründeten und zur Blüte gebrachten Malaienstaaten sind zwar allmählich sämtlich durch die höhere Kultur und die Waffenüberlegenheit der europäischen Völker unterdrückt oder in Abhängigkeit gebracht worden, aber die politische und kulturelle Leistung des malaischen Volkes bleibt dennoch bewundernswert genug.

Je karger und öder die einzelnen Küsten waren, desto stärker war der Zwang, den Lebensunterhalt auf der See zu suchen und sich mit ihr vertraut zu machen. Auf den dürftigen Sanddünen und niedrigen Halligen der Nordsee wuchs der seetüchtigste der deutschen Stämme heran, der friesische, in den norwegischen Fjorden, deren Hinterland von Granitfelsen, Fjeld und Gletschern gebildet wurde, das Normannenvolk, an den spärlichen Südwestküsten des vereisten Grönlands das Seefahrervolk der Eskimos. Auch bei den Basken und Bretagnern zwang der magere Küstensaum zu vermehrter Beschäftigung mit dem Meer. Demgegenüber haben die üppigen Inselschwärme Westindiens bezeichnenderweise keine bedeutenderen Seefahrerleistungen hervorgebracht: das Land war zu verlockend, zu fruchtbar, um Sehnsucht nach anderen Gestaden hervorzurufen oder gar zu einer systematischen Meeresbewirtschaftung zu zwingen. Infolgedessen sahen die Bewohner gern davon ab, sich der Mühsal des amphibischen Lebens zu unterziehen, das an kargeren Küsten eine Unvermeidlichkeit ist. Gewiß bewohnten auch die Hellenen in der Ägäis wohlhabende und fruchtbare Inseln, und sie haben sich dennoch zu ansehnlichen Seefahrern entwickelt, ja, sie waren unter den europäischen Mittelmeervölkern unzweifelhaft die seetüchtigsten, in so hohem Maße, daß ihnen gelegentlich in höchster Not die Berührung mit dem *ϑάλαττα, ϑάλαττα* Lebensrettung bedeutete. Aber schließlich waren sie doch lange nur Seefahrer zweiten Ranges, haben auch nur in Nachahmung der Phönizier ihre besten seemännischen Eigenschaften entwickelt, und noch dazu auf einem Meere, das, wie oben dargelegt, in der guten Jahreszeit kaum irgendwelche Gefahren und beständige, ideale Witterung darbot. Wie klein erscheinen doch die Leistungen der Griechen und selbst der Phönizier, wenn wir sie mit denen der Bewohner nordischer Küsten oder gar mit den unbegreiflich wunderbaren Taten der Normannen zur See vergleichen! Auch die Nachfahren dieser Normannen, die heutigen Norweger, haben relativ mehr als alle anderen Völker der alten Welt, selbst die Engländer nicht ausgenommen, ihre Volkswirtschaft auf das Meer eingestellt. Bestand doch sogar zwischen ihren beiden größten Städten, Oslo und Bergen, noch bis zum Jahre 1909 keine Verbindung zu Lande, sondern nur zur See. Man hat Norwegen treffend das „klassische Land des Wasserverkehrs" genannt; man könnte es mit demselben Recht, trotz aller neu entstehenden Bahnlinien im Innern, als das Venedig unter den Ländern Europas bezeichnen.

Wie sehr eine wirtschaftliche oder politische Ablenkung eines Volkes aufs Land und auf kontinentale Politik seine seemännischen Eigenschaften verkümmern lassen kann, dafür sind die alten Römer ein bezeichnendes Beispiel. Gewiß haben sie in gefährlichen Perioden ihrer Geschichte mit bewundernswerter Zähigkeit auch auf dem Meere militärisch Großes geleistet: ihre Seeschlachten im 1., ihre Expeditionen nach Karthago im 2. und 3. Punischen Krieg, des Pompejus Krieg gegen die Seeräuber, die Schlacht bei Aktium, des Tiberius Flottenvorstoß bis Südskandinavien sind dafür glänzende Zeugnisse. Aber ein inneres Verhältnis zum Meer oder gar die große Leidenschaft für die Seeschiffahrt, die wir bei manchen germanischen, malaiischen und anderen Völkern finden, fehlte den Römern durchaus. Als sie die Karthager aus Spanien verdrängt hatten, verödete die Ozeanschiffahrt, von einzelnen Ausnahmen (z. B. Juba II. von Mauretanien, die Veneter) abgesehen, auf viele Jahrhunderte in empfindlicher Weise. Die Scholien zum Juvenal z. B. betonen einmal ausdrücklich[1]), der Ozean außerhalb der Säulen des Herkules sei verödet. Und im Rheinmündungsgebiet bauten sie, nur um die Seefahrten nach England und ins Emsgebiet so viel wie möglich abzukürzen, den Corbulokanal vom Oude Ryn zur Maas-Vaal-Mündung und den Drususkanal vom Rhein zur Yssel und Zuyderzee. Dem echten Römer wohnte eben doch vor dem wirklich kühnen Seefahrer immer jener hohe Respekt inne, dem Horaz Ausdruck verlieh mit seinem[2]):

Ihm hat Mut und ein dreifach Erz
Stark umpanzert die Brust, der sein gebrechlich Boot
Hat als Erster vertraut einstens dem wilden Meer...

Daß natürlich nicht die geographische Lage und die wirtschaftliche Anregung allein darüber entscheidet, ob ein Land mit vielen und guten Küsten eine seetüchtige Bevölkerung hervorbringt oder nicht, bedarf ja wohl kaum erst des Beweises. Die Türkei der Vorkriegszeit grenzte, wie Rußland, an fünf verschiedene, für Schiffahrt gut geeignete Randmeere und an einen offenen Ozean und hat dennoch im Seehandel nie eine irgendwie beachtenswerte Rolle gespielt, obwohl sie Jahrhunderte lang eine bedeutende Kriegsflotte besaß, wie die geschichtlichen Namen Lepanto, Navarin, Sinope beweisen. Und wenn das mit trefflichsten Häfen gesegnete

1) Schol. Juvenal. XIV, 280.
2) Od. I, 3, 9—12.

Irland auch in unseren Tagen höchstgesteigerter Weltwirtschaft, von der Küstenschiffahrt abgesehen, im Seeverkehr der Erde einfach ausfällt, so ist daran nicht das Land und seine Bevölkerung selbst schuld, sondern lediglich die Eifersucht Englands, das seine politische Übermacht rücksichtslos ausnutzte, um jeglichen einträglichen Seeverkehr seinen eigenen Häfen zuzuführen und eine irische Betätigung zur See im Keime abzuwürgen.

Das Bewußtsein von dem hohen nationalen und kulturellen Werte des Wortes navigare necesse est, vom Wesen der „Maritimität", ist keineswegs erst in unseren Tagen allgemeiner Besitz eines jeden geworden, dessen Blick hinausschweift über die Betrachtung der unmittelbarsten eigenen Wirtschaftsinteressen. Welches tiefe Verständnis schon früher manche Völker dem „Seefahrt ist not" entgegenbrachten, äußert sich am ergreifendsten vielleicht in jener altarabischen Sunna:

„Wer zur See nur den Kopf umdreht, hat so viel Verdienst, als wer sich zu Lande in seinem Blute wälzt."

Zumal in den Tagen der modernen Weltwirtschaft ist der Seeverkehr ungleich bedeutungsvoller geworden als der Landverkehr. Das Volk und Land, das eine Rolle in der Welt spielen will, muß heute „das Denken in Kontinenten" lernen, das leider dem größten Teil unseres deutschen Volkes noch durchaus fremd ist. Das beste Mittel hierzu aber ist Vertrautheit mit der Bedeutung der See. Der frische Atem des Meeres ist nicht nur für die Körper, sondern auch für die Geister ein Jungbrunnen ersten Ranges, der geeignet ist gründlich aufzuräumen mit kleinlicher Kirchturmpolitik, mit Spießertum und Parteiseligkeit. Es gilt daher für uns Deutsche, eingedenk zu sein des Friedrich List-schen Wortes, daß, wer vom Meere ausgeschlossen ist, „des lieben Herrgotts Stiefkind" sei, und wiedergutzumachen jene Versäumnis der Vorkriegszeit, die ein Tirpitz beim Abschluß seines Lebenswerkes in die ergreifende Formel kleidete: „Das deutsche Volk hat die See nicht verstanden"!

III. Die Wachstumstendenzen der Staaten und die Staatsgrenzen.

1. Die Größenordnungen der Staaten.

„Alle Staatenentwicklung steht unter dem Gesetz des Fortschreitens von engen zu weiten Räumen.“ Mit diesen wenigen Worten hat Ratzel[1]) eines der wichtigsten Gesetze im Leben der Staaten formuliert: den Wachstums- und Ausbreitungszwang.

Die in erster Linie durch geographische Bedingtheiten vorgezeichnete Vorliebe eines Volkes für friedliche und militärische Betätigung zu Lande oder zur See tritt uns auf den ersten Blick unverkennbar entgegen, wenn wir die Art der Ausbreitungstendenz in der politischen Geschichte eines starken Staates verfolgen. Es gibt Staaten, die unter allen Umständen auf einen territorialen Zusammenhang ihres gesamten Landbesitzes bedacht bleiben, die den Begriff der „überseeischen Stützpunkte“ überhaupt nicht kennen, und andere, die gar keine Neigung, oft auch nicht einmal die Möglichkeit haben, sich anders als punktförmig und ohne territoriale Berührung der einzelnen Teile auszubreiten.

Die kontinentale, ölfleckartige Ausbreitung ohne jeden Versuch einer Koloniengründung zeigen uns z. B. die Riesenreiche des alten Persien, Alexanders, Roms, der mittelalterlichen Araber, Dschingis Khans, dann der Türkei, Napoleons, Rußlands, wobei freilich immer wieder zu erkennen ist, daß schmale Meerengen, wie der Bosporus, die Gibraltar- und Beringstraße der Ausdehnung des Ölflecks keinen Einhalt tun. Andere Staaten hingegen, und zwar durchweg nur solche, die seetüchtige Völker beherbergen, pflegen die punktförmige territoriale Festsetzung in Übersee in so hohem Maße, daß die mit Farben arbeitende politische Landkarte zuweilen gefleckt wie ein Leopardenfell aussieht. Man denke etwa an die althellenischen Kolonien, die Normannenreiche des 11., das venetianische Reich des 15. Jahrhunderts und vor allen anderen an das heutige britische Imperium. Artur Dix hat vollauf recht, wenn er einmal in einem Vergleich der ländergewaltigsten Staaten unserer Tage den Koloß des russischen Reiches mit einem Mammutbaum, das unendlich fein verästelte und doch die ganze Welt umklammernde britische Imperium dagegen mit einer Efeuranke vergleicht.

Jeder gesunde, junge Organismus hat die Tendenz zu wachsen, zu erstarken, an Bedeutung und Einfluß innerhalb seiner Umgebung zu

---

1) Fr. Ratzel: „Das Meer als Quelle der Völkergröße“, S. 5.

gewinnen. Jedes Individuum im Menschen-, Tier- und Pflanzenreiche zeigt diese Eigenschaft, und wir treffen sie wieder im unpersönlichen Streben jeder geschäftlichen Unternehmung, der Aktiengesellschaften und Truste, des Kapitals im weitesten Sinne des Wortes, dazu aller modernen Großstädte und natürlich auch der Staaten — überall herrscht der Drang nach Vergrößerung, nach Mehrung des Einflusses, das Bewußtsein, daß Stillstand Rückschritt bedeutet im großen allgemeinen Kampfe ums Dasein.

Wohl gibt es, wie im menschlichen Leben und in geschäftlichen Betrieben, auch unter den Städten und Staaten Individuen, die sich in bescheidenen Grenzen wohl fühlen, die mit einem engen Wirkungskreis, mit kleinen, sicheren Einnahmen und Gewinnen, mit dem einmal vorhandenen Grenzumfang vollauf zufrieden sind. Aber wie jugendlich frische, lebensfrohe Menschen durch ein unwiderstehliches und unbewußt sich auswirkendes Naturgesetz zum Wachstum, ohne ihren Willen, gezwungen sind, so geht es auch im Leben der staatlichen Gemeinschaften. Wer in einem gewissen Alter nicht wächst, bleibt ein Zwerg, ein Krüppel, meist ein vorzeitig zum Absterben reifes, krankes und in der Regel unnützes Menschenkind. Erst in einem gewissen Alter hören die Wachstumstendenzen auf, und in fortgeschrittenem Alter kann wohl selbst ein gewisser Schrumpfungsprozeß in Kauf genommen werden, ohne daß die Lebensfähigkeit des Einzelwesens darunter leidet.[1])

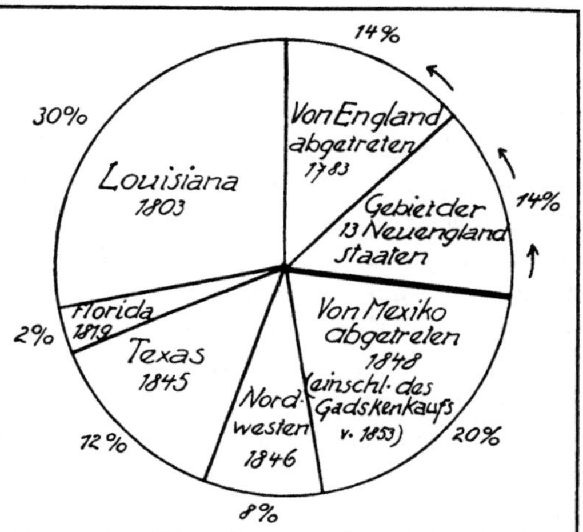

Fig. 19. Das Wachstum der Vereinigten Staaten von Amerika in den ersten 75 Jahren.

Im Leben der Staaten treffen wir auf dieselben Daseinsfunktionen. Es ist geradezu das Kennzeichen des jugendlichen Staates, unaufhörlich an Wachstumsmöglichkeiten zu denken (vgl. Fig. 19). Wo diese aus irgendeinem Grunde nicht zu befriedigen sind, da entstehen die „Duodezstaaten", die in der großen Politik, im staatlichen Nebeneinander der Nationen, nichts oder doch nur selten etwas zu bedeuten haben: die Republiken Andorra und Monaco und San Marino, die thüringischen Staaten, die Greiz-Schleiz-Lobenstein, das Fürstentum Liechtenstein und Großherzogtum Luxemburg und wie sie alle heißen mögen. Andererseits haben aber auch die

[1]) Über das Altern der Staaten vgl. Ratzels „Politische Geographie", S. 398, dazu Maull, a. a. O., S. 103—109 über die „Raumentblätterung" der Staaten und die „Verselbständigung der Peripherie".

alten, gereiften Staaten, die sich eine gesicherte Stellung im Rate der Völker und ein behagliches Auskommen errungen haben, wenn es sich nicht gerade um Großstaaten handelt, die sich stets vermehren müssen, in der Regel keinerlei Bedürfnis nach Gebietserweiterung, mögen sie diese in ihren jungen Jahren auch noch so eifrig angestrebt haben. Staaten wie Schweden, Norwegen, Holland, die Schweiz, Spanien sind über die Zeit jugendlichen Abenteurerdranges hinaus und fühlen sich in ihren nunmehrigen Grenzen wohl, mag auch vereinzelt noch einmal ein geringer Johannistrieb sich regen, wie etwa bei Schweden und Norwegen in der Frage der Alandsinseln bzw. Spitzbergens oder bei Spanien bezüglich Marokkos.

Solange der Staat noch nicht vorhanden ist oder sich im embryonalen Zustand befindet, schweigt auch das Streben einer Bevölkerung nach Macht und Einfluß. Ein primitiver Volksstamm, der behaglich dahinlebt, wie viele Jahrhunderte hindurch etwa die Guanchen auf den Kanarischen Inseln, oder ein Stamm, dessen ganzes Sinnen und Trachten vom Ringen um des Leibes Notdurft und Nahrung erfüllt ist, wie die Eskimos in allen ihren Spielarten, sie können mit der staatlichen Organisation auch jedes Verlangen nach Erweiterung ihres Einflußbereiches entbehren. Wenn sie inmitten fremder Stämme leben, so unternehmen sie wohl einmal Beute-, Raub- und Kriegszüge in die Umgebung oder fallen ihnen zum Opfer, jedoch ist dabei zumeist das Verlangen nach beweglichem Besitz maßgebend, nicht nach dem fremden Grund und Boden. Wird bei derartigen Stämmen der Nahrungsspielraum zu knapp, so ziehen Teile der Bevölkerung davon und suchen sich friedlich oder gewaltsam neues Land, aber dann bilden sie völlig neue Gemeinschaften und verlieren den Zusammenhang mit der Heimat, so daß wohl von einem volkstummäßigen, aber nicht von einem staatlichen Wachstum die Rede sein kann.

Sobald es sich jedoch darum handelt, besiegte Völker so weit am Leben zu erhalten, daß sie neue Werte schaffen und frohnden, d. h. regelmäßige Tribute („Reparationen") an die Sieger zahlen können, wird auch eine Neuerung nötig, die man Verwaltung nennen kann, eine Art von Aufsicht über die Unterworfenen, eine Buchführung über ihre Tributzahlungen, und damit ist in den Anfängen ein entscheidender Schritt zur Staatwerdung getan, denn das Hauptkennzeichen des Staates sind die Beamten, die im Namen und Auftrag des jeweiligen Stammesoberhauptes irgendwelche Funktionen erfüllen. Wie weit sich dann aus solchen Ansätzen ein regelrechter Staat entwickelt, wie weit er den mit der Staatwerdung unvermeidlichen Macht- und Wachstumstendenzen nachzugeben in der Lage ist, das ist natürlich von Fall zu Fall sehr verschieden und hängt außer von den geographischen und wirtschaftlichen Faktoren auch von der Menge und Tüchtigkeit des Herrenstammes, vom Kriegsglück und zahllosen anderen Zufällen, nicht zum wenigsten auch vom Charakter und der Fähigkeit großer Führer, Feldherren und Herrschernaturen, oft genug auch von ihrem Ehrgeiz ab. Wie weit daher ein Staat auf der Stufenleiter des Wachstums emporzusteigen, welche Machtfülle er in sich zu vereinigen, welches Alter er zu erreichen vermag, das ist niemals vorherzusagen. Wie unter den scheinbar gleichen Bäumen einer Schonung viele schon in den ersten Jahren zugrundegehen, eine bestimmte Zahl die normale Größe und das normale Alter erreicht und nur einige wenige zu überragendem Wuchs, zu königlicher Herrlichkeit und Pracht emporsteigen, so spielen sich die Dinge auch im Leben der Staaten ab.

Eine Einteilung der Staaten nach ihrer Größe und Bedeutung ist natürlich recht schwierig. Die räumliche Größe steht ja in keiner unmittelbaren Proportion zur weltpolitischen Bedeutung des Staates. Es gibt Riesenstaaten wie China, Brasilien, die alte Türkei, die dennoch politisch Mächte dritten und vierten Ranges sind, und es gibt andererseits ausgesprochen kleine Staaten, die trotzdem Großmächte ihres Zeitalters sind, wie das Athen des Perikles, das Venedig des ausgehenden Mittelalters, das Holland des 17. Jahrhunderts, das Preußen Friedrichs des Großen und schließlich auch das heutige Japan. Jeder Versuch einer Einteilung nach räumlicher Ausdehnung und der damit parallel laufenden politischen Bedeutung ist also nur unter Vorbehalt möglich. Lediglich als ungefähre Norm, als Durchschnitt ist daher die an sich recht glückliche Einteilung nach „Raumgrößentypen" zu bewerten, die Vogel vorschlägt.[1]) Vogel unterscheidet 4 Haupttypen:

1. den Pagus oder Gau,
2. das Territorium oder Land,
3. das Regnum oder Königreich,
4. das Imperium oder Weltreich.

Der Pagus stellt im wesentlichen erst ein Rudiment eines Staates dar, mit einer patriarchalischen Verwaltung oder einer solchen durch die Volksversammlung, die Landesgemeinde, den Thing, die von Zeit zu Zeit, meist an einem bestimmten Tage des Jahres, zur Erörterung gemeinsamer Angelegenheiten zusammentritt, während sonst das einzelne Mitglied der Gemeinde in seinem Tun und Lassen unkontrolliert bleibt. Die Größe eines Pagus bewegt sich in der Regel zwischen etwa 3000 und 11000 qkm, doch kommen oft genug, zumal auf Inseln, noch wesentlich kleinere Zwergstaaten dieser Art vor. Die Unterkönige und Unterfürsten des Altertums sind Herren solcher Pagi, die ägyptischen Gaufürsten, die meisten „Könige" der Ilias und Odyssee, in der wir übrigens im Beginn des 2. Gesanges auch ein interessantes Beispiel einer Versammlung der Landesgemeinde im „Königreich" Ithaka finden. Ferner begegnen wir „Pagi"-Staaten bei den germanischen Stämmen der Zeit vor Chlodwig und bei den kleinen mittelalterlichen Feudalherren, die gar nicht selten mit prunkenden Herrschertiteln über die Kleinheit ihres Herrschaftsbereiches hinwegzutäuschen suchten. Es sei etwa erinnert an die schwäbischen Feudalherren, die wir aus Uhlands Gedichten als die „Könige" zu Heimsen kennen, oder an

1) A. a. O., S. 58ff.

die Städte der Esthen (Pruzzen) am Frischen Haff, von denen im 9. Jahrhundert angeblich jede unter einem „König" stand. Wenn wir hören[1]), daß es vor 1000 Jahren auf Irland 185 „Könige" (ri) mit einem „Hoch"- und Oberkönig (Ardri) in Tara gab oder wenn wir in der Bibel Königstitel für Leute angewandt finden, die wir heute als Dorfschulzen bezeichnen würden[2]), so erkennen wir, daß wir uns durch den stolzen Titel so wenig blenden lassen dürfen wie beim „King" Bell und anderen Negerhäuptlingen.

Das Territorium setzt sich zusammen aus mehreren Pagi, die sich entweder in freiwilliger Vereinigung oder unter dem Zwang eines mächtigen und tatkräftigen Pagus-Herrschers zusammenfinden. Die durchschnittliche Größe eines Territoriums sind etwa 40—100000 qkm. Ein besonders typisches Beispiel ist der Bundesstaat der Schweiz, zu dem sich 22 Pagi-Kantone freiwillig zusammengeschlossen haben. Weitere gute Beispiele für Territorien sind im mittelalterlichen Deutschland die Herzogtümer Schwaben, Franken, Bayern, Lothringen, Brabant, Sachsen, Böhmen, in Frankreich die Herzogtümer Burgund, Normandie, Bretagne, Aquitanien, in Spanien die Königreiche Leon, Kastilien, Aragonien, Portugal usw. — Ob die Volksstämme, die solche Territorien bewohnen, sich zu Nationen entwickeln oder ob sie in einer größeren Einheit aufgehen, ist von Fall zu Fall verschieden. In der Schweiz, in Holland, den skandinavischen Staaten, in Irland usw. sind auf Territorien Nationen von scharf ausgeprägter Eigenart zur Ausbildung gelangt. Dagegen haben die genannten deutschen Herzogtümer, trotz langdauernder staatlicher Zerrissenheit und starker partikularistischer Tendenzen, sich dennoch immer wieder als Glieder der großen deutschen Nation gefühlt, wozu natürlich die Gleichheit der Sprache entscheidend beitrug.

Das Regnum wird durch eine Vielheit von Territorien gebildet und bedarf zu seiner staatlichen Verwaltung schon eines recht stattlichen Beamtenapparates. Seine Durchschnittsgröße ist auf etwa 500000 qkm anzusetzen, doch kommen auch erheblich kleinere Staaten von Regnum-Charakter vor. Die meisten Regna der Geschichte sind durch kriegerische Unterwerfung, im Mittelalter und in der beginnenden Neuzeit oft auch durch Heirat (tu, felix Austria, nube) und Erbschaft entstanden. Daß aber auch freiwillige Zusammenschlüsse zum Regnum möglich sind, lehrt uns die deutsche und italienische Geschichte der 60er und 70er Jahre. Das alte Babylon hatte etwa seit 2700 v. Chr., das römische Reich seit dem Ende des 1. Punischen Krieges durch Angliederung immer weiterer Nachbarn Regnum-Größe erlangt, Spanien, dessen nationale Einigung von Kastilien ausging, nach der Eroberung Granadas (2. Januar 1492), Preußen etwa seit der Erwerbung Schlesiens und Ostfrieslands. Besonders charakteristisch ist die rasche Zusammenschweißung eines Regnums durch

1) Walter Vogel, Das neue Europa, Bd. II, S. 303.

2) I. Mos., Kap. 14, Vers 2.

Chlodwig, der, ursprünglich nur ein kleiner Gauherrscher, durch glückliche Kriege, staatsmännisches Genie und rücksichtslose Treulosigkeit in einem Vierteljahrhundert den Grundstock zum mächtigen Frankenreiche legte. — Ein Regnum wird zweckmäßigerweise staatlich in der Weise verwaltet, daß seine einzelnen Territorien in beschränktem Umfang Selbstverwaltung genießen, wie es bei den Bundesstaaten Deutschlands und der nordamerikanischen Union, bei den preußischen Provinzen, den Ländern im alten Österreich usw. von jeher der Fall war. Eine allzu straffe Zentralisierung

Fig. 20. Das Wachstum des römischen Reiches.

der staatlichen Verwaltung im Regnum, wie sie z. B. im zaristischen Rußland bestand, das in Gouvernements, oder seit 1792 in Frankreich, das in Departements von Pagus-Größe eingeteilt war, tut auf die Dauer nicht gut und führt zur Verkümmerung des politischen und kulturellen Lebens außerhalb des Sitzes der Zentralbehörden. Darum ist auch der in Deutschland immer neu aufflammende Kampf der „Provinz" gegen den „Wasserkopf" Berlin durchaus berechtigt. In unseren Tagen ist es u. a. Serbien und Rumänien gelungen, vom Territorium zum Regnum emporzuwachsen. Wenn freilich die Aneinanderreihung von Territorien so wahllos und unsystematisch erfolgt, wie etwa in dem heutigen völlig unorganischen Freistaat Polen und in der Tschechoslowakei, dann zeigen sich von Anfang an schwere Krankheitssymptome, die dem neuen Staat wahrlich kein günstiges Horoskop auf lange Lebensdauer stellen lassen.

Das Imperium (vgl. Fig. 20) ist die höchste Größenordnung der Staaten, die in der bisherigen Geschichte der Erde erreicht worden ist. Hier handelt es sich um Staatengebilde, die die Größe ganzer und halber Erdteile aufweisen, ja, in denen gelegentlich ein ganzer Kontinent (Australien) als ein einzelnes Regnum unter vielen anderen enthalten ist. An Imperien ist die Weltgeschichte nicht reich. Das römische Reich war etwa seit den Tagen Cäsars zur Imperiumgröße gediehen. Darius', Alexanders, Karls des Großen, Dschingis Khans, Solimans II., Karls V., Napoleons Reich wären zu nennen und von den heutigen Großmächten nur England, Frankreich und Rußland. England und Rußland sind die trefflichsten Beweise für Dix' Behauptung[1]), daß gerade der ganz große Raum sich „gleich dem Großkapital selbst zu vermehren" sucht. Das heutige britische Weltreich ist das gewaltigste Beispiel eines Imperium, das die Menschheit bisher gesehen hat.

Ob noch über das Imperium hinaus eine räumliche Größenordnung von Staaten möglich sein wird, ist nicht sicher zu sagen. Unzweifelhaft gleicht schon das jetzige britische Imperium nicht unbedenklich dem babylonischen Turm, und je riesenhafter es zum Himmel wächst, um so größer wird die Einsturzgefahr. Pläne, welche die ganze oder halbe Welt staatlich zusammenfügen wollten, sind schon mehrfach erwogen worden, aber über die theoretische Konstruktion, über den papierenen Versuch ist man bisher nie hinausgekommen. Es sei erinnert an jene spanisch-portugiesische, vom Papst gebilligte Aufteilung der gesamten außereuropäischen Welt in den Verträgen von Tordesillas (7. Juni 1494) und Saragossa (22. April 1529), die freilich niemals wirklich praktische Bedeutung erlangt haben, oder an jenen vielleicht noch imposanteren Gedanken, dem der ungekrönte König von Südafrika, Cecil Rhodes, als junger Mann in seinem Testament von 1877 in einer fast naiv anmutenden britischen Selbstüberhebung mit den Worten Ausdruck verlieh, als er sein schon damals bedeutendes Vermögen nach seinem Tode weihte:

„der Errichtung, Förderung und Entwicklung einer geheimen Gesellschaft, deren Ziel und Aufgabe die Ausbreitung der britischen Herrschaft über die Erde sein soll, die Durchführung eines Systems der Auswanderung aus dem Vereinigten Königreich und der Siedlung britischer Untertanen in allen Ländern, in denen der Lebensunterhalt durch Energie, Arbeit und Unternehmungsgeist erworben werden kann, und insbesondere die durch britische Siedler herbeizuführende Inbesitznahme des ganzen afrikanischen Kontinents, des Heiligen Landes, des Euphrattales, der Inseln Cypern und Kreta, ganz Südamerikas, der Inseln im Stillen Ozean, die bisher noch nicht im Besitz von Großbritannien sind, des ganzen malaischen Archipels, der Küsten von China und Japan, die endgültige Zurückgewinnung der Ver. Staaten von Amerika als integrierenden Betandteiles Großbritanniens, die Einführung eines Systems kolonialer Vertretung in einem Reichsparlament, das die zerstreuten Glieder des Reiches zusammenführen soll, und endlich die Begründung einer Macht groß genug, um häufige Kriege unmöglich zu machen und die besten Belange der Menschheit zu fördern."

Also die „besten Belange der Menschheit" hatte dies Testament im Auge, aber nur, wenn sie willig das Wort anerkannte: „The world is

1) A. a. O., S. 83.

rapidly becoming english." Erst kamen die britischen Interessen in einem Ausmaß, daß ganz Afrika, ganz Australien, ganz Amerika und die besten Teile von Asien britische Kolonien werden sollten! Wenn dies zugestanden wurde, wollte man bereit sein, der Welt die pax britannica zuzusichern. Und am packendsten ist vielleicht die Feststellung, ein wie bedeutender Teil des Rhodesschen Programms in dem seit der Niederschrift des Testaments vergangenen halben Jahrhundert in der Tat bereits verwirklicht worden ist! — Aber dennoch sind bedeutende Zweifel am Platze, ob das von Rhodes angestrebte Über-Imperium, gleichviel ob unter dem Union Jack oder dem Sternenbanner, jemals Tatsache werden kann und wird!

Noch ein wenig anspruchsvoller als Rhodes war übrigens der englische Oberst Repington, der 1915 verkündete: „Die Grenzen des Reiches sollen dem Erdumfang gleichen." Eine derartige Forderung ist vorher nur ein einziges Mal aufgestellt worden, und zwar von keinem Geringeren als Alexander dem Großen, der i. J. 326 v. Chr. in einer Ansprache an seine am Indus stehenden Truppen äußerte: „Grenzen meines Reiches sind nur die Grenzen, die die Gottheit der Erde gesteckt hat".

Die normale Entwicklung vom Pagus zum Imperium können wir in unserer neueren deutschen Geschichte gut verfolgen am Kernstück des heutigen deutschen Reiches, der Mark Brandenburg. 1134 unter Albrechts des Bären Herrschaft ins Leben gerufen, bleibt sie fast ein halbes Jahrtausend lag auf Pagus-Größe stehen, wächst 1613 mit der Jülich-Cleveschen Erbschaft zum Territorium, 1742 mit der Angliederung Schlesiens zum Regnum empor, und von 1884 an, dem Jahre der Erwerbung der ersten Kolonien, befindet sich Deutschland auf dem Wege zum Imperium, ist aber seit 1918 wieder auf Regnum-Größe zurückverwiesen, oder, um einen guten Ausdruck Wütschkes[1]) zu gebrauchen, ebenso wie das heutige Rußland, eine „gehemmte Großmacht". Denn auch Rückentwicklungen, zuweilen durch die gesamte Stufenfolge der verschiedenen Größenordnungen, kommen in der Geschichte vor. Man denke an die Entwicklung der Zustände im alten Deutschen Reich: Karls des Großen machtvolles Imperium wird i. J. 843 in drei Regna zerschlagen. Schon von 900—919 sind die Territorien, die Herzogtümer, mit ihren widerstreitenden Interessen wieder der politisch maßgebende Faktor im Deutschen Reich, und wenn auch die kraftvollen Gestalten eines Heinrich I. und Otto I. den Zerfall noch für geraume Zeit aufhalten, so ist doch schließlich durch immer neue Erbteilungen und den fortschreitenden Zerfall der Zentralgewalt das einstige Reich seit 1648 in eine kleine Zahl von Territorien und eine Unzahl von Pagi nahezu hoffnungslos aufgelöst. Ein politisch einigendes Band blieb zwar dem Namen nach erhalten, aber die unausgesetzten Kriege zwischen einzelnen Teilen des Reiches zeigten zur Genüge, was von dem nur scheinbaren staatlichen Zusammenschluß zu

1) Joh. Wütschke: „Der Kampf um den Erdball", S. 72. München-Berlin 1922.

halten war, der dann i. J. 1806 auch äußerlich zerschnitten wurde, im selben Augenblick, wo verschiedenen Staatshäuptern der Territorien, um sie über ihre fortschreitende Macht- und Wesenlosigkeit hinwegzutäuschen, vom fremden Imperator der Königstitel angehängt wurde.

Weitere Beispiele eines Zerfalles liefert uns die Geschichte Frankreichs etwa zwischen 1697 und 1797. Um 1685, zur Zeit der höchsten Macht Ludwigs XIV., fast als ein Imperium zu bewerten, zumal wenn man seinen bedeutenden Übersee-Besitz in Rechnung stellt, wird es durch die Friedensschlüsse von Ryswyk, Utrecht, Versailles (1763) fortschreitend in seiner Macht eingeengt, verliert ziemlich seinen ganzen Überseebesitz und ist

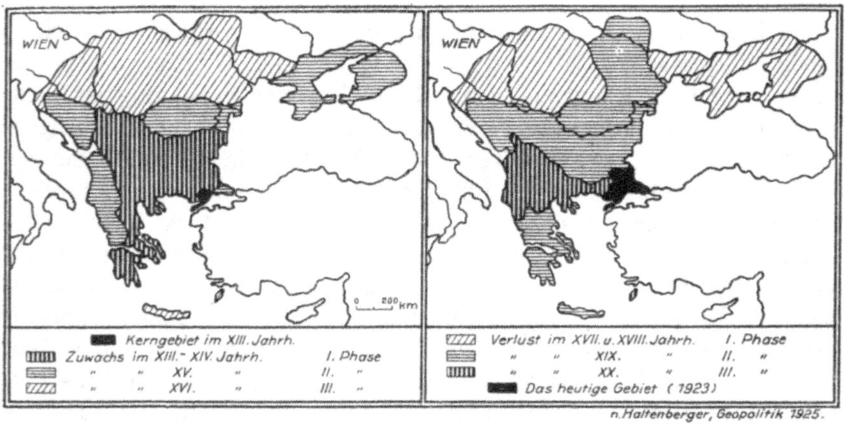

Fig. 21. Werden und Vergehen des türkischen Staates in Europa.

nach 1792 nahe daran, sich in eine Reihe von sich gegenseitig wütend befehdenden Territorien aufzulösen. Da reißt es das Genie des großen Korsen in wenigen Jahren wieder zur Stellung eines europäischen Imperium empor, und es behält diese Stellung, trotz des schweren Rückschlags von 1814/5, da es ihm seit 1830 gelingt, sich ein neues Kolonialreich, als Ersatz für das verlorene alte, aufzubauen, das heute nur vom britischen an Größe übertroffen wird. Und in unseren Tagen haben wir den Zerfall des großen österreichisch-ungarischen Regnums in sieben Territorien erlebt, sowie den letzten Zerfall der Türkei, deren Zerbröckelung seit dem Karlowitzer Frieden (26. Januar 1699) unaufhaltsam fortgeschritten ist, in 16 Staaten oder Staatenteile seit 100 Jahren (Fig. 21).

Wie das Leben des Individuums von Zeit zu Zeit durch Krankheiten, Schwächezustände, Unglücksfälle gehemmt und zurückgeworfen wird, so daß die Entwicklung in der Regel in einer Wellenlinie verläuft, so schreitet auch die Entwicklung der Staaten durch die Reihenfolge der Raumgrößentypen vom Pagus zum Imperium niemals ohne gelegentliche Rückschläge vorwärts. Im Lichte dieser Erkenntnis brauchen wir den Niedergang unseres Vaterlandes von 1918/9 noch nicht allzu tragisch zu nehmen. Die Rückschläge von 1648 und 1806 waren schwerer, und dennoch ist auf den

Westfälischen Frieden ein Großer Kurfürst und Großer König und auf Jena ein Moltke, auf Tilsit ein Bismarck als neue Kraftkonzentration des deutschen Geistes gefolgt.

Im allgemeinen pflegt die sittliche Tüchtigkeit der Völker, ihre Arbeitsenergie, ihr Wirken für den gesamtmenschlichen Fortschritt durch vorübergehende Zeiten des Niedergangs stärker gefördert zu werden als durch Zeiten hohen Glückes und Wohlstandes. Die noch jungen und blühenden, durch den Weltkrieg aber allzu reich gewordenen Ver. Staaten weisen bereits ernste Degenerations-Merkmale auf, die es doch zweifelhaft scheinen lassen, ob dies Land sich lange der i. J. 1918 errungenen Welthegemonie erfreuen wird. Wenn nicht bald ein schwerer Rückschlag der amerikanischen politischen und wirtschaftlichen Hochkonjunktur eintritt, so dürfte die rasch fortschreitende Entgeistigung und Entidealisierung des Yankee-Volkes derartige Fortschritte machen, daß ein schließlicher, voller Zusammenbruch infolge übertriebenen Sybaritentums unvermeidlich erscheint. Noch ist diese Gefahr nicht groß, aber sie taucht am Horizont auf. „Drum willst du dich vor Leid bewahren, so flehe zu den Unsichtbaren, daß sie zum Glück dir Schmerz verleihn." — Auch das allzu glückliche Deutschland von 1913 wies gewisse Dekadenz-Anzeichen auf, und im Gange der Jahrhunderte war dem, was wir „deutsche Seele" nennen, mit der Niederlage im Weltkrieg vielleicht mehr gedient als mit einem Siege.

Wer weiß, was das Schicksal noch vorhat mit dem deutschen Volk, als es ihm die Prüfungszeit der letzten 10 Jahre auferlegte?

2. Flächenhafte Grenzen.

Die Frage der Grenzen ist bei den ursprünglichsten Staaten von durchaus nebensächlicher Bedeutung. Je weiter aber die Kultur fortschreitet und je größer die Zahl der Staaten ist, die auf engem Lebensraum zusammengedrängt wird, um so gewichtiger wird die Aufgabe, die Grenzen so genau wie nur irgend möglich festzulegen, so daß die zuverlässige Fixierung neuer Grenzen heute eine Wissenschaft für sich geworden ist, an der besonders ernannte Kommissionen oft Jahre lang arbeiten. Dabei sind die weitaus meisten Landesgrenzen, abgesehen natürlich von denen ausgeprägter Inselstaaten, in verhältnismäßig recht häufiger Wandlung begriffen. Wenn wir von den Britischen Inseln absehen, deren Grenzen seit Jahrhunderten durch das Meer selbst festgelegt sind, so gibt es wohl keinen Staat in der ganzen Welt, jedenfalls aber keinen in Europa, dessen Grenzen seit 1800 unverändert geblieben sind.

Man kann heute geradezu von einer neuen Wissenschaft von den Grenzen sprechen.[1]) Im großen und ganzen dürfen wir dabei zwei Haupt-

1) Vgl. hierzu das erst während der Drucklegung dieser Arbeit erschienene, neue Werk von Karl Haushofer: „Die Grenzen in ihrer geographischen und politischen Bedeutung" (Berlin-Grunewald 1927) sowie die sehr sorgsame Studie über das Wesen der Grenzen bei Maull, a. a. O.

gruppen unterscheiden, die natürlichen und die künstlichen Grenzen, die in den weitaus meisten Fällen einander ergänzen müssen, um die Gesamtgrenze eines Staates festzulegen. Da bei den ersteren durchweg geographische Faktoren, Meere, Flüsse, Gebirge, Wasserscheiden, Seen, Sümpfe usw. die entscheidende Rolle spielen, tritt hier das geopolitische Moment, die Einwirkung von erdkundlichen Gegebenheiten auf die politischen Gebilde der Staaten, ganz besonders typisch in die Erscheinung.

Soweit man in den Anfängen der Staatenbildung auf die Grenzen überhaupt achtete, geschah es lediglich in dem Sinne, daß man sich bemühte, ein Eindringen benachbarter Völker unmöglich oder doch mindestens so schwer wie möglich zu machen. Das geschah zunächst am besten dadurch, daß man zwischen die Gebiete zweier Stämme künstlich erhaltene Einöden legte, die etwa die Rolle unserer heutigen Pufferstaaten vertraten. Daß dies bei den germanischen Stämmen gang und gäbe war, geht aus zwei Stellen im Caesar deutlich hervor.[1]) Auch die Römer am Niederrhein achteten ja darauf, daß nicht nur der breite Rhein sie vor den germanischen Angriffen schützte, sondern daß darüber hinaus ein breiter Streifen auf dem rechten Ufer als schützendes Glacis diente, in dem keinerlei Ansiedlungen geduldet wurden und auf dem nur allenfalls das Vieh der römischen Garnisonen geweidet wurde.

In anderen Teilen der Erde kennt man ähnliche künstliche Grenzöden häufig. Die Sandeh-Neger in Afrika pflegten darauf zu achten, daß zwischen ihrem eigenen Gebiet und dem ihrer Nachbarn, der Bungo- und Bundja-Stämme, unbewohntes Land in der sehr bedeutenden Breite von 100—150 km überall erhalten blieb. Zwischen den Eingeborenenstaaten Hinterindiens wurden ganze Provinzen als Grenzgebiet absichtlich unbewohnt gehalten. Auch China schuf sich früher gegen Korea eine solche Grenzöde, einen Streifen von 50—90 km Breite, aus dem alle Bewohner vertrieben wurden und in dem nur dreimal im Jahr an einer ganz bestimmten Stelle Handelsverkehr erlaubt war.

In den wald- und sumpfreichen Gebieten Mitteleuropas bediente man sich ehedem sehr gern solcher natürlichen, schwer durchdringlichen Grenzöden, um feindlichen Einfällen zu wehren. Vom Staat des Deutschen Ordens wurden dichte Wälder von 40—200 km Breite als Grenzscheide benutzt, in denen nur auf drei schmalen, von beiden Seiten scharf überwachten Wegen der notwendigste Verkehr gestattet war.[2]) Ebenso diente in Holstein der „Eiserne" Wald zwischen Trave und Eider als Grenzöde zwischen dem Deutschen Reich und Dänemark. Die beiden Sumpfgebiete im Unterlauf der Weichsel waren ferner im Mittelalter die willkommenen, unüberschreitbaren Grenzflächen zwischen den Pruzzen und den Slawen.

1) Caesar, Bellum Gallicum, IV, 3; VI, 23.

2) Vgl. jedoch die gewichtigen Gründe gegen die Annahme, daß der Orden absichtlich diese Grenzöde erst geschaffen habe, bei Hans Mortensen: „Die litauische Wanderung" in „Nachr. der Ges. d. Wissensch. zu Göttingen", Phil.-Hist. Kl. 1927, S. 190.

Im mittelalterlichen Ungarn waren die gyepu, undurchdringliche Waldverhaue, ein allgemein üblicher Grenzschutz.[1])

Noch i. J. 1808 wurde eine 10 Stunden breite, künstlich unbewohnt gehaltene Grenzöde auf Haiti zwischen den beiden neu entstandenen Staaten, dem Neger- und dem Mulattenreich, als Grenze gewählt.

Je knapper allmählich der verfügbare Raum und je größer die Volksmenge wurde, um so seltener konnte man sich ein derart verschwenderisches Umgehen mit dem Boden gestatten, und dem wachsenden Verkehrs- und Handelsbedürfnis waren derartig ausgedehnte Grenzöden natürlich auch sehr unsympathisch. Zwischen einigermaßen kultivierten Völkern pflegten daher derart primitive Methoden eines künstlichen Grenzschutzes kaum jemals üblich zu sein. Wo der Versuch gemacht wurde, in Kulturländern Grenzöden durchzusetzen, waren weltgeschichtliche Barbareien die Folge, die einen Schandfleck ihrer Zeit bedeuten, wie jener frivole Befehl Ludwigs XIV.: „Brûlez le Palatinat", der zur Niederbrennung und Verwüstung der gesegneten Pfalz i. J. 1689 führte. Der Ärger, die schon besetzte Pfalz militärisch nicht halten zu können, mag diese beispiellose Maßnahme der Neuzeit freilich ebenso veranlaßt haben, wie der Wunsch, eine tunliche „Sicherung" gegen deutsche Angriffe zu schaffen.

Wo Grenzöden vorhanden sind, kann natürlich von exakt mathematisch festliegenden Staatsgrenzen noch keine Rede sein. Ein Bedürfnis, diese peinlich genau von Meter zu Meter zu bestimmen, konnte erst dann aufkommen, als der verfügbare Boden so knapp geworden war, daß man sich den Luxus breiter Ödlandstriche an den Grenzen nicht mehr leisten konnte. Schließlich ging es im Leben der Staaten nicht anders zu als im Leben der Einzelgemeinden oder gar des Einzel-Grundbesitzes. Treten doch auch feste Gemarkungen erst recht spät in der Geschichte auf, etwa in den letzten Jahrhunderten des Mittelalters und zuweilen noch viel später. In der Eifel sind nach einer mündlichen Mitteilung Dr. Steinbachs-Bonn viele Gemarkungen erst etwa um 1800 festgelegt worden! Und was sehen wir im Leben der Individuen und ihres Grundbesitzes? Solange Wiese und Ackerland, Wald und Jagdgetier, Gewässer und Fische so reichlich vorhanden sind, daß eine nur erst kleine Zahl von siedelnden Menschen keine Besorgnis wegen Knappheit des Lebensraumes zu haben braucht, kann man den privaten Grundbesitz entbehren, kann der Kommunismus herrschen, der überall nur am Anfang, nicht am Ende der menschlichen Entwicklung steht, kann jener Agrarzustand in Geltung sein, den Tacitus bei den alten Germanen mit den Worten schildert: prata non separant.[2]) Es tritt dann aber bei fortschreitender Bevölkerungszahl und wachsender Kultur die Notwendigkeit auf, das Privateigentum mit weitgehenden Rechtsansprüchen des Besitzers einzuführen, falls man nicht unablässige

1) W. Vogel, Polit. Geogr., S. 114.

2) Tacitus, Germania, cap. 26.

Streitigkeiten herbeiführen und Mord und Totschlag zwischen Stammesgenossen heraufbeschwören will. Es wird dann jedem erwachsenen Stammesangehörigen bzw. jeder Familie ein Stück Ackerland und Wiese dauernd oder vorübergehend als alleiniges Eigentum überwiesen, weil sonst die Gefahr heraufbeschworen wird, daß die körperlich stärksten, rücksichts- und skrupellosesten Individuen sich auf Kosten der schwächeren oder zarterfühlenden ungebührlich bereichern, wie in einer Tierschau, in der bei wahlloser Fütterung die kräftigsten und rauflustigsten Exemplare gegenüber den zarteren und friedlicheren ungebührlich begünstigt sind. Die Grenzen des Privatbesitzes pflegen dann zunächst nur ganz ungefähr bestimmt zu werden, und erst mit der steigenden Bewertung und Verknappung des Bodens ergibt sich die Notwendigkeit, haarscharfe Abgrenzungen zu ziehen und diese in rechtlich bindender Form in den Kataster-Registern niederzulegen.

Die Ähnlichkeit zwischen den Bedürfnissen der Individuen und der Staaten tritt wieder einmal darin zutage, daß auch der Territorialbesitz der Staaten zunächst ohne feste Grenzen bestimmt wird, daß dann im Laufe der Zeit zunächst unscharfe und schließlich möglichst auf den Zentimeter genaue Grenzen konstruiert werden müssen, wie beim Privateigentum. Auch hier waltet ein Naturgesetz mit unerbittlichem Zwang, das sich von gegenteiligen Wünschen theoretisierender Ideologen und Menschheitsbeglücker nicht im geringsten beeinflussen und imponieren läßt.

3. Grenzwälle und -mauern.

Dort, wo man von den flächenförmigen Grenzen zu den linienförmigen überging, legte man an gefährlichen Stellen, die nicht durch eine gute Naturgrenze gegen Einfälle feindlicher Nachbarn gesichert waren, nicht ganz selten Mauern oder Wälle an, also dieselbe Form der linienförmigen Sicherung, die vom Altertum bis tief in die Neuzeit hinein die Städte als Schutz und Kennzeichen ihrer Gemarkungsgrenzen zu benutzen pflegten. Ein Mittelglied zwischen den befestigten Städten und den „befestigten Staaten“ (wenn dieser Ausdruck erlaubt ist) stellen die ummauerten Stadtkomplexe dar, die das Altertum z. B. in Babylonien und auch das mittelalterliche China kannte. Das alte Babylon war ein solcher Stadtkomplex von 88 km Umfang und 485 qkm Fläche, Ninive ein solcher von 3 Tagereisen, Theben (Äg.) von 26 km Umfang. Ähnlich ist noch heute in Westafrika Abeokuta eine aus 100, Ibadan eine aus 160 Ortschaften innerhalb eines gemeinsamen Walles gebildete „Stadt“.

Nur ein einziges Beispiel freilich kennt die Geschichte dafür, daß in der Tat ein ganzes Land, und noch dazu eines der größten, sich nach einer Seite hin in der gesamten Ausdehnung seiner Grenze mit einer fortlaufenden, gewaltigen Mauer umgab. Das ist die berühmte Chinesische Mauer, die sich um das Land der Mitte spätestens seit dem 3. vorchristlichen Jahrhundert in einer Gesamtlänge von 2450 km vom Sungari bis in die Gegend von Sutschau erstreckte (Fig. 22), unbehindert von Gebirgen, Abgründen und Flüssen, in einer Höhe bis zu 11 m und stellenweise in doppelter und selbst dreifacher Linie.

Sonst kennt man nur Mauern, die einen kleineren Teil der gesamten Grenzen, meist zwischen gut schützenden Naturstützpunkten, vor gefährlichen Nachbarn zu sichern berufen waren. Das großartigste Beispiel auf europäischem Boden ist jener römische Limes, der den angriffsfrohen Germanen das Betreten des von den Römern beanspruchten Bodens unmöglich machen sollte. Während von der Nordsee bis zum Mittelrhein der Strom selbst die Grenze zwischen dem römischen Weltreich und Germanien bildete, griff inmitten des Rheinischen Schiefergebirges der Gebietsanspruch der Römer auf das rechte Rheinufer über, und in riesenhafter Ausdehnung legte der große Grenzwall des „Limes“ die Linie fest, die die Römer willkürlich als ihre Grenze gegen die germanischen Stämme ausgesucht hatten. Anscheinend von der Gegend um Neuwied am Rhein bis oberhalb Kelheim an der Donau erstreckte sich lückenlos der mit Wachttürmen und optischen Signaleinrichtungen ausgestattete und durch prachtvolle Grenzkastelle nach Art der Saalburg weiterhin gesicherte Wall, der rd. zwei Jahrhunderte lang vortreffliche Dienste tat, bis es den Germanen i. J. 235 dennoch gelang, diese Grenze einzudrücken und sogar die starke Saalburg zu erobern.

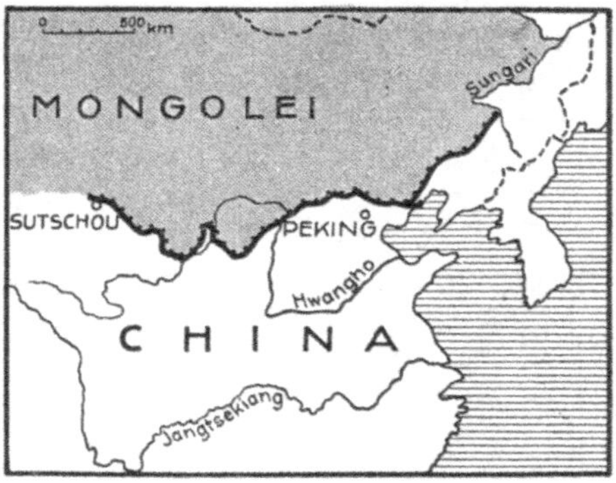

Fig. 22. Der Verlauf der chinesischen Mauer.

Ebenso hatten die Römer die Grenze ihres Reiches zwischen dem Dnjestr und Sbrucz durch den Trajanswall und in Britannien das von ihnen beanspruchte Gebiet im Süden gegen Angriffe der nicht unterworfenen Pikten seit 122 n. Chr. durch den sogenannten Piktenwall (Hadrianswall) gesichert, der sich zwischen dem östlichen und westlichen Meer von Newcastle (Northumb.) bis Carlisle erstreckte, mit 80 Kastellen und 320 Wachttürmen ausgestattet war und aus drei parallelen Erdwällen bestand. 300 Jahre lang wehrte er mit Erfolg alle feindlichen Anschläge ab, bis es schließlich auch hier gelang, den Wall zu erobern, die Römer aus Britannien zu treiben. Wir erfahren aber auch von einem Angrivarierwall, der in der Gegend des heutigen Holzminden das Gebiet der Cherusker von dem der Angrivarier trennte und der durch die Schlacht des Jahres 16 n. Chr. geschichtliche Berühmtheit erlangt hat. Das Vorhandensein dieses Walles beweist, daß nicht die Römer es waren, die die genannte Form der Grenzsicherung (Fig. 23—26) erfunden haben, sondern daß auch in Germanien, voraussichtlich des öfteren, solche Grenzwälle in Gebrauch waren.

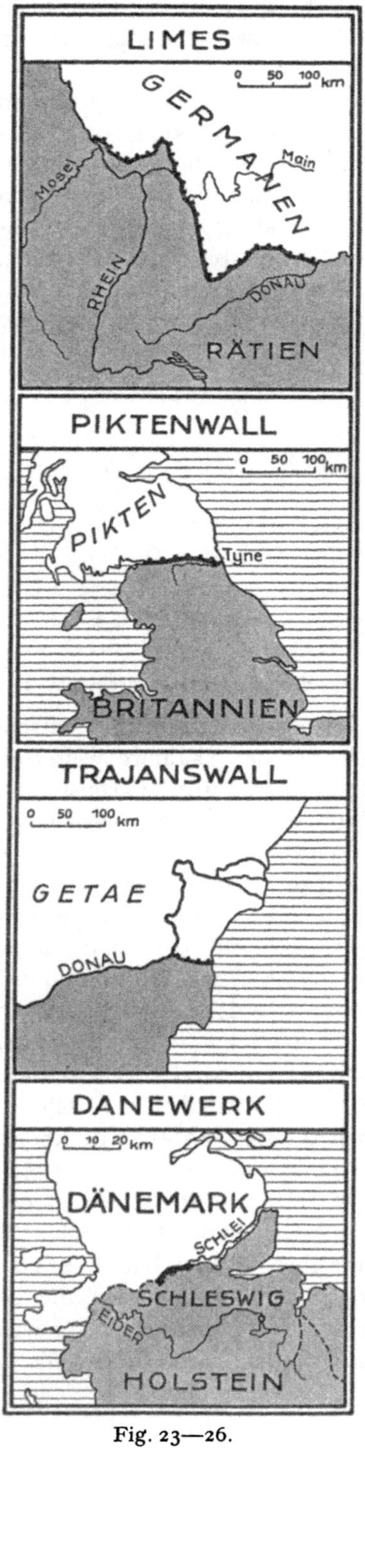

Fig. 23—26.

Später hören wir dann, daß im Jahre 808 als Scheide zwischen deutschem und dänischem Gebiet das wiederum von Meer zu Meer, von der Eider (bei Hollingstedt) bis zur Schlei (bei Hedaby) sich erstreckende Danewerk unter dem dänischen König Götrik erbaut wurde. Über 1000 Jahre bestehend, hat es freilich keinen völlig sicheren Grenzschutz bieten können. Sowohl 934 wie 974 wurde es im Kriege von deutschen Herren überschritten. Nachdem sich in neuerer Zeit der militärische Wert des Danewerks als nur noch gering erwiesen hatte, da es in der Schlacht bei Schleswig (23. April 1848) und beim Schleiübergang der Preußen (5. Februar 1864) kaum noch als nennenswertes Hindernis sich erwies, ist es geschleift worden.

Neuerdings pflegt man wohl hier und da Liniensysteme von Festungen und Sperrforts oder Schützengräben zum Schutz der Grenzen anzulegen, aber bezeichnenderweise nicht unmittelbar an der politischen Grenze, sondern in einer gewissen, nicht ganz kleinen Entfernung von ihr und etwa parallel zu ihr. Hier muß in erster Linie das im Weltkrieg so wichtig gewordene französische System der Maas-Befestigungen erwähnt werden, das jetzt nach beiden Seiten bedeutend erweitert werden soll, aber auch die zum Schutz Konstantinopels von den Türken angelegte Tschataldscha-Linie, die in 40 km Entfernung westlich Konstantinopel vom Marmarameer bis zum Schwarzen Meer lief und die ihrem Zweck vollauf gerecht wurde, als sie im November 1912 die sonst unvermeidliche Eroberung der türkischen Hauptstadt durch die Bulgaren vereitelte. Daß das neue Sperrsystem der französischen Grenzsicherung gegen Deutschland erhebliche Ähnlichkeit mit der chinesischen Mauer hat, ist nicht zu verkennen.

4. Linienhafte Naturgrenzen.

a) Gebirgsgrenzen.

Ungleich besser als solche durch Menschenhand sichtbar gemachten Grenzen eines Staates sind alle Grenzen, die irgendwie von der Natur selbst vorgezeichnet sind. Naturgrenzen können entweder flächenförmig sein, wie die oben erwähnten Urwald- und See- oder Sumpfgebiete, oder aber, wenigstens in der Hauptrichtung, linienförmig, wie Kettengebirge und Flüsse. Streng genommen, stellen ja auch die beiden letzteren ursprünglich Flächen von einseitig linienhafter Erstreckung dar. Aber gerade an ihnen können wir besonders deutlich erkennen, wie stark in unseren Tagen das Streben der Staaten nach einer mathematisch genau zu fixierenden Linie als Grenze ist. Bei den Kettengebirgen pflegt die meist sehr exakt festzustellende Wasserscheide, bei den Flüssen der ebenfalls recht sicher zu bestimmende „Talweg" des Strombettes, d. h. seine jeweilig tiefste Rinne, die Linie der Staatengrenze darzustellen. Ihre genaue Festlegung nach streng wissenschaftlichen Methoden lassen sich die jeweilig beteiligten Staaten oft jahrelange, sorgsame Arbeit und viel Geld kosten. Daß in einigen besonderen Fällen die sonst jetzt ziemlich allgemein eingebürgerte Sitte, die Grenze auf die Wasserscheide und in die Talrinne zu verlegen, verlassen worden ist, wird sogleich noch weiter zu erörtern sein, tut aber dem sonst ziemlich allgemein eingebürgerten Brauch keinen grundsätzlichen Abbruch.

Sieger hat eine genauere Einteilung für die Naturgrenzen zu geben versucht.[1]) Er unterscheidet:

1. Naturentlehnte Grenzen: Bäche, Flußläufe, Seen, Wasserscheiden usw.

2. Hindernisgrenzen: Kettengebirge und andere starke Verkehrshemmnisse,

3. Naturgemäße Grenzen: Grenzen von Natur- und Wirtschaftseinheiten.

4. Organische Grenzen: die dem Staatsorganismus angepaßten Grenzen.

Die letztere Grenzform ist unstreitig ein sehr unbestimmter Begriff, und die Vorstellungen zweier feindlicher Staaten, welche Grenzen ihrem jeweiligen „Organismus" angepaßt sind, werden leider selten in Einklang zu bringen sein. Noch weniger hilft uns Pencks Definition[2]) der organischen Grenzen vorwärts, wonach unter der organischen Grenze zu verstehen sein soll eine „Grenze, die aus dem Bedürfnisse eines Staates hervorgeht". Nach italienischer Auffassung wird dann die „organische" Grenze

---

1) Robert Sieger, Natürliche und politische Grenze in der Zeitschr. der Berliner Ges. f. Erdkunde, 1917, und Die Grenze in der politischen Geographie in der Zeitschr. f. Geopolitik, 1925, S. 661.

2) Albrecht Penck, Über politische Grenzen, Rektoratsrede in der Berliner Universität, 15. Oktober 1917.

gegen Norden immer über den Brenner, wenn nicht gar bei Kufstein verlaufen müssen, nach österreichisch-deutscher dagegen bei Salurn, wo sich die Sprachscheide findet. Und Frankreichs „Bedürfnis" wird, wenn das Land nur militärisch stark genug ist, niemals zugeben, daß die „organische" Grenze gegen Deutschland westlicher als am Rhein liegen könne, wenn nicht gar, wie in Napoleons Tagen, an der Elbe und der Ostsee. Vogel hat vollkommen recht[1]), wenn er solche Definitionen als praktisch unbrauchbar ablehnt und die Siegersche Einteilung deshalb nicht gelten lassen will. Wesentlich zweckmäßiger ist Maulls Unterscheidung von „verkehrszersplitternden" und „verkehrsvermittelnden" Grenzen.[2])

Die wesentlichsten Naturgrenzen sind, wie bekannt, Gebirge, Flüsse, Seen und Meere. An ihnen ist die Scheidung der Interessengebiete und der Hoheitsrechte naturgemäß am mühelosesten festzustellen. Immerhin ist zu beachten, daß in den letzten 100 Jahren, im Zeichen eines hochentwickelten Weltverkehrs, alle Wasserflächen weit mehr menschenverbindende als menschentrennende Elemente geworden sind. Zwischen Hamburg und der nordamerikanischen Ostküste findet über 6000 km hinweg ein ungleich stärkerer Güter- und Menschenverkehr statt als im deutschen Binnenverkehr zwischen West- und Ostdeutschland, und in den Kulturländern stehen heute allenthalben die Ufer auch der größten Flüsse in stärksten wirtschaftlichen, sozialen und kulturellen Wechselbeziehungen zueinander, zumal dort, wo Brücken vorhanden sind. Die Flußgrenzen, die ehedem so beliebt in der politischen Geographie waren, sind daher heute als Länderscheiden vielfach veraltet. In kulturell rückständigen Gebieten mögen sie nach wie vor ihre Berechtigung haben; in den Haupt-Wirtschafts- und Industriegebieten der Erde zerreißen sie künstlich naturgegebene Zusammenhänge und richten zwischen Menschengruppen, die aufeinander angewiesen sind, höchst störende Scheidewände auf.

Unbedingt sind in unserer Gegenwart Gebirge, vor allem hohe Kettengebirge, eine außerordentlich viel bessere und wirksamere Naturgrenze als Flüsse und oft auch als schmale Meeresarme. Der Bosporus trennt zwar zwei Erdteile voneinander, aber kulturell bilden seine beiden Ufer eine Einheit. Demgegenüber sind etwa die Pyrenäen eine geradezu ideale Naturgrenze zwischen zwei Sprach- und Kulturgebieten, also auch zwischen zwei Staaten. Recht deutlich bilden ferner die Karawanken die Grenze zwischen Deutschen und Slowenen. Die Vogesen könnten ähnlich wirken und stellen ja auch in der Tat eine scharfe Kultur- und Sprachscheide vor. Wenn sie als Staatsgrenze seit 1648 immer wieder versagt haben, so ist die magnetische Anziehungskraft des östlich von ihnen daherflutenden Rheines daran schuld.

Eine bisher gut bewährte Staatengrenze, die freilich mit der Sprachgrenze nirgends zusammenfällt, sind die Wasserscheiden auf den böhmischen Randgebirgen, dem Böhmerwald, dem Erzgebirge, Riesen- und Isergebirge usw. Ganz vortrefflich bewährt als politische Grenze hat sich

1) A. a. O., S. 117. 2) A. a. O., S. 488.

auch das rauhe Grenzgebirge Tydal zwischen Schweden und Norwegen, das feindliche Berührungen zwischen den beiden Ländern fast vollkommen vereitelte. Während Schweden mit seinem südlichen Nachbarland Dänemark, von dem es durch Meeresteile getrennt war, in eine große Reihe von gefährlichen Kriegen verwickelt wurde, war Norwegen bloß in seinen südlichsten gebirgsfreien Teilen vorübergehend und unbedeutend in die dänisch-schwedischen Wirren hineingezogen, so 1645 und 1657/8. Nur eine einzige größere kriegerische Berührung zwischen beiden Nachbarreichen hat stattgefunden, damals als der abenteuernde König Karl XII. 1717/8 Norwegen zu erobern trachtete, um freilich schon an der Grenze, vor der Festung Friedrichshall anscheinend durch Mörderhand, den Tod zu finden (11. Dezember 1718). Gerade in diesem einzigen größeren schwedisch-norwegischen Kriege aber hat das Gebirge Tydal gezeigt, eine wie undurchdringliche militärische Grenzscheide es sein kann, denn beim Versuch, das Gebirge auf dem Rückmarsch in der Winterszeit zu überschreiten, ging in den Tagen vom 12. bis 14. Januar 1719 ein schwedisches Heer von 10000 Mann unter General Armfeldt im Schneesturm fast völlig zugrunde, und nur 500 Mann erreichten mit erfrorenen Gliedmaßen die Heimat wieder. Die Erinnerung an jenes „Totenvolk“ gibt die Gewähr, daß die genannte Gebirgs-Naturgrenze wohl niemals mehr mit Gewalt verletzt werden wird. Maull nennt[1]) dies Gebirge geradezu die „primäre Ursache“ der schon dreimal (1380, 1523, 1905) erfolgten staatlichen Zerreißung Skandinaviens in zwei Teile.

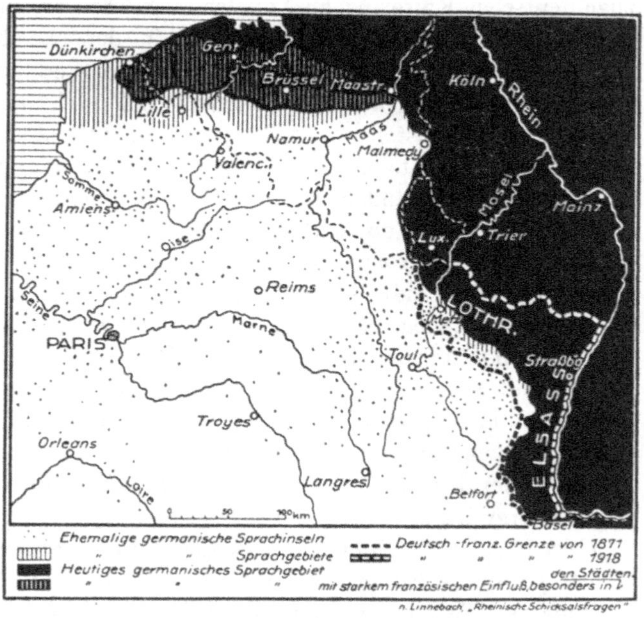

Fig. 27. Das Fehlen einer guten Naturgrenze zwischen deutschem und französischem Volkstum.

Selbstverständlich ist auch die Riesenkette der Anden eine hervorragend gute Naturgrenze, so vor allem zwischen Argentinien und Chile, die, trotz ihres gelegentlichen, scharf zugespitzten Grenzstreites vom

1) A. a. O., S. 170.

Jahre 1878, nicht leicht jemals in einen kriegerischen Konflikt miteinander verwickelt werden dürften, trotz ihrer ausnehmend langen, gemeinsamen Landgrenze. — Die Alpen hingegen, als ein meist west-östlich verlaufendes Gebirge mit sehr verschiedenen Wirtschaftsgebieten im Süden und Norden, dazu mit einer großen Reihe von Paßübergängen ausgestattet, sind niemals eine wirksame militärische und politische Grenzscheide gewesen. Vom Galliereinbruch unter Brennus und Hannibals Alpenübergang zieht sich über Cäsars Zeit, die Tage des Goteneinfalls und der zahllosen Römerzüge deutscher Kaiser bis zu Napoleons und Suworows Alpenübergängen und den Kriegen des 19. Jahrhunderts in der oberitalienischen Ebene eine unablässige Kette von militärischen Überwindungen dieses Kettengebirges hin. Deswegen haben die Alpen auch nie im ganzen Umfang eine Staatsgrenze dargestellt, sondern immer nur stellenweise und meist vorübergehend. Das italienische Verlangen nach der Brennergrenze aus „strategischen" Gründen kann daher, im Lichte der Geschichte betrachtet, nur als ein objektiv durch nichts berechtigter Vorwand zur imperialistischen Vergewaltigung fremden Sprach- und Kulturgebietes angesehen werden. Leidlich bewährt als Staatengrenze haben sich die Alpen nur in ihrem vorwiegend nord-südlich verlaufenden Westteil zwischen dem italienischen und französischen Sprachgebiet. Im großen und ganzen fallen Staats- und Sprachgrenze hier mit der Wasserscheide zusammen, wenn auch am südlichen Küstenrande die italienische Sprache aufs französische und im Norden umgekehrt die französische Sprache, schon vom schweizerischen Boden her, über den Großen St. Bernhard ins italienische Staatsgebiet übergreift.

Selbst bei gleicher Sprache auf beiden Seiten des Gebirges erweist sich für die politische Einteilung die Gebirgsgrenze zuweilen als vorteilhaft. Als nach dem Zerfall der dynastischen Beziehungen 1918/9 die staatlichen Verhältnisse in den thüringischen Fürstentümern neu geregelt wurden, schloß sich das Koburger Land, das durch den Thüringer Wald vom übrigen Thüringen großenteils getrennt war, freiwillig an Bayern an, um damit den natürlichen geographischen Verhältnissen Rechnung zu tragen.

Daß im übrigen eine Wasserscheide, auch auf einem hohen Gebirge, nicht unbedingt eine „gerechte" Grenze sein muß, die Licht und Schatten unter beide Nachbarn gleich verteilt, zeigt gerade die französisch-italienische Alpengrenze recht deutlich. Strategisch ist Frankreich hier bedeutend im Vorteil, da von der Wasserscheide her ein militärischer Einfall in die nahe Po-Ebene außerordentlich viel leichter ist als ein Eindringen in das noch recht entfernte Rhonetal. — Ähnlich war ja auch die von 1871—1918 bestehende politische Grenze auf dem Kamm der Vogesen für Frankreich sehr viel günstiger als für Deutschland, da der elsässische Gebirgsabfall recht schroff, der französische sehr sanft war, was in jeder Hinsicht für Frankreich ein Vorteil, sowohl in der Verteidigung wie im Angriff, war.

b) Fluß- und Seegrenzen.

Flußgrenzen zwischen Staaten waren von jeher besonders beliebt, da sie sich am mühelosesten und einwandfreiesten ermitteln und jederzeit kontrollieren ließen. Es kam dabei durchaus nicht auf die Größe des Flusses an. Im Altertum wurde gern und häufig ein größerer Fluß als Staatengrenze bestimmt, wie es der Halys in Kleinasien ums Jahr 600 v. Chr. zwischen Lydien und Medien oder der Niederrhein zwischen dem Römischen Reich und Germanien vom Jahre 16 bis ums Jahr 400 n. Chr. war. Aber ebenso gut konnte ein mäßiges Flüßchen Grenze sein, wie der Halikus auf Sizilien oder der berühmte Rubicon, der heutige Fiumicino, der das eigentliche Italien vom Zisalpinischen Gallien schied und dessen Überschreitung durch Caesar i. J. 49 v. Chr. den Würfel zum Bürgerkriege fallen ließ. Die Grenze zwischen Attika und Böotien wurde sogar nur durch ein Bächlein, den Asopos, bezeichnet, ebenso die Grenze des Moabiter Landes der Bibel gegen die Ammoniter durch den Arnonbach, gegen die Edomiter durch den Weidenbach.[1])

Selbst als Erdteil-Scheide wurden dereinst Flüsse am liebsten angesprochen. Noch heute bildet der Ural-Fluß die Grenze zwischen Europa und Asien, und im Altertum wurde von den ionischen Geographen der Don (Tanais) als Grenze Europas gegen Asien, der Nil als diejenige Libyens (Afrikas) gegen Asien betrachtet.

Gerade weil aber schiffbare Flüsse, wie oben gezeigt, wirtschaftlich die beiden Ufer weit mehr vereinen als trennen, gilt für die Gegenwart durchaus Ratzels Wort[2]), daß „Flußgrenzen nur auf unteren Stufen der Staatsentwicklung oder als Überbleibsel alter Zeit und auf empfindlichen Stellen des Staatensystems" gerechtfertigt seien. Der militärische Schutz, den ein etwas größerer Fluß gewährt, ist zwar auch heute noch nicht zu verachten, aber von entscheidender Bedeutung ist er keinesfalls mehr, mögen auch Flußübergänge, wie derjenige Napoleons über den Tagliamento (18. März 1797), Blüchers über den Rhein bei Caub (Neujahrsnacht 1814) und der Düna-Übergang bei Üxküll im Weltkrieg (1. September 1917) noch immer bedeutsame Etappen im kriegerischen Geschehen darstellen. Doch auch im friedlichen Leben der Gegenwart werden gern Flüsse als Grenzen gewählt: die „Mainlinie" bildet die Scheide zwischen Nord- und Süddeutschland, die Elbe zwischen dem mehr industriellen Westen und dem mehr agrarischen „Ostelbien" usw.

Noch bis ins 16. Jahrhundert hinein wurden an den Grenzflüssen lediglich die Ufer als Hoheitsgebiet der Staaten in Anspruch genommen; die flüssigen Grenzen selbst galten als herrenlos, als nullius regio. Auf die Dauer ließ sich aber diese Auffassung nicht behaupten, denn die Flüsse selbst boten mit ihren Fischbeständen, ihren Wasserkräften, ihren Verkehrsmöglichkeiten viel zu große wirtschaftliche Werte dar, als daß nicht auch auf ihnen schließlich eine Besitzteilung stattfinden mußte.

---

1) Jesaj., 15, 7. 2) A. a. O., S. 68.

Seit dem Anfang des 19. Jahrhunderts kamen daher ganz neue Auffassungen über die staatsrechtliche Stellung der Grenzflüsse auf. Im allgemeinen ist es jetzt üblich, die Staatsgrenze in die jeweilig tiefste Stromrinne, den sogenannten „Talweg", zu verlegen, der zum ersten Mal in dem zwischen dem Deutschen Reich und Frankreich abgeschlossenen Oktroi-Vertrag vom 15. August 1804 für den Rhein als Grenze festgelegt worden ist. Sogar in die Diplomatensprache ist seither „le thalweg" als allgemeine übliche Grenzbezeichnung übergegangen. — Unzweifelhaft ist bei Flußgrenzen der Talweg die schärfste und gerechteste Grenze, die es gibt. Immerhin darf nicht unerwähnt bleiben, daß sich der Talweg hier und da in bescheidenem Umfang verschiebt, so daß schon in dem Bregenzer Grenzvertrag vom 6. Mai 1892 einmal die „bisherige Mitte des Rheinlaufs" als Grenze festgelegt worden ist.

Einige sehr charakteristische Flußgrenzen der Gegenwart finden wir am Oberrhein sowohl für Deutschlands neue Grenze gegen Frankreich wie für die alte gegen die Schweiz, wenngleich bekanntlich das schweizerische Gebiet an verschiedenen Stellen auf kleine Strecken des nördlichen Rheinufers übergreift, ferner an der Donau zwischen Ungarn und Serbien, am Torne-Fluß zwischen Schweden und Finnland, am Amu Darja zwischen Rußland und Afghanistan, am Amur zwischen Rußland und China, am Mekong zwischen Annam und Siam, am Ubangi zwischen Französisch- und Belgisch-Kongo am Rio Grande del Norte zwischen den Ver. Staaten und Mexiko, am La Plata zwischen Argentinien und Uruguay und an vielen anderen Stellen der Erde.

Auch kleinere Flüsse werden noch immer gern auf einem kürzeren oder längeren Teil ihres Laufes als politische Grenzen gewählt, ja, können gerade in dieser Eigenschaft Berühmtheit in der Geographie erlangen. Es sei besonders an die kleine Leitha erinnert, die vor dem Weltkrieg, weil sie an zwei Stellen die Scheide zwischen Österreich und Ungarn bildete, Veranlassung gab zu den Bezeichnungen Cisleithanien und Transleithanien, oder an die Drina, die bis 1914 im größten Teil ihres Laufes die Grenze zwischen Bosnien und Serbien darstellte. Hierher gehört auch die ehedem so viel diskutierte Eidergrenze. Eine recht kleine politische Flußscheide ist ferner die Lauter als Grenze zwischen der Pfalz und dem Elsaß und somit gegenwärtig wieder zwischen Deutschland und Frankreich oder der Versoix-Bach zwischen den Kantonen Waadt und Genf. Selbst bei den im Kriege und nachher üblich gewesenen Gebietsbesetzungen wurden mit Vorliebe Flüsse als die bequemsten Grenzen gewählt. Nach dem Sommerfeldzug 1915 reichte das Gebiet von „Ob. Ost" 2 Jahre lang bis zur Düna, und nach dem Frieden von Brest-Litowsk (3. März 1918) bildete die Narowa mit dem Peipus-See die Grenze des von deutschen Truppen besetzten Gebietes gegen Rußland. Gegenwärtig (1928) wird wieder die Grenze zwischen der geräumten nördlichen und der noch besetzten „zweiten" Rheinlandzone ganz scharf durch die beiden Flüsse Ahr und Roer dargestellt.

In allen diesen und zahllosen anderen Fällen wird die staatliche Grenzlinie durch die Naturgrenze des Fluß-Talwegs gekennzeichnet. Immerhin kommen Ausnahmen vor, die entweder durch eine sehr alte historische Ursache oder aber durch schlaue Übervorteilung seitens eines mißgünstigen und nicht ganz ehrlichen Partners zu erklären sind. So gehört der spanisch-französische Grenzfluß, die Bidassoa, seit mehreren Jahrhunderten im gesamten Umfang zu Spanien; bei ihr ist also nicht der Talweg die Grenze, sondern das rechte Ufer. Daß infolgedessen mit dem Wasserstand des Flusses auch die Grenze in mäßigem Umfang hin und her pendelt, ist ein Anachronismus, der sich in unserer an Exaktheit gewöhnten Gegenwart seltsam genug ausnimmt.

Ähnlich lagen die Dinge bei einigen afrikanischen Grenzflüssen der Vorkriegszeit, da sich in derartigen Dingen die wenig erfahrenen deutschen Unterhändler von den englischen hatten bei der Festlegung der Grenzen übervorteilen lassen. So gehörte der Oranjefluß als Grenze zwischen Deutsch-Südwest und der Kapkolonie im gesamten Umfang den Briten, ebenso der Volta auf den Strecken seines Mittellaufs, wo er die Grenze zwischen Togo und der Goldküste bildete (am Unterlauf hatten die Briten ihr Gebiet im weiten Umfang auch auf das östliche Ufer vorzuschieben verstanden). Wie juristisch korrekt England darauf bedacht war, die genaue Einhaltung der am Volta gezogenen Grenze zu beachten, geht daraus hervor, daß den Negern, die am linken Ufer des Flusses als deutsche Untertanen wohnten, ein Befahren des Gewässers verboten war. Wenn sie kleine Boote am Ufer zu liegen hatten, die mit einem Ende nur ein wenig in den Fluß hineinragten, so zerschlugen englische Strompolizisten den überragenden Teil des Fahrzeugs in Stücke, mit dem Bemerken, dieses habe „auf englischem Gebiet" nichts zu suchen!

Bei neuen Grenzregelungen zwischen Kulturstaaten innerhalb Europas hatte man es seit Jahrzehnten für undenkbar gehalten, daß eine andere Grenze im Fluß als der Talweg festgelegt werden könne. Und dennoch haben wir seit 1919 an der Weichsel erlebt, daß längst für überwunden gehaltene, kulturelle Rückständigkeiten mit Zustimmung des Völkerbundes aufs neue schwer begreifliche Wirklichkeit geworden sind. Die Weichselgrenze zwischen dem heutigen Ostpreußen und Polen verläuft nämlich weder im Talweg noch überhaupt am Gewässer des Stromes, sondern auf und neben dem östlichen Hochwasser-Schutzdeich, der obendrein von der Grenze siebenmal gekreuzt und geschnitten wird, Da nun aber im Artikel 97 des Versailler Diktats ausdrücklich „der ostpreußischen Bevölkerung der Zugang zur Weichsel und die Benutzung des Stromes" garantiert worden war, mußte die wunderliche Grenzziehung wenigstens an einer Stelle zugunsten des deutschen „Zuganges" zur Weichsel durchbrochen werden. Mit beispielloser Spitzfindigkeit ist dies in der Weise geschehen, daß man eine einzige schmale Fahrstraße, die von Kurzebrack ins Hinterland führt und beiderseitig von polnischen Posten flankiert wird, zum ostpreußischen Ufergebiet an der Weichsel erklärt hat, so daß

Deutschland zurzeit mit einem Uferstreifen von insgesamt — 4 Metern Breite an die Weichsel angrenzt! Diese gegenwärtige Weichselgrenze ist das Non plus ultra einer unklugen Grenzziehung, und es wird unsrem Jahrhundert zu ewiger Schmach gereichen, daß es unter eine derartige Narretei sein Siegel gesetzt hat.

In wenig erforschten Ländern bieten sich den modernen imperialistischen und Kolonial-Staaten ganz von selbst die Flüsse als die am leichtesten feststellbaren Grenzen dar. Bei ihrer Festlegung ist man freilich unter Umständen vor empfindlichen geographischen Irrtümern nicht geschützt. Ein besonders eigenartiges Beispiel dieser Art bietet der am 12. August 1873 zwischen Rußland und dem Fürstentum Chiwa abgeschlossene Friedensvertrag. Er verlegte die neue Grenze zwischen beiden Ländern teils in das heutige, teils in ein hypothetisches altes Flußbett des Amu Darja. Man war nämlich der Meinung, dieser Fluß, der Oxus der Alten Welt, sei früher dem Kaspischen Meer zugeflossen, und der Lauf des jetzigen trockenen Flußbettes Usboi stelle die alte Mündung des Oxus in den Kaspi-See dar. Als jedoch die geographischen Verhältnisse durch Konschin genauer untersucht wurden, stellte sich heraus, daß der Amu Darja selbst nie einen Arm ins Kaspische Meer gesandt hat. Es war also die Grenzziehung im Frieden von 1873 auf einer erdkundlichen Seifenblase aufgebaut gewesen.

Noch seltsamer war eine im Utrechter Frieden (11. April 1713) zwischen Frankreich und Portugal vereinbarte Flußgrenze für das nördliche Brasilien. Frankreich verzichtete zugunsten Portugals auf die „Länder des Nordkaps zwischen den Flüssen Amazonas und Japoc bzw. Vincent Pinçon". 13 Jahre später aber wurde festgestellt, daß es einen Fluß Vincent Pinçon, der der neue Grenzfluß sein sollte, überhaupt nicht gab! — Ebenso wurde im Versailler Frieden vom 3. September 1783 im Art. 2 zwischen den Ver. Staaten und England als Grenze Kanadas im Osten der Ste. Croix-Fluß vereinbart. 11 Jahre später jedoch mußte man neue Verhandlungen über die Frage führen, welcher Fluß eigentlich mit dem Ste. Croix gemeint gewesen sei!

Als wirklich gut in jeder Hinsicht kann eine Flußgrenze nur in den ausnehmend seltenen Fällen bezeichnet werden, wo der Fluß auf weite Erstreckung in einem unzugänglichen, verkehrslosen Tale dahinfließt, wie es bis 1912 bei dem Tara-Fluß der Fall war, der die Grenze zwischen der Türkei und Montenegro auf 75 km Länge bildete und der sich auf dieser ganzen Strecke durch eine unzugängliche Schlucht ergoß[1]). Aber wie oft kommen derartig ideale Flußgrenzen in der politischen Geographie vor? Eine ähnlich gute Flußgrenze fand sich wohl nur noch an einer Stelle der Erde, nämlich nördlich vom Tanganyika, wo auf weite Erstreckung der erst 1898 vom Grafen Götzen entdeckte, in schwer zugänglichem Gelände

1) Kurt Hassert, „Die natürlichen und politischen Grenzen von Montenegro" in der Zeitschr. der Berliner Ges. f. Erdkunde, 1895, S. 375.

fließende, durch Stromschnellen völlig unschiffbare Russisi eine hervorragend gute Grenze zwischen Deutsch-Ostafrika und dem Kongostaat bildete, eine geradezu ideal gute Naturgrenze (vgl. Fig. 28).

Im allgemeinen läßt sich wohl die zunächst paradox anmutende Behauptung aufstellen, daß größere Flüsse, wenn sie vollkommen unschiffbar sind, sich besser als Landesgrenze eignen als große, gut schiffbare Ströme. Schiffbarkeit bedeutet stets etwas Verbindendes, menschliche Kultur- und Sprachgemeinschaften Schaffendes. Unschiffbarkeit bei nicht allzu unbedeutenden Flüssen kann dagegen zwei Bevölkerungen fühlbarer voneinander trennen als ein ansehnlich hohes Gebirge.

Ganz unsinnig ist es natürlich, künstliche Kanäle, die nur dem Verkehr dienen sollen, zur Landesgrenze zu machen. Doch kommt auch Derartiges vor: der Augustowski-Kanal bildet dort, wo er von der Memel abzweigt, heute die Grenze zwischen Polen und Litauen.

Fig. 28. Beispiel einer ungewöhnlich guten, binnenländischen Naturgrenze.

Größere Binnenseen sind infolge ihrer erheblicheren Breite, zumal bei entsprechender Längserstreckung, in jedem Falle ungleich besser als Landesgrenzen zu gebrauchen. „Im Laufe der Geschichte sind fast alle bedeutenderen Seen einmal Grenzräume gewesen" (Maull, a.a.O., S. 211). Der Bodensee, an den nicht weniger als 5 Staaten angrenzen. ist ein besonders vortreffliches Beispiel für die Eignung von Seen als Grenze. Recht gut hat sich als Grenze auch der langgezogene Peipussee bewährt, früher als Scheide zwischen Litauen und dem Deutschordensland, gegenwärtig zwischen Rußland und Esthland. Eine außergewöhnlich gute Grenze war ferner der Tanganyika-See zwischen Deutsch-Ostafrika, dem heutigen Tanganyika-Territorium, und dem Kongostaat und weiter im Norden ebenso der Kiwu-See. Es zeugt daher von der Unvernunft der Versailler Mentalität, gegen die sich auch der Genfer Völkerbund nicht ausreichend zu wappnen vermochte, daß man diese geradezu vorbildliche Naturgrenze jetzt künstlich beseitigt und die östlich von ihr gelegenen Sultanate Ruanda und Urundi als „Mandatsgebiete" zum Kongostaat geschlagen hat (vgl. S. 260), was verkehrs- und verwaltungstechnisch geradezu eine Versündigung wider die Natur der geopolitischen Grundgesetze ist und was sich daher auch schon gegenwärtig am Niedergang von Ruanda und Urundi bitter zu rächen beginnt. Ein vortreffliches

Beispiel einer guten Seegrenze sind ferner vier der großen Seen Nordamerikas, durch die die Grenze zwischen den Ver. Staaten und Kanada verläuft.

Kurz erwähnt als Staaten- und Kulturscheide seien schließlich auch ansehnliche Stromschnellen. Wie sehr diese der Ausdehnung von Staaten in der Bergrichtung einen Riegel vorschieben können, beweist uns die Tatsache, daß die Südgrenze des alten Ägypten am ersten Nilkatarakt zu liegen pflegte. Ebenso fiel lange Zeit die Westgrenze der Neu-England-Staaten in Amerika mit der „Fall-Linie" der aus den Appalachen kommenden Flüsse zusammen. Weiter hat sich vor dem Kriege, trotz seiner erheblichen Verkehrsbedeutung, das Eiserne Tor von Orsova als Grenze zwischen Ungarn, Rumänien und Serbien gut bewährt, und die Jangtsekiang-Stomschnellen oberhalb Itschang scheiden noch gegenwärtig die wichtige Provinz Szetschuan wirtschaftlich und kulturell empfindlich vom übrigen China.

5. Mathematisch-geographische Grenzen.

Die Vorliebe für mathematisch möglichst genaue Grenzen ist ein Charakteristikum der neueren Zeit. Wie man von der ehedem üblichen Bezeichnung der Gebirgszüge und der Flüsse als Grenzen sich zurückgezogen hat auf die linienmäßig zumeist feststellbaren Wasserscheiden und Talwege, so hat man sich in jungfräulichen oder noch wenig bekannten Gebieten die mühselige Absteckung einer genauen Grenze ganz erheblich erleichtert durch die Festlegung der Grenzen auf Breitengrade und Meridiane. Diese waren mathematisch exakte Linien, gleichviel ob das zu verteilende Land schon erforscht war oder nicht.

Es liegt in der Natur der Sache, daß in der Alten Welt Europa und Asien mit ihren niemals zu verleugnenden historischen und privatwirtschaftlichen Ansprüchen auf Grund und Boden Meridiane und Breitengrade als Grenzen in keinem einzigen Fall verwendet werden konnten, während in der Neuen Welt, vornehmlich in Amerika, aber auch in dem erst seit 100 Jahren bekannt gewordenen Innerafrika, diese überaus bequeme Form der Grenzziehung ungemein häufig angewandt worden ist. Wir finden daher in Europa und Asien durchweg ziemlich komplizierte, vielfach gewundene und mannigfach, oft sogar sehr unzweckmäßig ausgebuchtete Grenzen, dagegen in Amerika, Afrika, Australien und auch in den Inselmeeren Polynesiens häufig gerade Linien als Grenzen, zum Teil sogar über erstaunlich weite Räume hinweg.

Die erste auf die mathematische Geographie sich stützende Grenzlinie der Geschichte war jene eigenartige „Demarkationslinie", durch die Papst Alexander VI. am 4. Mai 1493 mit der Bulle Inter cetera die außereuropäische Welt, soweit sie nicht schon aus dem Altertum bekannt war, unter die beiden Weltmächte der damaligen Zeit, Spanien und Portugal, aufteilte. Mit Recht bezeichnet Alexander Supan[1]) die „von Pol zu Pol“ laufende Demarkationslinie Papst Alexanders, die 100 Leguas westlich der Azoren liegen sollte, als die „Mutter aller mathematischen Grenzen“. Schade nur, daß es beim wohlgemeinten Versuch sein Bewenden hatte und daß jene Grenzziehung in der Praxis ganz unbrauchbar war. Die Linie sollte nämlich „westlich und südlich (!)“ eines Meridians verlaufen, der 100 Leguas westlich von einer (!) der Inseln der Azoren oder (!) der Kapverdischen Inseln zu ziehen war. Da die Kapverdischen Inseln rund 10 Längengrade östlicher als die Azoren liegen, was man auch damals schon wußte, zeugt eine solche Definition von einer noch reichlich primitiven Denkweise, ganz abgesehen davon, daß bei der Vielheit und weiten Verstreuung der in Betracht kommenden Inselgruppen willkürlichen Auslegungen und Streitigkeiten Tür und Tor geöffnet war. Boavista, die östlichste der Kapverden, erstreckt sich bis 22°30′ w. L., Flores, die westlichste der Azoren, bis 33°27′ westl. L. Wie sollte sich da die vom Papst gemeinte Grenzlinie finden lassen?

Und dennoch war der Grundgedanke kerngesund, und er ist denn auch in verbesserter Form von Spanien und Portugal gern aufgenommen worden. Portugal forderte einen weiter nach Westen hinausgeschobenen Grenzmeridian, und da Spanien Herr der Kanaren zu bleiben wünschte, die nach der päpstlichen Teilung in die portugiesische Sphäre gefallen wären, kam es den Wünschen seines Nebenbuhlers entgegen. Am 7. Juni 1494 schlossen Spanien und Portugal den Vertrag von Tordesillas, den Papst Julius II. am 24. Januar 1506 bestätigte. Hiernach sollte die Demarkationslinie zwischen der portugiesischen und der spanischen überseeischen Welt — abgesehen von den Kanaren — 370 Leguas westlich der Kapverdischen Inseln verlaufen. Diese Grenzziehung war schon bedeutend genauer als die der päpstlichen Bulle, aber auch sie war noch zu unbestimmt, und Streitigkeiten blieben daher nicht aus. Zunächst einmal ist das Legua-Maß, das 3 römischen Meilen oder 24 griechischen Stadien entsprechen sollte, selber nicht ganz eindeutig. Noch neuere Forscher sind in ihren Berechnungen zu ziemlich abweichenden Werten gelangt: Dawson nimmt die Legua zu 5920, Harrisse zu 6153 m an, während die Spanier später die geographische Legua zu 6350 m rechneten. Daraus ergibt sich bei 320 Leguas schon ein recht ansehnlicher Spielraum nach West oder Ost. Weiterhin war aber auch im Vertrag von Tordesillas leider nicht angegeben, welche der Kapverden der Ausgangspunkt sein sollte. Während die objektiven Zeichner von Weltkarten die ungefähr in der Mitte der Inselgruppe liegende Insel Fogo als Ausgangspunkt der 370 Leguas ansahen, trat bei den Verhandlungen in Badajoz 1524, als man auf der anderen Seite der Erde die Demarkationslinie ergänzen wollte, um festzustellen, wem die wertvollen Molukken-Gewürzinseln gehörten, Spanien für die

1) Alexander Supan, Die territoriale Entwicklung der europäischen Kolonien, S. 18, Gotha 1906.

westlichste der Kapverden, S. Antão, Portugal für die östlichste, Sal, als Ausgangspunkt ein, was in der Praxis einen Unterschied von 2°40′ Längsgraden bedeutete. Und als ein Jahrhundert später ergründet werden sollte, wem die wertvollen Länder am La Plata gehörten, wünschte umgekehrt Spanien Sal und Portugal San Antão als Ausgangspunkt angesehen zu wissen. Die Demarkationslinie von Tordesillas hat immerhin dazu geführt, daß das erst i. J. 1500 aufgefundene Brasilien den Portugiesen zugesprochen werden mußte, und die Folgewirkungen bestehen bekanntlich bis auf den heutigen Tag darin, daß in Brasilien die portugiesische Sprache hei-

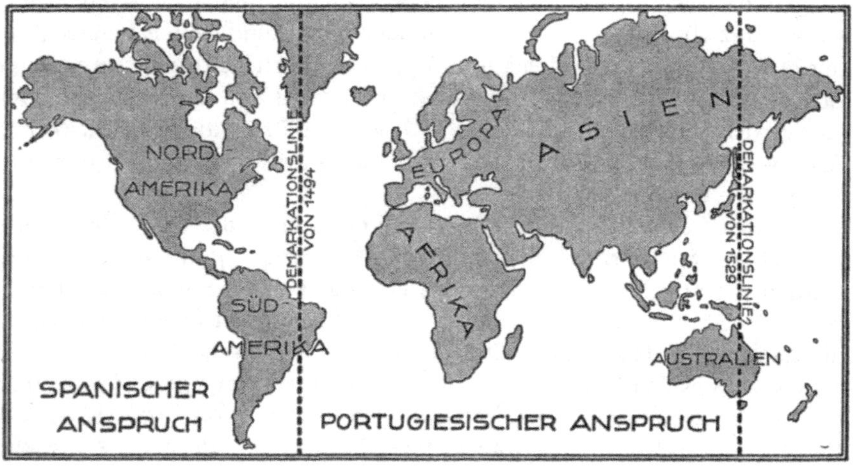

Fig. 29. Die Demarkationslinie des Vertrages von Saragossa (1529).

misch ist, während sonst in fast ganz Süd- und Mittelamerika spanisch gesprochen wird.

Als 1511 die Portugiesen von Westen und 10 Jahre später die Magellan-Expedition von Osten nach den Molukken gekommen waren, entbrannte über der Frage, in welche Sphäre diese besonders heiß begehrten Gewürzinseln fielen, ein ernster Streit zwischen Spanien und Portugal, der 1528 sogar zum Kriegszustand auf den Molukken und zur Eroberung des von den Spaniern angelegten Forts Tidore durch die Portugiesen führte. In der Heimat aber einigte man sich nach jahrelangen, mühsamen Verhandlungen auf Anerkennung einer neuen Demarkationslinie auf der anderen Seite der Erde. Im Vertrage von Saragossa wurde am 22. April 1529 die neue Grenze auf den $297\frac{1}{2}$ Leguas östlich von den Molukken gelegenen Meridian verlegt, der etwa unserem 113,3° östl. L. entspricht (vgl. Fig. 29). Die Molukken wurden also den Portugiesen zuerkannt und Spanien für den Verlust mit einer Geldzahlung entschädigt.

Daß diese naiv-kecke Verteilung der neuen Welt unter zwei europäische Staaten wenig praktische Bedeutung erlangt hat, da die anderen Seestaaten in Europa sie einfach ignorierten, braucht uns in diesem Zusammenhang nicht weiter zu beschäftigen. Der von der englischen Königin

i. J. 1580 gegenüber dem spanisch-portugiesischen Hochmut aufgestellte Völkerrechts-Grundsatz, daß nur wirkliche Besitzergreifung Besitzrechte schaffen könne, hat sich in seiner praktischen Nüchternheit gegen die auf dem Papier konstruierten Luftschlösser siegreich durchgesetzt, und Holland, Frankreich, England u. a. ergriffen eben von den nun in unabsehbar reicher Fülle neuaufgefundenen Teilen der Welt Besitz, wo es ihnen paßte und wo sie durch spanische und portugiesische Macht nicht zu behindern waren. Die weltgeschichtliche Antwort auf den Größenwahn der Verträge von Tordesillas und Saragossa bildete die Errichtung einer englischen Kolonie auf dem Boden des spanischen Mutterlandes, in Gibraltar (4. August 1704), und die Umwandlung Portugals in einen willenlosen Hörigen der britischen Politik, der fast über weniger Selbstbestimmung verfügt als die britischen Dominions.

Aber der Grundsatz der Demarkationslinie, die Festlegung mathematischer Grenzen, ist ein dauernder Besitz der politischen Geographie geblieben und in der Folge sehr gern und oft in wenig erforschten Gebieten angewendet worden, weil, wie Supan bissig bemerkt[1]):

„sie ja so außerordentlich bequem sind für die Herren am grünen Tisch, die über unbekannte Erdräume verfügen; sie zeigen in der Regel an, daß man das Fell schon verteilt hat, ehe noch der Bär erlegt war"

So lange neue Erdräume in fast überreicher Fülle vorhanden waren, so daß kolonisationslüsterne Staaten sozusagen nur zuzugreifen brauchten und selbst Binnenlandstaaten, wie das Kurfürstentum Brandenburg oder Bayern, an Kolonialpolitik denken und sie zum Teil erfolgreich durchführen konnten, erwies sich eine Abgrenzung der Besitzrechte in Übersee nur ausnahmsweise erforderlich, so in Indien, in Insulinde, in einigen Teilen Südamerikas usw. Im übrigen konnte man sich noch den Luxus unscharfer Grenzen durchaus leisten. Es bedurfte ja überhaupt der Schaffung eines festen Meridian-Begriffs, wie er erst unter Ludwig XIII. von Frankreich (1610—1643) erstmalig in Gestalt des Ferro-Meridians erfolgte, um die Möglichkeit einer allgemeineren Benutzung klarer mathematischer Grenzlinien zu eröffnen, denn die Ungenauigkeit der „Demarkationslinien" vermochte kaum zur Nachahmung zu reizen.

Die Fälle, in denen Grenzziehungen an Hand von Längen- und Breitengraden erfolgten, sind im 19. Jahrhundert ebenso zahlreich wie untereinander ähnlich gewesen. Viele Inseln wurden durch solche Grenzziehungen auf der Landkarte in zwei, gelegentlich (vgl. Fig. 30) in drei Gebiete verschiedener staatlicher Zugehörigkeit zerrissen. Auch in der deutschen Kolonialgeschichte hat die Abgrenzung gegenüber den Nachbarländern nach derartigen mathematischen Linien eine sehr große Rolle gespielt. Sogar die Einteilung in Interessensphären erfolgte nach denselben Gesichtspunkten. Als Lüderitz 1884 z. B. das nach ihm benannte Land in Südwest-Afrika zwischen dem Oranjefluß und dem 26. Grad südl. Br. erwarb, ertönten in England

1) A. a. O., S. 18.

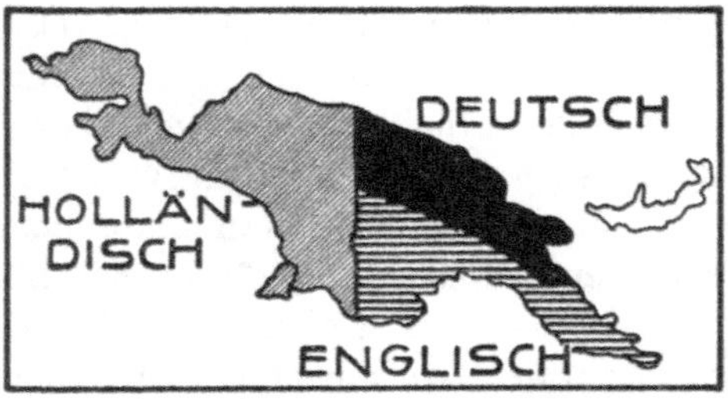

Fig. 30. Neuguineas Aufteilung unter 3 europäische Staaten.

aufgeregte Stimmen, die eine britische Monroedoktrin für Südafrika bis zum 18. Grad hinauf forderten. Bismarck dehnte darauf den schon am 24. April 1884 für das Lüderitzland erklärten Schutz des deutschen Reiches am 12. August 1884 auf das ganze Küstenland bis zum 18. Grad aus — mit Ausnahme der Walfischbai, die England schon früher einverleibt hatte, und als Grenze des neuen deutschen Schutzgebietes gegen Britisch-Südafrika wurde in Verhandlungen mit England der 20. Grad östl. Länge bestimmt. Im Norden gegen Angola wurde zwischen dem Kunene und dem Okawango auf 400 km Länge eine gerade Linie als Grenze vereinbart, die den Kuanyamastamm, den volkreichsten der Ovambo, in zwei Teile zerreißt, was im Laufe der Zeit zu unerträglichen Zuständen geführt hat.

Ähnliche Grenzziehungen waren im 19. Jahrhundert gang und gäbe. Das hinderte nicht, daß man später, wenn solche schematisch festgelegten Grenzen unter Kultur genommen wurden, gelegentlich bald hier, bald dort Abweichungen vereinbarte, um nicht einem Schema zuliebe zusammengehörige Natur- und Wirtschaftsgebiete zu zerreißen. Im allgemeinen aber sind auch im heutigen Afrika schnurgerade Grenzlinien, meist solche von genau nord-südlicher oder west-östlicher Richtung, häufig zu finden. — Noch ganz kürzlich ist ja bei der Schaffung der neuen Bundesstaaten Nord- und Mittelaustralien als Grenze zwischen ihnen im kulturlosen Innern wieder der 20. Grad Südbreite vereinbart worden.

Die großartigste mathematische Grenze der Welt, die sich selbst in dichter besiedelten und gut kultivierten Landesteilen seit über 100 Jahren gut bewährt hat, trennt Kanada und die Ver. Staaten im Westen der Großen Seen. Seit dem Londoner Abkommen vom 20. Oktober 1818 bildet hier der 49. Breitengrad über volle 58 Längengrade hinweg die Grenze zwischen beiden Staaten (vgl. Fig. 31). Ursprünglich wurde die 49^0-Grenze nur bis zum Felsengebirge vereinbart, da man in den westlicher gelegenen Strichen weder Landeskenntnisse noch Interessen besaß. Diese Unvollständigkeit der Grenzziehung führte natürlich später zum Streit, zum sog. Oregonkonflikt. Im Vertrag vom 15. Januar 1846 einigten sich aber England und die Ver. Staaten dahin, daß der 49. Grad bis zum Stillen

Fig. 31.
Die 49^0-Grenze zwischen den Ver. Staaten und Kanada.

Ozean als Grenze fortgeführt werden solle, oder genauer „bis zur Mitte des Kanals, der die Insel Vancouver vom Festlande trennt, und dann die Mittellinie dieses Kanals und der Fucastraße bis zum Stillen Ozean". Auf diese Weise verblieb die Insel Vancouver, obwohl ihr Südende noch etwas über den 49. Grad hinausgreift, in ganzem Umfang bei Kanada.

Die eigentümliche, für Kanada unzweckmäßige Grenzziehung gegen das den Ver. Staaten gehörige Alaska dagegen stammt noch aus der Zeit von 1799, da Zar Paul I. den gesamten pazifischen Küstenstrich Amerikas nördlich vom 52. Grad Nordbreite der Russisch-Amerikanischen Kompagnie als Monopolgebiet verlieh. Der Ukas Alexanders I. vom 4. September 1821 wollte sogar bis zum 51. Grad hinab das Befahren der nordamerikanischen Gewässer allen nicht-russischen Schiffen, außer in Zeiten der Not, verbieten, doch schränkte Rußland seine Besitzansprüche in den Verträgen mit den Ver. Staaten vom 17. April 1824 und mit England vom 28. Februar 1825 dann auf den Küstenstrich bis 54°40' n. Br. ein. Als später die Ver. Staaten den Russen ihre amerikanischen Besitzungen im Vertrag vom 30. März 1867 für 7,2 Mill. Doll. abkauften, entstand jene noch heute vorhandene, seltsame Grenze im Nordwesten Kanadas mit dem weit gegen Süden ausgreifenden Küstenzipfel. Die genau auf dem 141. Grad westl. L. verlaufende Grenze zwischen Kanada und Alaska, die vom Küstengebiet bis zum Eismeer reicht, dankt dagegen schon jenem russisch-englischen Grenzvertrag von 1825 ihre Entstehung.

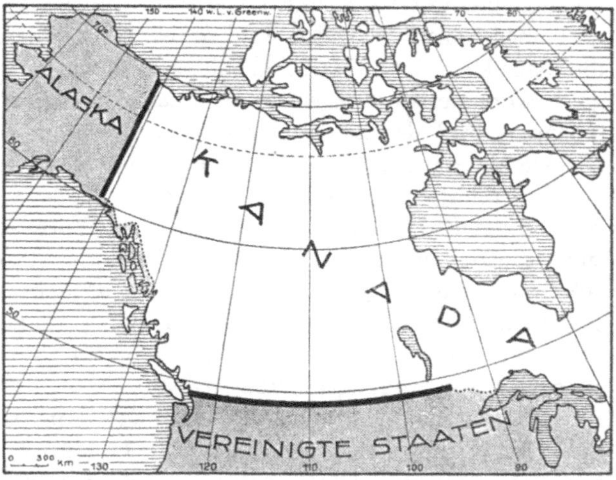

Fig. 32. Die bisher dauerhaftesten mathematischen Grenzen.

In Nordamerika konnten jene Liniengrenzen durch so viele Jahrzehnte stabil bleiben, weil seit 1815 zwischen England und den Ver. Staaten kein Kriegszustand mehr geherrscht hat. Bedroht war der Frieden wiederholt im letzten Jahrhundert, aber er hat sich immer wieder erhalten. Sollten freilich einmal kriegerische Verwicklungen zwischen dem Imperium und der machtvoll zur ersten Vormacht der Welt aufgestiegenen amerikanischen Union eintreten, so wird Kanada unvermeidlich gezwungen sein, zwischen beiden zu optieren, und die 49°-Grenze dürfte dann in jedem Fall zerschlagen werden. Kanada hat ja seit dem 19. November 1926 seine vollständige außenpolitische Selbständigkeit erlangt, nachdem schon

1841 den damals noch getrennten kanadischen Staaten (sie bilden erst seit 1871 eine politische Einheit) die Selbstverwaltung verliehen worden war (vgl. S. 231). Wenn das Schicksal eines Tages dem kanadischen Staat die Entscheidungsfrage vorlegt, ob er im Bereich des britischen Imperiums verbleiben oder ein Glied der größeren U. S. A. werden will, so wird es sich ganz ausschließlich von seinen ureigensten Interessen leiten lassen, und die weltgeschichtliche Entwicklungslinie prägt sich wohl schon jetzt erkennbar genug dahin aus, daß die Wagschale sich nicht nach der Seite des alternden England, sondern auf die der jugendlich aufsteigenden, reichen und mit rücksichtsloser Hemdsärmeligkeit sich durchsetzenden nordamerikanischen Union senken wird. Die Ver. Staaten machen ja durchaus kein Hehl daraus, daß sie, ebenso wie ganz Mittelamerika, auch ganz Nordamerika in einem neuen amerikanischen Riesenstaat vereinigen möchten. Daß der 49. Breitengrad noch einmal 100 Jahre lang seine Dienste als Staatengrenze tun wird, ist sehr wenig wahrscheinlich. Schon vor Jahrzehnten, im Oregon-Konflikt mit Kanada, erklang in den Ver. Staaten der Ruf „fifty five or fight!", d. h. „Vorschiebung der Grenze bis zum 55. Breitengrad oder Krieg!" — Wenn nicht alles täuscht, fällt die 49°-Grenze eines Tages ganz ohne Krieg, an dem Tage nämlich, da die zentripetale Anziehungskraft nach Süden für Kanada so groß geworden sein wird, daß die alten politischen Bindungen, die schon jetzt nur noch als ein Zweckverband, als eine Art von Vernunftehe zu bewerten sind, von selbst auseinanderfallen. Kanada kann dabei kaum etwas verlieren, wohl aber viel gewinnen, zumal da man im Lande der „Vereinigten" Staaten ganz gewiß seiner Selbstverwaltung nicht im geringsten zu nahe treten wird. Erst an jenem Tage wird man vielleicht endgültig erkennen, daß die Ver. Staaten die einzigen Sieger im großen Weltkrieg gewesen sind und daß ganz Europa ihn verloren hat.

6. Ethnologische Grenzen.

Während man die mathematisch-geographischen Grenzen zur Not noch als ein Zwischenglied zwischen solchen Grenzen, die die Natur, und solchen, die menschliche Willkür vorgezeichnet hat, ansehen kann, sind andere Grenzziehungen rein auf anthropogeographische Momente, auf menschliche Gegebenheiten, zurückzuführen, wenngleich auch sie gern natürliche Zustände der Erdoberfläche als Stütze für oft sehr weitgehende nationale Ansprüche heranzieht und geschickt als Vorwand benutzt.

Ethnologische Grenzen werden naturgemäß in der Regel mit Sprachgrenzen zusammenfallen. Es muß dies nicht notwendig der Fall sein, wird aber doch nur ausnahmsweise den Tatsachen nicht entsprechen. Daß früher, in Zeiten, wo durch ungleich größere Bodenständigkeit der Menschen die Sprachscheiden wesentlich schärfer als heute ausgeprägt waren, die Sprachgrenzen mit vortrefflichem Erfolg als politische Staatsgrenzen benutzt werden konnten, zeigt die in dieser Hinsicht vorbildliche Reichsteilung im Mersener Vertrag vom 9. August 870. Heute aber, im Zeitalter des Verkehrs und der Freizügigkeit, wird es kaum an irgendeiner Stelle der Kulturwelt noch möglich sein, scharfe Sprachgrenzen zu konstruieren, es sei denn, daß Meeresteile oder sehr rauhe Gebirge die Bildung einer sprachlichen Mischzone unmöglich machen. Flüsse, die als deutliche Sprachscheide angesprochen werden können, gibt es bezeichnenderweise in leidlich kultivierten Gegenden fast überhaupt nicht mehr. Allenfalls könnte hier das kurze Donaustück, das die Serben und die Ungarn trennt, als Beispiel genannt werden.

Die unvermeidlichen ethnologischen und sprachlichen Mischzonen an den Übergängen sind im Laufe der neueren Geschichte immer ausgeprägter eine nationale Reibungsfläche erster Ordnung geworden. Eine unverhältnismäßig große Zahl von politischen Konflikten und kriegerischen Zusammenstößen ist durch derartige Mischzonen und unvernünftige Entnationalisierungsmaßnahmen des jeweiligen Staatsvolkes heraufbeschworen worden. Es gilt auch in dieser Hinsicht das Wort: „Amerika, du hast es besser als unser Kontinent der alte", denn auf dem amerikanischen Festland werden von den Herrenvölkern bekanntlich nur drei Sprachen, Englisch, Spanisch und Portugiesisch, gesprochen; die sprachlichen Übergangszonen sind schmal und spielen politisch keine Rolle, da die Neue Welt verfehmte Sprachen so wenig, wie das Altertum, kennt. Haben sich doch die Ver. Staaten nicht einmal veranlaßt gesehen, die in Texas und Kalifornien noch massenhaft vorhandenen spanischen Namen der Orte, oder ebenso die französischen des 18. Jahrhunderts, umzuwandeln. Man spricht sie in einer der englischen Zunge mundgerechten Weise aus — fertig! Was kann es der Festigkeit und „Sicherheit" der staatlichen Macht der Union ausmachen, ob zu den vielen anderen Idiomen, die im Staate gesprochen werden, irgendwo auch die spanische Sprache, die im Nachbarstaat Mexiko zu Hause ist, gepflegt wird? Der Angelsachse ist viel zu großzügig veranlagt, als daß er derartigen Nebensächlichkeiten auch nur seine Aufmerksamkeit schenkt. Er hält es mit dem Großen Friedrich und läßt jeden nach seiner Fasson reden, wie es seiner Zunge bequem ist. So haben sich die Engländer auch nie veranlaßt gesehen, in Kanada gegen die noch weit verbreitete französische Sprache zu Felde zu ziehen. Sie haben die ansässigen Franzosen mit ihrem Lose zufrieden gemacht und haben sie reden lassen, in welcher Sprache sie wollten. Auf diese Weise haben sie aus ihnen mustergültig loyale Staatsbürger gemacht — loyalere jedenfalls, als es die unterdrückten und verfolgten Minderheiten in Südtirol, im Elsaß, in Böhmen, Polen, Rumänien, Kroatien usw. je sein werden.

Es ist das Kennzeichen kleinlicher Gesinnung und sehr oft das Kennzeichen des staatlichen Neulings und Parvenus, wenn die Staatsgewalt den Bürgern vorzuschreiben beginnt, welcher Sprache sie sich zu bedienen haben. Stets zeugt eine solche Gouvernanten-Methode von einem Gefühl der inneren Unsicherheit und Schwäche. Große und mit Recht stolze Völker verschmähen es, einem Teil der Staatsbürger die Muttersprache zu verbieten. So lange Frankreich innerlich stark war, unternahm es nichts gegen die deutsche Sprache im Elsaß. Einen Ludwig XIV., einen Napoléon I., der Sprachverbote erläßt, kann man sich schlecht vorstellen. Wurde doch im Straßburger protestantischen Gymnasium erst i. J. 1738, volle 57 Jahre nach dem Raube der Stadt, die französische Sprache als Lehrgegenstand mit — 2 Wochenstunden eingeführt![1]) Auch die Zarenregierungen waren sich $1^3/_4$ Jahrhunderte lang zu gut, den Balten den Gebrauch ihrer Muttersprache zu untersagen und zu erschweren. Aber für die

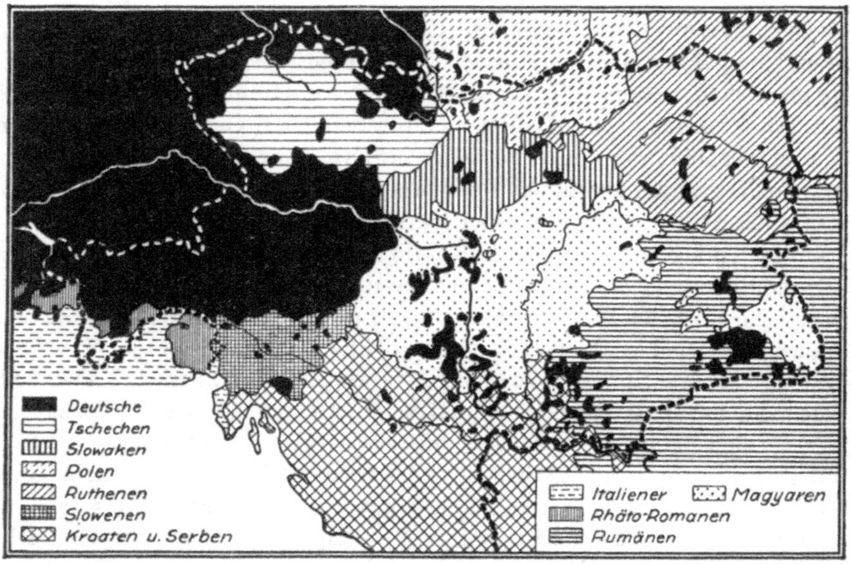

Fig. 33. Das Völkergemisch im alten Habsburger Reich und auf dem Balkan.

kleinen Nationen oder für Staaten, die einen Koloß auf tönernen Füßen darstellen, erscheint das Problem, daß nur die „vorschriftsmäßige" Sprache geredet werden darf, oft von ausschlaggebender Bedeutung, und unvernünftig viel Energie wird, fast stets vergeblich, auf die Durchfechtung dieser Idee verwendet.

Von jeher ist der Balkan ein Schulbeispiel für die unerquicklichen nationalen Gegensätze eines sprachlich besonders stark gemischten Gebietes (vgl. Fig. 33). Gerade wegen der vollkommenen Unmöglichkeit, hier klare ethnologische und sprachliche Grenzen zu konstruieren, ist ja der Balkan seit Jahrzehnten ein so wildbrodelnder politischer Hexenkessel. Solange dort die Serben und Magyaren, die Slowenen und Kroaten, die Bulgaren und Rumänen, die Griechen und Albaner und wie sie alle heißen mögen, gemeinsam vom Türken unterjocht waren, hielten sie untereinander leidlich Ruhe, mochten auch hier und da kleinere nationale Reibungen nicht zu vermeiden sein. Jedenfalls gönnte ein Sklave dem anderen seine Sprache.

1) Walter Vogel, Das neue Europa, Bd. II, S. 363, Bonn-Leipzig 1921.

Aber alle diese Völkerschaften gaben sich, sobald es ihnen im letzten Jahrhundert möglich war, einen eigenen Staat zu bilden, der brutalsten Unduldsamkeit und nationalen Proselytenmacherei hin. Keiner gönnte dem anderen seine Eigenart, und die Folge war bis auf den heutigen Tag ein Krieg Aller gegen Alle, nur gelegentlich unterbrochen durch gemeinsame Bündnisse gegen einen noch unbeliebteren Dritten. Auch nach dem Weltkrieg haben selbst die Staaten, die auf der Siegerseite standen, ihre jugendlichen Unarten und Parvenu-Manieren noch nicht abgelegt: die Rumänen unterdrücken die Bulgaren, die Deutschen, die Magyaren, die Serben, die Juden und werden dafür ihrerseits in Südslawien in der stark mit Rumänen durchsetzten Timok-Gegend nicht minder unterjocht und schlecht behandelt, wie die Bulgaren in Mazedonien, die Albaner in Kussowo, die Kroaten und Slowenen in den Nordwestgebieten, die Italiener in den südslawischen Küstenstädten. — Der politische Hexenkessel am Balkan wird niemals verschwinden, wenn die vielfach durcheinandergewürfelten Volks- und Spracheinheiten sich nicht zum Grundsatz des Leben und Lebenlassens bekennen, wenn die jeweilig zufälligen Staatsvölker die fremden Volksplitter nicht durch Toleranz zu gewinnen und sie durch gute Behandlung und pflegliche Schonung ihrer kulturellen Eigenart zur freiwilligen und freudigen Mitarbeit am Staat zu erziehen verstehen.

Auch Italien, das es eigentlich am wenigsten nötig hat, solche nationalen Kastrationsmethoden zu pflegen, hat leider in Südtirol, Istrien usw. gezeigt, daß ihm zur Großzügigkeit des Amerikaners, des Engländers, des Deutschen in der Behandlung nationaler Minderheiten noch alles fehlt. Daß frisch aus dem Ei gekrochene, neue Staaten, wie die Tschechoslowakei, Polen und die anderen sogenannten Randstaaten, jedoch mit Ausnahme von Finnland und zum Teil auch Esthland, die erwähnte Kinderkrankheit der nationalen Entwicklung zurzeit mit voller Schwere durchmachen, ist allbekannt. Bei den Polen, Litauern, Letten, Esthen, die 100—200 Jahre lang von Rußland rücksichtslos unterdrückt worden waren, kann man ein anfängliches Hinüberpendeln ins gegenteilige nationale Extrem zur Not verstehen, nicht aber bei den Tschechen, die unter dem milden Regiment Österreichs nie gehindert worden sind, ihre nationale Eigenart zu pflegen.

Gewiß ist Böhmen, das von der Natur mit so besonders gut durchgebildeten natürlichen und Wirtschaftsgrenzen ausgestattet worden ist, ein ausnehmend deutliches Beispiel dafür, wie wenig diese Grenzen mit den aus anderen Gründen so erwünschten ethnographischen und sprachlichen Grenzen zusammenfallen. Ist doch das Volk der Tschechen fast allseitig von deutschen Stämmen so umschlossen, daß es, um einen Ausdruck Kjelléns[1]) anzuwenden, von ihnen umrahmt ist, „wie das Gelbe vom Weißen bei einem Spiegelei" (Fig. 34). Wenn die Tschechen, die zahlenmäßig nicht so stark

1) Rud. Kjellén, Die Großmächte und die Weltkrise, S. 12. Leipzig-Berlin 1921.

sind wie die mit ihnen zwangsmäßig im selben Staat vereinigten Deutschen, Slowaken und Magyaren zusammen, mögen sie ihnen auch einzeln überlegen sein, eine Spur von staatspolitischem Weitblick besäßen, so würden sie längst eingesehen haben, daß man dem neuen Staat niemals dadurch Dauerhaftigkeit verleihen kann, daß man die zentrifugalen Kräfte in ihm mit allen Mitteln stärkt und ihn der Mehrheit der Staatsbürger verekelt. Mag auch das tschechische Volk sich bedeutend stärker vermehren als die Deutschen und wohl auch die Slowaken und Magyaren, mag selbst Prag, wo noch vor etwa 150 Jahren 20mal so viel Deutsche als Tschechen gelebt haben sollen, heute fast ganz tschechisiert sein, ein Volk von nur 6 Mill. kann niemals darauf rechnen, $7\frac{1}{2}$ Mill. andere um ihr Volkstum ringende Glieder desselben Staates zu verdrängen oder sich gar durch schlechte Behandlung zu assimilieren. Wenn man daher in Prag die bisher beliebten Methoden nicht bald und durchgreifend ändert, kann das Horoskop für die Lebensfähigkeit des neuen tschechoslowakischen Staates, den Maull ein „groteskes, raumgeographisch völlig unhaltbares Gebilde“ nennt[1]), gar nicht ungünstig genug lauten. Dasselbe gilt für Groß-Rumänien, das im Kriege, ähnlich wie Italien, unverdient Glück gehabt hat und das nun soeben (1927) mit einer Karikatur von Volkszählung die Welt darüber hinwegtäuschen will, daß innerhalb seiner viel zu weit gezogenen Grenzen Millionen von Russen, Bulgaren, Deutschen, Magyaren, Juden und anderen fremden Volkssplittern ansässig sind.

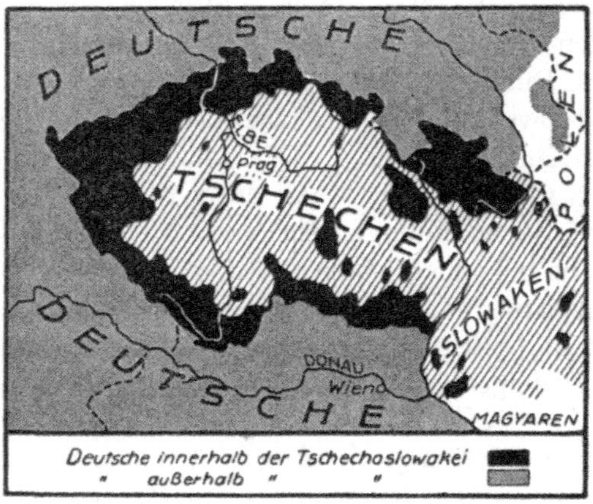

Fig. 34. Die Umrahmung des tschechischen Volkstums durch das deutsche.

Aus dem gleichen Grunde (und noch aus manchem anderen) muß der Zukunft des neuen, wahllos zusammengeflickten Staates Polen eine sehr schlechte Prognose gestellt werden. Hier sind 17 Mill. Polen, 5 Mill. Juden, 2 Mill. Weißrussen, $1\frac{1}{2}$ Mill. Deutsche, $1\frac{1}{2}$ Mill. Ukrainer, 200000 Kassuben und etwa 150000 Litauer in denselben polnischen Topf getan und wollen sich durchaus nicht zu einer Nation verschmelzen lassen. Aber das Staatsvolk sieht nicht ein, daß 17 Mill. Polen eben nur 17 Mill. bleiben, selbst wenn man noch weitere 4—5 Mill. Deutsche in Ostpreußen und Schlesien hinzuverschlucken würde. Ohne freiwillige Mitwirkung der fremden Volkssplitter, die man durch brutale Drangsalierung dem polnischen Staat weitgehend entfremdet hat, ist nun einmal der holde

1) a. a. O., S. 399.

polnische Traum, eine neue Großmacht werden zu können, niemals zu verwirklichen. Uferlose imperialistische Pläne, Litauen und Weißrußland, Danzig und Ostpreußen, Schlesien und Brandenburg mindestens bis zur Oder und den größten Teil von Pommern einzuverleiben, Stettin zum polnischen Hafen und die Oder zu „Polens Strom, nicht Polens Grenze" zu machen (alle diese Ideen sind, und zwar im vollen Ernst, erörtert worden!) schaffen auch nicht mehr Polen, als nun einmal vorhanden sind. Die Basis für eine Großmacht ist und bleibt zu schmal, und wahllose Einverleibung von unbegrenzten Millionen volksfremder und staatsfeindlicher Elemente würde die ohnehin beängstigend schwache Struktur des Staates bis zum Zerbrechen belasten, zumal da auch die Verwaltung nicht eben mustergültig genannt werden kann.

Lebensfähig werden alle diese neuen Randstaaten nur sein, wenn sie sich aller Großmannspläne enthalten, wenn sie sich auf ihr kleines Staatsvolk unter tunlichst weitgehender Ausscheidung aller volksfremden Elemente beschränken und, ähnlich wie die Türkei der Nachkriegszeit, an innerer Kraftkonzentration zu gewinnen suchen, was ihnen an territorialer Größe abgehen muß, falls sie gesund bleiben (oder werden) wollen. Eine Großmacht muß von selbst entstehen und kann nicht „gemacht" werden, auch durch keine noch so rührige Flickschusterarbeit mit Landkomplexen. Selbst wenn es den 17 Mill. Polen morgen gelänge, ihren Staat über ganz Mittel- und Osteuropa auszubreiten, wären sie damit noch lange keine Großmacht und gegenüber dem heutigen Zustand nicht stärker, sondern schwächer.

Gegen die natürlichen Voraussetzungen vermag nun einmal kein menschlicher Wille dauernd etwas auszurichten. Mit vollem Recht sagt Walter Vogel gerade über das großmachtlüsterne Polen[1]):

„Die Natur hat Polen wichtige Vorbedingungen zur Bildung einer Großmacht vorenthalten, es gleichsam vorherbestimmt zur Abhängigkeit von größeren Nachbarmächten. Als Mittelstaat auf seine engeren nationalen Grenzen beschränkt, mag es eine gewisse Selbständigkeit bewahren, aber das Maß derselben wird wohl mehr von der allgemeinen Verfassung Europas und von dem Stande der praktisch anerkannten Völkerethik als von seiner eigenen Kraft bestimmt werden."

Gewiß, es hat unter den Staaten der Geschichte Großmächte von recht kleinem Umfang gegeben, Großmächte, die sich auf eine Bevölkerung von nur wenigen Millionen oder noch weniger Menschen stützten, wie schon oben (S. 37) dargelegt wurde. Aber man möge auch nicht vergessen, daß diese Großmachtstellungen nicht nur durch die glanzvollen Taten einzelner überragender Persönlichkeiten, eines Perikles, eines Robert Guiscard, eines Gustav Adolf, eines Tromp und de Ruyter, eines GroßenFriedrich, geschaffen worden sind, sondern auch durch die hingebungsvolle und opferfreudige Gesinnung aller Bürger des Staates. Die innere Kraft allein schafft die Stärke der politischen Stellung eines Staates. Daß äußere Größe und überquellender Volksreichtum für die politische Bewertung

1) Walter Vogel, Das neue Europa, Bd. II, S. 544.

eines Staates nicht das Geringste zu bedeuten haben, dafür sollte doch das 425 Mill.-Reich China und das $8\frac{1}{2}$ Mill. qkm große Brasilien all den zanksüchtigen kleinen Gernegroßen zwischen 5 und 17 Mill. Köpfen ein warnendes Beispiel sein. Mögen sprachliche Grenzen in idealer Weise kaum jemals herzustellen sein, ein allzu groteskes Mißverhältnis zwischen den ethnographischen Tatsachen und den politischen Ansprüchen eines Staatsvolkes läßt die Geschichte niemals lange zu. Es kann demnach gar keinem Zweifel unterliegen, daß auch die unbegreiflich groben Verstöße der staatsmännischen Stümper von Versailles gegen die ethnographische Wahrheit in nicht sehr ferner Zukunft einer ausgiebigen Revision durch die Zeit wird unterzogen werden müssen. Die Mehrzahl der künstlich neu geschaffenen „Pseudo-Nationalstaaten"[1]) trägt von Anfang an hektische Züge an sich. Die charakteristischsten und in ihrer Zusammensetzung bedenklichsten Pseudo-Nationalstaaten sind, auf Grund einer vom Grafen Apponyi im Völkerbund mitgeteilten (z. T. berichtigten) Zahlenübersicht, in Europa zurzeit die nachfolgenden Staaten:

Land	Gesamtbevölkerung in Millionen	Kopfzahl der nationalen Minderheiten in Millionen	Prozentsatz fremden Volkstums
Tschechoslowakei	$13\frac{1}{2}$	$7\frac{1}{2}$	55
Polen	$27\frac{1}{2}$	$10\frac{1}{2}$	38
Litauen	$2\frac{1}{2}$	0,9	28
Rumänien . . .	16	$4\frac{1}{2}$	28
Lettland	1,85	0,44	24
Südslawien . . .	12	2,4	20
Ungarn	8	1,2	15

In einer Zeit, wo das Schlagwort vom „Selbstbestimmungsrecht der Völker" gilt, ist natürlich auch die Forderung nach „ethnographischen Grenzen" sehr populär. Man hat sie schon lange vor dem Weltkrieg gelegentlich auf den Schild erhoben. Bereits in den 60er und 80er Jahren waren sie ein Faktor der hohen Politik. Als 1864 Preußen und Österreich Schleswig-Holstein von der dänischen Herrschaft befreit hatten, sollte ein Plebiszit über die staatsrechtliche Stellung des Herzogtums entscheiden — es ist zu dieser „Selbstbestimmung" nie gekommen: das Land wurde 1866 preußische Provinz. Als Peru von Chile in einem seit 1879 währenden Kriege besiegt worden war, mußte es im Frieden von Ancon am 20. Oktober 1883 neben der Provinz Tarapaca, die es gänzlich verlor, die wertvollen beiden Provinzen Tacna und Arica auf 10 Jahre an Chile abtreten. Nach Ablauf dieser 10 Jahre sollten die beiden Provinzen durch eine Volksabstimmung selbst entscheiden, welchem Staate sie zugehören wollten. In diesem Falle handelte es sich zwar nicht eigentlich um ethnographische

1) Alex. Supan, Leitlinien der allgemeinen politischen Geographie, 2. Aufl., S. 117. Berlin-Leipzig 1922.

Grenzen, denn sowohl in Chile wie in Peru war die spanische Sprache und waren spanische Abkömmlinge zu Hause. Aber es ist aus diesem Beispiel von 1883 doch zu ersehen, daß gewisse Bestimmungen des Versailler Diktats schon ein fast genau gleichlautendes Vorbild gehabt haben. Im übrigen ist jene im Frieden von 1883 vorgesehene Volksabstimmung weder 1893 noch je nachher vor sich gegangen: sie ist „vergessen" worden, wie es gewissen Kreisen auch hinsichtlich der im Saargebiet geplanten Volksabstimmung am liebsten sein würde. Da aber Peru keine Ruhe gab wegen der Zugehörigkeit von Tacna und Arica, die inzwischen übrigens durch Chile kulturell stark entwickelt worden waren, einigten sich Peru und Chile am 20. Juli 1922 dahin, die Streitfrage dem Schiedsspruch der Ver. Staaten zu unterbreiten. Das Urteil lautete am 4. März 1925 dahin, der Abstimmungsparagraph 3 des Vertrages von Ancon sei nach wie vor in Gültigkeit; nur das kleine Gebiet von Tarata sei an Peru zurückzugeben. Damit ist das strittige Land als endgültig chilenisch zu betrachten, denn wenn es überhaupt noch zur Abstimmung kommen sollte, so würde diese unweigerlich eine starke Mehrheit für Chile ergeben (was selbst in Peru nicht bezweifelt wird). Sind doch sogar die in Arica ansässigen Chinesen chilenisch gesinnt. Damit dürfte diese schwierige Frage ihre endgültige, befriedigende Regelung gefunden haben.

An sich könnte man in umstrittenen Gebieten den Gedanken einer Abstimmung der Bevölkerung über ihre staatliche Zugehörigkeit durchaus begrüßen. Solche Abstimmungen, unparteiisch durchgeführt und — — beachtet, würden das Ideal der ethnographischen Grenzen noch am ehesten zu verwirklichen gestatten. Nur haben die Tatsachen nach 1919 bewiesen, daß auch mit solchen Abstimmungen ein erhebliches „corriger la fortune" betrieben werden kann. Die Farce der von den Belgiern durchgeführten „Volksabstimmung" in Eupen-Malmedy, bei der von 60000 Einwohnern nur ganze 271 zur Abstimmung zugelassen wurden, die Art und Weise, wie die urdeutsche Tondern-Ecke Schleswigs trotz einer überwältigenden deutschen Stimmenmehrheit den Dänen in die Hände gespielt wurde, sowie die unter Verletzung des Versailler Artikels 88, der nichts von einer Teilung Oberschlesiens wußte, im Oktober 1921 bei einem Stimmverhältnis von 62% deutschen zu 38% polnischen Stimmen durchgeführte Zerreißung des einheitlichen oberschlesischen Wirtschaftsgebietes zugunsten Polens, sie waren ebenso viele Musterbeispiele dafür, wie das Selbstbestimmungsrecht der Völker nicht in die Wirklichkeit umgesetzt werden dürfte — ganz abgesehen davon, daß in vielen Ländern, wo eine Volksabstimmung ganz besonders dringend notwendig wäre, wie in Elsaß-Lothringen, in Südtirol, in den ehemals preußischen Teilen Polens und Litauens, in Wilna, Fiume in den früheren deutschen Kolonien usw. kein Wort davon jemals verlautete.

Nur in Deutsch-Ostafrika haben die Engländer 1921, um „das Gesicht zu wahren", in einigen Distrikten die Eingeborenen abstimmen lassen, unter welcher Herrschaft sie zu stehen wünschten. Als aber die ersten

Ergebnisse bekannt wurden, die bis zu 95% Stimmen für Wiederkehr der deutschen Herrschaft ergaben, wurde sofort die Abstimmung abgebrochen und der ganze Akt als nicht geschehen behandelt.

Sicherlich sind in umstrittenen Gebieten ethnographische Grenzen, die auf Grund ehrlich durchgeführter Abstimmungen ehrlich konstruiert werden, die gerechteste und des 20. Jahrhunderts würdigste Grenzgestaltung, die sich finden läßt. Aber es scheint so, als ob unsere Zeit noch nicht ganz reif für derartige Gedanken ist.

Sind doch selbst in Gebieten, in denen man angeblich den Grundsatz der ethnologischen Grenzen beachtet und zum Teil auf Grund einer Volksabstimmung ermittelt haben will, in den polnisch gewordenen Teilen des deutschen Reiches, Zustände eingerissen, die der bekannte polnische Chauvinist Korfanty, sicher ein unverdächtiger Zeuge, mit den Worten geißelte:

„Oberschlesien ist für Polen heute nichts weiter als eine Kolonie, die ausgebeutet wird. Der polnische Staat wird nur durch die produktive Arbeit der westlichen Wojwodschaften Oberschlesien, Posen, Pommerellen aufrecht erhalten, während alle anderen Wojwodschaften Zuschüsse erfordern.“

Gerade die polnisch gewordenen Teile Oberschlesiens, die eine Kommission des Völkerbundes unter Vorsitz eines Chinesen auf Grund der Abstimmung vom 20. März 1921, unter Berichtigung einiger „Schönheitsfehler“ des Ergebnisses, an Polen gab, müssen zurzeit, obwohl sie nur 4,2% der Bevölkerung des polnischen Staates stellen, 20% des gesamten Steueraufkommens aufbringen und 53 Zloty je Kopf und Jahr zahlen, gegenüber einem Durchschnitt von nur 12 Zloty im ganzen Lande und von nur 2,6 Zloty in den östlichen Provinzen. Niemand, der an der Volksabstimmung teilnahm, hat dabei je an eine staatliche Zerreißung Oberschlesiens gedacht, die ja auch im Friedensdiktat nicht vorgesehen war. Selbst die polnisch gesinnten Kreise im heutigen Polnisch-Schlesien fragen jetzt, wo hundert wertvolle Wirtschaftsfäden zerrissen sind und sie als milchende Kuh für die kulturell rückständigen Provinzen des Staates zu dienen haben, wie Björnsorns Pfarrer Sang: „Aber das war doch nicht die Meinung?“ — Man sieht daraus, daß selbst mit einer Abstimmung (deren Unparteilichkeit im übrigen nicht eben mustergültig war), die dem Selbstbestimmungsrecht der Völker und den ethnographischen Zuständen Rechnung tragen soll, noch keineswegs ein Zustand erreicht zu werden braucht, der auch nur einen größeren Teil der Abstimmenden glücklicher und zufriedener macht, als er es vorher war. Welche Grenzziehung ist also in unseren Tagen die wirklich beste? Wo ist Wahrheit? —

Regierungs-Ansichten, -Statistiken und -Denkschriften können und sollen darüber niemals entscheiden, denn daß zwei Staaten, die sich um eine ethnographische und sprachliche Grenze miteinander streiten, auch recht verschieden lautende Belege aus der Welt der „dritten Lüge“, der Statistik, zur Hand haben, hat die Welt nach 1914 noch häufiger als vorher erfahren. Wenn man soweit geht, wie gewisse polnische Kreise, die u. a. Breslau und Berlin als polnische Städte ansprechen und Rheinland-Westfalen als polnische Provinz reklamieren, weil auch dort ein paar hundert oder tausend polnisch redende Menschen zu Hause sind, dann ist schließlich überhaupt kein Teil der bewohnten Erde vor überspannten Annektionsgelüsten mehr sicher. In Paris und London und New York wohnt ja schließlich auch eine ganze Menge von Polen.

Ethnographische Grenzen sind ein durchaus zu begrüßender, neuer Begriff, der aber leicht zu üblem Mißbrauch Anlaß geben kann. In Regierungs-Kundgebungen und -Noten sollte die Berufung auf ethnographische Grenzen auf ein Minimum eingeschränkt werden. Sollen aber in irgendeinem strittigen Gebiet ethnographische Grenzen ermittelt werden, so darf dies nur auf dem Wege einer unbeeinflußten Abstimmung der Bevölkerung vor sich gehen, die von einer vollkommen unparteiischen und ehrlich nach Wahrheit suchenden, neutralen Persönlichkeit geleitet wird.

7. Strategische Grenzen.

Wenn schon das Jonglieren mit ethnographischen Grenzen willkürlichen, oft maßlosen Forderungen Tür und Tor zu öffnen vermag, so wird der friedenstörende Unfug noch größer, sobald die Forderung nach strategischen Grenzsicherungen ertönt. Jeder, auch der uferloseste Chauvinismus findet eine „Begründung“ für seine territorialen Ansprüche, wenn er sich (es wird hier zeitlos und ohne Beziehung zur Gegenwart gesprochen) auf die „Sicherung“ gegen vermeintliche oder wirkliche feindliche Angriffsabsichten beruft. Bei manchen Völkern, deren Geschichte von einem besonders regen Annektionshunger zeugt, ist überhaupt kein territorialer Zustand vorstellbar, bei dem sie sich vollkommen gegen alle feindlichen Anschläge gesichert fühlen würden. Jede strategische Grenze ruft den Wunsch nach einem Glacis außerhalb der Grenze und jedes Glacis den Wunsch nach einer neuen strategischen Grenze wach. Von neueren politischen Träumen dieser Art sei hier gar nicht gesprochen, aber als die Römer Gallien erobert hatten, da strebten sie den Rhein als strategische Grenze an, und als sie am Rhein standen, brauchten sie Brückenköpfe und ein von feindlichen Bewohnern und Streitkräften freies Glacis, eine neutrale Zone auf dem rechten Ufer, und zur Sicherung dieses Vorgeländes sollte Drusus die Grenze bis zur Elbe vorschieben, und wer weiß, wo diese „Sicherungs“-Politik wirklich ihr Ende gefunden hätte, wenn nicht die Schlacht im Teutoburger Walde dazwischen gekommen wäre!

Die Einseitigkeit der Glacisbildung vor der „strategischen Grenze“ hat natürlich immer nur der besiegte Teil zu tragen. Auch hier sei an mancherlei Ereignisse der jüngsten Vergangenheit nicht gedacht, aber als die Franzosen Siam durch militärische Drohungen besiegt hatten, mußte dieses ihnen im Vertrag vom 3. Oktober 1893 nicht nur das gesamte linke

Ufer des beanspruchten strategischen Grenzflusses, des Mekong, abtreten, sondern sich darüber hinaus auch verpflichten, in einer 25 km breiten Zone auf dem rechten Ufer kein Militär zu halten und auf dem Fluß keine bewaffneten Fahrzeuge verkehren zu lassen. Das Diktat von Versailles würde also einen Ben Akiba ganz gewiß nicht in Verlegenheit setzen.

Am anspruchsvollsten in bezug auf strategische Grenzen ist von jeher England gewesen, sobald es sich um die Sicherung des kostbaren indischen Besitzes handelte. Als in den 70er Jahren Afghanistan besiegt worden war — der eigentliche Gegner hieß Rußland, und Afghanistan war im wahren Sinne des Wortes nur der Prügeljunge — forderte der britische Premier Lord Beaconsfield im Frieden von Gandamak (28. Mai 1879) eine „Berichtigung" der indischen Grenze. Es wurde das Verlangen nach einer „wissenschaftlichen Grenze" laut (an schönen Worten und Berufungen auf den Willen der Natur hat es den Vertretern des strammsten Imperialismus niemals gefehlt!): die Wasserscheide zwischen Indien und Afghanistan sollte als Naturgrenze gewählt und damit Indien strategisch gesichert werden. Als dann die Russen ihre Grenzen in Innerasien 1884—87 bis unmittelbar an die Nordgrenze Afghanistans und Persiens vorgetrieben hatten, genügte den Briten auch jene „Sicherung" noch nicht: der Khan von Belat wurde zum Verzicht auf seine Selbständigkeit genötigt und am 1. Oktober 1887 Belutschistan zum britischen Glacis für Indien gemacht. 1901 folgte die Schaffung eines neuen Glacis, der Nordwest-Provinz, aus Landschaften südlich des Hindukusch und indischen Grenzbezirken. Die weitgediehene Festsetzung Englands in Tibet seit 1904 diente natürlich ebenfalls der Sicherung Indiens.

Auch sonst sind die Ansprüche an strategische Vorgelände, Glacis, neuerdings immer ausgiebiger geworden. England hatte 1882 Ägypten des Suezkanals wegen an sich gebracht, der seit 1869 die wichtigste Zugangsstraße nach Indien geworden war. Das Glacis für Indien war demnach bis zum Nil vorgeschoben worden. Und als neues Glacis für Ägypten wurde dann 1898 der Sudan in britische Abhängigkeit gebracht. Auch die Festsetzung in Mesopotamien ist geopolitisch unter dem Gesichtswinkel der Sicherung Indiens — dazu der Ausbeutung der Ölfelder — zu verstehen, weil die zwar mehr als sonderbare, aber tatsächlich vorhanden gewesene Besorgnis aufkam (vielleicht auch nur als Vorwand diente), die nach Mesopotamien vordringende deutsche Bagdadbahn könne einem Angriff auf die Sicherheit Indiens Vorschub leisten.

Selbst innerhalb Europas sind ja die Anforderungen an die Größe der Glacis immer anspruchsvoller geworden. Italien, das bis 1914 nie an etwas anderes gedacht hatte als an eine Erwerbung des Trentino, der italienisch sprechenden Teile Tirols, die von den deutschsprachigen Teilen an der Salurner Klause ziemlich scharf getrennt waren, nutzte 1918 den Zerfall Österreichs und seine gänzliche Unfähigkeit zur Abwehr dahin aus, daß es ganz Südtirol als Glacis einverleibte und den Brenner als strategische Grenze forderte und infolge der grauenhaften Unwissenheit Wilsons in der europäischen Ethnologie auch erhielt. — Rücksicht auf irgendwelche ethnologischen Fragen, auf das „Selbstbestimmungsrecht der Völker" pflegt der Anhänger strategischer Grenzen nicht zu kennen. Dem militärischen Verlangen nach Sicherheit haben sich eben alle anderen Gesichtspunkte bedingungslos unterzuordnen. Dabei ist gerade der Brenner, der am Rechen Scheidegg-Pass unschwer umgangen werden kann, gar keine strategische Grenze. Diese fällt vielmehr in Tirol zufällig mit der ethnographischen zusammen und liegt, wie auch Lord Bryce am 16. Juli 1920 im englischen Oberhaus hervorhob, bei Salurn. „Der Brenner ist keine Grenze, sondern eine strategische Gefahr"[1]) sagt Rohrbach mit Recht.

Zu den Formen der strategischen Grenzen muß man ferner jene seltsamste Grenzziehung in ganz Europa zählen, die unmittelbar vor einem der ersten Häfen Europas, vor das belgische Antwerpen, quer über die Scheldemündung einen holländischen Riegel, in Gestalt von Holländisch-Seeland, gelegt hat.

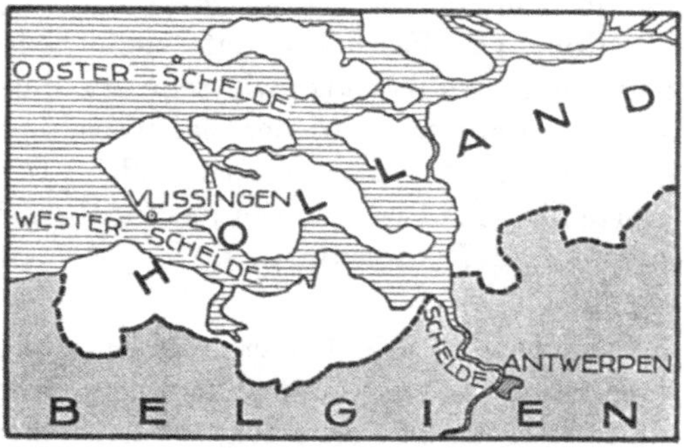

Fig. 35. Der holländische Schelde-Riegel.

Es kommt ja auch sonst nicht ganz selten vor, daß die Mündung eines Flusses im Besitze eines anderen Staates als der größte und wichtigste Teil des Flusses selbst ist (vgl. S. 148f.). Aber nirgends sonst auf der ganzen Erde findet sich ein Beispiel, daß ein höchst bedeutsamer Seeplatz eines Landes nur über fremde Territorialgewässer hinweg von Seeschiffen angelaufen werden kann. Antwerpen ist für Belgien von so gewaltiger Bedeutung, daß man das ganze Land nicht unzutreffend als „Antwerpen mit Hinterland" bezeichnet hat. Und dennoch kann der zurzeit verkehrsstärkste Seehafen des ganzen festländischen Europa nur über Wasserstraßen eines konkurrierenden Nachbarstaates erreicht werden! Mag auch die „Freiheit der Schelde-Schiffahrt" schon am 19. April 1839 als völkerrechtlicher Grundsatz anerkannt worden sein, daß aus solchem geopolitisch geradezu beispiellosen Zustand sich bis in die allerjüngste Gegenwart unaufhörliche Reibungen ergeben, ist nur allzu verständlich. England hat damals im Londoner Frieden bewußt diese ganz unnatürliche Grenze durchgesetzt, um jede Möglichkeit, Antwerpen, „die aufs Herz Englands gerichtete Pistole" (Napoléon I.), für irgend welche militärischen Aktionen nutzbar zu machen, so nachhaltig wie möglich zu vereiteln. Das ist ja nun auch schon 90 Jahre lang gelungen!

---

1) Paul Rohrbach: „Deutschtum in Not", S. 220. Berlin-Schmargendorf und Leipzig 1928.

Pufferstaaten sind ein moderner Ersatz für die wüsten Zonen, die man in alter Zeit zwischen zwei feindlichen Staaten gern bestehen ließ (vgl. S. 209ff.). Als ursprüngliche Pufferstaaten sind anzusehen Belgien, Luxemburg, Uruguay und Rumänien, in neuester Zeit und noch in der Gegenwart das erst am 28. Dezember 1912 geborene Albanien sowie das arabische Land Assir, das zwischen dem Herrschaftsbereich des annektionslüsternen Königs von Hedschas, Ibn Saud, und dem des Imam Yahia von Yemen die unmittelbare Grenzberührung hindern sollte, das aber im Oktober 1926 von Ibn Saud zum Protektoratsgebiet erklärt und somit für die Einverleibung reif gemacht wurde.[1])

Eine andere Art des Ersatzes, die dem Wesen des militärischen Glacisschutzes ungleich näher kommt, sind die vorgeschobenen Brückenköpfe, die in feindnachbarliches Gebiet hinübergreifen und gelegentlich fast die Rolle von Festungen auf feindlichem Boden spielen — ein besonders deutlicher Beweis, wie sehr für einen als strategische Grenze erkorenen Fluß noch wieder besondere und erhöhte „Sicherungen" angestrebt werden. Zuweilen sind solche Brückenköpfe nur als Ausgangspforte für neue Eroberungen im Nachbargebiet gedacht, zuweilen sind sie auch letzte Rudimente eines aufgegebenen Herrschaftsanspruches auf fremdem Boden.

Calais war den Engländern, als sie es unter Eduard III. am 14. August 1347 erobert hatten, ein festländischer Brückenkopf, der nicht etwa England gegen Einfälle schützen, sondern umgekehrt ein starker Stützpunkt für englische Eroberungen in Frankreich sein sollte. Vom 12. bis 15. Jahrhundert waren mehrfach die Engländer Herren des größten Teiles von Frankreich. Sie mußten dann allmählich ihre Eroberungen aufgeben, aber Calais blieb ihr Brückenkopf und wurde ihnen erst am 8. Januar 1558, nach mehr als 200jähriger Herrschaft, entrissen, was der Königin Maria von England das Herz brach. Und als die Schweden ihr von Gustav Adolf geschaffenes Kolonialreich auf norddeutschem Boden im Stockholmer Frieden (31. Januar 1720) aufgeben mußten, behielten sie dennoch einen letzten Brückenkopf in Wismar, das ihnen zwar von Mecklenburg-Schwerin 1803 auf 100 Jahre abgepachtet wurde, auf dessen formellen Besitz sie endgültig aber erst i. J. 1903 verzichtet haben.

Besonders eifrig sind vor allem stets die Franzosen gewesen, sich Brückenköpfe auf dem rechten Ufer des Rheins zu verschaffen. Als der mit ihnen verbündete arglose Herzog Bernhard von Weimar das für uneinnehmbar gehaltene Breisach erobert hatte (7. Dezember 1638) und bald darauf, am 18. Juli 1639, daselbst gestorben war, nisteten sie sich zum ersten Male dort ein und wußten die wertvolle Exklave auf deutschem Gebiet im Westfälischen Frieden zu behalten (vgl. Fig. 40 auf S. 152). Wie sie diese Festsetzung auf dem rechten Ufer des Rheins im innersten Gemüt bewerteten, beweist jene offenherzige lateinische Inschrift, die sie

1) Major Welsch im „Neuen Orient", 1927, S. 194.

auf dem Rheintor von Breisach anbringen ließen und die sich bis heute erhalten hat:

Limes eram Gallis, nunc pons et janua fio;
Si pergunt Galli, nullibi limes erit.

zu deutsch:

„Schranke war einst ich den Galliern, nun wurde ich Brücke und Pforte,
Fahrt ihr Gallier, so fort, nirgendwo Grenzen mehr gibt's!"

Der grundverschiedenen Auffassung vom defensiven und vom offensiven Charakter der Brückenköpfe, wie sie der germanischen und der gallischen Nation zu eigen ist, hat schon i. J. 1697, als in den Ryswyker Friedensverhandlungen vergeblich versucht wurde, das 16 Jahre zuvor geraubte Straßburg wieder dem deutschen Reiche zu vereinen, Markgraf Ludwig Wilhelm von Baden treffend Ausdruck verliehen:

„Für Deutschland dient diese Stadt zu nichts anderem als einer ständigen Versicherung des Friedens, für Frankreich aber ist sie eine immerfort aufstehende Kriegspforte, woraus es, so oft es nur will, in das platte Land vorbrechen kann."

Zur „Sicherung" von Straßburg hat in der Tat Frankreich, so wie es die Macht dazu hatte, den Kehler Brückenkopf beansprucht, den es von 1801 bis 1813 und wieder von 1918 bis zur Gegenwart (im Hafen) besetzt hielt. Dasselbe war in denselben Jahren der Fall mit dem Brückenkopf von Kastel zur „Sicherung" von Mainz.

Brückenköpfe sind stets vorspringende Grenzausstülpungen und teilen mit allen übrigen Grenzausstülpungen die Eigenschaft, daß sie den einen Nachbar leicht zum Angriff reizen, den anderen dagegen militärisch unverhältnismäßig stark benachteiligen. Ob es sich dabei um einen nur kleinen einspringenden Zipfel handelt, wie den von Givet, der von Frankreich tief nach Belgien hineingreift, und den von Maine, mit dem die Ver. Staaten gegen das östliche Kanada vorstoßen, oder um eine Grenzausstülpung ganz großen Stils, wie es von 1815—1914 diejenige Russisch-Polens im Verlauf der deutschen Ostgrenze war (die sich übrigens 1914/5 doch nicht als so gefährlich, wie man es vordem glaubte, in militärischer Hinsicht erwiesen hat), ist dabei verhältnismäßig gleichgültig.

Europa leidet, infolge seiner langen und komplizierten historischen Entwicklung, viel mehr als die anderen Erdteile an unzweckmäßig verlaufenden Grenzführungen und Deutschland, sowohl vor 1914 wie nach 1918, vielleicht mehr als jedes andere Land, da sowohl Polen wie Böhmen und das Elsaß sehr starke Ausstülpungen in den Grenzverlauf hineintragen. Von der staatsmännischen Pfuscherei des sogenannten „polnischen Korridors", der über nicht-polnische Landesteile zur Ostsee gelegt ist und Deutschland in zwei Teile zerrissen hat, soll dabei noch gar nicht einmal eigens gesprochen werden. Die in Versailles geleistete Flickschusterarbeit wird am vernichtendsten dadurch charakterisiert, daß die Friedensschlüsse von 1919/20 die europäischen Zollgrenzen um insgesamt 11000 km vergrößert haben oder dadurch, daß die Ostsee 1914 von 4, seit 1910 aber von 10 Staaten begrenzt wurde.

Fig. 36. Die kreisähnliche Gestalt des Vorkriegs-Ungarn.

Das Ideal einer strategischen Grenze ist immer die ungefähr kreisrunde Form des Staates, die aber aus naheliegenden Gründen nur vereinzelt einmal ungefähr erreicht wird, denn der Kreis gewährt die kürzeste Linie zur Verteidigung. Am besten näherte sich der Kreisgestalt das Ungarn der Vorkriegszeit (Fig. 36); recht nahe kommen ihr auch Frankreich, Spanien und Finnland. Die strategische Grenze des Deutschen Reiches war im Mittelalter bedeutend besser als im Bismarckschen Reich von 1871, doch hat immerhin die Staatskunst des Eisernen Kanzlers es verstanden, durch das Bündnis mit Österreich-Ungarn einen starken Ausgleich für den unvorteilhaften Verlauf der deutschen Grenze zu schaffen. Versailles hat dann freilich die Schäden und schwachen Stellen des deutschen Grenzverlaufes nur noch verschärft in die Erscheinung treten lassen. Die Grenze ist um so unerfreulicher, als durch die Verteilung der Gaben der Natur im Erdboden die gesamten deutschen Industriegebiete stark exzentrisch, zum Teil unmittelbar an der Grenze liegen. In dieser Hinsicht ist übrigens auch Frankreich ungünstig gestellt, da seine Hauptindustrie und seine Haupt-

Fig. 37.
Der preußische Staat um 1750 als Musterbeispiel einer unzweckmäßigen Gestalt.

stadt nicht fern der Nordostgrenze liegen. Die Unvorteilhaftigkeit dieser Lage ist ja 1914—18 in einer für das Land verhängnisvollen Weise in die Erscheinung getreten.

Eine gleichzeitig langgestreckte und schmale Form des Staates ist strategisch in der Regel natürlich ganz besonders unzweckmäßig, es sei denn, daß die beiden Längsseiten von der Natur selbst so hervorragend gut geschützt sind, wie es in Chile der Fall ist. Geradezu das Muster eines ungünstig geformten Staates war das Preußen Friedrichs des Großen etwa zur Zeit des 7 jährigen Krieges (Fig. 37). Das Hauptstück reichte von Magdeburg bis Memel hinauf über 800 km Entfernung, war aber im Höchstfall nur 150 km breit und in der Mitte in zwei Teile auseinandergesprengt. An diesem Hauptstück saß der schlesische Zipfel von 350 km Länge, aber zum Teil nur 60 km breit. Und dazu gesellte sich dann, durch weite Landstriche getrennt, der Besitz am Niederrhein und Ostfriesland. Trotz so beispiellos schlechter Größen glückte es dem Genie des Königs, sich gegen alle verbündeten Großmächte des Festlandes zu behaupten und den eigenen Staat zur Großmacht emporsteigen zu lassen. Die Lücke zwischen seinen Stammlanden und Ostpreußen gelang es ihm selber noch i. J. 1772 anläßlich der 1. polnischen Teilung auszufüllen, aber der breite Riß zwischen der Elbe und dem Rhein wurde erst von Bismarck 1866 völlig zugestopft. Die sehr unzweckmäßige Längserstreckung hat Preußen auch nachher noch beibehalten, doch hat die Schaffung des Deutschen Reiches diesen Mangel mehr als ausgeglichen. Von den neuen Nachkriegsstaaten sind mit einem recht ungesunden Verhältnis zwischen Länge und Breite vor allem behaftet Österreich und die Tschechoslowakei (Fig. 38).

Fig. 38. Das neue Österreich und die Tschechoslowakei als Beispiele eines strategisch schlechten Grenzverlaufs.

8. Wirtschaftliche Grenzen.

Wo scharfe Naturgrenzen vorhanden sind, fallen sie in der Regel mit den Grenzen wirtschaftlicher Einheitsgebiete zusammen. Wo sie aber fehlen, wie in den Ebenen, schafft der wirtschaftende Mensch selber oft Wirtschaftskomplexe, die aufs innigste politisch zusammengehören und die man so wenig zerreißen kann, wie eine komplizierte Maschine gut zu arbeiten vermag, wenn man lebenswichtige Teile aus ihr herausgenommen und zu gesondertem Dasein verurteilt hat. Die Zerschneidung

Oberschlesiens in ein deutsches und ein polnisches Stück wird künftigen Zeiten nur ein abschreckendes Beispiel sein, bis zu welchem Paroxysmus der Unvernunft imperialistische Habgier, nationaler Haß und staatsmännischer Dilettantismus nach dem Weltkrieg sich austoben konnten. Eine Grenzziehung, die gelegentlich Städte von ihrem Gas- oder Elektrizitätswerk staatlich trennte, die die wichtigsten Bergwerke den Polen zusprach und die bei Deutschland verbleibenden zum Teil dadurch entwertete, daß die zugehörigen Schachtanlagen auf polnisches Gebiet zu liegen kamen, darf den zweifelhaften Ruhm für sich in Anspruch nehmen, den Weltrekord der Unsinnigkeit zu halten. Als höchst unzweckmäßig muß man auch die neue politische Regelung in Irland bezeichnen, die den irischen Freistaat von der noch zu Großbritannien gehörigen Provinz Ulster trennte und somit eine Zollgrenze mitten durch das deutliche Wirtschafts-Einheitsgebiet der Insel Irland hindurchlegte.

Wenn alle Teile eines großen, wirtschaftlich einheitlichen Gebietes gleichmäßig entwickelt sind und selbständig arbeiten können, läßt sich eine mitten durch dieses Gebiet hindurchlaufende politische Grenze ohne Schwierigkeit ertragen. Die deutsch-französische Grenzziehung von 1871 hatte ahnungslos die unendlich reichen Minette-Erzlager, von deren Vorhandensein man damals noch nichts wußte, in einen deutschen, einen französischen und einen luxemburgischen Teil zerschnitten; aber diese Teile konnten jeder für sich ausgebeutet werden, keiner war auf den anderen angewiesen, und die hindurchlaufende Ländergrenze war daher ohne weiteres ertragbar. Schließlich ist ja auch das ganze rheinisch-westfälische, das südholländische und das belgische Industriegebiet eine wirtschaftlich einheitliche Charakterlandschaft, und trotzdem stören die vorhandenen politischen Grenzschnitte wenig oder gar nicht, denn jedes von den drei Ländern verfügt im Industriegebiet über eigene Kohlenlager und vermag daher eine Industrie unabhängig von den Nachbarn zu entwickeln. So wenig organisch daher die Staatsgrenzen konstruiert sein mögen, sie sind dennoch von keiner Seite und zu keiner Zeit als so unerträglich empfunden worden, wie es bei der oberschlesischen Grenzziehung der Fall war und noch ist.

Einige Beispiele für ausgesprochen wunderliche wirtschaftliche Grenzziehungen gewährte die Landkarte des Afrika der Vorkriegszeit. Die nächst dem afghanischen Nordostzipfel von 1895 (vgl. S. 211) wohl sonderbarste Grenzziehung der Erde bot der sogenannte Caprivizipfel dar, der sehr lange und sehr schmale Landstreifen, mit dem der Norden des Schutzgebietes hinübergriff bis zum Sambesi. Dieser Caprivizipfel war die denkbar typischste Konstruktion vom grünen Tisch. Nicht nur betraf er ein noch so gut wie gänzlich unbekanntes Ländergebiet — erst i. J. 1905/6 fand die erste Forschungsexpedition dorthin statt — sondern darüber hinaus war die Anlage selbst von Grund auf verfehlt. Die Absicht, Deutschland mit jenem im Vertrag vom 1. Juli 1890 erworbenen Zipfel einen „Zugang zum Sambesi" zu schaffen, war an sich gut gemeint, aber ganz unsinnig verwirklicht, denn wenn überhaupt je eine brauchbare Verkehrsverbindung vom eigentlichen Südwest zum Sambesi geschaffen worden wäre, was auch im günstigsten Fall i. J. 1914 noch manches Jahrzehnt gedauert hätte, so wäre praktisch damit nichts erreicht worden, da der Caprivizipfel den Sambesi oberhalb des großen Viktoriafalls erreichte, so daß von einer Verkehrsausnutzung des Stromes niemals hätte die Rede sein können — ein abschreckend lehrreiches Beispiel, was herauskommt, wenn nur juristisch vorgebildete Verwaltungsbeamte über wirtschaftliche und geographische Dinge selbständig entscheiden.

Nicht ganz so sonderbar, aber immerhin eigentümlich genug waren die Ostzipfel, die der deutschen Kamerun-Kolonie angehängt worden waren. Der im Grenzvertrag mit Frankreich vom 15. März 1894 durchgesetzte „Entenschnabel" Kameruns, der im Nordosten die Verbindung mit dem Schari und dem Tsad-See gewährleistete, hatte im Hinblick auf die Zukunft unzweifelhaft Berechtigung, wenngleich es bis 1914 noch nicht möglich gewesen war, ihn für Deutschland praktisch nutzbar zu machen. Dagegen waren die als Abschluß der Marokkokrise 1911 im Austausch gegen deutsche Ansprüche im Scherifenreich heimgebrachten, neuen, beiden „Kiderlen-Zipfel" Kameruns recht merk- und fragwürdige Gebilde. Der Vertrag vom 4. November 1911, der sie ins Leben rief, sollte Deutschlands Kolonie einen Zugang zum Kongo und Sanga eröffnen, an denen Frankreich zuerst auf dem Plan erschienen war, so daß der 1894er Grenzvertrag Kamerun vom wichtigsten Stromgebiet Zentralafrikas abgeriegelt hatte. Aber nur ein Angrenzen in breiter Front hätte wirklichen Wert gehabt; eine Nachahmung des südwestafrikanischen Caprivizipfels in kleinerer Auflage hätte auch bei viel längerem deutschen Besitz dieses Territoriums schwerlich jemals wirtschaftliche Erfolge zeitigen können, am allerwenigsten am Sanga. Hier war nämlich Deutschland mit seinem neuen Landerwerb in eines der schlimmsten afrikanischen Schlafkrankheits-Gebiete hineingeraten, so daß das boshafte Witzwort geprägt werden konnte: ganz sicher habe ja das Sprichwort recht, daß eigener Herd Goldes wert sei, aber es sei doch etwas fraglich, ob dies auch für den Herd der Schlafkrankheit zutreffe.

Aus rein wirtschaftlichen Gründen möchte ferner z. Zt. Frankreich seine Grenze gegen Deutschland über das Saargebiet ausdehnen und läßt bekanntlich alle Minen springen, um dies urdeutsche Gebiet zu annektieren. Hier besteht zwischen der erstrebten wirtschaftlichen und der ethnographischen Grenze ein offensichtlicher und nicht zu beseitigender Widerspruch. Um ihn zu verwischen, hat ja in Versailles der alte Clémenceau dem auf ethnographische Grenzen eingeschworenen, im übrigen in europäischer Geographie völlig unwissenden Wilson eine Eingabe aus dem Saargebiet — eine „bestellte Arbeit" — in die Hand gespielt, worin gesagt war, 150000 Saarbewohner stammten von ehedem (nämlich in den Erobererzeiten Napoléons I.!) einmal französisch gewesenen Untertanen ab, und sie in der Weise mundgerecht gemacht, daß er ihm die Meinung beibrachte, im Saargebiet, wo kaum 100 Franzosen lebten, gäbe es deren 150000, und sie wünschten dringend die Vereinigung mit Frankreich. Dieses „corriger la fortune" bewirkte, daß der zuweilen wirklich nicht sehr intelligente Wilson die Zustimmung zu den berüchtigten Saar-Artikeln 45—50 des Versailler Diktats gab. Erst i. J. 1935 soll nun die Volksabstimmung im Saargebiet darüber entscheiden, ob hier die ethnologische oder die wirtschaftliche Grenze obsiegt. Das Ergebnis steht freilich schon heute fest, wenn nicht abermals eine Fälschung oder Vergewaltigung gelingt (vgl. Fig. 39).

Ein weiterer Kampf zwischen wirtschaftlicher und ethnologischer Grenze hat sich im Weltkrieg um Triest abgespielt. Triest, obwohl vorwiegend von Italienern bewohnt, war einem gesunden geopolitischen Instinkt gefolgt, als es sich, schwer bedrängt von Venedigs überragender Macht, i. J. 1382 freiwillig dem Habsburger Reiche anschloß. Nach 1866 der einzige österreichische Handelshafen, hat es in dieser Eigenschaft, auf ein großes und leistungsfähiges Hinterland gestützt, einen riesigen wirtschaftlichen Aufschwung genommen: die Entscheidung für die „wirtschaftliche Grenze" unter Verzicht auf die ethnologische gereichte der Stadt zum Segen. Nicht aus sich heraus, sondern von außen, von Rom gezwungen, mußte die Stadt dann 1918 die ethnologische Grenze für die wirtschaftliche eintauschen; das Hinterland ging ihr fast restlos verloren, und die heute nur allzu deutlich zutage liegende Folge war ein rasches Herabsinken zu weitgehender Bedeutungslosigkeit. Was war Triest 1913, und was ist es heute, da die Irredenta erlöst worden ist?

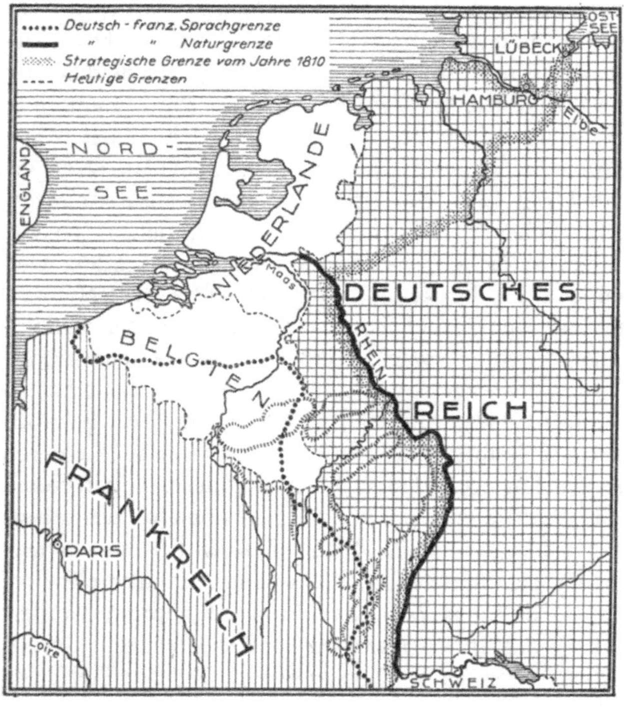

Fig. 39. Das Ringen zwischen ethnologischer, wirtschaftlicher und strategischer Grenze.

Wo mit der Erreichung der ethnologischen Grenze ein allzu schwerer wirtschaftlicher Nachteil verbunden ist, wird gerade das „Selbstbestimmungsrecht" der Völker und der Gemeinden wohl immer der wirtschaftlichen Grenze den Vorzug vor der ethnologischen geben. Käme der Vorteil einer etwaigen wirtschaftlichen Vereinigung des Saargebietes mit Frankreich merklich auch dem ersteren und nicht einseitig nur dem letzteren zu gute, so könnte niemand prophezeien, ob die Abstimmung von 1935 dasselbe Ergebnis haben würde, das man ihr nunmehr mit Sicherheit voraussagen kann. Im allgemeinen freilich haben die letzten Jahre gezeigt, daß auch bedeutende materielle Augenblicksvorteile nicht leicht zu einer Verleugnung des Volkstums führen, daß also die ethnologische Grenze vor der wirtschaftlichen bevorzugt wird. Die Volksabstimmungen in der zweiten schleswigschen Zone (14. März 1920), in Masuren (11. Juli 1920), in Oberschlesien (20. März 1921) haben doch beachtenswert große Mehrheiten für die Zugehörigkeit zum ausgepowerten und durch die Inflation schwer heimgesuchten Deutschen Reich ergeben, obwohl ein völkisches Renegatentum für den Augenblick sehr bedeutende materielle Vorteile versprach. Den grundsätzlichen Anhängern der wirtschaftlichen Grenzen sollten diese Erfahrungen immerhin sehr zu denken geben.

Am schärfsten prallen die Gegensätze zwischen den Anforderungen der wirtschaftlichen und der ethnologischen Grenzführung gegenwärtig unzweifelhaft an der Weichselmündung aufeinander. Wirtschaftlich gehört der Mündungshafen Danzig ganz selbstverständlich aufs allerengste mit dem gesamten Weichselgebiet und mit Polen zusammen, und die hohe Blüte des Danziger Hafens im ausgehenden Mittelalter beruhte vollkommen auf dieser engen Verbindung, auf der Ausfuhr des Getreides aus Polen, der damaligen Kornkammer Europas, kurzum auf der Vereinigung im selben Staat. Aber nachdem 1772 Danzig an Preußen gekommen und sich seit 1871 als Hafen des Deutschen Reiches, trotz der mangelnden Verbindung mit dem polnisch-russischen Hinterlande, zu noch höherer Blüte als im 15. Jahrhundert emporgeschwungen hatte, ist auch dort das nationale Fühlen innerhalb der zu 98% deutschen Bevölkerung stärker geworden als der wirtschaftliche Anreiz einer neuen Vereinigung mit Polen. Schon die aufgezwungene Zollunion mit Polen ist den Danzigern lästig, und wenn sie durch eine Abstimmung über ihr Schicksal entscheiden dürften, so würden sie in wahrhaft überwältigender Kundgebung der Welt zeigen, wieviel höher heute durch eine mit Nationalstolz erfüllte Bevölkerung die ethnologischen als die wirtschaftlich zweckmäßigen Grenzen eingeschätzt werden. Blut ist eben dicker als Wasser, und Danzig fühlt sich mehr zur Blutverbindung nach Westen als auf die Wasserstraße nach Südosten hingezogen. —

Am Rande sei bemerkt, daß wehrlosen Staaten gegenüber durch die Möglichkeit, bald mit wirtschaftlichen, bald mit ethnologischen, bald mit strategischen und natürlichen Grenzen als den einzig berechtigten zu jonglieren, die Handhabe zu Schädigungen um jeden Preis gegeben ist. In Oberschlesien mußten die innigsten wirtschaftlichen Zusammenhänge zugunsten der e t h n o l o g i s c h e n Grenze zerrissen werden, im Elsaß aber, in Böhmen und Tirol wurden umgekehrt die ethnologischen, sprachlichen und kulturellen Zusammenhänge als belanglos beiseite geschoben und den strategischen und wirtschaftlichen Anforderungen oder Vorwänden geopfert.

Die Möglichkeit, bald diese, bald jene Grenzform in Anwendung zu bringen, wird die ohnehin so verwickelten und schwer abzuwägenden Grenzfragen immer wieder zugunsten selbstischer Wünsche zu verwirren gestatten und niemals eine Zufriedenstellung aller Teile möglich machen. Wirklich ideal und jeden Zweifel ausschließend sind in dieser Hinsicht nur die Meeresgrenzen. Der Inselstaat England ist eben bezeichnenderweise der einzige in Europa, der im Laufe des 19. und 20. Jahrhunderts keine Änderung seiner staatlichen Grenzen erlebt hat und der auch im 18. und 17. Jahrhundert schon immer derselbe geblieben ist.

Selbst die Meeresgrenze aber verliert ihre mustergültige Klarheit, wenn zwischen den vom Meer begrenzten Staaten noch Inseln liegen, auf die beide Nachbarn Anspruch erheben. So ist Korsika, trotz einer fast ganz italienischen Bevölkerung, seit 1769 eine französische Insel. Umgekehrt ist auf den zum französischen bzw. normannischen Sprachgebiet gehörigen Kanalinseln Jersey, Guernsey usw. die britische Herrschaft seit den Tagen der englischen Erobererkriege auf französischem Boden erhalten geblieben. Selbst das unmittelbar vor der deutschen Küste liegende Helgoland war ja, nachdem die Engländer es 1807 den Dänen mitten im Frieden fortgenommen und später im Kieler Frieden (14. Januar 1814) behalten hatten, bis zum deutsch-englischen Kolonialvertrag vom 1. Juli 1890 in britischer Hand gewesen, ähnlich wie das überwiegend von Griechen bewohnte Kreta in türkischem Besitz bis in die jüngste Zeit hinein ein böser Zankapfel war. Und noch nach dem Weltkrige erlebten wir den schwedisch-finnischen Konflikt wegen der Ålandsinseln, auf die Finnland mit Erfolg Anspruch erhob, obwohl sie ethnographisch unweigerlich zu Schweden gehörten.

Die nicht ganz seltenen Fälle, in denen die Mündung eines wichtigen Flusses einem anderen Staate als der Hauptlauf gehört, werden in der Regel gleichfalls Reibungsflächen aus wirtschaftlichen Gründen abgeben. Schon oben wurde in ähnlichem Zusammenhang auf die Schelde- und die Weichselmündung hingewiesen. Daß Deutschland die Rheinmündung nicht besitzt, ist geopolitisch nur deshalb tragbar, weil Deutschland über eine Reihe von anderen wertvollen Seehäfen verfügt. Wäre Deutschland auf den Rhein allein oder hauptsächlich als Binnenschiffahrtsweg zum Meere angewiesen, so würde unzweifelhaft die territoriale Abschneidung von der Mündung ähnlich unliebsam empfunden werden, wie es in Belgien bezüglich der Scheldemündung geschieht.

Während am Rhein Deutschland Herr des Hauptflusses, aber nicht seiner Mündung war, hatte es im Osten vor 1914 umgekehrt nur die Mündungen von Weichsel und Memel im Besitz, aber nicht den größeren Teil der Flüsse selbst, die vielmehr zu Rußland gehörten. Die Russen haben dies sehr ungern gesehen und sie bemühten sich nach Kräften, den Außenhandel Polens und Litauens von seinen natürlichen Flußmündungshäfen fort- und ihren baltischen Häfen zuzuführen. Ihr Bestreben hatte nur sehr bescheidenen Erfolg, aber gerade das vergebliche Ankämpfen gegen naturgegebene Wirtschaftstatsachen hat auch ihren Wunsch angestachelt, sich zu Herren von Danzig und Memel zu machen. In der Nachkriegszeit hat dann Litauen durch die gewaltsame Fortnahme der deutschen Stadt Memel am 13. Januar 1923 die wirtschaftliche Einheit zwischen Memelstrom und Mündungsgebiet (mit Ausnahme von Tilsit) vorläufig erreicht, wenn auch wieder auf Kosten der „ethnographischen Grenze". Polen dagegen hat Danzig bisher nur, wie die Spinne ihr Opfer, umspinnen, aber noch nicht verspeisen können. Jedenfalls verspürt der kleine Danziger Staat schmerzlich die Wahrheit des Artur Dixschen Wortes[1]:

„Für einen kleinen Staat ist es eine gefährliche Sache, ein Stuhlbein auf dem Fuß einer Großmacht zu haben."

Das Stuhlbein ist in diesem Falle der Danziger Hafen und der Fuß die Weichsel.

Ähnlich liegen die Verhältnisse bezüglich einiger spanischer Flüsse, deren Mündung den Portugiesen gehört. Wenn sich hier trotzdem Reibungen nie ergeben haben, so liegt dies daran, daß der Duero und der Tajo als Schiffahrtsstraßen keine nennenswerte Bedeutung haben. Auch Siam empfindet es übel, daß die Mündung seines wichtigsten Stromes, des Mekong, vollständig im französischen Kolonialgebiet liegt; aber es ist vorläufig natürlich machtlos gegen alles, was die Westmächte bestimmen. Die Vereinigten Staaten jedoch haben sich von der politischen Geographie unabhängig gemacht, indem sie den Großen Seen, die ihren natürlichen, wenn auch z. T. schlecht schiffbaren Abfluß über kanadisches Gebiet aufweisen, eine ausgezeichnete Wasserstraßen-Seitenverbindung mit New York durch den schon 1816—26 gebauten und 1905—15 großartig modernisierten Eriekanal verschafft haben. Dagegen macht es den Vereinigten Staaten nicht viel aus, daß die Mündung des nur mangelhaft schiffbaren Coloradoflusses auf mexikanischem Boden liegt, ähnlich wie sie im 18. Jahrhundert infolge ihres noch rein ostwärts gerichteten Blickes, keinen Anstoß daran nahmen, daß sich von 1783 bis 1800 quer über die Mississippimündung ein Riegel spanischen Gebietes legte. Umgekehrt war es für das Brandenburg des Großen Kurfürsten kaum ertragbar, daß ihm nur ein hafen- und daher wertloses Stück der hinterpommerschen Seeküste gehörte, während die wertvolle Odermündung mit Stettin in schwedischer Hand war. — Weiterhin hatte in Afrika England, wie schon erwähnt (S. 119), die Mündung des Grenzflusses der Goldküste gegen Togo, des Volta, beidufrig an sich gebracht, andrerseits floß im Osten der Rovuma, der Grenzfluß zwischen Deutsch-Ostafrika und Mozambique, in seiner Mündungsstrecke durch rein deutsches Gebiet, da 1894 Deutschland das rechtsufrige Kionga-Dreieck zwischen dem Rovuma und dem Kap Del-

1) A. a. O., S. 87.

gado, als zum früheren Besitz des Sultans von Sansibar gehörig, mit dem Verwaltungsbezirk Lindi vereinigt hatte. Erst nachdem England Herr in diesem Gebiet geworden war, ist der Kionga-Zipfel den Portugiesen überlassen und der Rovuma bis zur Mündung zum Grenzfluß gemacht worden.

Ein letztes Wort in diesem Kapitel über die Staatengrenzen gebührt jenen absonderlichen Fällen, wo Grenzerweiterungswünsche nicht von ganzen Staaten und Völkern, sondern von gewissen Volkssplittern in Gestalt politischer Parteien oder religiöser Gemeinschaften befürwortet oder auch befehdet werden.

Das wunderlichste Beispiel hierfür bot Rumänien vor 1914 dar. Die konservativen Kreise wünschten die Einverleibung Bessarabiens, weil der dort vorherrschende Großgrundbesitz ihren politischen Einfluß vermehren sollte; die liberalen Elemente dagegen richteten ihre Wünsche nach einem Groß-Rumänien gegen Westen, nach dem östlichen Ungarn, weil sie sich von den dort überwiegenden bäuerlichen Kleinsiedelungen einen lebhaften Aufschwung des ihnen am Herzen liegenden Getreidehandels versprachen. Der Ausgang des Weltkriegs hat dann das schon besiegte Rumänien als einen Haupt-Kriegsgewinnler unter den Staaten beide Wünsche verwirklicht sehen lassen.

Es ist auch nicht zu verkennen, daß das außergewöhnlich lebhafte Interesse der deutschen Sozialdemokratischen Partei für die Vereinigung Österreichs mit dem Deutschen Reich nicht so sehr völkischen und nationalen Motiven entspringt, die der international eingestellten Partei natürlich ganz fern liegen müssen, als vielmehr der Erwägung, daß der in Wien sehr stark vorherrschende marxistische Einschlag den Einfluß der Partei im Deutschen Reiche beträchtlich zu fördern geeignet wäre. Auch das bedeutende Interesse des Zentrums an der Vereinigung dürfte vielleicht mehr von dem Wunsche, das katholische als das nationale Moment in Deutschland zu stärken, diktiert sein. Das lebhafte sozialistische Eintreten für die brutal geknechteten Südtiroler Deutschen wird ebenfalls nicht so sehr vom Mitgefühl für die schwer leidenden Landsleute diktiert als von dem parteipolitischen Wunsche, den verhaßten Faschismus verächtlich zu machen.

Wenn andererseits bei den holländisch sprechenden Flamen Belgiens, trotz scharfen Gegensatzes zur Unterdrückerpolitik der Wallonen und trotz weitgehender Kultur- und Sprachgemeinschaft mit den Niederländern, keine nennenswerte Neigung zur politischen Vereinigung mit Holland besteht, so ist ganz ausschließlich der Umstand daran schuld, daß die Flamen dem katholischen, die Holländer dem reformierten Bekenntnis huldigen. Während sonst in unseren Tagen die Staatengrenzen vorwiegend durch ethnographische, sprachliche, wirtschaftliche oder strategische Erwägungen bestimmt werden, wirken also hier auch die religiösen Gegensätze noch einmal mit, die sonst in den Kulturländern unserer Tage, soweit außenpolitische Fragen zur Erörterung stehen, glücklicherweise zumeist überwunden sind, nachdem sie in den Tagen des Schmalkaldischen und Dreißigjährigen Krieges an Bedeutung fast alle anderen Beziehungen in der Politik deutscher Fürsten gegenüber dem Ausland übertönt und überwuchert hatten. Der jahrhundertelange, schwere Gegensatz zwischen Irland und England, der erst in unseren Tagen leidlich ausgeglichen worden ist, hat bekanntlich durch die Verschiedenheit des religiösen Bekenntnisses gleichfalls eine bedeutende Verschärfung erfahren, und die Abneigung der deutschen uud litauischen Memelländer gegen die vom Völkerbund unter Vergewaltigung des Volkswillens erzwungene Eingliederung in den litauischen Staat wird durch die Verschiedenartigkeit des religiösen Bekenntnisses kaum weniger verschärft als durch das Bewußtsein einer hohen kulturellen Überlegenheit.

9. Wachstumsspitzen.

Haushofer hat in die Geopolitik den durchaus glücklichen Begriff der „Wachstumsspitzen" eingeführt. Er versteht darunter jenes Vorstadium der territorialen Ausdehnung eines Staates, das sich in der Erwerbung von nicht allzu fern gelegenen Machtstützpunkten, Exklaven, auswirkt. Doch kann auch die Erwerbung überseeischer Besitzpunkte unter die „Wachstumsspitzen" gezählt werden, wenn diese Erwerbungen als Kern eines größeren kolonialen Landerwerbs gedacht sind oder doch mindestens zu einem solchen Anlaß geben können.

Wachstumsspitzen waren z. B. für das Frankreich Ludwigs XIV. die im Westfälischen Frieden durchgesetzten Zuerteilungen von Exklaven auf reichsdeutschem Boden (Breisach, Sundgau, Landgrafschaft Ober- und Unter-Elsaß), die den unmittelbaren Anlaß dazu gaben, einige Jahrzehnte später durch die Wegnahme des ganzen Elsaß und Lothringens den territorialen Zusammenhang zwischen den 1648 gewonnenen Gebieten und dem Mutterland herzustellen (Fig. 40). Eine Wachstumsspitze der schweizerischen Eidgenossenschaft war früher Genf, das bis 1798 durch einen französischen „Korridor" von der übrigen Schweiz getrennt war. Eine außerordentlich charakteristische Wachstumsspitze war dann in neuerer Zeit die russische Zwangs-„Pachtung" der chinesischen Liautung-Halbinsel mit Port Arthur i. J. 1898. Von der Zarenregierung war diese Erwerbung selbstverständlich nie anders gedacht gewesen denn als ein starker Hebel, die Mandschurei aus dem chinesischen Staatskörper herauszubrechen und als neurussisches Verbindungsstück zwischen Port Arthur und Sibirien einzufügen. Es kann ferner kaum einem Zweifel unterliegen, daß der i. J. 1867 erfolgte Kauf Alaskas durch die Vereinigten Staaten lediglich den Sinn einer Schaffung von Wachstumsspitzen hatte, wenn diese Politik auch auf lange Sicht eingestellt war. „Alaska in der Hand der Union wartet auf Kanada", sagt Kjellén[1]) mit vollem Recht.

1) „Die Großmächte und die Weltkrise", S. 125/6.

Ebenso sollte der i. J. 1903 erfolgte vereinsstaatliche Ankauf der mittelamerikanischen Kanalzone von der mit sanftem Zwang ad hoc ins Leben gerufenen Republik Panama nicht nur der unbehinderten Herstellung des Kanals selbst dienen, sondern war ebensosehr als Aufsteckung einer Zielmarke zu bewerten, bis zu der in einer Reihe von Jahrzehnten die Südgrenze der Union erweitert werden sollte. Daß man in Washington

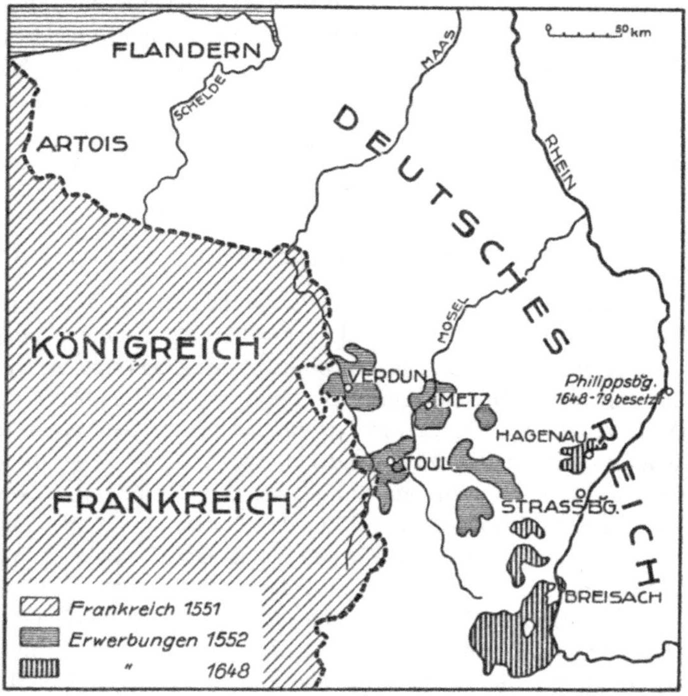

Fig. 40. Französische Wachstumsspitzen auf deutschem Boden im 16. und 17. Jahrhundert.

dieses Ziel zäh weiter verfolgt, ist aus der neuerdings wachsenden Einnistung der Vereinigten Staaten in Mexiko und vor allem in Nikaragua, Panama und anderswo sehr deutlich zu ersehen.

Die Wachstumsspitzen gleichen in der Dynamik der Staatenbildung der vorläufigen Errichtung eines Gerüstes für ein geplantes Bauwerk. Bei der Herstellung schwieriger Hängebrücken wird ja wohl auch zunächst ein freischwebendes Ende in die Luft hinaus vorgestreckt, bis schließlich der Baumeister durch organische Verbindung die freien Enden in das Gesamtwerk einfügt.

In geradezu typischer Weise tritt uns die Bedeutung der Wachstumsspitzen für das Zurechtzimmern einer neuen Großmacht in der Geschichte Brandenburg-Preußens im 17., 18. und 19. Jahrhundert vor Augen. In der wunderlichen Länderkarte des Deutschen Reiches vor und nach dem Westfälischen Frieden war infolge der verwickelten dynastischen

Erbfolgen die Zahl der Exklaven und Wachstumsspitzen der Staaten wohl kaum minder groß als die der Staaten selbst, die i. J. 1378 bereits 366 und nach den 1648er Friedensschlüssen immerhin noch die stattliche Zahl von 355 erreichte. In dieser Atomisierung Deutschlands bildete sich als neuer, fester Kristallisationskern bekanntlich der brandenburgische, später der preußische Staat heraus. 1613 fiel dem Stammland der Hohenzollern zunächst Jülich-Cleve-Berg im fernen Westen als Wachstumsspitze zu, 1618 Preußen im ebenso fernen Osten, 1744 Ostfriesland, alle vollkommen getrennt vom Zentralgebiet des Staates und unter sich. Dazu kam 1742 als des Großen Friedrich kriegerische Eroberung Schlesien, eine Provinz, die mit dem Stammland nur auf schmaler Basis zusammenhing und als gewaltiger Keil gegen Südosten vorsprang (vgl. S. 142/3). Der Hubertusburger Frieden erhob das friderizianische Preußen zum Range einer Großmacht, aber niemals sonst sah die Geschichte einen Staat vom Range einer Großmacht, der eine so unzweckmäßige Gestalt aufwies wie das Preußen der Jahre 1763—1772. Mit Recht ist einmal gesagt worden[1]):

„Wollte Preußen sich als Großmacht nicht bloß behaupten, sondern überhaupt nur zur Geltung bringen, so mußte es, dem ehernen geopolitischen Notzwang zufolge, danach trachten, die zerstreuten Trümmer seines Staates zu einem kompakten Staatsgefüge zu verbinden und Anteil an dem offenen Weltmeere, d. h. an der Nordsee, zu erlangen."

Die erste polnische Teilung schlug 1772 die Landbrücke nach Ostpreußen hinüber, die wenig kluge zweite und dritte Teilung, die ein Staatsmann wie der Große Friedrich wohl schwerlich vorgenommen hätte, belastete dann Preußen ähnlich mit einem slawischen Bleigewicht, wie jetzt Polen an seinem deutschen Bleigewicht trägt: es gab von 1795 bis 1807 fast ebensoviele Polen wie Deutsche in Preußens Grenzen! Der Tilsiter Frieden (9. Juli 1807) befreite den Staat von diesem Ballast, und der zweite Pariser Frieden (20. November 1815) schlug dafür den größten Teil des deutschen Rheinlands zu Preußen und legte, um mit Dietrich Schäfer zu sprechen, „Deutschlands Zukunft auf Preußens Schultern". Dennoch bestand das von Joseph von Görres über Preußen gesprochene Wort zu Recht: „Diese Großmacht streckt ihre schwächlichen Arme aus von Memel bis Luxemburg".

Erst 1866 schuf ein territorial einheitliches preußisches Staatsgebilde. Aber die für die Verteidigung außerordentlich ungünstige Form mit ihrer ungebührlich starken West-Ost-Erstreckung, ihren gewaltigen Grenzeinstülpungen, ihrer geringen Nord-Süd-Ausdehnung mit der bedrohlich engen „Wespentaille" zwischen der sächsischen und der mecklenburgischen Grenze, also gerade in der Mitte, dort, wo Berlin liegt, diese ungünstige Staatenform der Zeit vor 1871, die sich noch heute, wie in einem Negativ, in der Anlage und Form des norddeutschen Eisenbahnnetzes wiederspiegelt,

---

1) Georg Widenbauer in den „Alldeutschen Blättern" 25. Dezember 1926, S. 2/3.

sie war geopolitisch keiner der geringsten Anreize zur Schaffung zunächst des Norddeutschen Bundes und dann des Deutschen Reiches, wodurch die Schäden und Gefahren der unglückselig schlechten Grenzen mit einem Schlage ausgeglichen wurden. Die Wachstumsspitzen von 1613, 1618, 1744, 1815 hatten 1871 ihren Zweck in denkbar vollkommenster Form erfüllt: die 148 deutschen Staaten, die es noch zu Neujahr 1803 gab, waren (mit Liechtenstein) auf 3 zusammengeschmolzen!

Auch im wirtschaftlichen Leben der Gegenwart finden wir „Wachstumsspitzen". Große Konzerne, Trusts, Banken usw., schaffen sich durch Erwerb von Aktienpaketen, Fabriken usw. ebenfalls Wachstumsspitzen und sind auf Steigerung ihrer Macht durch Zellenbildung in fremden Interessensphären bedacht. Im kleinen zeigt uns die Ausdehnungspolitik moderner großer Städte dasselbe Bild wie die Expansionspolitik der Staaten im großen, und genau wie für die Staaten sind auch für die Städte vor allem siedlungstechnische Erwägungen maßgebend für den steten Appetit auf Verspeisung schwacher Nachbarn. Es gibt ja heute schon einzelne Riesenstädte, deren Weichbild dem Umfang eines ehemaligen kleineren Herzogtums nicht nachsteht. So bedeckte New York nach den großen Eingemeindungen von 1912 ein Areal von 1700 qkm, während z. B. das ganze frühere Fürstentum Schwarzburg-Rudolstadt nur 930 qkm umfaßte. Es ist durchaus angebracht, auch von einem Imperialismus städtischer Gemeinwesen zu sprechen: sie folgen eben, genau wie die jugendkräftigen Staaten, dem Gesetz des Wachstumszwanges.

Haushofer unterscheidet fünf verschiedene Typen von Wachstumsspitzen. Bei weitem nicht alle von ihnen kommen schließlich zur vollen Entwicklung, zur Entfaltung der politischen Zwecke, wegen deren sie ursprünglich begründet waren. Kriegerische Ereignisse, gewandelte politische Konstellationen, Verkehrsverschiebungen können sie überflüssig oder rudimentär machen oder auch plötzlich zu ungeahnter Bedeutung emporwachsen lassen, wie es z. Zt. bei einigen bislang unbeachteten, weltenfernen Inselchen für die neuen Zwecke des transozeanischen Luftverkehrs der Fall ist. Deshalb hat Haushofer recht, wenn er folgendes Schema der Wachstumsspitzen[1]) aufstellt:

1. Erloschene Wachstumsspitzen. Beispiele: Port Arthur, Tsingtau, Alaska (für Rußland). 2. Im Rückgang befindliche Wachstumsspitzen. Beispiele: Macao, Weihaiwei, Miquelon. 3. Latent gewordene Wachstumsspitzen. Beispiele: Gibraltar, Guyana. 4. Langsam wachsende Wachstumsspitzen. Beispiele: Alaska (für die Ver. Staaten), Panama. 5. Schnell wachsende Wachstumsspitzen. Beispiel: Singapur.

Jugendliche Staaten, falls sie nicht von vornherein allzu zart und schwächlich sind, wie Panama, Albanien usw., sind naturgemäß vom stärksten Wachstumsdrang erfüllt, wobei sie sich auch von den Ungezogenheiten der typischen Flegeljahre durchaus nicht immer freihalten. Sie

1) Vgl. hierzu Joh. März: „Das Schicksal überseeischer Wachstumsspitzen". München-Leipzig 1923.

werden daher besonders gern jede Gelegenheit wahrnehmen, sich Wachstumsspitzen als Wechsel auf die Zukunft zu verschaffen. An Beispielen ist seit 1919 kein Mangel. Aber selbst ein Land wie die Vereinigten Staaten, das noch große Flächen jungfräulichen Landes besitzt und viel innere Kolonisation pflegen kann, ein Land, das zu den räumlich größten und dazu reichsten der Welt gehört, ein Land, das als erstes für fremde Nationen ein gewisses Verbot aussprach, sich nach einer bestimmten Richtung hin auszudehnen, es hat dennoch selber jede Gelegenheit, sich zu erweitern, benutzt, zumal, nachdem es sich 1898 bewußt der imperialistischen Politik verschrieben hatte. Seit 60 Jahren haben sich die Vereinigten Staaten folgende Wachstumsspitzen gesichert:

	Größe in qkm	Bewohnerzahl
Alaska	1 500 000	65 000
Hawai	16 700	253 000
Philippinen	296 300	10 000 000
Guam	800	14 500
Tutuila	200	7 250
Panamakanal-Zone . .	1 160	83 000

Manche von den heute bestehenden Staaten, die ehemals einen sehr starken Wachstumsdrang besaßen und eine ganze Anzahl von Wachstumsspitzen aufzuweisen hatten, sind umgekehrt heute in das Alters- und Schrumpfungsstadium eingetreten, haben kein Verlangen mehr nach Ausdehnung, weisen womöglich sogar, um einen Ausdruck Hermann Lautensachs zu gebrauchen[1]), „Verkümmerungsspitzen", z. T. sogar eine „Raumentblätterung" (Maull[2]) auf und sind zufrieden, wenn ihnen ihr gegenwärtiger Rest eines einst sehr viel ausgedehnteren Landbesitzes gelassen wird. Hierher gehören Schweden, Norwegen (das sich allerdings vor einigen Jahren um Spitzbergen und soeben (1928) um die Bouvet-Insel erweitern konnte), Spanien, Portugal, die Türkei. Hier und da macht sich bei ihnen eine Art von verspätetem Altweibersommer bemerkbar, so bei dem fast aller seiner Kolonien beraubten Spanien in bezug auf Marokko. Aber dergleichen kann doch darüber nicht hinwegtäuschen, daß bei diesen Staaten der einst recht rege Wachstums- und Fortpflanzungstrieb erloschen ist.

10. Innere Kolonisation.

Die Geschichte derartiger Staaten erinnert oft an Schillers Jüngling, der mit tausend Masten auf den Ozean schifft, um schließlich als Greis auf dem einzig geretteten Boot in den Hafen zurückzutreiben. Der Grund für die eintretende Altersresignation liegt fast immer in schweren Erfahrungen, die sie zwingen, mehr auf innere Konzentration als auf äußere Expansion bedacht zu sein. Als Schweden 1809 Finnland verloren hatte, empfahl kein Geringerer als Esajas Tegnér, der Dichter der Frithjof-Sage, seinen Landsleuten, sich einen Ersatz für das verlorene Land in der Kolo-

1) Zeitschr. f. Geopolitik, 1924, S. 44. 2) a. a. O., S. 104.

nisation im eigenen Lande zu suchen. Und als es in derselben Zeit den Anschein hatte, daß die deutschen Staaten auf nicht absehbare Zeit in Hörigkeit von Frankreich bleiben müßten, raffte sich Preußen zu jener bekannten seelischen Wiedergeburt auf politischem, sozialem, künstlerischem und kulturellem Gebiet auf, die gar nicht genug bewundert werden kann und die hoffentlich in der inneren Kräftesammlung nach der Versailler Flügelstutzung ein Gegenstück finden wird.

Auch andere Staaten, die noch keineswegs Alterserscheinungen aufweisen, noch keineswegs zu dem Standpunkt resignierten Verzichts auf weltpolitische Betätigung gelangt, die aber zur Zeit dennoch behindert sind, so zu wachsen, wie es ihrem dichten Bevölkerungsstande angemessen ist, geben sich gern mit großen Problemen innerer Kolonisation ab. Holland legt seine Zuydersee trocken und wird damit den Flächenraum des Landes friedlich um ein Siebentel vergrößern; mit diesen großartigen Trockenlegungen, die ja schon um die Mitte des 19. Jahrhunderts am Haarlemer Meer begannen, schafft es sich gewissermaßen Ersatz für das 1830—39 verlorene Belgien. Japan bemüht sich auf dem noch verhältnismäßig schwach besiedelten Hokkaido, trotz des für den Reisbau schon ungeeigneten Klimas seine wachsenden Volksmengen anzusiedeln; Italien hofft in den Fiebergegenden der Campagna und der Pontinischen Sümpfe durch energische hygienische Maßnahmen neues Ackerland in der Heimat gewinnen zu können. Zu allen derartigen Arbeiten gehört ein hohes Maß von sittlicher Energie und von finanziellem Opfermut. Es ist daher ganz unvorstellbar, daß ein mit Landüberfluß gesegnetes Land, wie Rußland oder Argentinien, Kanada und Australien, oder ein an Bevölkerungsschwund leidendes Land, wie Frankreich, oder ein zum Schlendrian neigendes, zu großen, dauernden Kraftanspannungen unfähiges Land, wie Polen, Persien usw., sich jemals entschließen könnte, in ähnlicher Weise innere Kolonisation zu treiben.

Eine Art von innerer Kolonisation, ein Ersatz für fehlende Wachstumsmöglichkeit ist ferner die Industrialisierung. Eine in großem Stil durchgeführte Entwicklung der Industrie gestattet gewaltige Menschenmengen in einem früher nie für möglich gehaltenem Umfang auf engem Raum unterzubringen und zu ernähren. Aber manchen übervölkerten Ländern, die solche Industrialisierung bitter notwendig hätten, fehlen die dafür unbedingt nötigen Rohprodukte Kohle und Eisen, so vor allem Italien und Japan. Deutschland hat es durch seinen seit den 70er und 80er Jahren in vollem Umfang einsetzenden Aufschwung der Industrie möglich gemacht, seine ehedem recht starke Auswanderung zum größten Teil einzudämmen und sich ohne Erweiterung seiner Grenzen in den 44 Jahren seines höchsten Glanzes von 1871 bis 1914 von 40 auf fast 70 Millionen, bei gleichzeitigem starken Steigen des Lebensniveaus, zu vermehren. Daß dieser gewaltige, an amerikanische Verhältnisse gemahnende Aufschwung lediglich durch die Industrialisierung möglich geworden ist, geht aus der Statistik der Verteilung der Menschenzunahme auf Stadt und Land mit zwingender

Deutlichkeit hervor. Folgendermaßen nämlich vollzog sich der Menschenzuwachs in Deutschland nach den vom Statistischen Reichsamt berechneten Ergebnissen der Volkszählung vom 16. Juni 1925. Es wohnten in:

Jahr	Großstädten (über 100000 Bew.)	Mittelstädten (20—100000)	Kleinstädten (10—20000)	Orten unter 10000 Bew.
1871	1,97 Mill.	3,15 Mill.	2,03 Mill.	33,91 Mill.
1925	16,38 „	8,34 „	4,12 „	33,70 „

Unter 10000 Deutschen waren ansässig in:

Jahr	Großstädten	Mittelstädten	Kleinstädten	Orten unter 10000 Bew.
1871	479	766	496	8259
1900	1618	1262	593	6527
1925	2619	1333	659	5389

Die „Verstädterung" Deutschlands tritt hier fast erschreckend stark zutage (Fig. 41). Ungleich verhängnisvoller noch ist sie in Australien[1]).

Allerdings hat eine hochentwickelte Industrialisierung, die vielen Millionen Menschen Nahrungsmöglichkeit auf engstem Raum gewährt, auch den empfindlichen Nachteil, daß starke Störungen des wirtschaftlichen Gleichgewichts, wie wir sie seit 1918 in nur allzu reicher Fülle erlebt haben, verhängnisvollste Rückschläge in Gestalt von Arbeitslosigkeit und Hunger hervorrufen. Das furchtbar schwere Erwerbslosenproblem, an dem alle Industrieländer in der Nachkriegszeit gekrankt haben, ist die ernste Kehrseite der sonst so willkommenen Möglichkeit, durch industrielle Entwicklung die Bevölkerungsdichte fast unbegrenzt zu vermehren. Wenn nun außerdem, wie es in Deutschland der Fall ist, durch verrückte Kriegsentschädigungsleistungen der Industrie die Atemmöglichkeit mehr und mehr eingeengt und die soziale Fürsorge erschwert wird, so entsteht jener Zustand einer fast unerträglichen Dauerkrise, in dem sich Deutschland seit Jahren befindet und von dem es ohne völlige Neuregelung der Reparationsleistungen in absehbarer Zeit auch

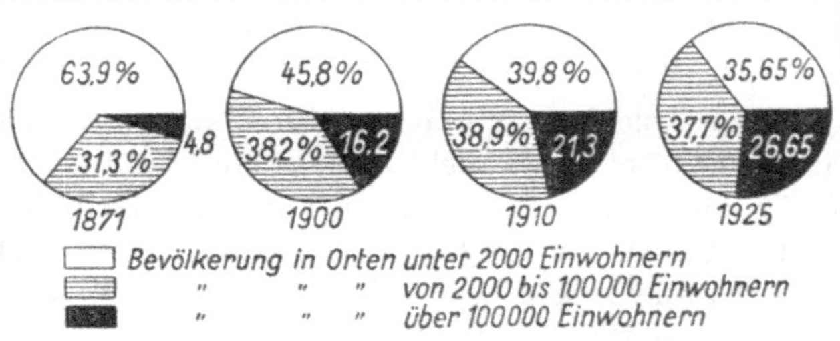

Fig. 41. Die Bevölkerung Deutschlands in ihrer Verteilung auf Stadt und Land.

[1]) H. Gattineau: „Die Verstädterung in Australien" in der „Zeitschr. f. Geopolitik", Jan. u. Febr. 1928.

nicht erlöst werden kann. 1914 wohnten in Deutschland 122 Menschen auf dem Quadratkilometer. Nachdem man dem Lande über 10% seiner Fläche und dazu sämtliche Kolonien genommen, höchstwertiges Industrie- und ergiebigstes Ackerland geraubt, die Auswanderungsmöglichkeit empfindlich eingeengt, die Grundlagen wirtschaftlichen Wohlstandes durch sinnlos hohe Tributzahlungen unterhöhlt und durch die erzwungene Abrüstung weiteren Hunderttausenden die Ernährungs- und Ertüchtigungsmöglichkeit genommen hat, wohnen jetzt 134 Menschen auf dem Quadratkilometer. Die Folge ist ein Millionenheer von hungernden Erwerbslosen, ein geopolitischer Schütterungsherd ersten Ranges, der sich bisher nur innerpolitisch als bolschewistischer Krebsschaden bemerkbar gemacht hat, der aber ebensogut eines Tages zu einem außenpolitischen Lavaerguß gefährlichster Art Anlaß geben kann, entsprechend jener vollkommen richtigen Mussolinischen Alternative vom Februar 1927: „Ausdehnung oder Explosion!" Die heutigen Entente-Staatsmänner verstehen von der geopolitischen Dampfkesseltechnik herzlich wenig; sonst würden sie nicht so gelassen die bedrohlichen Bewegungen des Manometerzeigers in verschiedenen stark übervölkerten Ländern mitansehen!

Die deutsche Auswanderung nimmt trotz der sehr starken Hemmnisse, die vor ihr aufgetürmt werden, wieder zu. Folgende Menschenzahlen verließen in der Nachkriegszeit die deutsche Heimat für immer:

1919: 3144	1920: 8458	1921: 23451	1922: 36527
1923: 115416 (Inflationsjahr)	1924: 58328	1925: 62828	1926: 65280

Innere Kolonisation muß das übervölkerte, der Ausdehnungs- und der äußeren Kolonisationsmöglichkeit beraubte Deutschland natürlich zwangsläufig intensiver denn je pflegen. Aber die industrielle Entwicklung bleibt vorläufig stark eingeengt und gewährt nur einen begrenzten Spielraum. In dieser schwierigen Lage sollten wir in erster Linie darauf bedacht sein, landwirtschaftliche Siedlung zu treiben, wozu die zahlreichen Moorflächen und der verhältnismäßig dünner besiedelte, dazu von slawischer Invasion bedrohte Osten noch mancherlei Möglichkeit gewähren. Wohnen doch z. B. in Ostpreußen erst 57, in beiden Mecklenburg nur 38 Menschen auf dem Quadratkilometer. Aber wird es gelingen, der magnetischen Anziehungskraft der großen Städte und der Landflucht zu wehren? Hier eine wahrhaft moderne „innere Kolonisation" zu treiben, wäre eine der schönsten Aufgaben für eine auf das Wohl des ganzen Volkes bedachte Regierung! Wir können auch bei rationeller Pflege der Landwirtschaft auf eigenem Grund und Boden noch Großes leisten, können bei einem jährlichen Mehraufwand von 200 Mill. ℳ für künstliche Düngung die Ackerbauproduktion um rund 500 Mill. ℳ steigern und dadurch unsere Zahlungsbilanz wesentlich verbessern.

Auch in den kulturell höchststehenden Ländern winken also der „inneren Kolonisation', noch viele und dankbare Aufgaben!

IV. Gesetzmäßigkeiten in der Lage der Hauptstädte im Verhältnis zu den Staatsgrenzen und der großen Seeplätze.

Im lebenden Organismus des menschlichen Körpers regelt das Herz die inneren Funktionen des Körpers, das Gehirn seine Beziehungen zur Außenwelt. Ersteres ist einigermaßen zentral, letzteres ausgesprochen peripher gelegen. Genau ebenso kann man an der Lage der Hauptstädte der einzelnen Staaten in der Regel erkennen, ob bei ihnen in der Gegenwart bzw. Vergangenheit das innenstaatliche Eigenleben und die in der Hauptsache autarke Wirtschaftsform überwiegen oder die außenpolitischen und Außenhandels-Beziehungen. Im ersteren Falle liegt nämlich die Hauptstadt zumeist im Zentrum oder doch nicht allzu weit von ihm entfernt, im letzteren an der Peripherie des Staates.

1. Die Hauptstadtlage im überwiegenden Landstaat.

In unseren Tagen der Weltwirtschaftsverflechtungen, die die ganze Erde umspannen, beginnen die scharfen Unterschiede der Staaten mit zentraler und mit peripherer Lage der Hauptstadt sich langsam ein wenig zu verwischen. Ehedem waren sie stärker als heute ausgeprägt. Vorwiegend landwirtschaftlich eingestellte Staaten mit geringem und gelegentlich selbst fast gar keinem Außenhandel zeigen mit merkwürdiger Regelmäßigkeit eine dem geographischen Mittelpunkt naheliegende Haupt- und Residenzstadt. Als europäische Beispiele seien genannt die Lage Stuttgarts in Württemberg, Prags in Böhmen, Warschaus in Polen, Moskaus im alten vorpetrinischen Rußland, Mailands innerhalb der Lombardei, Berns in der Schweiz, Wiens im alten Österreich-Ungarn und Madrids in Spanien. Im letzteren Fall haben wir es sogar mit einer ganz genauen Lage im geometrischen Mittelpunkt des Landes zu tun, der freilich nicht durch die natürliche Entwicklung, sondern durch die persönliche Laune eines Herrschers zu seiner überragenden Bedeutung gelangt ist. Philipp II. beschloß nämlich 1560, die vorher schon nicht ohne Bedeutung gewesene, zeitweise (um 1400) auch schon als Regierungssitz benutzte Stadt Madrid nur deshalb zu seiner Residenz zu erheben, weil sie ihm als Mittelpunkt seines Reiches bezeichnet wurde. Es war eine königliche Schrulle, aber sie hatte Erfolg, weil sie, geopolitisch betrachtet, einem richtigen Instinkt folgte. Hätte der Einfall nicht mit den geographischen Gesetzen im Einklang gestanden, würde kein Herrscherwille

Madrid dauernd zur Hauptstadt eines Landes haben erhöhen können. — Außerhalb Europas seien als besonders gute Beispiele für die ziemlich zentrale Lage eines ehedem sich selbst genügenden Staates noch angeführt Irkutsk für Sibirien, Lhassa für Tibet, Mexiko, Bogotá in Kolumbien, auch Söul in Korea und Sucre (Chuquisaca) als älteste Hauptstadt Boliviens. Genau zentral in den einfachen Neger-Häuptlingsstaaten Afrikas, die kreisrunde oder ovale Gestalt aufweisen, liegen ferner die Sitze der Oberhäuptlinge[1]). Sobald jedoch irgend ein Strom oder Gebirgspaß von überragender Bedeutung den Schwerpunkt eines Landes einseitig nach einer bestimmten Richtung ablenkt, verschiebt sich selbst in rein binnenländischen Staaten die Hauptstadt mehr oder weniger stark in derselben Richtung, gleich als ob sie von einer Strömung dorthin mitgerissen wird. So ist in Baden die Hauptstadt bis dicht an den Rhein herangespült worden, in Serbien an die Donau, in Bayern in der Richtung auf den Brenner, in Paraguay an den gleichnamigen Hauptstrom.

Eine gut zentrale Lage als Hauptstadt hatte auch Berlin, solange es lediglich die Residenz der brandenburgischen Kurfürsten und der preußischen Könige war. Zur Hauptstadt des neuen Deutschen Reiches ist es dagegen lediglich aus historischen Gründen heraus, wegen seiner hohen Verdienste um die deutsche Einheit und als unbestrittener Sitz der politischen Vormacht unter den deutschen Bundesstaaten, erkoren worden. Im Verhältnis zum gesamten Deutschland, auch zum Brennpunkt des industriellen und wirtschaftlichen Lebens, liegt es unverhältnismäßig stark exzentrisch, und diese Exzentrizität ist durch die gewaltsame Grenzziehung von 1919 noch ungleich fühlbarer geworden, denn die nunmehrige polnische Grenze nähert sich bei Friedeberg der Hauptstadt des Deutschen Reiches auf rund 150 km, so daß diese auch strategisch ungebührlich stark gefährdet ist. Wäre Deutschland 1871, unbeschwert von historischer Dankbarkeit, als politisches Staatsgebilde neu erschaffen worden, so wäre die Hauptstadt wohl sicher mehr in der geographischen Mitte angelegt worden, etwa im Thüringer Gebiet, vielleicht in Erfurt. In der Tatsache, daß die beiden deutschen Nationalversammlungen, die Frankfurter von 1848 und die Weimarer von 1919, nahe dem geographischen Mittelpunkt des Reiches abgehalten wurden, liegt ein Beweis für die Sicherheit, mit der der geopolitische Instinkt eines Volkes bei der Auswahl der beherrschenden politischen Schwerpunkte arbeitet.

Auch Paris hat im Verhältnis zu Frankreich eine unverhältnismäßig stark exzentrische Lage, deren militärische Unzweckmäßigkeit 1814, 1870 und 1914 hinreichend deutlich in die Erscheinung getreten ist. Es liegt jedoch deutlich im natürlichen Verkehrs-Brennpunkt des Landes. Noch viel unglücklicher war und ist, rein strategisch betrachtet, die Lage der früheren serbischen und heutigen südslawischen Hauptstadt Belgrad unmittelbar neben der ungarischen Grenze. 1914 und 1915 ist ja diese unglückliche

1) K. Müller, Die Staatenbildung des oberen Uëlle- und Zwischenseengebietes in Mitteilg. d. Vereins f. Erdkunde zu Leipzig 1896.

Lage dem Lande, das den Weltkrieg entfesselt hatte, zum Verhängnis geworden. Aber die magnetische Anziehungskraft des mächtigen Stromes auf die Wahl des Sitzes der politischen Zentralgewalt ist so stark, daß man sich auch in dem Groß-Serbien der Nachkriegszeit zu keiner Änderung veranlaßt gesehen hat, was freilich jetzt auch weniger nötig als früher war, da Ungarn zur Zeit zu den militärisch ohnmächtig gemachten Staaten zählt. Ebenso ist im neuen, verstümmelten Ungarn die Lage der Hauptstadt recht ungünstig, da Budapests Entfernung von der tschechoslowakischen Grenze nur 60 km beträgt.

Daß die Lage einer Hauptstadt für die innere politische und kulturelle Entwicklung eines Landes von entscheidender Wichtigkeit ist, hat als Erster, soviel ich sehe, wieder einmal Goethe erkannt und ausgesprochen. In seinem schon einmal (S. 6) erwähnten Eckermann-Gespräch vom 23. Oktober 1828 hat er u. a. auch folgende geopolitisch vollkommen richtigen und (im Hinblick auf gewisse deutsche „Einheitsstaats"-Bestrebungen) geradezu erstaunlich modern anmutenden Äußerungen getan:

„Man hat einen Staat wohl einem lebendigen Körper mit vielen Gliedern verglichen und so ließe sich wohl die Residenz eines Staates dem Herzen vergleichen, von welchem aus Leben und Wohlseyn in die einzelnen nahen und fernen Glieder strömt. Sind aber die Glieder sehr ferne vom Herzen, so wird das zuströmende Leben schwach und immer schwächer empfunden werden. Ein geistreicher Franzose, ich glaube Dupin, hat eine Charte über den Culturzustand Frankreichs entworfen und die größere oder geringere Aufklärung der verschiedenen Departements mit helleren oder dunkleren Farben zur Anschauung gebracht. Da finden sich nun, besonders in südlichen, weit von der Residenz entlegenen Provinzen, einzelne Departements, die in ganz schwarzer Farbe daliegen, als Zeichen einer dort herrschenden großen Finsterniß. Würde das aber wohl seyn, wenn das schöne Frankreich, statt des einen großen Mittelpunktes, zehn Mittelpunkte hätte, von denen Licht und Leben ausginge?

Wodurch ist Deutschland groß, als durch eine bewunderungswürdige Volks-Cultur, die alle Theile des Reichs gleichmäßig durchdrungen hat? Sind es aber nicht die einzelnen Fürstensitze, von denen sie ausgeht und welche ihre Träger und Pfleger sind? — Gesetzt, wir hätten in Deutschland seit Jahrhunderten nur die beiden Residenzstädte Wien und Berlin, oder gar nur eine, da möchte ich doch sehen, wie es um die deutsche Cultur stände? ja auch um einen überall verbreiteten Wohlstand, der mit der Cultur Hand in Hand geht!

... Denken Sie an Städte wie Dresden, München, Stuttgart, Cassel, Braunschweig, Hannover und ähnliche; denken Sie an die großen Lebenselemente, die diese Städte in sich selber tragen; denken Sie an die Wirkungen, die von ihnen auf die benachbarten Provinzen ausgehen, und fragen Sie sich, ob das alles seyn würde, wenn sie nicht seit langen Zeiten die Sitze von Fürsten gewesen? —

Frankfurt, Bremen, Hamburg, Lübeck, sind groß und glänzend, ihre Wirkungen auf den Wohlstand von Deutschland gar nicht zu berechnen. Würden sie aber bleiben was sie sind, wenn sie ihre eigne Souveränität verlieren und irgend einem großen Deutschen Reich als Provinzialstädte einverleibt werden sollten? — Ich habe Ursache daran zu zweifeln."

So bewundernswert der sich in diesen Ausführungen äußernde kulturpolitische Weitblick Goethes ist, im letzten Punkt hat er dennoch ein wenig geirrt. Unter den von ihm genannten Städten sind seit 1866 Cassel, Hannover und Frankfurt keine Regierungssitze mehr; sie haben ihre Souveränität mit 45 anderen von den 51 freien Reichsstädten, die der

Reichsdeputationshauptschluß von 1803 noch bestehen ließ, verloren und sind dennoch „geblieben, was sie sind". Aber insofern hatte Goethe sicher recht, als im allgemeinen nur solche deutsche Städte, die Hauptstädte eines deutschen Bundesstaates (oder auch Erzbischofs, z. B. Köln) waren oder früher einmal gewesen waren, als ein wirklichen Samen ausstreuendes Kulturzentrum angesprochen werden konnten. Die langdauernde politische Zerrissenheit Deutschlands, die politisch und militärisch ebensovieles Unheil über unser Vaterland gebracht hat, wie einst die Zwistigkeiten der altgriechischen Städte über Hellas, sie ist in kultureller Hinsicht unzweifelhaft segensreich gewesen. Paris ist Frankreich, Kopenhagen ist Dänemark, das ganze übrige Land verschwindet gegenüber der Hauptstadt. Ähnlich ist Wien seit 1919 Österreich, und selbst Belgien hat man, wenn auch mit weniger Berechtigung, „Antwerpen mit Hinterland" genannt. Im Deutschen Reich ist derartiges in keinem Zeitpunkt seiner Geschichte auch nur theoretisch vorstellbar gewesen. Es war daher eine unendlich weise Maßnahme Bismarcks, daß er bei seiner Großtat der neuen Gründung des Deutschen Reiches die einzelnen Bundesstaaten, mit Ausnahme von dreien, deren Verschwinden ihm im Interesse der preußischen Vormachtstellung unentbehrlich schien, samt und sonders in ihrer Eigenart bestehen ließ, und man möge sich hüten, die heute weit verbreiteten Vereinheitlichungs-Tendenzen allzu weit zu treiben. In Fortspinnung der obigen Goetheschen Gedanken über Frankreich machte Kurt Hassert i. J. 1907 die jetzt wieder nur allzu aktuelle Feststellung[1]):

„Die einst blühenden Städte des Elsaß, Straßburg, Kolmar, Schlettstadt usw. gingen rasch zurück, als ihr Gebiet an Frankreich fiel, weil sie bei der zugunsten von Paris herrschenden Zentralisierung zu einfachen Provinzstädten an der äußersten Peripherie des Staates herabgedrückt wurden."

Auch Deutschlands politische Stellung würde durch den „Einheitsstaat" ganz gewiß nicht gestärkt, vielleicht sogar nur die Reichsverdrossenheit gefördert werden, aber das Kultur-Porzellan, das dabei zerschlagen würde, wäre in seinem Werte schwerlich jemals abzuschätzen. Hat doch schon jetzt die Schaffung Groß-Thüringens verschiedene frühere Residenz- und Hauptstädte, wie Meiningen, Rudolstadt, Gera, Gotha, ihrer besten Güter beraubt! Das geradezu tragische Geschick solcher deutschen Städte wird im übrigen Deutschland viel zu leicht unterschätzt. Es könnte bei einer Durchführung des Einheitsstaates vervielfältigt werden. Die Ersparnis von einigen wenigen Millionen Mark, die als Hauptargument, ja, sogar als einziges Argument von den Anhängern des deutschen Einheitsstaates, so kürzlich wieder vom preußischen Ministerpräsidenten Braun, ins Feld geführt wird, könnte den anzurichtenden schweren kulturellen und auch wirtschaftlichen Schaden nur zu einem verschwindend geringen Teil kompensieren. Wenn man sich die französische Zentralisierung der Verwaltung ansieht, so erkennt man erst, wie überrecht Goethe mit

1) Kurt Hassert, Die Städte (Aus Natur und Geisteswelt, Bd. 163), S. 19, Leipzig 1907.

seiner Kritik vom Jahre 1828 hatte. Vestigia terrent! Das Deutsche Reich kann seiner ganzen historischen Entwicklung nach nur bestehen bei freiwilligem und freudigem Bekenntnis zum Reich, wie es sich selbst in den schwersten Zeiten 1918—1920 und 1923 so wundervoll bewährte. Der von gewissen Seiten angestrebte Einheitsstaat würde das Gefüge des Reiches nicht festigen, sondern bedrohlich lockern, weil er sich nur unter Vergewaltigung berechtigter Sonderbelange durchführen ließe und demgemäß dem freudigen Bekenntnis zum Reich schweren Abbruch tun müßte. Vergessen wir nicht das weise Wort, das der alte Bismarck in Friedrichsruh zu einer aus Süddeutschland gekommenen Abordnung äußerte und das beweist, wie sehr die Goetheschen geopolitischen Gedankengänge auch in ihm lebendig waren:

„Die Rivalität der deutschen Staaten und der deutschen Stämme hat eine Erhöhung des deutschen Nationalgefühls zur Folge und führt dazu, daß wir in Deutschland ebensoviele starke Stützpunkte des Reiches haben, wie es verschiedene Bundesstaaten, Residenzen und Höfe gibt. Das ist ein Vorteil, den wir vor allen anderen Völkern und Staaten von unitarischer Beschaffenheit voraushaben, und den sie uns nicht nehmen können."

Die Bestrebungen, aus dem föderalistisch zusammengehaltenen Deutschen Reich künstlich einen zentralisierten Einheitsstaat zu machen, lassen darauf schließen, daß ihre Anhänger weder mit den Tatsachen der Geschichte noch mit den Regeln der Geopolitik hinreichend vertraut sind. Große und volkreiche Räume sind nur zäsaristisch oder als eine Vielheit von gleichberechtigten Bundesstaaten zu regieren, nicht aber konstitutionell. Das zaristische Rußland hat Jahrhunderte hindurch starke Lebenskraft bewiesen, der konstitutionelle Einheitsstaat brach nach zwölf Jahren zusammen wie das konstitutionell regierte Riesenreich Brasilien 1889. Es ist kein Zufall, daß Rom, als es zur Weltmacht aufstieg, die Republik mit der absoluten Monarchie vertauschte, kein Zufall auch, daß die demokratisch regierten größten Staaten der Gegenwart, Vereinigte Staaten, Brasilien, Australien, Südafrika sämtlich, wie das Deutsche Reich, den Charakter von Bundesstaaten aufweisen. Als zentralistisch verwalteter Einheitsstaat mit parlamentarischer Verfassung würden sie schwerlich Bestand haben und bald an gefährlichen zentrifugalen Tendenzen leiden.

Wie stark die geographischen Bedingtheiten der Beschaffenheit der Erdoberfläche selbst in derartige Probleme der inneren Organisation der Staaten hineinspielen, hat in vortrefflicher Weise Erich Obst dargelegt[1]: bei den am straffsten zentralistisch regierten großen Staaten Frankreich und Rußland liegt die Hauptstadt deutlich im geographischen Kern des Staates, von wo Fühlung nach allen größeren Flüssen des Landes besteht. Deutschland hingegen mit seiner „Parallelschaltung" der deutschen Flüsse ist geographisch nicht geschaffen zum Einheitsstaat und hat sich daher „mit der Tatsache abzufinden, daß dem deutschen

1) Zeitschr. f. Geopolitik 1928, S. 33.

Staate ein Zentralraum nach Art des Pariser oder Moskauer oder auch nur Londoner Konvergenzgebietes von der Natur versagt ist. Da Berlins Lage schon innerhalb des Deutschen Bundesstaates für eine Hauptstadt ungünstig war, würde ein zentralistisch regierter deutscher Einheitsstaat mit Berlin als Hauptstadt meinem Gefühl nach aus geopolitischen Gründen zum Auseinanderbrechen verurteilt sein.

2. Die Hauptstadtlage im überwiegenden Seestaat.

Staaten, bei denen das wirtschaftliche Schwergewicht in den überseeischen Verkehrsbeziehungen beruht, oder die sich bewußt auf seewirtschaftlichen Handel umstellen wollen, legen folgerichtig auch ihren Regierungssitz in oder neben einen wichtigen Seehafen. Sobald die Hauptstadt eines Landes in unmittelbarer Nähe der Küste gelegen ist, läßt sich ohne weiteres behaupten, daß es sich um einen wichtigeren Seestaat oder aber um ein durch überseeische Beziehungen entwickeltes Kolonialland handelt. Karthago, Athen, Lissabon, London, Kopenhagen, Oslo, Stockholm, Helsingfors, Reykjavik, Rio de Janeiro, Montevideo, Buenos Aires, Tokio sind ein paar typische Beispiele.

Sehr charakteristisch sind die gelegentlichen Wanderungen der Residenzstadt des Herrschers aus dem Binnenland an die Küste im selben Augenblick, da die Seeinteressen das Übergewicht erlangen. Als Peter der Große sein russisches Volk mit der westlichen Kultur in Berührung bringen und seinem Staat das „Fenster nach dem Westen" öffnen wollte, verlegte er den Regierungssitz i. J. 1703 aus dem tiefen Binnenlande an die Newamündung, an jenen Platz, wo er mit geradezu genialem geopolitischen Instinkt an der trefflichst geeigneten Stelle des ganzen riesigen Reiches einen neuen Seehafen aus dem Sumpfboden emporwachsen ließ. Wäre es freilich Rußland jemals gelungen, den von Peter dem Großen bis auf Nikolaus II. nie aufgegebenen Traum der Eroberung Konstantinopels zu verwirklichen, so kann es kaum zweifelhaft sein, daß die Hauptstadt eine nochmalige Wanderung an die Ufer des Bosporus durchgemacht hätte. — Ähnlich gab Japan nach seiner jahrhundertelangen Abschließung gegen die Außenwelt der grundsätzlichen, plötzlichen Wandlung seiner Stellung zur Kultur der Westvölker auch äußerlich dadurch Ausdruck, daß es die alte, zentral gelegene Hauptstadt Kioto aufgab und das aufs Meer hinausblickende Tokio 1868 zur Hauptstadt machte. — In Norwegen wurde Oslo an Stelle des früheren Drontheim Hauptstadt, als die Seeinteressen das Land mehr und mehr auf die Ostsee verwiesen und die drei skandinavischen Reiche sich in der Kalmarer Union (20. Juli 1397) zusammengeschlossen hatten. — In Schweden lag die alte Hauptstadt Sigtuna tiefer als die heutige im Binnenland, an einem Arm des Mälarsees. Das Aufkommen Stockholms als neuer Hauptstadt besiegelte den Entschluß des Landes, ein Ostseestaat zu werden. Heute, wo nicht mehr die Ostsee, sondern das Weltmeer den Schwerpunkt des Seeverkehrs aufweist, würde eigentlich Göteborg besser als Stockholm zur schwedischen Hauptstadt geeignet sein. Immerhin sind geschichtliche Erinnerungen bei der Wahl von Hauptstädten nicht gering zu werten, wie man ja auch am Beispiel des wenig günstig gelegenen Berlin sieht. — Daß Helsingfors aus seiner ursprünglichen Lage 7 km weit nach der Küste zu gewandert ist, sei nur nebenbei am Rande vermerkt.

Die periphere Lage der Hauptstadt an der Küste kann natürlich gefährlich werden, wenn der Staat von einem zur See mächtigen Gegner bedroht wird. Kopenhagen hat es am 2. April 1801 und in den Tagen des 2.—5. September 1807 verspürt. Unbedenklich ist die Küstenlage der Hauptstadt jedoch dann, wenn der Staat im politischen Leben als neutral angesehen werden kann, wie es etwa bei Island und seiner Hauptstadt Reykjavik der Fall ist. Andernfalls bedarf es besonderer militärischer Schutzmaßnahmen. Im Altertum schaffte man diese gegen die Seeräubergefahr dadurch, daß man die eigentliche Hauptstadt einige Kilometer von der Küste abrückte und ihr für Handelszwecke u. U. einen Zwillingsort zur Seite setzte, wie es etwa bei Athen und dem Piräus der Fall war und noch heute ist. Die etwas von der Küste entfernte Lage weisen im Altertum u. a. auch Troja, Antiochia, Ephesus, Tartessos u. v. a. auf. Heute zeigt sich ähnliches, wenn auch aus ganz anderen Gründen, in der Lage vom Haag und von Tokio mit den zugehörigen Küstenplätzen Scheveningen und Yokohama. Im übrigen pflegt von Seestaaten zweiten und dritten Grades eine Hauptstadt an der Küste oft durch eigene Seefestungen geschützt zu werden, wie wir es im Verhältnis von Petersburg zu Kronstadt, von Helsingfors zu Sveaborg, von Konstantinopel zu den Dardanellenbefestigungen, von Tokio zu Yokosuka sehen. Wenn freilich der Staat selbst eine starke Kriegsflotte besitzt, kann er dieser den Schutz der Hauptstadt anvertrauen. Wo aber ein hinreichender militärischer Schutz ausgeschlossen ist, muß auf die Küstenlage der Hauptstadt selbst dann verzichtet werden, wenn das ganze wirtschaftliche Schwergewicht des Landes auf das Meer verweist. Als 1927 die staatliche Zangengeburt des Jahres 1913, Albanien, endlich daran ging, sich eine Hauptstadt zu wählen, kam Skutari wegen seiner allzu exzentrischen Lage im Norden, Durazzo aber wegen seiner völligen Wehrlosigkeit gegenüber einem die See beherrschenden Feinde nicht in Betracht. Man hat sich schließlich für Tirana entschieden, das für eine politisch bevorzugte Stellung sonst wirklich keinerlei Vorbedingungen aufwies.

3. Unzweckmäßige Lage von Hauptstädten.

Beispiele unzweckmäßiger peripherer Lage der Hauptstadt boten die Türkei der Vorkriegszeit sowie China. Nicht nur war die Verwaltung und Beherrschung der entlegeneren Teile des türkischen Reiches durch die falsche Lage der Residenz empfindlich gehemmt, sondern bei der militärischen Schwäche der Türkei erwies sich auch die Lage von Konstantinopel, die dem starken, kriegerischen Staat des 15., 16. und 17. Jahrhunderts gut angepaßt war, im 19. und 20. Jahrhundert als politisch und strategisch gefährlich, und zwar sowohl gegen die Land- wie gegen die Seeseite. In den Kriegen von 1829, 1878, 1912, 1915 ist dies hinreichend in die Erscheinung getreten, nicht minder im Sinaikonflikt mit England 1906, in dem die Türkei durch die bloße Drohung einer englischen Flottendemonstration vor Konstantinopel zur Nachgiebigkeit gezwungen wurde (13. Mai 1906).

Unzweckmäßig ist neuerdings, nach der teilweisen Abspaltung der nördlichen Außenprovinzen Chinas, auch die Lage von Peking als Hauptstadt. Peking wurde i. J. 1279 vom großen Kublai Khan, an Stelle des älteren, binnenländischen Singanfu und des noch älteren Nanking zur Residenz erkoren, in einer Zeit, als China einen blühenden Seehandel hatte und auch militärisch so stark auf dem Meer war, daß selbst ein Kriegszug gegen Japan zeitweilig erwogen wurde. In dem bisher schwachen China des 19. und 20. Jahrhunderts aber kann sich Peking, obwohl es ja nicht unmittelbar am Meere liegt, einen Konflikt mit einer Westmacht, die die See beherrscht, nicht leicht gestatten. Im Boxerfeldzug des Sommers 1900 hat es sich gezeigt, wie verhältnismäßig schnell die Hauptstadt von der Küste her erreicht werden konnte, nachdem der schwache Küstenschutz der Takuforts niedergekämpft war (17. Juni 1900). Hassert hat mitgeteilt[1]), wie scharf der Brite Gordon die geopolitische Lage überblickte, als er bei seinem Verlassen Chinas zu Lihungtschang äußerte: „Solange Peking der Sitz der Regierung ist, kann sich China niemals in einen Krieg mit einer Großmacht einlassen. Peking liegt zu nahe an der Küste.“ In der Tat wird ein neues China, das sich von den fremden Vormündern befreien und sich national auf eigene Füße stellen will, zu wählen haben zwischen der Schaffung einer eigenen starken Flotte und einer Verlegung seiner Hauptstadt ins tiefe Innere des Landes. Tatsächlich scheint ja Wuhan (Hankou) gute Aussicht als künftige Hauptstadt Chinas zu haben. Haushofer meint treffend[2]):

„Die Frage der Hauptstadtlage in Wuhan ist von entscheidender Bedeutung für die ganze Zukunft der chinesischen Entwicklung ... Peking ist bis auf weiteres seines geopolitischen Sinnes entkleidet; es hat seine geographische Idee der Steppen und Lößebene verbindenden Randlage mit der Beherrschung des Steppenhochlandes durch China verloren.“

Nur als Groteske zu werten ist die kürzlich erfolgte amtliche Wahl Wilnas als Hauptstadt Litauens. Da ja Wilna gar nicht zu Litauen gehört, sondern vom Völkerbund, wenn auch wider Recht und Billigkeit, Polen zugesprochen worden ist, bedeutet jene Wahl als Hauptstadt nur eine Geste ohne jede praktische Bedeutung.

---

1) A. a. O., S. 45.
2) Zeitschrift für Geopolitik, 1927, S. 207.

4. Die Hauptstädte der Kolonialstaaten.

In Kolonialländern pflegt ganz naturgemäß der erste Regierungssitz, von dem alle Kultur ausstrahlt, an der Küste angelegt zu werden, und er bleibt auch dort liegen, solange das innerstaatliche Eigenleben des Landes schwach entwickelt ist oder die überseeischen Beziehungen an Bedeutung überwiegen. Jede innere Konsolidierung des neuen Staatsgebildes prägt sich aber, zumal beim Fehlen einer schützenden Flotte, durch eine Wanderung der Hauptstadt ins Innere aus. Die Burenstaaten Südafrikas hatten ihre Hauptstadt ursprünglich in Kapstadt, verlegten sie dann jedoch nach Prätoria und Bloemfontein, wobei freilich kriegerischer Druck von England her stark mitwirkte. Doch auch ohne solchen Druck vollzieht sich derselbe Prozeß: die Siedlungs- und Farmerkolonie Deutsch-Südwestafrika ist außerordentlich frühzeitig dazu übergegangen, die Hauptstadt von Swakopmund fast 400 km tief landeinwärts nach Windhuk zu verlegen. In den Pflanzungskolonien der Tropen geht die Entwicklung aus leicht verständlichen Gründen langsamer vor sich, aber dem Wesen nach ist sie die gleiche. In Deutsch-Ostafrika hätte es nach der Erreichung des Tanganjika-Sees durch die Zentralbahn (25. Februar 1914) vermutlich nicht mehr sehr lange gedauert, bis die Hauptstadt von Daressalam nach Tabora, in die ungefähre Mitte, gewandert wäre. Der Krieg hat diese Entwicklung unterbrochen. Gegenwärtig ist Frankreich drauf und daran, die Hauptstadt Kameruns von Duala tiefer ins Landesinnere zu verlegen. England wird natürlich in allen seinen Tochterstaaten bemüht sein, den Regierungssitz möglichst lange in der Küstenlage zu erhalten, denn jede Landeinwärtsverlagerung bedeutet eine gewisse Lockerung des englischen Einflusses.

In den alten Kolonialstaaten Süd- und Mittelamerikas ist der Prozeß des Wanderns der Hauptstadt noch im Gange. Dort geht die Entwicklung nur sehr langsam vorwärts, da naturgemäß die überseeischen Beziehungen besonders lebhaft sind und vielfach erst gegenwärtig die binnenländische Besiedelung an Bedeutung zu überwiegen beginnt. In Chile ist die Hauptstadt von Valparaiso bereits ins Binnenland, nach Santiago, verlegt worden. Hier und da können solche Wanderungen freilich auch aus mehr äußerlichen Gründen stattfinden. So soll gegenwärtig, französischen Meldungen zufolge[1]), in Madagaskar der Verwaltungssitz und Haupthafen von Tamatave nach Diego Suarez verlegt werden, weil Tamatave in 100 Jahren 139mal von Wirbelstürmen mehr oder weniger schwer heimgesucht worden ist.

In Argentinien und Uruguay machen sich auch in unseren Tagen noch keine Tendenzen bemerkbar, den Regierungssitz aus der zu überragender Wichtigkeit aufgeblühten Hafenstadt zu verlegen. Wohl aber sind in Brasilien schon ziemlich weitgediehene Pläne vorhanden, eine neue Bundeshauptstadt im Landesinnern zu schaffen. Dasselbe ist in

1) Dépêche coloniale, 7. April 1927.

Australien der Fall, wo im Frühjahr 1927 als neue Hauptstadt des erst seit 1905 bestehenden Staatenbundes, das 1924 eigens zu diesem Zweck begründete Canberra im inneren Neusüdwales, eingeweiht wurde, dessen Lage man so gewählt hat, daß nach dem erhofften, wenn auch wohl noch in weitem Felde stehenden Anschluß von Neuseeland an den Australischen Bund die gemeinsame Hauptstadt der Zukunft leidlich zentral liegt.

Ein weiteres Landeinwärtswandern der Hauptstadt, das ganz bestimmt noch nicht zum Abschluß gekommen ist, weist Kanada auf. Als nach dem Aufstand von 1837 i. J. 1841 der Kolonie die Selbstverwaltung bewilligt werden mußte (vgl. S. 231), wurde die Hauptstadt, gleichsam symptomatisch, vom besterreichbaren Seehafen Quebec weiter landeinwärts nach Montreal verlegt. Nach der Revolte vom 25. April 1849, bei der sogar das Parlamentsgebäude zerstört wurde, erfolgte zwar auf kurze Zeit nochmals ein Zurückwandern nach Quebec. Doch schon 1858 wurde das noch weiter landeinwärts gelegene und auch nicht einmal am Fluß gelegene, erst einige 30 Jahre zuvor gegründete Ottawa als neue Hauptstadt erkoren, die kleinste Hauptstadt aller großen Kulturländer, die noch heute nicht einmal Großstadt-Größe aufweist.[1]) Es kann kaum einem Zweifel unterliegen, daß dieser ziemlich unbedeutende Ort nicht dauernd Bundeshauptstadt bleiben kann. Je mehr Kanada sich zu einem eigenen Staat von starkem Selbstbewußtsein entwickelt, je mehr das wirtschaftliche Schwergewicht der westlichen Getreideparadiese allmählich in die Wagschale fallen wird, um so stärker wird das Verlangen werden, die Hauptstadt in die Mitte des Kontinents vorzurücken. Geopolitisch kann es wohl kaum zweifelhaft sein, daß künftig einmal das machtvoll aufgeblühte Winnipeg zur kanadischen Bundeshauptstadt bestimmt ist.

In den englischen Dominions bedeutet jede Entfernung der Hauptstadt von der Küste einen Schritt weiter auf dem Wege der Abschüttelung des Londoner Einflusses, gleichzeitig aber auch auf dem Wege zur politischen Sicherung gegen feindliche Nachbarn. In diesem Sinne ist nicht nur die Einweihung der neuen australischen Bundeshauptstadt Canberra symbolisch zu bewerten, sondern auch die Verlegung des indischen Regierungssitzes von Kalkutta nach Neu-Delhi, wo der Vizekönig am 18. Januar 1927 das großartige, neue Parlamentsgebäude feierlich seiner Bestimmung übergab. Mit Recht nennt Haushofer[2]) dieses Ereignis ein „Siegel auf Selbstbestimmungsbewegungen" und eine als „Rückschlag farbiger gegen weiße Rassen" zu bewertende „festlandwärtige Machtverlagerung".

---

1) In Nordamerika liebt man überhaupt kleine Hauptstädte. Wie die Bundeshauptstadt Washington ein Zwerg ist gegenüber den Millionenstädten, so weisen auch der Staat New York in Albany, Illinois in Springfield, Pennsylvanien in Harrisburg ausgesprochen kleine Regierungssitze auf.

2) Zeitschrift für Geopolitik, 1927, S. 207.

5. Die Lage der Hauptplätze in den modernen Staaten mit Doppelcharakter.

Schließlich bleiben uns diejenigen heute zahlreichen Fälle zu betrachten, in denen sich ein ursprünglich hauptsächlich binnenländisch orientierter Staat allmählich mehr und mehr auf die See hinausbegibt, so daß sich schließlich seine Auslandsbeziehungen auf dem Land- und auf dem Seewege ungefähr die Wage halten. Es zeigt sich dann, daß die Hauptstadt zwar meist in ihrer inländischen Lage verharrt, wobei sich freilich oft auch das Beharrungsvermögen geschichtlicher Tradition auswirkt, daß aber am bestgeeigneten Punkt der Küste die nächstgrößere Stadt des Landes sich entwickelt. Hier und da wird sogar die Hauptstadt von dem Seeplatz an Bevölkerungszahl überflügelt.

Deutschland bietet uns ein typisches Beispiel: der erste Hafen des Landes, Hamburg, ist die einzige Stadt, die nächst der Hauptstadt eine Bevölkerungsziffer von 1 Million Köpfen überschritten hat. Ebenso ist in Frankreich Marseille die zweitgrößte Stadt des Landes, in Belgien Antwerpen, in Spanien Barcelona, in Ägypten Alexandrien. In Italien übertrifft die führende Hafenstadt Neapel sogar die Hauptstadt Rom an Einwohnerzahl um etwa 100000 Köpfe. Ebenso weist in Holland die Residenz im Haag nur rund 300000, Amsterdam dagegen rund 700000 und Rotterdam 500000 Bewohner auf. In Marokko ist Fez von geringer Bedeutung gegenüber dem internationalen Hafen Tanger, und in den Vereinigten Staaten ist das stille Washington mit seinen nur 280000 Einwohnern von dem 8-Millionen-Hafen New York ganz in den Schatten gestellt worden. Daß ebenso in Kanada die stille Hauptstadt Ottawa (60000 Einwohner) weitgehend zurücktritt hinter dem ersten Seehafen Montreal (300000 Einwohner), wurde schon angedeutet. — Selbst in reinen Binnenlandstaaten kann ein peripher gelegener, wichtiger Flußhafen die zentrale Hauptstadt stark überflügeln, wie uns das Verhältnis von Basel zu Bern beweist.

Gelegentlich stoßen wir auch auf ein Wiederzurückweichen einer an die Seeküste gewanderten Hauptstadt ins Binnenland nach großen nationalen und politischen Erschütterungen. Der Ausgang des Weltkriegs hat uns zwei charakteristische Beispiele dieser Art gebracht. Die stark verkleinerte und militärisch geschwächte Türkei konnte mit einer Hauptstadt Konstantinopel, die ihr fast als einziger Rest ihrer Herrschaft in Europa verblieben war, während sie sich selbst in einen kleinasiatischen Staat verwandelt hatte, nichts mehr anfangen und hat sich daher im binnenländischen Angora eine neue Hauptstadt geschaffen, so daß auch hier jetzt die periphere Seestadt viel volkreicher als die zentrale Hauptstadt ist. Die letztere ist natürlich strategisch wesentlich besser gesichert. „Die alte Hauptstadt ist angreifbar vom Lande und vom Wasser her. Angora soll mal einer anzugreifen versuchen! ... Wüste ringsum, gelbrote, vulkanische, steile Bergabhänge, kein Baum, kein Strauch, kein Wasser", lautet eine Beschreibung aus jüngster Zeit.[1])

Und das zweite Beispiel dieser Art ist die Rückwanderung der russischen Hauptstadt von Petersburg nach Moskau. Nach dem Verlust Finnlands und der baltischen Provinzen war die Hauptstadt Petersburg unmittelbar neben der finnischen Grenze nicht mehr sicher genug. Ein Peter der Große konnte es sich leisten, seine Hauptstadt auf einen so stark exponierten Posten vorzuschieben, denn sie war für ihn gleichzeitig eine militärische Ausfallpforte zur Eroberung der östlichen Ostseeländer. Heute dagegen konnte ein seiner alten Westgrenze beraubtes Rußland eine solche Lage der Hauptstadt nicht mehr verantworten. So ist Moskau aufs neue zu seiner alten Ehre gelangt, und ob Petersburg noch einmal mehr werden kann als der erste Seehafen des Landes, muß als sehr zweifelhaft bezeichnet werden.— Seltsam bei diesen sonst so ähnlichen Verlagerungen zweier Hauptstädte von Kultur-Europa fort ist nur die Tatsache, daß sich die Türkei mit der Verschiebung der Hauptstadt nach Angora europäisierte, Rußland dagegen mit der Rückverlegung nach Moskau asiatisierte.

Für die Bedeutung des Wasserverkehrs im allgemeinen und des Seeverkehrs im besonderen ist es übrigens charakteristisch, daß die größten Städte eines politischen oder wirtschaftlichen Einheitsgebietes — abgesehen von den reinen Hochgebirgsorten wie Quito, La Paz, Addis Abeba usw, — stets an schiffbaren Wasserwegen liegen und überdies bestrebt sind, ihre Wasseranschlüsse zu verbessern und zu modernisieren, wie es etwa das Beispiel so typischer Binnenlandstädte, wie Leipzig, Mailand, Irkutsk zeigt.

---

1) Reisebrief aus der Türkei im Deutschenspiegel, 1927, S. 857.

V. Das Übervölkerungsproblem der Staaten und der Erde.

1. Malthusianismus und Völkerwanderungen.

In geradezu stürmischer Weise pflegt sich bei allen organischen Wesen in einem gewissen Lebensalter die Wachstumstendenz zu äußern. Genau ebenso müssen die sozialen Gebilde der Staaten in einen bestimmten Raum von bestimmter Mindestgröße hineinwachsen, wenn sie lebensfähig bleiben und die „Kinderkrankheiten" der politischen Anfangsentwicklung überwinden wollen. Selbst bei den Städten unserer Tage wirkt sich ja in industrie- und verkehrsreichen Gegenden dieses organische Gesetz aus, nachdem im 19. Jahrhundert die Stadtmauern gefallen sind, die wie ein spanischer Stiefel das Wachstum lange hemmten. Wie unsere großen Städte mit ihren rasch steigenden Bevölkerungszahlen stets neues Siedlungsland brauchen, immer weitere Eingemeindungen von umliegenden Dörfern und Städten vornehmen müssen, so folgt auch die Entwicklung der Staaten einem Zwang zum Wachstum, um sich in naturgegebene wirtschaftliche oder ethnologische oder strategische Grenzen hineinzuleben. Daß dabei oft übers Ziel hinausgeschossen wird, daß nicht selten der Appetit größer als die Verdauungsmöglichkeit ist, muß als eine Sache für sich bezeichnet werden. Im großen und ganzen wird aus militärischen Gründen heraus unbewußt der durchaus gesunde Grundsatz befolgt werden, die Landgrenzen, wo es möglich ist, gegen die Nachbarn möglichst kurz und die Meeresgrenzen möglichst lang zu gestalten. Am folgerichtigsten ist dieser Grundsatz von Japan befolgt worden, das 41500 km Küsten und nur 800 km Landgrenzen (in Korea, Kwantung und Sachalin) aufweist (vgl. Fig. 42).

Die Gründe der erstrebten Grenzerweiterung der Staaten können sehr mannigfacher Art sein. Früher kam es kriegerischen Völkern auf Raub und Beute, kriegerischen Herrschern auf Tribute und Machtfülle an. Neuerdings tritt der Anteil an wertvollen Bodenschätzen und wichtigsten Verkehrsstraßen bei dem Streben, die Grenzen in volksfremde Gebiete hinein vorzuschieben, in den Vordergrund, in selteneren Fällen der Wunsch nach neuem Siedlungsland für überschüssige Volksmengen.

Solange ein Staat dünn besiedelt ist, pflegt er mit seinem Grund und Boden sowohl wie mit seinen Bodenschätzen sehr verschwenderisch umzugehen. Wir sehen es in unseren Tagen etwa an der großzügigen Art und Weise, mit der die kanadische Regierung unter gewissen Voraussetzungen Land an neue Ansiedler verschenkt. Jede straffere Regulierung des Bodenbesitzes, ja, des Besitzes überhaupt beweist, daß die Bevölkerungsdichte sich dem erträglichen Maximum nähert. Treffend sagt Max Weber einmal[1]), die streng gleiche Verteilung des Landes in alter Germanenzeit sei ein Zeichen gewesen, „daß das Land knapp geworden war."

Die Gesetzmäßigkeiten im Ausdehnungsstreben der Völker hat Supan vortrefflich in folgenden Worten zusammengefaßt[2]):

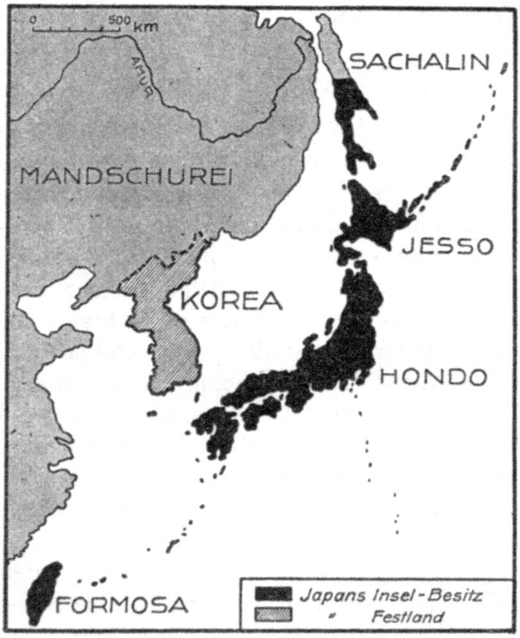

Fig. 42. Beispiel zweckmäßiger Grenzen, (wenig Land- und viel Meeres-Grenze).

„Der Kampf ums Dasein, der alles Lebende beherrscht, ist ja im Grunde genommen nichts anderes als Kampf um den Raum. Das Ausbreitungsbedürfnis ist allen Völkern gemeinsam, aber bei Naturvölkern wirkt es stoßweise, bei außergewöhnlichen Veranlassungen, bei den Kulturvölkern aber mit nachhaltiger Kraft. Dieser Unterschied ist schon in der Tatsache begründet, daß sie dichter wohnen als die Naturvölker. Von der Bevölkerung der Alten Welt gehören ihnen gegenwärtig mindestens 84 % an, von der Fläche aber nur 25 %... Der Jäger bedarf einer größeren Bodenfläche als der nomadische Viehzüchter, dieser einer größeren als der Ackerbauer, und noch mehr schränken Handel und Industrie das Raumminimum ein. Die größere Dichte der Kulturvölker im Vergleich zu den Naturvölkern beruht nicht darauf, daß bei jenen der Fortpflanzungstrieb stärker entwickelt oder die Geburtenhäufigkeit größer ist, sondern auf der geringen Sterblichkeit, besonders im Kindesalter, und darauf, daß die höhere Kultur vielerlei Existenzmittel schafft und dadurch Zuwanderung veranlaßt."

Ein gesundes Volk wird in Zeiten, wo nicht durch kriegerische Verheerungen, Naturgewalten oder Seuchen starke Bruchteile vernichtet werden, ganz naturgemäß zu einer leidlich gleichmäßigen Vermehrung der Bevölkerungsziffer neigen. Die Zahl der lebenden Deutschen wird fürs Jahr 1400 auf 11 Millionen, gegenwärtig auf 90 Millionen veranschlagt. Es hat sich ihre Menge demnach in 5 Jahrhunderten etwa

1) Max Weber, Gesammelte Aufsätze für Sozial- und Wirtschaftsgeschichte, S. 548, Tübingen 1924.

2) Alexander Supan, Die territoriale Entwicklung der europäischen Kolonien (Gotha 1906), S. 1—2.

verachtfacht. Wenn dann ein gewisses Dichtemaximum erreicht wird oder wenn durch Mißernte und ähnliche unberechenbare und unbeeinflußbare Naturvorgänge der Nahrungsspielraum zu knapp wird, so schafft entweder eine Hungersnot den notwendigen Ausgleich zwischen Volksmenge und verfügbarem Raum, oder es erfolgt ein Hinüberströmen über die bis dahin eingenommenen Grenzen und eine friedliche oder gewaltsame Ausbreitung, wobei die Richtung des erfolgenden Vorstoßes durch eine Komponente zwischen dem geringsten Widerstand und dem verlockendsten Boden bestimmt wird. Es ist nicht verwunderlich, daß solche Völkerwellen im Mittelalter besonders oft und schwer von Norwegen ausgingen. Weist doch dieses Land noch heute bei 322000 qkm Flächeninhalt nur 2400 qkm Ackerboden auf! Starke, kriegerische Völker werden bestrebt sein, das beste und fruchtbarste Land mit Gewalt zu erobern. Mißlingt die Eroberung, so schafft die Dezimierung der Volksmenge durch den Krieg die Möglichkeit, in der alten Heimat die Überlebenden zu ernähren; hat sie Erfolg, so kann sich die Bevölkerung stark vermehren, nötigenfalls auf Kosten der Besiegten, und die Macht des Staates erfährt eine willkommene Stärkung und ein weiteres Übergewicht über die Nachbarn. Schwachen Völkern, die nicht daran denken können, mächtigeren Nachbarn Land abzunehmen, oder solchen Völkern, denen durch feste Naturgrenzen die Möglichkeit der Grenzerweiterung genommen ist, bleibt nichts anderes übrig, als entweder durch Kindesmord und Malthusianismus die überschüssige Fruchtbarkeit zu regulieren oder aber Teile des Volkes zur Auswanderung zu zwingen, damit sie versuchen, irgendwo in der Ferne sich eine neue Heimat zu schaffen, oder unterzugehen, falls dies nicht gelingt. Andernfalls müssen Hungerepidemieen von Zeit zu Zeit den nötigen Ausgleich schaffen, wie sie in Indien in regelmäßigen Zeiträumen wiederkehren und von den Engländern auch durchaus nicht behindert werden, ihr Vernichtungswerk zu tun, oder wie sie nach der großen Dürre und Mißernte 1921 Sowjet-Rußland heimgesucht und die Volkszahl um 3 Mill. vermindert haben, nachdem vorher schon der Bolschewismus 1,8 Mill. politischen Gegnern das Leben geraubt hatte.

Ein grausames, aber für gewisse Völker niedrigerer Kulturstufen notwendiges Mittel, die zu große Bevölkerungsziffer herabzudrücken, ist die radikale Beseitigung aller schwächlichen, nicht oder nicht mehr voll lebensfähigen Elemente. Sowohl kränkliche und schwache oder sonst unerwünschte Neugeborene werden der Zuchtwahl zuliebe getötet wie auch die Greise und nicht mehr gebärfähigen Frauen. Es ist das Drohnenschlacht-Prinzip der Bienen auf menschliche Zustände übertragen, und die „Altersgrenze" wird dabei oft gar nicht hoch angesetzt. Nicht zum wenigsten aus diesem soziologischen Grunde ist die hohe Wertung des „Speertodes" und die Verächtlichkeit des „Strohtodes" zu verstehen, wie sie uns in den Anschauungen der alten Germanen und noch mehr der von periodischer Übervölkerung heimgesuchten normannischen Wikinger begegnen.

Der nordische Held gibt sich, wenn er nicht mehr waffenfähig ist, oft selbst den Tod, wie der König Ring in der Frithjofssage[1]):

> „Nun will ich schneiden Geirsodd so blutig:
> Speertod ist nordischer Könige Pflicht."

Am systematischsten und im großen Stil ist die Tötung von Neugeborenen in dem alten Kulturlande China geübt worden, wo das Menschenleben, ebenso wie in Rußland, wenig gilt, weil ein gewaltiger Überfluß an Individuen vorhanden ist. Das Hohenzollern-Wort „Menschen erachte ich für den größten Reichtum" trifft nur für schwach besiedelte Länder zu, die innere Kolonisation treiben wollen; in überdicht besiedelten hat man für eine derartige Wertung von Menschenleben kein Verständnis. Da kommt es dann mit stillschweigender Duldung der Regierung zu einer Art numerus clausus der Kinderzahl, zu einer Pflege des praktischen Malthusianismus, wie sie Nissen für China geschildert hat[2]):

> „Ein Reich von mehr als 360 Mill.[3]), der größten Menschenmasse, die je ein Staatswesen umschlossen hat, mit einer Dichtigkeit der Bevölkerung, die nur von unseren Industriebezirken erreicht wird, vermag es seine Bewohner nicht genügend zu ernähren ... Viele Gegenden treiben den Kindesmord, und die Obrigkeit drückt ein Auge zu."

Ebenso ist auf den Südseeinseln mit ihren von der Natur beschränkten Raum- und Ernährungsmöglichkeiten die Beseitigung der menschlichen „Drohnen" viele Jahrhunderte hindurch als eine ganz selbstverständliche Sitte geübt worden. Die alten Leute wurden erschlagen, wohl gar verzehrt, oder man ließ sie in Nachen oder Flößen, blumenbekränzt und ohne Nahrung, aufs offene Meer hinaustreiben, und oft genug stürzten sie sich auch freiwillig, wie der König Teja in Dahns „Kampf um Rom", in den Krater eines Vulkans, um das Volk von den „unnützen Essern" zu befreien. Bei Kulturvölkern können gerade die Alten durch geistige Kräfte und Erfahrung besonders nützlich für die Allgemeinheit wirken, wie der 90jährige Nestor vor Troja, aber bei primitiven Stämmen, wo nur Körperkraft und Kriegstüchtigkeit Geltung haben, ist der alte Mensch nicht mehr zu gebrauchen und muß daher jungem Leben Platz machen. — In engem Zusammenhang hiermit steht auch die berüchtigte indische Witwenverbrennung, die erst 1877 verschwunden zu sein scheint und die bei vielen anderen Völkern im Töten aller Weiber und Sklaven eines gestorbenen Herrn eine Parallele findet. Wenn der für den Stamm allein nützliche Krieger dahingegangen ist, hat auch sein Anhang keinen Anspruch mehr auf Raum und Nahrung, mit Ausnahme seiner Kinder, die künftige Krieger oder Mütter von Kriegern zu werden versprechen.

---

1) Esajas Tegnérs Frithjofssage, 20ster Gesang.

2) H. Nissen, Der Verkehr zwischen China und dem Römischen Reiche in den Bonner Jahrbüchern, 1894 (Bd. 95), S. 2/3.

3) Bei der ersten Volkszählung von 1925 ergab sich sogar eine Bevölkerung von 425 Millionen; zurzeit wird sie auf 437 Millionen geschätzt.

Ebenso ist der Kindesmord, die Vernichtung und Aussetzung schwächlicher oder sonst unerwünschter Nachkommen, die ja bekanntlich sogar noch im alten Sparta unter amtlicher Aufsicht geübt wurde, in dichtbesiedelten Ländern auf niedriger Kulturstufe geradezu eine Unentbehrlichkeit und bei den ärmeren Klassen in China und Indien sowie bei vielen Naturvölkern von alters her bis heute üblich. Zumal auf einsamen Inseln, wo jede Möglichkeit einer Raumerweiterung fehlt, bleibt den Bewohnern oft gar nichts anderes übrig als eine Art von numerus clausus für die aufzuziehende Nachkommenschaft. Daß der Vernichtung vornehmlich die neugeborenen Mädchen zum Opfer fallen, ist verständlich. Erwähnt doch James Cook in seinem Reise-Tagebuch,[1]) daß von den 6—700 Einwohnern der Osterinsel etwa zwei Drittel Männer waren. Anderswo ist das Zahlenverhältnis zwischen lebenden Personen männlichen und weiblichen Geschlechts noch ungünstiger.

Auf den zahlreichen Inseln des Stillen Ozeans mit ihren fest gegebenen Raumgrößen ist die Frage der künstlichen Beschränkung der Volkszahl stets besonders brennend gewesen. Neben dem Kindesmord muß diesem Ziel auch die künstliche Verhinderung der Befruchtung und das Umbringen der Greise dienen. Die Südsee kennt von jeher gelegentlich den Malthusianismus in seiner schärfsten Form: die Geschlechter werden radikal auf verschiedene Inseln getrennt und dürfen nur zur Zeit des Monsuns miteinander Verkehr haben. Die Männer suchen dann die Frauen auf und nehmen, wenn sie auf ihre Insel zurückkehren, die dem mannbaren Alter nahenden Knaben mit sich. Julius Wolf hat daher nicht ohne Grund den Satz aufgestellt:[2])

„Seit urvordenklichen Zeiten ist nicht der Trieb, die natürliche Fruchtbarkeit, sondern der Wille Regulator der Geburtenziffer."

Japan, das sich ja bis in die 60er Jahre des 19. Jahrhunderts ganz auf seinem Inselreich eingesponnen und gegen die Umwelt abgeschlossen hatte, war angesichts seiner dichten Bevölkerung Jahrhunderte lang gezwungen, auf Behinderung der Volksvermehrung mit allen Mitteln bedacht zu sein. Von 1600 bis 1850 ist in der Tat die Bevölkerungszunahme nur sehr gering gewesen, wobei zu beachten ist, daß in dieser ganzen Zeit kein Krieg eine dezimierende Wirkung ausübte, wohl allerdings die häufigen Erdbeben, Vulkanausbrüche und Springfluten. Weiter ist dabei zu beachten, daß Japan i. J. 1636 jegliche Auswanderung bei Todesstrafe verboten hatte! So weit es sich feststellen läßt, betrug die Bevölkerungsmenge Japans um 1600 rund 27 Mill. und 1852 erst 33 Mill. Menschen. Daß keine physische Degeneration, sondern der Malthusianismus an dieser sehr langsamen Vermehrung schuld war, hat die Welt hinreichend erfahren, als dann nach dem Fallen aller Schranken die Bevölkerungszahl 1885 auf 38, 1895 auf 42, 1905 auf 48, 1920 auf 56 Mill. wuchs.[3]) Gegen-

1) Eintragung vom 15. Februar 1774.
2) Schmollers Jahrbücher, 1927, S. 93.
3) K. Haushofer, Das japanische Reich, S. 63, Wien 1921.

wärtig vermehrt sich das japanische Volk in zwei Jahren stärker als früher in einem Jahrhundert! Von 1920 bis 1925 stieg die Zahl der gesamtjapanischen Bevölkerung von 76988379 auf 83454371, d. h. im Jahre um 1293000 oder 8,4%, und zwar fast restlos infolge von Geburtenüberschuß, denn die Vermehrung durch Zuwanderung betrug im Jahre nur 36000. Die Folge davon ist freilich ein „Volk ohne Raum", das bei der Unmöglichkeit, eine große, moderne Industrie im Lande zu entwickeln, noch ungleich schwerer als Deutschland unter Übervölkerungsproblemen leidet.

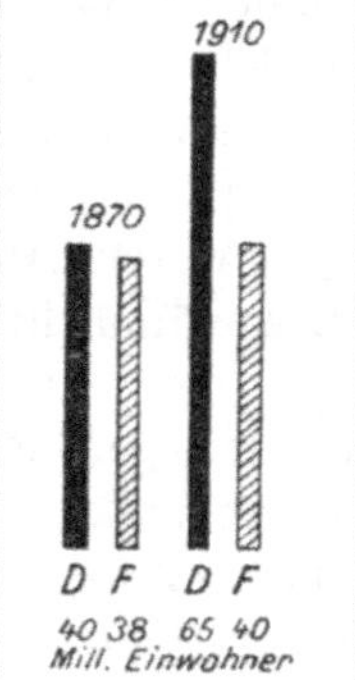

Fig. 43. Bevölkerungszunahme Deutschlands und Frankreichs 1870—1910.

Eine künstliche Beschränkung der Volkszahl kann sich ein Inselvolk beliebig lange Zeit erlauben, wenn ihm keine feindlichen Angriffe drohen. Ein Volk, das sich gegen benachbarte Feinde wehren muß, begeht Selbstmord, wenn es im großen Umfang dem Zweikindersystem verfällt, das Kjellén mit Recht in undicht besiedelten Ländern als „nationale Paralyse" bezeichnet.[1]) In sein Land drücken stärker bevölkerte Nachbargebiete mehr und mehr hinein, wie wir es zurzeit in Südfrankreich beobachten können, wohin das zu dicht besiedelte Italien alljährlich große Menschenströme entsendet (vgl. S. 272), während im Norden des Landes das polnische Element sich mehr und mehr festsetzt und das übrige Land einer fortschreitenden Bastardisierung unterliegt. Selbst bei den Indianern, die als Jägervölker keiner dichten Bevölkerung Raum geben konnten, war es den Müttern erst nach der Geburt des dritten Kindes vorgeschrieben, weitere Nachkommen durch Lebendigbegraben zu töten; aber bei unseren Kulturnationen, die ohnehin durch Verhinderung der Befruchtung und künstlichen Abort viel mehr die Volksvermehrung sabotieren als die „wilden" Völker mit ihrem Kindesmord, greift die Pest des Zweikindersystems in immer höherem Maße um sich, am meisten in Frankreich, wo die Bevölkerung seit 1870 fast stagniert (vgl. Fig. 43). Überall in der Kulturwelt nimmt die Geburtenziffer schnell ab. In Frankreich entfielen 1927 nur 18,8 Geburten auf 1000 Einwohner, in England 18,3, in Schweden 16,8. In Deutschland ist die Geburtenziffer von 43 auf 1000 Einwohner im Jahre 1876 auf 19,5 im Jahre 1927 gesunken, in Berlin sogar schon auf 11, und es wird angenommen, daß allein in Deutschland jährlich etwa 800000 Geburten künstlich verhindert werden! Wenn auch bei der heutigen stark verminderten Kindersterblichkeit die Familien nicht mehr so viele „Ersatzkinder"[2]) nötig haben wie früher, so ist doch nicht zu verkennen, daß nun die starke Zunahme der Bevölkerung der Erde den geringwertigen Rassen und Völkern mehr als den Kulturnationen zugute kommt. Schon Kjellén hat unter Bezugnahme auf den Untergang des alten Rom nach-

1) „Der Staat als Lebensform", S. 188.
2) Julius Wolf in Schmollers Jahrbüchern, 1927, S. 99.

gewiesen, daß sich ein Weltreich das Zweikindersystem nicht dauernd leisten kann, wenn es nicht zugrunde gehen will[1]):

„Das Zweikindersystem versetzte das Weltreich mit barbarischen Bestandteilen, bis es reif wurde für den Untergang."

Dem römischen Reich ist nicht so sehr von fremden Völkern als durch die eigene Entartung der Untergang bereitet worden. Um 200 v. Chr. wohnten schätzungsweise 22 Mill. Menschen in Italien, um 350 n. Chr. nur 5 Mill. Was Wunder, wenn das Naturgesetz, das leere Räume nicht leiden mag, sich auch in diesem Falle auswirkte, wenn der Stoß der Völkerwanderung alsbald die Rolle des horror vacui der Physik spielte! Ein wanderndes Volk drückt dann gern ein seßhaftes aus seinen Wohnsitzen heraus, wie es sich in dem Jahrhundert der größten Völkerwanderung von 375 bis 476 n. Chr. so oft ereignet hat, und es kann sich ein vollständiges „Völkergefäll"[2]) entwickeln, das in Afrika vom Nil zum Kongo, also nach S und SW wies, in Nordamerika nach W, in Asien abwechselnd nach O und W und in der großen europäischen Völkerwanderung vornehmlich nach SW.

In ziemlich regelmäßigen Zwischenräumen gingen aus kargen Ländern, wie es die zentralasiatischen Steppen oder die norwegischen Schären waren, solche Völkerströme aus. Innerasien hat man ja geradezu, wegen der Häufigkeit und Unwiderstehlichkeit der von dort ausbrechenden Völker-Lavamassen, die vagina gentium genannt. Wer auswandern mußte, wurde oft durchs Los entschieden. Gelegentlich aber wurde in Notzeiten auch ein ganzer Jahrgang schon vor der Geburt zur Answanderung nach erreichter Mannbarkeit bestimmt. Besonders war dies im alten Italien, auch bei den Römern der ersten Jahrhunderte, üblich: die Sitte des Ver sacrum, die alle Feldfrüchte und tierischen Nachkommen des nächsten Frühlings den Göttern als Opfer gelobte und die im „Heiligen Frühling" geborenen Kinder zur späteren wehrhaften Auswanderung dem Mars weihte, ist zuletzt von den Römern noch i. J. 217 v. Chr., in den Nöten des beginnenden zweiten Punischen Krieges, geübt worden. Es war stets, als wenn ein übervölkerter Bienenstaat seinen Überschuß an Individuen zum Ausschwärmen zwingt, damit er sich draußen in der Welt „ein anderes Königreich" suchen möge.

Die stärksten Wellenbewegungen dieser Art brandeten durch ganze Erdteile dahin, und es bedurfte äußerster Kraftanstrengungen, oder unüberwindlicher Naturhindernisse, um sie zum Stehen zu bringen. In der Regel gelang es ja der überlegenen Kriegskunst der süd-, west- und mitteleuropäischen Völker, die drohenden Völker-Sturmfluten schließlich mit Aufwendung aller Kraft zum Stehen zu bringen. Die Schlachten von Vercellae und Aquae Sextiae (102 und 101 v. Chr.), auf den Katalaunischen Feldern (451 n. Chr.), bei Tours und Poitiers (22. Juli 732), auf dem Lech-

1) A. a. O., S. 40.

2) A. Dix, a. a. O., S. 39.

feld (10. August 955), bei Wahlstatt (9. April 1241), schließlich auch noch die Türkenschlacht am Kahlen Berge vor den Toren von Wien (12. September 1683) sind ebenso viele geschichtliche Marksteine, durch welche die aus den vaginae gentium entfesselten Gewalten wieder rückläufig oder unschädlich gemacht wurden. Aber die germanische Völkerwelle des 4. und 5. Jahrhunderts brauste, nachdem der einzige ernste Widerstand der Südvölker bei Adrianopel (9. August 378) gebrochen war, hemmungs-

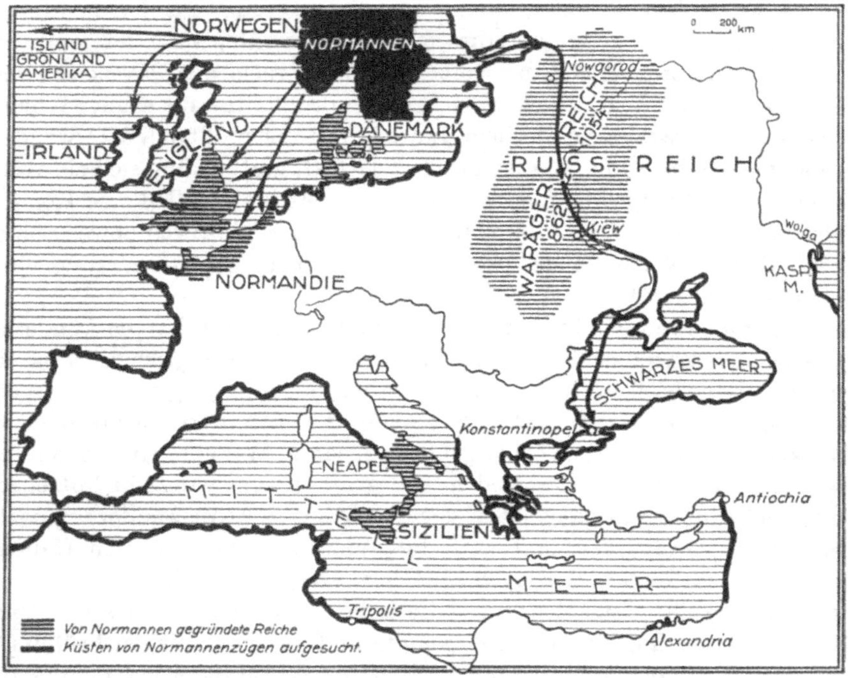

Fig. 44. Die normannische Völkerwoge des 9. bis 12. Jahrhunderts.

los über ganz Europa dahin, überschwemmte Italien, Spanien, Nordafrika und ebbte erst dort ab, wo die Wüste ein Weiterfluten unmöglich machte. Ähnlich fand dereinst in Afrika die Völkerwanderung der kriegerischen Fulla genau dort ein Ende, wo das Vorkommen der Tsetsefliege den pferdezüchtenden Eroberern den Eintritt wehrte — ein interessantes Beispiel, wie einem sonst unwiderstehlichen Siegervolk durch ein unscheinbares Insekt das Gesetz des Handelns vorgeschrieben werden kann.

Auch auf dem Meere vermögen solche Völkerwanderungsstürme sich auszutoben (Fig. 44). Die Normannenflut des 9. 10. und 11. Jahrhunderts ergoß sich über ein unerhört großes Gebiet: im Süden fand sie erst am Rande der Wüste, im Norden, an der Grenze des ewigen Eises eine Schranke, im Westen brandete sie noch gegen die Küste Nordamerikas, und im Osten breitete sie sich über Land bis ans Kaspische Meer aus, an dessen Westufer i. J. 944 ein Kriegs- und Beutezug stattfand, wie ein zeitgenössischer Schriftsteller[1]) zu melden weiß. — Und ihr einzig würdiges Gegenstück, die Malaien, haben, anscheinend von der nach ihnen genannten Halbinsel ausgehend, auf der südlichen Halbkugel eine ähnliche Völkerwanderung durchgeführt, die sich über die Breite zweier Ozeane hinweg und über fast alle Inseln zwischen Ostafrika und dem westlichen Südamerika erstreckte. Offenbar hat auch hier Raumnot durch Jahrhunderte hindurch immer neue Volksteile in weitere Fernen und auf die Suche nach neuem Land getrieben. In kleinerem Maße haben die auf Celebes beheimateten Bugi ebenfalls Seewanderungen erheblichen Ausmaßes betrieben und sich von Singapur bis Neuguinea ausgebreitet. Neuerdings ist es wahrscheinlich gemacht worden[2]), daß auch die indianische Urbevölkerung Amerikas über See von den Südseeinselnher eingewandert ist.

2. Aus- und Einwanderung.

Unsere Gegenwart kennt Völkerwanderungen im alten Stil nicht mehr. Aber was sie an ihre Stelle gesetzt hat, ist an sich viel gewaltiger als die großartigsten Wanderungen älterer Jahrhunderte. Damals sind Hunderttausende oder, wenns hoch kam, wenige Millionen im Zeitraum eines Jahrhunderts in neue Wohnstätten gewandert. Im 19. Jahrhundert aber haben 30 Millionen Europäer der Heimat den Rücken gekehrt und sind für immer übers Meer gezogen, daneben haben noch zahllose andere Millionen vorübergehend als „Ozean-Sachsengänger" in Übersee geweilt.

Es sind in dieser Hinsicht ganz merkwürdige Charakterunterschiede der Nationen festzustellen. „Ozean-Sachsengängerei" wird vor allem von den Italienern, den Polen und Chinesen, z. T. auch den Japanern, betrieben. Sie gehen für eine Reihe von Jahren, gelegentlich selbst Jahrzehnten, in fremde Länder jenseits des Ozeans, kehren jedoch, wenn sie sich einen gewissen Wohlstand erworben haben, ziemlich regelmäßig in die Heimat zurück. Für Italien sind diese leidlich begüterten Rückwanderer eine so typische Erscheinung, daß sogar die dortige Volkswirtschaft mit den alljährlich ins Land strömenden Auslands-Ersparnissen wie mit einer zuverlässigen und gar nicht unbedeutenden Einnahmequelle zu rechnen vermag. In den meisten Fällen lassen die italienischen, aber auch die sonstigen romanischen Sachsengänger ihre Familien in der Heimat zurück, um nach Jahren zu ihnen zurückzukehren. Diese Sitte ist vorteilhaft für die Erhaltung der Nation wie des Nationalvermögens, aber recht schädlich für die Reinhaltung der weißen Rasse und auch eine ungenügende Abhilfe für die etwaige Übervölkerung des Heimatstaates.

Die germanischen Völker dagegen pflegen, wenn sie der Heimat den Rücken kehren, gern mit Kind und Kegel auszuwandern und sich auf eine lebenslängliche Ansiedlung in Übersee einzurichten — natürlich mit

1) Masudi, ed. Aloys Sprenger, Meadows of gold and mines of gems, London 1841, Bd. I, S. 417—420.

2) Petermanns Mitteilungen, 1928, S. 90.

Ausnahme derjenigen zahlreichen Briten und Holländer, die sich in den Kolonien des Mutterlandes eine Reihe von Jahren hindurch „den Wind um die Nase wehen lassen" wollen und die schließlich ebenfalls in sehr zahlreichen Fällen nach der Heimat zurückkehren, aus deren Diensten sie ja auch nie ganz geschieden sind. Die germanische Sitte, die Familie in die neue Heimat mitzunehmen, die sich vornehmlich beim deutschen Volk und bei den vier skandinavischen Nationen findet, ist natürlich förderlich für die Reinhaltung der nordischen Rasse, aber ein schwerer Aderlaß an nationaler Volkskraft und Wirtschaftsenergie, denn bei der fast überstarken Assimilationsfähigkeit zumal der Deutschen an fremde Umgebungen, die einen diametralen Gegensatz darstellt zu der englischen, der chinesischen und japanischen Abneigung gegen ein Aufgehen in fremden Völkern, pflegt bekanntlich in der Regel schon die nachfolgende Generation im Ausland das Zusammengehörigkeitsgefühl mit dem Mutterlande zu verlieren und sehr oft auch die Muttersprache abzulegen.

Genau ebenso sind erhebliche Charakterunterschiede festzustellen in der Art und Weise, wie die einzelnen Nationen auf erobertem Lande, in dem sie sich zu Herren gemacht haben, mit der eingeborenen, fremdrassigen Bevölkerung verfahren. Der Romane hat wenig Rassenstolz und scheut vor sehr weitgehender Rassenmischung durchaus nicht zurück, zumal da er es eben gern verschmäht, seine Familie nach Übersee mitzunehmen. Nur so ist das Aufkommen ganzer Mulatten- und Mestizennationen zu erklären, wie wir sie im ehemals spanisch, portugiesisch und französisch gewesenen Mittel- und Südamerika finden und die, vom Rassenstandpunkt einen tiefbedauerlichen Rückschritt in der Menschheitsentwicklung darstellen, da solche Mischlinge fast immer nur die schlechten, nicht die guten Eigenschaften der Erzeuger erben. Bestehen doch in Mexiko 48% der Bevölkerung aus Mischlingen, und auf manchen westindischen Inseln ist das Verhältnis noch schlimmer. Die unaufhörlichen politischen Unruhen, Revolutionen, Bürgerkriege in gewissen amerikanischen Ländern hängen mit der Minderwertigkeit des Mestizentums aufs engste zusammen.

Demgegenüber ist bei den germanischen Völkern der Rassenstolz von jeher sehr stark ausgeprägt gewesen. In eroberten Gebieten lagern sie sich als Herrenschicht über die Unterworfenen, und eine Vermischung findet nur sehr langsam oder überhaupt nicht statt. Wir begegnen dieser Schichtenbildung der Rassen, die an die Sedimentbildungen der Geologie erinnert, schon bei den aus nordischem Blute stammenden Herrenklassen des Altertums, besonders deutlich etwa bei den Goten in Italien; wir finden im Baltenlande, das ja zum früheren Gebiete des Deutschen Ordens gehörte, eine durch 700 Jahre festgehaltene, überaus scharfe Scheide zwischen der deutschen Herrenschicht und den unterworfenen eingeborenen Esthen, Liven, Letten oder Litauern. Besonders typisch treten uns die Engländer als eine zahlenmäßig sehr kleine Herrenschicht in dem volkreichen Indien und natürlich auch in Ägypten entgegen. Daß aber

u. a. die Japaner ebenfalls stark dazu neigen, beweist ihre strenge Absonderung von der eingesessenen Bevölkerung im unterjochten Korea und von den fast ausgerotteten Ainos in Nordjapan.

Beim angelsächsischen Zweig der Germanen hat in den letzten Jahrhunderten die bewußte Scheidung von den im kolonisierten Lande eingeborenen Rassen noch viel schärfere Formen angenommen. In geeigneten Siedlungsländern ist der Brite und neuerdings auch der Yankee nie vor einer fast systematischen Ausrottung der ursprünglichen Besitzer des Landes zurückgescheut. Es mußte nicht immer eine geradezu blutige Ausrottung sein, obwohl auch auf diesem Gebiete, z. B. in Tasmanien, Neuseeland, Nordamerika, Ansehnliches geleistet worden ist, sondern Branntwein, Hunger, Syphilis, Pocken usw. wirkten oft genug, als willkommene Bundesgenossen der Weißen, noch radikaler. Die Urbewohner Tasmaniens sind schon i. J. 1876 ausgestorben oder, wie Haushofer[1]) richtiger sagt, „ausgestorben worden"; wann die letzten 15000 Australneger, die letzten Maoris, die letzten Indianer in die ewigen Jagdgefilde eingehen, ist nur noch eine Frage der Zeit. Australien und seine umliegenden Inseln sowie Nordamerika sind „Weißen Mannes Land", hvitramannaland, geworden und zwar vornehmlich Germanenland, Land der nordischen Rasse. Vom Rassenstandpunkt aus ist diese Entwicklung nur zu begrüßen; die Moral freilich kommt dabei erheblich zu kurz. Noch mehr nämlich, als in der britischen Politik das Prinzip vom right or wrong Geltung hat, muß sich im Kampf der Rassen der geopolitisch gesunde Grundsatz durchsetzen: „Right or wrong, my race"! Das mag grausam sein, aber es ist die Nietzschesche Grausamkeit des Herrenmenschen, die im Interesse der fortschreitenden Hinaufentwicklung der Menschheit schlechterdings kaum entbehrlich ist. Sehr widerwärtig ist freilich die schönrednerische Heuchelei, mit der solche Grausamkeiten begründet werden. Früher hatten in dieser Hinsicht die Spanier die Führung, heute ist es ein benachbartes Volk. Schon vor mehr als 100 Jahren äußerte Adalbert v. Chamisso[2]):

„Der fromme Missionar Don Diego Louis de San Vitores landete auf Guaham (Marianeninsel Guam) i. J. 1667. Er wünschte den Völkern das Heil zu bringen, aber es folgten ihm Soldaten und Geschütze. Noch vor dem Schlusse des Jahrhunderts war das Werk vollbracht, und diese Nation war nicht mehr. Pacificar nennen's die Spanier."

Wie konsequent auch heute noch England diesen Rassenkampf-Standpunkt uneingestanden verfolgt, zeigt sich besonders deutlich in Indien, wo allerdings, infolge der überdichten Bevölkerung, Menschenleben, wie in Ostasien, nicht hoch im Werte stehen. Indien wird bekanntlich in regelmäßigen Zwischenräumen von mehreren Jahren bald hier, bald dort von schweren Hungersnöten heimgesucht, die jedesmal große Mengen von Menschen dahinraffen. Es kann gar keinem Zweifel unterliegen, daß im heutigen

1) „Geopolitik des Pazifischen Ozeans", S. 111, Berlin-Grunewald 1924.

2) Otto v. Kotzebue's Entdeckungsreise in die Südsee und nach der Behringstraße, Bd. III, S. 105. Wien 1825.

Zeitalter einer geregelten Weltwirtschaft die englisch-indische Regierung glatt in der Lage sein würde, diese Hungersnöte durch eine geregelte Vorratswirtschaft unmöglich zu machen. Aber sie tut in dieser Hinsicht so wenig etwas, daß sie schon zu wiederholten Malen große Mengen des in Indien erzeugten Getreides während des Wütens solcher Hungersnöte ins Ausland geschafft und dort in den Welthandel gebracht hat! Ebenso hätten die immer noch oft furchtbaren Wirkungen der Cholera, Beulenpest und anderer tropischer Seuchen in Indien von einem modernen Kulturvolk bei leidlich gutem Willen längst eingeschränkt, vielleicht ausgerottet sein können. Wenn die Deutschen oder die Amerikaner Herren von Indien wären, wäre dies ohne jeden Zweifel bereits geschehen. England aber legt offenbar durchaus keinen Wert darauf, daß die braune Rasse in Indien sich vermehrt — ganz abgesehen davon, daß die 95% indischer Analphabeten in einer deutschen Kolonie ebenfalls unvorstellbar sein würden.

Das Ausgestorbenwerden der minderwertigen Naturvölker vollzieht sich selbst ganz ohne unmoralische Mittel der weißen Rasse in vielen Gebieten, die für die Europäer und Nordamerikaner Wert haben, in einer für die wissenschaftliche Ethnologie geradezu erschreckend schnellen Weise. Als James Cook i. J. 1778 die Sandwichinseln entdeckte, betrug die Kopfzahl der Ureinwohner auf dieser Inselgruppe schätzungsweise 3—400000. Schon 1832 war sie auf 130000 gesunken, 1895 auf 31000. Dafür waren Weiße und Japaner in Mengen neu ins Land gekommen; heute sollen dort etwa 110000 Japaner leben. Als die einsame Osterinsel vor 200 Jahren (1722) von Roggeveen aufgefunden wurde, soll sie „volkreich" gewesen sein. 1870 belief sich die Zahl der Eingeborenen nur noch auf 3000 und 1905 auf nur 200 Köpfe. Die Zahl der Chamorros auf den Marianen wurde 1668 zu 40—60000 angegeben, 1856 war sie auf 9000 und 1900 auf 1950 gesunken. Andere Beispiele dieser Art sind massenhaft zu erbringen und bei Haushofer nachzulesen.[1]) Das harte Naturgesetz des Darwinschen struggle for life herrscht eben auch im Kampf der Rassen: „Fressen oder Gefressenwerden" lautet die Parole.

Die von der weißen Invasion bedrohten Naturvölker erkennen zuweilen instinktiv die ihnen drohende Gefahr und wissen sich dann gelegentlich in ungemein wirksamer Weise dagegen zu schützen. Japan ist heute als Staat eine Großmacht, aber wo wären Japan und die Japaner, wenn man sich nicht $2\frac{1}{2}$ Jahrhunderte lang gegen den europäischen Imperialismus mit einer Mauer, die ungleich wirksamer als die Chinesische war, umgeben hätte? Und auch in der Zeit der Berührung mit den Weißen hat sich sowohl in Japan wie auf den Tonga-Inseln die kluge Maßnahme, den Fremden Land nur zu verpachten, nicht zu verkaufen, für die Erhaltung der Art ausgezeichnet bewährt. Während auf fast allen sonstigen Inseln des Stillen Ozeans die Urbevölkerungen entweder schon verschwunden sind

1) „Geopolitik des Pazifischen Ozeans", S. 91.

oder auf der Aussterbeliste stehen, ist Japan durch seine weisen Maßnahmen so erstarkt, daß es heute seinerseits Menschenströme großen Umfangs über den Pazific ergießt und als einziger vollwertiger Mitbewerber der weißen Völker unter den farbigen Nationen angesprochen werden muß.

Starke Staaten mit weitem Lebensraum, die die nötige Macht dazu haben, regulieren den Zustrom von Fremden ihren Wünschen gemäß. An sich ist ihnen Einwanderung willkommen, da sie zur wirtschaftlichen Erschließung und Stärkung der staatlichen Macht beiträgt, aber der Ausländer, der sich dauernd ansiedeln will, muß die Staatsangehörigkeit erwerben und von freudiger Hingabe an das neue Wahlvolk beseelt sein — sonst kann man ihn nicht gebrauchen und setzt ihm bei erster Gelegenheit den Stuhl vor die Türe oder läßt ihn besser gar nicht ins Land hinein. Die englischen Dominions und vor allen selbstverständlich die Vereinigten Staaten, die sich anfänglich um „Nam' und Art" der Einwanderer nicht kümmerten und jedem Arbeitswilligen Zutritt gewährten, sind in neuerer Zeit immer wählerischer und anspruchsvoller geworden, nicht nur bezüglich der Wohlhabenheit der zugelassenen Menschen, sondern vor allem auch hinsichtlich der Rassen- und Volkszugehörigkeit. Japans gewaltige Schwierigkeiten, seinen Menschenüberschuß unterzubringen, werden durch die ausgesprochene Feindschaft gegen die gelbe Rasse, wie sie sich in den bestgeeigneten Siedlungsgebieten Japans, in Kalifornien, Australien, Neuseeland, Holländisch-Indien, den Philippinen usw. bemerkbar macht, aufs äußerste erschwert. Für die weiße Rasse ist die in den heutigen und früheren europäischen Kolonialgebieten betriebene Einwanderungspolitik natürlich sehr wertvoll gewesen. Die ursprünglich fast ganz auf Europa beschränkte weiße Rasse hat sich heute so stark über die Erde verbreitet, daß ein rundes Viertel von ihr in anderen Erdteilen zu finden ist und zwei neue Kontinente, Amerika und Australien, ziemlich ganz für sie erobert worden sind. Nach einer neuen Statistik umfaßte die weiße Rasse 1921 nicht weniger als 650 Mill. Köpfe[1]), d. h. ein rundes Drittel der Menschheit. Diese Menge verteilte sich folgendermaßen auf die einzelnen Erdteile:

Europa	453 Mill.	Afrika	3,1 Mill.
Amerika	139 „	Asien	0,8 „
Australien und Südsee . .	6,7 „		

Das eigentliche Auswanderer-Eldorado der Europäer sind von jeher die Vereinigten Staaten gewesen. Wie sich die moderne Form der Völkerwanderung in dieses Land gestaltet hat und wie ganz verschieden die Yankees sich gegenüber den einwanderungsbereiten Fremden je nach

1) Maull gibt sogar (a. a. O., S. 359) an: 885 Mill. Weiße, 500 Mill. Gelbe, 125 Mill. Schwarze und spricht auf S. 455 von 900—925 Mill. Weißen = 53 % der Menschheit gegenüber 30 % Gelben, 7 % Schwarzen, 3½ % Malaien und 2½ % Indianern. — Ich halte diese Zahlen der weißen Menschheit für zu hoch, auch wenn die Mestizen und Mulatten ihnen zugezählt sein sollten.

deren Heimat eingestellt haben, wird vielleicht am überzeugendsten aus nachfolgenden Zahlentabellen zu ersehen sein:

Einwanderung in den Ver. Staaten:

1821—30	143439
1831—40	599125
1841—50	1713251
1851—60	2598214
1861—70	2313824 (Sezessionskrieg!)
1871—80	2812191
1881—90	5246613
1891—1900	3844420 (Beschränkende Gesetze!)
1900—10	8796386
1821—1910	28067463

Herkunft der Einwanderer:

Großbritannien und Irland	7846121	Kanada	1228732
Deutschland	5389548	Westindien	234953
Österreich-Ungarn	3176801	Mexiko	77619
Italien	3090129	Südamerika	31157
Rußland	2515901	Zentralamerika	11029
Skandinavien	1691013	Amerika	1583490
Frankreich	475731		
Dänemark	260472	China	337426
Schweiz	239340	Japan	156652
Griechenland	183515	Sonstiges Asien	137714
Holland	180952	Asien	631792
Spanien und Portugal	170426		
Türkei	120764	Australien und Südsee	45672
Belgien	105690		
Sonstiges Europa	85250	Afrika	10022
Europa	25531653	Unbestimmt	234652

Wenn man hierbei, wie es ja volklich notwendig ist, die Iren von den Großbritanniern trennt, ergibt sich sogar, daß die meisten Yankees deutscher Abkunft sind. Es waren, nach Reinhard, unter allen Bewohnern[1]):

von deutscher Abkunft	27%	von italienischer Abkunft	8%
„ angelsächsischer „	20%	„ skandinavischer „	6%
„ irischer „	18%	„ französischer „	2%
„ negroider „	10%	„ anderer „	1,3%.
„ slawischer „	10%		

Wenn nun auch diesen gewaltigen Zahlen, die im letzten Jahrzehnt vor dem Kriege einen jährlichen Bevölkerungszuwachs von 880000 Köpfen nur durch Einwanderung anzeigen, eine ganz ansehnliche Rückwanderung gegenüberstand, die z. B. 1908 300000, 1909 226000, 1910 202000 Menschen ausmachte, so ist es doch begreiflich, daß die Vereinigten Staaten eine bisher immer schärfer werdende Rationierung und Siebung der Einwanderermassen vornahmen. Unerwünschte Nationen und Elemente, die der

1) R. Reinhard, Weltwirtschaftliche und politische Erdkunde, S. 127. Breslau 1919.

öffentlichen Wohlfahrtspflege leicht zum Opfer fallen konnten, wurden rücksichtslos ferngehalten, und bekanntlich geht die Kontrolle auf der Einwandererstation und die Abstoßung von allen Personen, die unwillkommen erscheinen, mit äußerster Strenge vor sich. I. J. 1921 hat die Dillingham-Bill gesetzlich festgelegt, daß jährlich nur 3% der festgestellten Volksmenge des Jahres 1910 ihrer nationalen Herkunft nach neu zugelassen werden sollten, so daß im Höchstfall 77206 Briten, 75040 Deutschen usw. die Einreise gewährt werden sollte.

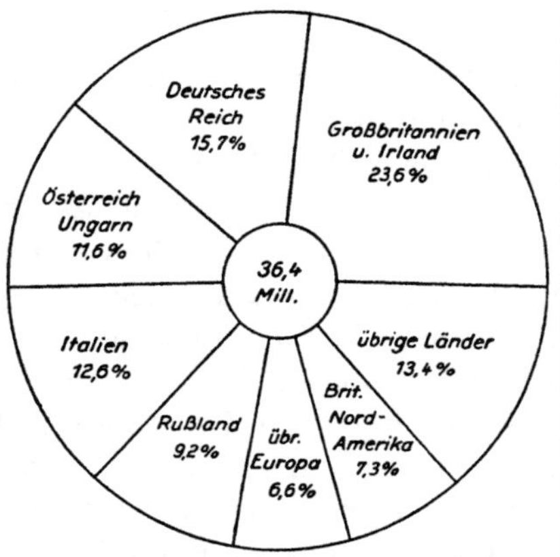

Fig. 45. Herkunftsländer der Einwanderer in die Ver. Staaten von Nordamerika 1819—1925.

Jetzt wird von den Vereinigten Staaten eine weitere empfindliche Beschränkung der Einwanderung geplant und höchst wahrscheinlich durchgeführt. Die neue National Origin-Klausel will die Stärke, in der die Nationen i. J. 1920 zur Rassenstruktur der Bewohner der Vereinigten Staaten beigetragen haben, als neue Quote der Berechnung zugrunde legen. Es sollen dann künftig im Höchstfall jährlich zugelassen werden:

91111 Briten und Iren,
22018 Deutsche,
5878 Italiener,
4002 Russen und Polen,
3707 Schweden,
2763 Franzosen,
2433 Norweger,
1840 Österreicher,
1092 Dänen,
260 Belgier usw.

Gleichzeitig sperren sich aber auch andere ausgesprochen noch menschenarme Gebiete aus sehr seltsamen Motiven grundsätzlich gegen jede neue Einwanderung, ganz besonders jedoch gegen den Zustrom deutscher Elemente und farbiger Rassen. Australien, das schon gegenwärtig ohne weiteres 60 Millionen statt der im Lande vorhandenen 6,1 Millionen Menschen beherbergen könnte, sträubt sich aus sehr selbstsüchtigen Motiven der dort herrschenden Labour Party gegen jede Bevölkerungsvermehrung durch Einwanderung und hat noch soeben (1927) ein Gesetz gefordert, wonach in den nächsten zehn Jahren nicht mehr als zusammen 450000 Einwanderer zugelassen werden sollen! Ein genauer Kenner der dortigen Zustände, Rev. J. Jones, äußerte sich hierüber in einem am 9. Februar 1927 in Manchester gehaltenen Vortrag folgendermaßen[1]):

„Australien, das jetzt eine Bevölkerung von nur 6 Millionen hat, schütter und lose an den Küsten verteilt, kann mit Leichtigkeit und ganz bequem 60 Mill. ernähren. Wir müssen der Tatsache ins Gesicht sehen, daß wir Australien nur halten können, wenn wir es wirklich und wirksam bevölkern können . . . Ich will der Labour-

1) Manchester Guardian, 10. Februar 1927.

Partei in Australien kein Unrecht tun, aber ich muß jedenfalls sagen, daß sie zumindest nichts an Begeisterung für Einwanderung übrig hat. Sie fürchtet, Einwanderung bringe störenden Wettbewerb, geringere Löhne (Australien hat die höchsten der Welt) und womöglich Arbeitslosigkeit. Aber sie begreift nicht, daß jede Vermehrung an Bevölkerung die Arbeitsnachfrage steigern muß ... Dazu kommt ein scharfer Schutzzoll, der britische Waren fernhält und andere mit nochmals 20% mehr belastet."

Um den bequemen Zustand zu erhalten, daß in Australien die höchsten Löhne der Welt gezahlt werden, treibt also die herrschende Sozialdemokratie die maßlos kurzsichtige, unter Umständen selbstmörderische Politik, daß sie einen Erdteil fast ganz gegen weitere Einwanderung abschließt. Das auch für die Geopolitik geltende Gesetz des horror vacui, das niemals auf die Dauer leeren Siedlungsraum dicht neben übervölkerten Gebieten dulden kann und soll, wird unvermeidlich einst strenge Rechenschaft für eine solche, auf materialistisches Augenblicksbehagen gerichtete Politik fordern. Falls einst Australien als „Erdteil der weißen Rasse" wieder verschwindet und an die raumdürstende gelbe Rasse verlorengeht (was nahezu unvermeidlich scheint), dann mag sich Europa dafür bei der australischen Labour Party bedanken! Diese ist drauf und dran, einen Dolchstoß in den Rücken der weißen Rasse auszuführen!

Die gelbe Sturmflut des viel zu eng zusammengepferchten Japaner- und Chinesentums brandet empor und fordert neues Siedlungsland um jeden Preis. Wie lange soll das unnatürliche Verhältnis bestehen, daß im nördlichen pazifischen Ozean, im Stammland der japanischen Inseln, 63 Mill. Menschen auf nur 385500 qkm zusammengedrängt, im südlichen, in Australien, aber nur 6,1 Mill. auf 7,7 Mill. qkm Land (wenn auch viel Wüstenland darunter) verteilt sind? Dort eine Bevölkerungsdichte von rund 157 auf den Quadratkilometer, hier eine solche von nicht 0,8! Dort eine Bevölkerungsvermehrung von gegenwärtig fast 1 Mill. im Jahre (1925: 875384, 1926: 943671 Köpfe!)[1]), hier eine mit allen Mitteln durchgesetzte tunliche Fernhaltung von Siedlern und Aufrechterhaltung des menschenleeren Raumes!

Im Jahre 1926 ist in London ein Buch von Fleetwood Chidell erschienen, das das brennende Problem des fünften Erdteils in die knappe Formel zusammenfaßt: „Australien — weiß oder gelb?" Die Zukunftsaussichten sind dort recht düster gemalt, wenn das Land nicht von seinem selbstmörderischen Wahn baldigst zurückkommt, der alles Geschehen nur durch die Lohnbrille des Arbeiters sieht. Selbst die verantwortlichen Staatsmänner Australiens sind sich über den Ernst der Sachlage vollauf im klaren und machen aus ihrer Erkenntnis der Gefahr kein Hehl. Im genannten Buch wird z. B. eine Rede mitgeteilt, die der australische Premierminister Stanley Bruce am 25. August 1926 zu Brisbane im Constitutional Club gehalten hat. Darin heißt es klipp und klar, daß andere Völker Australiens große Entwicklungsmöglichkeiten

1) Zeitschr. f. Geopolitik, 1927, S. 1027.

ausnutzen würden, wenn die heutigen weißen Australier sich dazu unfähig erwiesen. Australien müsse Fortschritte machen „in einem nie erlebten Tempo", oder man stehe vor einer Lage, „die alle guten Australier schaudern mache".

Das ist eigentlich deutlich genug! Es scheint aber, als habe auch der Premierminister nicht die Macht, seiner besseren Erkenntnis zum Ziele zu verhelfen. Die gesamte weiße Rasse sollte durch gemeinsame Arbeit dafür sorgen, daß Australien durch großzügige Besiedlung als White-mans land erhalten bleibt. Statt dessen begeht der Völkerbund den Schildbürgerstreich, die schwachen Kräfte Australiens durch Zuerteilung von völlig überflüssigem Mandatsland noch unverantwortlich zu zersplittern. Der tertius gaudens bei solcher Kurzsichtigkeit dürfte ziemlich sicher Japan sein. Wenn die Dinge so weiter laufen wie bisher, ist jedenfalls Australien für die weiße Rasse keinesfalls zu halten.

3. Das Anwachsen der Bevölkerungszahl der Erde.

Die Folgen der Auswanderung bestehen vor allem darin, daß mehr und mehr dünn besiedelte Länder bevölkert werden. Dennoch muß festgestellt werden, daß unter den Ländern mit sehr großer Bevölkerungsdichte bisher kein einziges ist, das durch Zuzug von außen her zu seinen hohen Bevölkerungsziffern gelangt ist. Die Vereinigten Staaten, an die man hier denken könnte, gehören, als Gesamtstaat betrachtet, durchaus noch nicht zu den dicht bevölkerten Gebieten der Erde (vgl. S. 190/1). Lediglich ihre Ostbezirke sind infolge der starken Industrialisierung zu einer Bevölkerungsdichte gelangt, die denen Industrie-Europas ähnelt. Sonst zeigt uns die Erde überall, daß die sehr dicht aufeinander wohnenden Bevölkerungen im wesentlichen bodenständig sind, wenn auch selbstverständlich überall stark gemischt mit fremden Zuwanderern. Die so oft prophezeite und so viel gefürchtete Übervölkerung der Erde ist auf Jahrhunderte noch ein Phantom, das Niemandem die Seelenruhe zu rauben braucht. Wenn man weiß, daß allein der eine Erdteil Südamerika, zur höchsten Leistungsfähigkeit entwickelt, in der Lage sein müßte, die gesamte heutige Menschheit ausgiebig zu ernähren, so erkennt man ohne weiteres, daß es noch verfrüht ist, sich über das allzu starke Anwachsen der Menschenzahl graue Haare wachsen zu lassen.

Es kann trotzdem nicht verkannt werden, daß sich die Menschheit verhältnismäßig recht rasch vermehrt. Man hat Grund zu der Annahme, daß die Menschenzahl des ganzen Erdballs sich im Laufe des 19. Jahrhunderts fast verdoppelt hat. Europa dürfte heut fast 12mal so viel Menschen beherbergen als in der Zeit um Christi Geburt. Und die ungeheure Erschütterung des großen Weltkriegs, die alles in allem etwa 35 Millionen Menschenleben vernichtet hat, vermochte die Vermehrung der Menschheit kaum merklich zu hemmen: die Kopfzahl ist heute um weit über 100 Millionen größer als i. J. 1913!

Der Bevölkerungszuwachs dürfte in Zukunft vermutlich noch schneller als in der Vergangenheit erfolgen. Die großen hygienischen Fortschritte, die Verminderung der Säuglingssterblichkeit haben die durchschnittliche Lebensdauer nicht unbedeutend hinaufgesetzt: einer Genueser Statistik zufolge betrug um 1600 die durchschnittliche Lebensdauer nur 21 Jahre, heute dagegen in der Kulturwelt 48 Jahre, und sie wächst noch weiter. Die Zunahme betrifft also vor allem die erwerbsfähigen Lebensalter. Da die Zahl der Geburten, aufs Tausend berechnet, in allen führenden Kulturländern im Sinken begriffen ist, dürfte sich die Gesamtzahl der Geburten noch am wenigsten verändert haben; also werden vor allem die mittleren und höheren Lebensalter von der Vermehrung betroffen. Infolgedessen wächst die Zahl der Erwerbsuchenden fortgesetzt, während gleichzeitig die starke Rationalisierung der Arbeitsmethoden immer mehr Menschenhände entbehrlich macht. Die schwersten Konflikte, die sich hieraus ergeben, sollen in ihrer Bedeutung nicht verkannt werden, aber in wirtschaftlich gesunden Zeiten können dennoch, wie die Vorkriegsjahre gezeigt haben, stark wachsende Menschenzahlen, geringer werdende Auswanderung und hinreichende Beschäftigung bei allgemein steigendem Wohlstand miteinander weitgehend in Einklang gebracht werden. Jede Erschütterung des wirtschaftlichen Gleichgewichts wird dann freilich zur schwersten Katastrophe, und das gefährlich große Erwerbslosenproblem der Nachkriegsjahre, das sich in allen Kulturländern, als Folge der allgemeinen Zerrüttung der Weltwirtschaft, auswirkt, zeigt zur Genüge, welche unabsehbaren Gefahren für unsere ganze Kultur dadurch heraufbeschworen werden, zumal da das ehemals in solchen Fällen funktionierende Ventil der Massenauswanderung in unseren Tagen nur sehr beschränkt in Tätigkeit treten kann, weil sich eben die überseeischen Länder gegen unbegrenzte Einwanderung mehr und mehr sperren und die Verteilung des kolonialen Siedlungslandes unter die Nationen bemerkenswert unzweckmäßig erfolgt ist (vgl. S. 265 ff.).

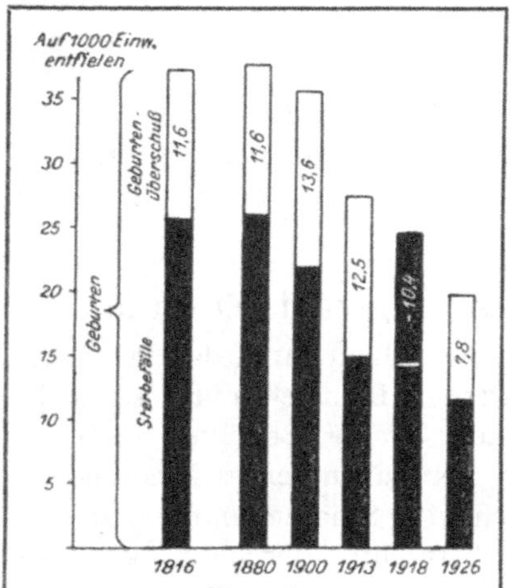

Fig. 46.
Die abnehmende Sterblichkeit und Geburtenhäufigkeit in Deutschland.

Wenn sich die außerordentlichen hygienischen Fortschritte, die die Geistesarbeit der weißen Rasse geschaffen hat und noch immer weiter erfindet, erst einmal in vollem Umfange auswirken, ist zu befürchten, daß die farbigen Rassen, die ohnehin eine stärkere Bevölkerungsvermehrung als die weiße aufweisen, dadurch am meisten gefördert werden. Das Zwei- und Einkindersystem hat ja gerade die weiße Rasse immer bedrohlicher verseucht, und Ausnahmefälle wie der des weißen Amerikaners Parker, der aus drei Ehen 70 eheliche Kinder hatte und der kürzlich seinen 90. Geburtstag mit allen seinen 658 lebenden Nachkommen feierte, werden bei den farbigen Rassen leichter als bei der weißen vorkommen. Bei der letzteren scheinen sich bedrohliche Symptome, wie sie schon Mexiko 1910 und Frankreich 1911, sowie Berlin in den letzten Jahren erlebt haben, allmählich häufen zu wollen, daß auch in Jahren ohne Krieg und Seuchen die Zahl der Geburten geringer als die der Todesfälle ist! Wer weiß, ob nicht gerade die weiße Rasse eines Tages die Kosten dafür zahlen muß, daß ihre hygienischen Großtaten den Weg freimachen für eine rasche und fast unbegrenzte Vermehrung des Menschengeschlechts! Vorläufig freuen wir uns der in Wahrheit außerordentlichen Erfolge, die der Kampf gegen die Seuchen seit einer Reihe von Jahrzehnten aufzuweisen hat, aber es darf nicht verkannt werden, daß damit ein wichtiges Ventil verstopft wird, das bisher die Übervölkerung verhinderte (vgl. Fig. 46).

Einige Beispiele mögen zeigen, wie sehr der Mensch bereits Herr einiger gefährlicher Krankheiten geworden ist. Die Zahl der Todesfälle an gelbem Fieber ging, infolge von guten sanitären Maßnahmen, in Rio de Janeiro von 1078 i. J. 1898 auf nur 4 i. J. 1908 zurück, in Havana von 754 i. J. 1900 auf nur 1 i. J. 1907. In Panama war die Malaria i. J. 1906 in 82,1%, elf Jahre später nur noch in 1,3 % die Ursache der vorkommenden Sterbefälle. In Italien war die Zahl der Todesfälle infolge von Malaria schon i. J. 1907 auf ein Fünftel gegenüber der Zeit 20 Jahre zuvor zurückgegangen (4160 gegen 21033) und hat sich seither weiter vermindert. Algerien, das, wie wir oben (S. 57) hörten, in den dreißiger Jahren die französischen Truppen durch Fieber alljährlich noch furchtbar dezimierte, ist seit langem als ein fieberfreies Land zu betrachten.

Die Schutzpockenimpfung, die erfolgreiche Bekämpfung von Pest und Cholera, das in Deutschland erfundene vorzügliche Mittel Germanin zur Überwindung der furchtbaren Geißel der Schlafkrankheit, sie können binnen wenigen Jahrzehnten die ungesundesten Tropengegenden so weitgehend sanieren, daß eine riesige Vermehrung der schwarzen und braunen Rasse sowie der Mestizennationen Amerikas denkbar ist. Die dann neu auftauchenden Rassen- und Bevölkerungsprobleme können heute nur geahnt werden. —

Um ein Bild von den Zukunftsmöglichkeiten der Bevölkerungsvermehrung zu gewinnen, beachte man zunächst die Tabellen der S. 190.

Die hier errechneten Dichtezahlen ergeben jedoch ein schiefes Bild, da ungeheure Landflächen, die dauernd jeder Besiedlungsmöglichkeit entzogen bleiben (Gebirge, Wüsten, Tundren, Hochgebirge, Sumpf usw.) in die Berechnung einbezogen sind. Von dem gesamten nutzbaren oder nutzbar zu machenden festen Boden der Erde entfallen:

37% auf Acker-, Wohn- und Industrieland,
37% ,, Weiden und Steppen,
26% ,, Wald und Busch.

	Größe des Erdteils in qkm	Bevölkerungsmenge i. J. 1928[1]).	Dichte je qkm
Asien	44 Mill.	1045 Mill.	24
Europa	9 „	484 „	54
Nord- u. Mittelamerika	21 „	159 „	7½
Afrika	29 „	139 „	5
Südamerika	21 „	75 „	3½
Ozeanien	7 „	9 „	1
	131 Mill.	1911 Mill.	14

Berechnet man nun auf Grund des gegenwärtig nutzbar gemachten Bodens die Volksdichte der Erdteile, so ergibt sich die nachfolgende Nutzdichte je Quadratkilometer:

Europa	161 Köpfe	Afrika	36 Köpfe
Asien.	119 „	Australien	18 „
Amerika	45 „		

Wenn man aber die heutigen Volksmengen umrechnet auf den künftig überhaupt einmal nutzbar zu machenden Boden der einzelnen Erdteile, so wandeln sich die Zahlen folgendermaßen:

Europa	85 Köpfe	Afrika	9 Köpfe
Asien.	32 „	Australien	2 „
Amerika	10½ „		

Wenn dereinst alle zurzeit bekannten Möglichkeiten, die Siedlungsdichte zu steigern, ausgenutzt sein werden, so läßt sich die Bevölkerungszahl schätzungsweise steigern in:

Afrika . . . . auf	2320 Mill.	Nord-Amerika auf	1120 Mill.
Süd-Amerika . „	2000 „	Europa . . . „	600 „
Asien. . . . . . „	1700 „	Australien . . „	400 „

Selbstverständlich weichen die Schätzungen über die gesamten Menschenmassen, die auf der Erde Platz und Nahrungsspielraum haben, erheblich voneinander ab. Die mögliche Höchstzahl wurde von Herm. Wagner auf kaum 4, von Ballod auf 5—6, von Ravenstein auf 6, von Aloys Fischer auf 6,2[2]), von Saenger auf 7—8, von v. Fircks auf 9, von Penck auf 8—16 Milliarden veranschlagt. Wenn man absichtlich außer acht läßt, daß der Neid um die Futterkrippe, den die einzelnen Staaten, Rassen, Nationen, Sprachgemeinschaften entfalten und immer entfalten werden, voraussichtlich niemals die erreichbare Höchstausnutzung des Bodens gestatten wird, so sollte man rein theoretisch erwarten, daß den höheren Schätzungen die größere Wahrscheinlichkeit zukommt und daß selbst sie noch Mindestzahlen geben. Die Intensivierung der Landwirtschaft, die Möglichkeit, aus noch unerschlossenen, riesigen Energiequellen Kraft- und Nahrungs-

1) Diese neuesten Zahlen nach Alois Fischer's sorgsamen Berechnungen im Aprilheft 1928 der „Zeitschr. f. Geopolitik", S. 344—345.

2) Fischers Schätzung von 6,2 Milliarden als Höchstzahl ist der beigefügten Karte Fig. 47 zugrunde gelegt, die der „Zeitschr. f. Geopolitik", 1925, S. 853, entstammt.

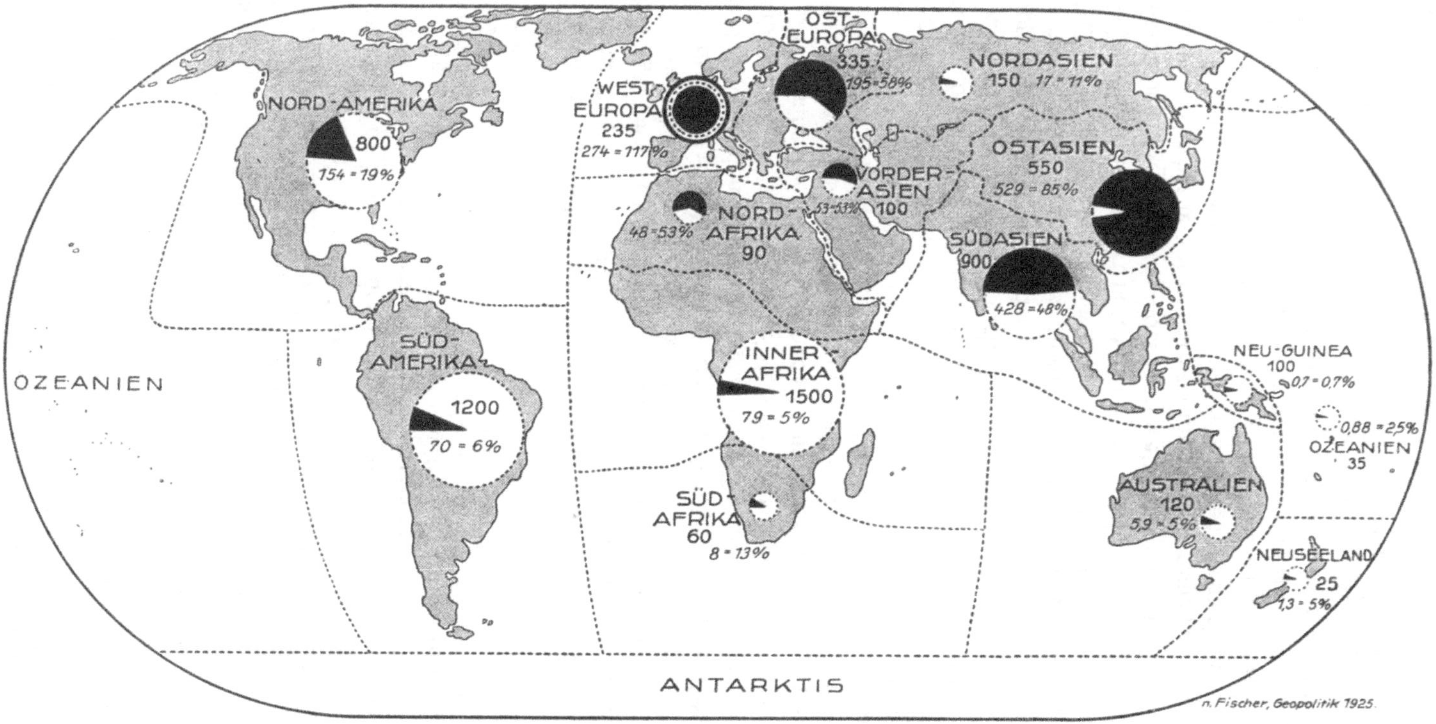

Fig. 47. Die Tragfähigkeit des Lebensraums der Erde.
(Alle Zahlen bedeuten Millionen Menschen; die schwarzen Segmente stellen die heutige Ausfüllung des verfügbaren Bodens dar.)

möglichkeiten zu bereiten, die bei der Steigerung der Ausnutzung der Naturkräfte und der Verkehrsverbesserungen durchaus nicht grundsätzlich von der Hand zu weisende Aussicht, daß einst auch die riesigen vereisten Landflächen des höchsten Nordens und Südens für die menschliche Siedlung nutzbar gemacht und neue Wohnstätten großen Stils auf künstlichen Ozeaninseln oder unter der Erde, vielleicht selbst in der Luft geschaffen werden können, läßt alle obigen Schätzungen für die höchstmögliche, auf Erden unterzubringende Menschenmenge, von Penck[1]) „potentielle Bevölkerung" genannt, als durchaus willkürlich erscheinen. Immerhin dürfen die Penckschen Berechnungen wohl noch als die relativ verläßlichsten betrachtet werden, die nach dem Stand von 1920 folgende „Tragfähigkeit des Lebensraums" (vgl. S. 191) ergeben:

Gesamtzahl	Eurasien	Afrika	Australien	Nord-Amerika	Süd-Amerika
1920: 1,8 Milliarden	80%	7%	0,5%	9%	3,5%
Zukunft: 8 „	26%	29%	6 %	14%	25 %

Noch immer spuken in den bevölkerungspolitischen Ideen der Gegenwart die Vorstellungen des englischen Nationalökonomen Malthus, obwohl sie längst veraltet und überholt sind. Was wußte Malthus von den durch die Industrie geschaffenen Möglichkeiten der Menschenmassierung, was von intensiver Landwirtschaft, von den Erfolgen der künstlichen Zuchtwahl, von all den Taten der chemischen Technik mit ihren noch unabsehbaren Zukunftsaussichten! Sombart hat schon recht, wenn er erklärt, Malthus habe 100 Jahre lang jede vernünftige Erörterung des Bevölkerungsproblems vereitelt. Erst nach Malthus ist uns ein Justus von Liebig erstanden, den man den größten „inneren Kolonisator" genannt hat, der aber darüber hinaus wohl am ehesten darauf Anspruch hat, als der größte Wohltäter der Menschheit bezeichnet zu werden, den die Erde bis heute hervorgebracht hat. Wenn heute auf gleicher Bodenfläche und bei gleicher Bodenbeschaffenheit ein Stück gut bewirtschafteten deutschen Ackers doppelt so viel Ertrag als der gleich große russische und dreimal so viel als der argentinische Acker abwirft, so ist dies in erster Linie Liebigs Werk, und allein schon dieser eine Umstand wirft alles über den Haufen, was Malthus einst gelehrt hat. Von der künstlichen Düngung nach wissenschaftlichen Grundsätzen, der rationell betriebenen Landwirtschaft, können wir in bezug auf die Steigerung der Nahrungsdecke der Menschheit unzweifelhaft noch wahre Wunder erwarten. Deutschland hat bereits solche Wunder vollbracht. Um 1 kg Rohzucker zu gewinnen, benötigte man um 1875 noch 11,7 kg Zuckerrüben, 35 Jahre später nur noch 6,1 kg und heute noch weniger, weil es gelungen ist, den Zuckergehalt der besten Rüben von 5 bis auf 14% zu steigern. Aus der gleichen Rübenmenge ist heute also fast die dreifache Menge Zucker zu gewinnen wie vor einem

1) Zeitschrift für Geopolitik, 1925, S. 343.

halben Jahrhundert. Durch wohlabgewogene künstliche Düngung lieferte der Hektar Weizenacker schon 1912 in Deutschland 22,6, in den Ver. Staaten jedoch erst 10,7 Doppelzentner. In Deutschland düngt man aber, im Durchschnitt auf den Quadratkilometer Ackerland berechnet, mit 1322, in den Ver. Staaten nur mit 129 kg Kali. Und wenn heute etwa, nach einer statistischen Errechnung auf der Düsseldorfer „Gesolei" 1926, im Rheinland nur halb so viele Milchkühe vorhanden sind wie vor 100 Jahren, die gesamte Milcherzeugung des Rheinlands aber dennoch die gleiche geblieben ist, wenn das dichtbevölkerte Holland i. J. 1904 noch 2600 t Eier einführte, heute aber 30000 t im Jahre ausführt, wenn es schon jetzt möglich wäre, für 8 Milliarden Menschen Nahrung in der Welt zu erzeugen, so lehren diese Tatsachen, daß die Grundlagen der Malthusschen Lehre völlig brüchig sind. — Auf absehbare Zukunft gilt noch das Schillerwort: „Raum für Alle hat die Erde!"

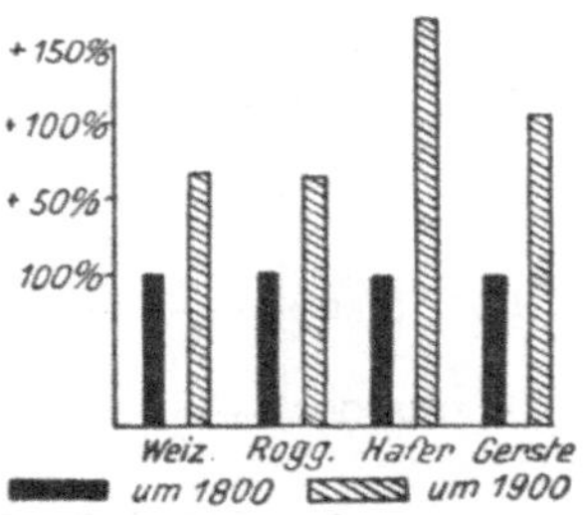

Fig. 48. Intensivierung der deutschen Landwirtschaft im 19. Jahrhundert. Steigerung des Ertrages pro Hektar beim Getreidebau.

Rußland war bis zum Kriege das lehrreichste Beispiel, daß eine ohne wissenschaftliche Methoden vorgenommene, den Boden rasch erschöpfende „extensive" Landwirtschaft auch eine „extensive", imperialistisch-aggressive Politik notwendig machte. Der Siegeszug der intensiven Landwirtschaft wird bewirken, daß die Staaten sich vielmehr als bisher in ihren alten Grenzen wohlfühlen und damit wenigstens in bescheidenem Maße zum friedlicheren Nebeneinanderleben der Nationen beisteuern.

Aber dennoch ist es denkbar, daß die Vermehrung der Menschheit noch schneller erfolgt als alle Fortschritte zur Nutzbarmachung des Bodens für Nahrungs- und Siedlungszwecke. Soweit es sich schätzen läßt, hat sich etwa seit 1800, also in wenig mehr als 100 Jahren, die Bevölkerungsmenge der Erde mehr als verdoppelt, denn damals belief sie sich auf etwa 900, heut dürfte sie über 1900 Mill. Köpfe betragen. In Europa selbst, dessen Bevölkerungsdichte der zurzeit zulässigen oberen Grenze schon ziemlich nahe gekommen ist (vgl. S. 191) dürften, trotz allen Naturkatastrophen, Epidemien, Kriegen und Massenschlächtereien, die über die Bewohner des Erdteils dahingegangen sind, trotz den Auswandererströmen, die Jahr für Jahr dem Erdteil den Rücken kehren, heute schätzungsweise rund zwölfmal soviel Menschen wohnen als zur Zeit um Christi Geburt (480 gegen 40 Millionen). In den letzten 100 Jahren ist gestiegen die Volksmenge[1])

in Europa	von	250	auf	484	Mill.
„ Indien	„	49	„	285	„
„ Nordamerika	„	5—6	„	130	„

1) Zeitschr. f. Geopolitik, 1927, S. 377 (ergänzt) und 1928, S. 344/5.

Jetzt hat sich in den letzten 15 Jahren 1913—28, während der Weltkrieg tobte, die Menschheit um 112 Millionen Köpfe vermehrt (vgl. S. 187). Wenn die Vermehrung im selben Tempo fortschreitet, könnte eines Tages die Erde doch nicht mehr Raum für Alle haben! — Der eigentliche Kampf der Rassen steht dann wohl erst noch bevor, und was uns die vergangene Zeit auf diesem Gebiete gebracht hat, waren nur bescheidene Vorhutplänkeleien vor der Entscheidungsschlacht. Zahlenmäßig überwiegt gegenwärtig die weiße Rasse, aber, da sie sich langsamer vermehrt als die farbigen, ist es noch sehr zweifelhaft, ob ihr der schließliche Sieg im Kampf gegen die schwarze, gelbe, braune und rote (letztere ist freilich fast ausgerottet) beschieden sein wird. Von 1913—25 hat Europa eine Vermehrung um 1,2 % seiner Kopfzahl erfahren, Asien um 4,6, Mittelamerika um 6,5, Afrika um 6,8, Ozeanien um 15,6, Nordamerika um 19,4, Südamerika um 22,0 %. Europas Entthronung schreitet offenbar unaufhaltsam fort.

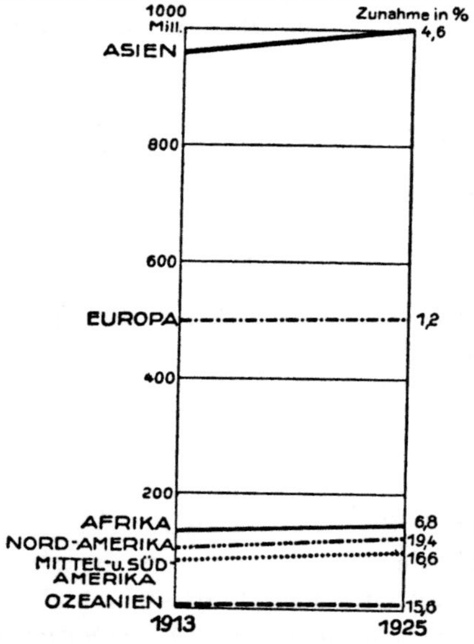

Fig. 49. Die Bevölkerungszunahme der Erdteile 1913—1925.

Mit schönen philanthropischen Phrasen und dem beliebten Geschwätz, daß alles, was Menschenantlitz trägt, gleiche Rechte habe, ist das Bevölkerungsproblem niemals zu lösen. Einst wird die weiße Menschheit zu wählen haben zwischen der Robustheit des Nietzscheschen Herrenmenschentums, wie es der Brite schon immer praktisch verwirklicht hat, und dem Schillerschen „Diesen Kuß der ganzen Welt!" Aller philosophische und soziale Idealismus wird nichts daran ändern, daß die Natur grausam, daß nicht die Freude, sondern der „struggle for life", die „Feder in der großen Weltenuhr" ist. Mit Recht ruft Haushofer den Völkern zu[1]):

„Sie müssen Ambos oder Hammer sein; denn pazifistisch denkend auf zu kleinem Lebensraum in proletarischer Enge ad libitum Kinder machen, das kann auch Industrialisierung auf die Dauer nicht ermöglichen."

Das mögen sich besonders die sonderbaren Menschheitsbeglücker gesagt sein lassen, die aus lauter Humanität die Todesstrafe abschaffen wollen und „Nie wieder Krieg!" predigen, wenn sie auch vor einem frisch-fröhlichen Bürgerkrieg und Massenschlächtereien eigner Landsleute nach dem französischen und russischen Muster von 1792—94 und 1917—20 nicht

1) Karl Haushofer, „Geopolitik des Pazifischen Ozeans", S. 101.

im geringsten zurückbeben. Man darf von niemandem verlangen, er solle aus lauterem Altruismus Selbstmord begehen. Das mögen sich auch die Völker der weißen Rasse merken!

Anscheinend wird die Vermehrung der Bevölkerung der Erde in Zukunft weit eher eine starke Beschleunigung als eine Verlangsamung erfahren. Irgendein Ausgleich muß gefunden werden, wenn es nicht zu einem Krieg Aller gegen Alle kommen soll, gegen den alle Massenvernichtung der Vergangenheit verblaßt. Noch gibt es in den anderen Erdteilen leeren Raum in Mengen, der uns Atemfreiheit gewährt, noch haben wir einige Jahrhunderte Frist, aber — — was dann?

Dabei ist auch zu berücksichtigen, daß die farbigen Rassen insofern eine Art Vorgabe vor der weißen zu sein scheinen, als sie anpassungsfähiger an das Klima sind. Der weiße Mensch, und zumal der Mensch der germanischen Rasse, kann bekanntlich in den Tropen, mit Ausnahme der Hochländer, nur in beschränktem Umfang seinen Wohnsitz nehmen. Alle zwei bis drei Jahre muß er „Heimaturlaub" nehmen, wenn er nicht gesundheitlich Schaden leiden will. Die anderen Rassen sind in dieser Hinsicht anscheinend widerstandsfähiger. Die Millionen von Chinesen in Hinderindien und Singapur, die Japaner in den weiten Gebieten der Südsee ertragen die tropische Hitze ohne Nachteil. Umgekehrt akklimatisiert sich die braune oder schwarze Rasse, von gewissen Ausnahmen abgesehen, in den kalten nördlichen Zonen verhältnismäßig leicht. Die ungemein strengen kanadischen Winter bekommen den ständig im Lande lebenden 17000 Negern offenbar ausgezeichnet.[1]) Überhaupt erfolgt eine Gewöhnung an das kältere Klima leichter als an das wärmere, zweifellos weil der Mensch sich gegen Frost leichter als gegen Hitze schützen kann. Europäer haben sich in den kältesten Teilen Sibiriens, Kanadas, in Spitzbergen usw. unschwer akklimatisieren können, ohne Beschwerden zu empfinden, während sie bei erzwungenem Daueraufenthalt in tropischen Niederungen zugrunde gehen wie die Verbrecher in Cayenne und auf der Teufelsinsel oder Napoleon in St. Helena.

So ist auch in dieser Hinsicht die Aussicht der weißen Rasse im Kampf ums Dasein auf einer übervölkerten Zukunftserde ungünstiger als die der farbigen Menschheit.

Josiah Quincy hat in seinen politischen Arbeiten schon von der heutigen Menschheit in manchen ihrer Betätigungsformen das reichlich unliebenswürdige Bild gebraucht von „der Ferkelherde, die sich mit gräulichem Lärm um einen zu engen Futtertrog drängt". Dieser unfreundliche Vergleich könnte dereinst unerquicklich zutreffen, wenn wirklich, wie man Grund hat anzunehmen und wie es nach weiteren Siegen der ärztlichen Wissenschaft über die Seuchen immer wahrscheinlicher wird, die Zahl der Menschen der Erde sich in je rund 120 Jahren etwa verdoppelt. Wohin dies führt, lehrt das bekannte Märchen von den Weizenkörnern

---

1) Willy Hellpach, Geopsychische Erscheinungen, Leipzig 1911, S. 147.

auf den 64 Feldern des Schachbretts. Tagtäglich nimmt die Menschheit zur Zeit um nahezu 50000 Köpfe zu, in jedem Jahr um etwa 18 Millionen. Wenn die Entwicklung so weiter geht, muß die Volksmenge ums Jahr 2060 auf 4 und schon ums Jahr 2300 auf 16 Milliarden gestiegen sein, die von den optimistischsten Schätzungen vermutete höchstmögliche Zahl, für die Nahrung beschafft werden kann. Die Erfahrungen des 19. Jahrhunderts haben zwar Malthus gründlich widerlegt. Sollten seine deprimierenden Ideen in einigen Jahrhunderten doch noch zu Ehren kommen? Sollte der Futtertrog Quincys wirklich zu eng werden? Oder welche Hilfsmittel wird die Natur wieder einmal finden, um nach der Methode der Selbstreinigung der Binnengewässer aus sich selbst heraus den rettenden Ausweg zu schaffen? Die Tatsache, daß die europäische Menschheit Europas in den Tagen seit Christi Geburt in rund 2000 Jahren sich nur verelffacht oder verzwölffacht hat, zeigt ja immerhin, daß die aus den Wahrnehmungen des 19. Jahrhunderts geschöpfte These von der Verdoppelung in vier Generationen brüchig ist, und — die künstlichen Ozeaninseln gewähren weiteste Ausblicke!

Etwaige Besorgnisse um das Wohl unserer Nachfahren in so und soviel Jahrhunderten oder Jahrtausenden können also in mäßigen Grenzen gehalten werden, denn gerade die bevölkerungspolitischen Theorien und Prophezeiungen haben bisher noch niemals mit der schließlichen Wirklichkeit im Einklang gestanden. Hier gilt ganz besonders das Wort: „Es kommt immer anders, als man denkt". Das Buch von Malthus hätte ungeschrieben bleiben können, wenn der Verfasser schon etwas von den künftigen Fortschritten der chemischen Wissenschaft, von künstlicher Düngung und rationeller Landwirtschaft gewußt hätte. Deutschland wies 1913 fast 30 Mill. Menschen mehr auf als 1870, und dennoch konnte dasselbe Land, das 1870 Roggen für die Ernährung seiner Bevölkerung, über die Eigenerzeugung hinaus, hatte einführen müssen, i. J. 1913 1 Mill. Tonnen Roggen und ungezählte Millionen Tonnen Kartoffeln ans Ausland abgeben, bei stark gestiegenem Lebensstandard seiner Bewohner. Auch im jetzigen verkleinerten Deutschland, das jährlich für 4 Milliarden ℳ Nahrungsmittel aus dem Auslande einführt, ist eine Ernährung ganz aus eigener Scholle theoretisch möglich. Nach einer Mitteilung des Grafen Kalckreuth, des Präsidenten des Reichs-Landbundes, können von den 4 Mill. Hektar Ödland, die es in Deutschland gibt, mit einem durch 25 Jahre lang fortgesetzten Aufwand von jährlich 300 Mill. ℳ (dem 8. Teil der jährlichen Daweslasten!) 3 Mill. Hektar nutzbar gemacht und 1½ Mill. Menschen darauf angesiedelt und gut ernährt werden. Ja, es ist sogar schon möglich, aus den vorhandenen landwirtschaftlichen Unternehmungen die Gesamternährung unseres 64-Millionen-Volkes sicherzustellen. Deutschland holt aus seinem Ackerboden und seinem Viehbestand noch keineswegs heraus, was möglich ist. Nach dem Jahresbericht des Internationalen landwirtschaftlichen Instituts in Rom ergaben sich für 1925, ein Jahr guter Ernte, folgende durchschnittliche Hektarerträge:

	Weizen	Roggen	Gerste	Hafer	Kartoffeln	Zuckerrüben
Deutschland . .	20,7	17,1	17,5[1]	16,2	148,5	256,2
Belgien	26,7	23,8	28,4	23,8	193,8	300,4
Holland	28,4	20,8	26,1	19,9	167,5	336,8

Bei allen sechs Fruchtarten steht also Deutschland noch an letzter Stelle. Das gleiche Bild ergibt sich für die Anwendung künstlichen Düngers. I. J. 1925 wurden folgende Mengen künstlichen Düngers, berechnet in reinen Nährstoffen, pro Hektar landwirtschaftlich genutzter Fläche verbraucht:

	Stickstoff	Phosphorsäure	Kali
Deutschland	11,28	13,1	21,4
Belgien und Luxemburg	22,6	69,2	22,7
Holland	17,0	39,6	32,3

Ein Zeichen für die weit stärkere Intensität der Landwirtschaft in den Vergleichsländern!

Die Rückständigkeit Deutschlands erstreckt sich selbst noch auf die Erzeugung von Viehprodukten. Die Durchschnittsproduktion an Milch beträgt in Deutschland pro Kuh und Jahr 2000 Liter, in den Niederlanden dagegen 2800 Liter. Daß diese Produktion auch in Deutschland erreichbar ist, zeigen die Leistungen vorbildlicher Betriebe. So hat Herr von Lochow-Petkus in einer seiner Milchviehherden den durchschnittlichen Milchertrag pro Kuh auf 6200 Liter steigern können![2]) 1927 produzierte eine Kuh in Deutschland sogar die Rekordmenge von über 11 000 Litern. Solche Verbesserungen bieten eben immer mehr Nahrungsmöglichkeiten dar.

Das ist ja überhaupt das Seltsame, daß die starke Vermehrung der Menschenmassen, sowohl der einzelnen Kulturländer wie der ganzen Erde, nicht, wie man es erwarten müßte, zu einer durchschnittlichen Verarmung eines jeden Individuums, sondern im Gegenteil zu einer unverkennbaren und bedeutenden Vermehrung des durchschnittlichen Wohlstands geführt hat. Heute würde kein einigermaßen besserer Arbeiter, kein städtischer Dienstbote mehr in Räumen schlafen und wohnen wollen, wie sie im Anfang des 19. Jahrhunderts selbst von Königen und Fürsten nicht selten benutzt wurden. Schon in nur kleineren Wohnungen deutscher Städte fängt das Badezimmer an eine Selbstverständlichkeit zu werden, und noch vor einem halben Jahrhundert pflegte sich der alte Kaiser Wilhelm I., wenn er baden wollte, die Wanne vom benachbarten Hotel de Rome auszuleihen. In gar manchen Negerwohnungen Afrikas, in den Städten des besonders kulturfernen Afghanistan, in der langen Polarnacht Spitzbergens brennt elektrisches Licht; in den tiefsten Urwald, in die ödesten Wüsten dringt die moderne Kultur mit ihren zahllosen

1) Sommergerste.
2) „Wirtschaftsdienst" (Hamburg), 17. Febr. 1928, S. 254.

Behaglichkeiten des Lebens ein, und willig werden von den Nutznießern gewisse finanzielle Opfer gebracht, um der Kulturfreuden teilhaftig zu werden. Ehemaliger Luxus wird allmählich zur Selbstverständlichkeit für jedermann. Wie ist dergleichen möglich? Die Menschheit setzt eben immer neue Energien in Bewegung und münzt sie wirtschaftlich um. Sie hat das Geheimnis erkannt, durch Massenerzeugung und Massenverbrauch die Waren zu verbilligen und dadurch nicht nur immer neuen Menschenmengen Arbeit und Brot, sondern auch die Möglichkeit zu geben, hier und da ebenfalls einen Blick in den Luxushimmel zu tun. Mag das wirtschaftliche Elend in gewissen Bevölkerungskreisen aller Länder noch furchtbar groß sein, mögen sozial noch unendlich große Aufgaben überall auf der Erde zu erfüllen bleiben — gerechterweise werden wir doch anerkennen müssen, daß einem Menschen früherer Jahrhunderte die heutigen Zustände wie ein Paradies erscheinen würden, da auch der Ärmste der Armen Anteil hat an wundervoll gepflasterten und beleuchteten Straßen, an Chausseen, an öffentlichen Parks, Lesehallen, Theatern, Bildungsstätten aller Art, zahllosen Wohlfahrtseinrichtungen, Unterhaltungsmöglichkeiten, leichter Erreichbarkeit von Naturschönheiten, öffentlichen Verkehrsmitteln, Nachrichtendienst und Hunderten von Kulturerrungenschaften, um die ihn ein Krösus und Karl V. und Ludwig XIV. ehrlich beneiden würde! Ob freilich die Zufriedenheit größer geworden ist, steht auf einem anderen Blatt. —

Aber das schadet nichts! Der Mensch soll ständig unzufrieden sein mit sich und seinem Geschick, denn Unzufriedenheit ist der stärkste Hebel des kulturellen Fortschritts. Zufriedene Völker, wenn es sie überhaupt gäbe, würden in kulturelle Erstarrung verfallen. Wieviele stolze Großtaten der Technik, der Wissenschaft, Kunst und Literatur wären ungeschehen geblieben, wenn nicht wirtschaftliche Unzufriedenheit, ja, Not der Geburtshelfer gewesen wäre! Wie sagt doch Ferdinand Lassalle im „Arbeiter-Lesebuch" über die „verdammte Bedürfnislosigkeit":

„Welches ist das größte Unglück für ein Volk? Wenn es keine Bedürfnisse hat. Denn diese sind der Stachel seiner Entwicklung und Kultur. Möglichst viele Bedürfnisse haben, aber sie auf ehrliche und anständige Weise befriedigen — das ist die Tugend der heutigen, der nationalökonomischen Zeit!"

Die wachsenden Bedürfnisse lassen grade die Unzufriedenheit steigen. Und die Unzufriedenheit ist gut, ist ein Himmelsgeschenk für die Menschheit. Nur soll sie sich nicht in Undankbarkeit und Nörgelsucht verwandeln. Vielmehr muß willig anerkannt werden, daß die Menschheit und jeder einzelne Kulturmensch ständig reicher geworden ist nicht nur an geistigen, sondern auch an wirtschaftlichen Gütern.

Jawohl, auch an wirtschaftlichen Gütern! Die Vermehrung der Kulturgüter ist nicht nur durch die Verbilligung infolge des Massenverbrauchs und Massenbedarfs zu erklären, sondern ebenso durch die steigende, wenngleich nur in Wellenbewegungen steigende Kaufkraft. Die Länder mit gesundem Wirtschaftsleben haben in den Jahrzehnten vor dem Kriege sämtlich ihr

Nationalvermögen und damit ihre Kaufkraft bedeutend stärken können, ohne daß andere Länder entsprechend verarmten. Die ganze Welt ist eben wohlhabender geworden und hat die Kunst des Midas gelernt, aus jedem Ding durch Berührung Gold zu machen. Was wußte das Altertum vom Wert der Kohle? Erst i. J. 1195 n. Chr. hören wir von einer ersten Verwendung von Kohle zu Feuerungszwecken. Und heute reichen alle Goldschätze der Welt nicht aus, die Kohlenschätze der Welt zu kaufen. Was ahnte man noch vor einem halben Jahrhundert von den in den fließenden Wassern verborgenen wirtschaftlichen Werten, die sich nach dem Verbrauch überdies ständig erneuern? Das Wasser war gut, hier und da eine Mühle zu treiben, Fische zu liefern, allenfalls Schiffen die Fahrt zu ermöglichen. Daß es auch billige Betriebskraft für Maschinen, für Eisenbahnen, Licht und Wärme in jeder gewünschten Menge, aus der wertlosen Luft das kostbare Düngemittel des Luftstickstoffs, aus fast wertlosem Ton das so beliebt gewordene Aluminium in jeder gewünschten Menge zu erzeugen gestatten werde, ja, wer ahnte das noch in der Zeit um 1880? Die deutschen Salzlager galten stets als wertvoller nationaler Besitz; aber daß gerade die verachtetsten Teil davon, die Abraumsalze, die man bis 1860 als völlig unbrauchbar ansah, durch ihren Kaligehalt das Nationalvermögen um ungezählte Milliarden bereichern würden, wer hat das vorausgesehen? Wer konnte wissen, daß die nicht nur als wertlos, sondern als schädlich und gefährlich angesehenen Hochofengase eines Tages, nach erfolgter Reinigung, von der Dortmunder Union mit bestem Erfolg zur gewaltigen Steigerung der landwirtschaftlichen Produktion ausgenützt werden würden? Schon bereiten wir Nahrung aus Luft (Luftstickstoff) und aus Elektrizität (elektrische Düngung). Und wie lange wird es dauern, bis der Mensch es lernt, aus dem wehenden Wind, aus den brandenden Meereswogen, aus Ebbe und Flut, aus der Sonnenstrahlung, aus der Wärme des Erdinnern, aus der Kälte des Auftriebwassers in gewissen Meeresgebieten neue, unbegrenzte und nie zu erschöpfende Energien herauszulocken, die seinen Reichtum an Wirtschaftswerten, seine Lebensbehaglichkeit, seinen Kulturstandard abermals mächtig steigern werden?

Die Erzeugung von Wirtschaftswerten erfolgt eben in noch schnellerem Tempo als die Vermehrung der Menschenzahlen der Erde. Und die vielerörterten Rationalisierungs-Methoden ermöglichen noch eine ständige Beschleunigung dieses Tempos. In den Ver. Staaten, dem klassischen Lande der Rationalisierung, hat sich von 1914 bis 1927 die Zahl der Arbeiter um 15, die Gütererzeugung aber um 70% vermehrt. In der Landwirtschaft hat sich die Zahl der Arbeiter seit 1914 um 5, in der Tabakindustrie um 13, in der Petroleumindustrie um 19% vermindert, die Erzeugung aber hat sich um 11 bezw. 53 und 84% erhöht; in den Stahlwerken ist die Arbeiterzahl die gleiche geblieben, aber die Produktion hat sich verdreifacht.[1]) Und überall weiß der Mensch neue

1) Deutschenspiegel, 30. März 1928, S. 540.

Riesenwerte, gewissermaßen aus dem Nichts, zu mobilisieren. Wie lange galt das Hochgebirge — von seinen paar Almwiesen abgesehen — als wirtschaftlich unbrauchbar; und heute bietet es vielfach der Industrie die leistungsfähigsten Wasserkräfte und dazu dem Fremdengewerbe gute Erwerbsmöglichkeiten dar. Wer weiß, wann die noch heute als überflüssige und unerwünschte Zugabe der Natur betrachteten Wüsten als wichtigste Sonnen-Kraftzentralen das Wirtschaftsleben halber Erdteile befruchten werden! Das in trostlosester Wüstenhitze langsam verschmachtende Tote Meer, das keinen Fisch in, keinen Kahn auf seinen Fluten kennt, es galt Jahrtausende hindurch den Menschen als völlig wert- und zwecklos, und heute — errechnet man die Mineralschätze verschiedenster Art, die in diesem den Bodensee um das Doppelte an Größe übertreffenden Salzsee noch unangetastet ruhen, auf einen Wert von 5 Billionen (5000 Milliarden) Goldmark! Dazu dringt der Mensch in immer größere Tiefen der Erdrinde vor und zwingt sie zur Hergabe ihrer wertvollen Mineralien. Erdöl-Bohrungen sind bereits bis auf 2365 m Tiefe erfolgt, und aus Schächten, in deren Abgrund kein Bergarbeiter jemals hineingelangen dürfte, pumpt das Frasch-Verfahren den verflüssigten Schwefel ans Tageslicht. Wo ist das Ende all dieser technischen Wunder, die die Menschheit mit immer neuen Wirtschaftswerten beschenkt und dadurch auch immer weiteren Menschenmengen einen Anteil am großen Futtertroge der Natur ermöglicht? — Die Welt wird reicher mit jedem Tag! Reicher an materiellen wie an Gemütswerten, und doch nicht glücklicher und zufriedener!

Somit gestattet das stetige und starke Reicherwerden der Erde an materiellen Gütern und die zunächst fast unbegrenzt große Möglichkeit einer Vermehrung der Nahrungsmittelerzeugung unbedenklich ein einstweilen noch sehr erhebliches Anwachsen der Bevölkerungsmenge der Erde. Unentbehrlich freilich bleibt dann die 1926 von Ernst Schultze[1]) geforderte „weltwirtschaftliche Angleichung der Siedlungsdichte als Problem des Völkerrechts" und ein weitgehender Ausgleich der nationalen Gegensätze, denn das Bevölkerungsproblem ist dauernd nur zu lösen, wenn es gelingt, einen vernünftigen Ausgleich zwischen übervölkerten und untervölkerten Räumen zu erzielen.

Den bisherigen Luxus der Planlosigkeit dürfen wir uns jedenfalls nicht lange mehr leisten: Siedlungspolitik ist nicht mehr nur eine Aufgabe der Großstädte, sondern aller Staaten der Erde. Dem 3. Jahrtausend n. Chr. wird das Problem keinesfalls erspart bleiben, sorgsamste Planwirtschaft mit dem verfügbaren Erdraum zu treiben.

1) „Archiv für Rechts- und Wirtschaftsphilosophie", 1926, S. 414.

VI. Politische Reibungsflächen infolge Hungers nach Raum.

1. Die Auseinandersetzungen mit den Landnachbarn und der „Druckquotient".

So tröstlich an sich die Aussicht anmutet, daß die Erde theoretisch 8 oder 16 und mehr Milliarden Menschen ernähren kann, so ist doch praktisch vorläufig damit nicht allzuviel anzufangen, solange zwischen den Nationen und Staaten der seit Anbeginn der Geschichte nie erloschene Kampf um die Futterkrippe andauert. Räumlicher Besitz bedeutet nun einmal politische Macht, und die Wachstumstendenzen starker, kriegstüchtiger Staaten kommen daher nicht immer, wie bei einem menschlichen Individuum, auf einer gewissen Entwicklungsstufe zum Stillstand, sondern es gilt von der Raumpolitik der Staaten, genau wie von den großen Kapitalien, das Claudius-Wort: „Je mehr er hat, je mehr er will". Englands und Rußlands Imperialismus sind hierfür die charakteristischsten Beispiele aus neuester Zeit. Wie die Hunde am Futternapf und andere Tiere selbst dann, wenn überreiche Nahrung für alle geboten wird, sich voll Neid und Eifersucht gegenseitig wegbeißen oder wegpicken, so gönnen auch die Staaten einander nur schwer die territoriale Erweiterung oder die koloniale Ausdehnung, die immer häufiger an die Stelle der unmittelbaren Grenzverschiebung tritt. Gar manche von ihnen haben bei der bisherigen „Teilung der Erde" ein viel zu großes Stück erhalten, das sie nie und nimmer völlig verzehren, d. h. dem eignen staatlichen Organismus einverleiben können — man denke etwa an Frankreich oder Belgien oder Portugal oder an das Spanien des 17. und 18. Jahrhunderts — aber lieber lassen sie, neidischen Hündlein gleich, den erhaschten Bissen verkommen und verderben, ehe sie erlauben, daß ein anderer, der wirklich Hunger leidet, sich daran sättigt. An dieser psychischen Einstellung der Staaten, an der sich bislang auch durch die Gründung des Genfer Völkerbundes nicht das Geringste geändert hat und wohl auch in Jahrhunderten nichts Erhebliches ändern wird, scheitern bis auf weiteres alle theoretischen Berechnungen, wieviel Menschen sich im Höchstfall, bei völlig friedlichem Zusammenleben aller menschlichen Wesen, in der uns zur Verfügung stehenden Erdkiste verpacken lassen.

Bevor nicht jener ideale Zustand eingetreten ist, da „den Bau der Welt Philosophie zusammenhält", wird der Kampf ums Dasein in den Beziehungen der Staaten nicht auszuschalten sein, und wenn es gewissen politischen Kreisen gelingen sollte, Parteien und Klassen internationaler Tendenz an die Stelle der Staaten zu setzen, wird die Menschheit nur völlig vom Regen in die Traufe kommen. Dazu bestehen ja nun freilich wenig Aussichten, und somit werden unsere Generation und die nachfolgenden noch mit dem Konkurrenzkampf der Staaten zu rechnen haben, der viel rücksichtsloser und moralfreier geführt zu werden pflegt als der Konkurrenzkampf der Individuen, da keine regelnde und rächende Macht in Gestalt eines Strafgesetzes die Übeltäter mit Strafe bedroht.

Genau wie beim menschlichen Einzelwesen können sich die Wachstumstendenzen der Staaten in zwiefacher Form abspielen: durch Ausdehnung und Abspaltung. Die gewöhnliche Grenzerweiterung gleicht dem körperlichen Wachstum des jungen Menschen, die Begründung von Kolonien dem Zeugungsprozeß. Die Parallele kann sogar noch weiter gehen, denn wie die erzeugten Kinder zu selbständigen Wesen heranwachsen, so können auch die Kolonien sich zu neuen Staaten von starkem Eigenleben entwickeln. Gar manche Staaten wachen eifersüchtig darüber, daß ihr Kolonialbesitz nur ihnen selbst zur Ausbeutung offen steht — früher war Spanien, heute ist Frankreich der Typus dieser rückständigen Art zu kolonisieren, aber sie verkennen, daß sie sich damit nur ihre Kolonien entfremden und ihren schließlichen Abfall unvermeidlich machen.

Die im Augenblick bequemste, aber selten zu dauerndem Erfolg führende Form der staatlichen Ausdehnung ist die Inbesitznahme von fremdem oder umstrittenem Grenzgebiet unter Ausrottung, Vertreibung oder Vergewaltigung der daselbst ansässigen Fremdstämmigen. Diese Methode der Wachstumsbetätigung ist nicht nur barbarisch, sondern auch kurzsichtig, denn in der Regel führt sie zu einer schweren Schädigung des tyrannisierenden Staates selbst, der sich oft genug damit selber wertvollster Bevölkerungselemente beraubt. Polen hat seit 1918 rund 1 Mill. Deutscher von Haus und Hof und über die Grenzen gejagt, ebenso Frankreich Hunderttausende im Elsaß und 1923 im Rheinland, sowie in den deutschen Kolonien. Selbst England hat, im schroffen Gegensatz zu seiner sonstigen, traditionellen, klügeren Politik, aus seinen Mandatsgebieten Ostafrika und Togo die deutschen Pflanzer vertrieben; Australien und Neuseeland sind dem schlechten Beispiel gefolgt. Sie haben damit sämtlich ihren Mandatsländern schwerste Wunden geschlagen. Mit dem Schwinden der Kriegspsychose hat England seinen Fehler auch eingesehen, und seit Jahr und Tag läßt es mit Vergnügen die vertriebenen deutschen Ansiedler wieder zu und ist froh, wenn sie seiner Einladung folgen.

Ältere Völker waren klüger als die heutigen. Sie vertrieben die Besiegten nicht, sondern machten sie abgabepflichtig und zufrieden mit ihrem Los. Gerade auch die Engländer haben ehedem in ähnlichen Fällen ungleich großzügiger und weiser als in unseren Tagen gehandelt. Die nach vielen Mühen unterworfenen Buren söhnte man in kluger Befolgung des Vergilschen „parcere subiectis“ so schnell und gründlich mit ihrem geänderten Los aus, daß sie schon zwölf Jahre nach dem Verlust ihrer Unabhängigkeit freiwillig für das britische Weltreich zu Felde zogen. Und als 1763 die Engländer den Franzosen Kanada abgenommen hatten, wußten sie auch ihren zahlreichen französischen Untertanen so viel Staatsgesinnung beizubringen, daß sie bis auf den heutigen Tag trefflichste Bürger im englischen Dominion und überzeugte Kanadier geblieben sind.

Im allgemeinen ist, wie oben gezeigt (S. 48), wahrzunehmen, daß die nicht seltene Herrschaft von kulturell niedriger entwickelten über höher stehenden Völkern nur von kurzer oder mäßiger Dauer ist. Rückschlüsse auf die gegenwärtige polnische Herrschaft in Westpreußen, Posen und Schlesien, auf die italienische in Südtirol, die serbische in Kroatien und Slowenien liegen nahe. Dagegen pflegte eine Bezwingung niedriger kultivierter Völker durch höherstehende sehr oft zu einer vielhundertjährigen Stabilisierung der neuen politischen Verhältnisse zu führen. Die langdauernde Herrschaft der Römer über Hunderte von unterworfenen Volksstämmen, der Balten in Kurland, Livland und Estland, der Japaner über die Ainos und die Koreaner, der Engländer über die Inder, Maoris, Malaien usw. sind treffliche Beispiele.

In der Regel ergeben sich nachbarliche Reibungsflächen naturgemäß zwischen zwei Landmächten. Zusammenstöße zwischen ausgesprochenen See- und Landmächten kennt die Geschichte in nur kleinerer Zahl. Wo sie aber erfolgt sind, da ist der Sieg bemerkenswerterweise fast immer dem zur See tüchtigeren Staat zugefallen. Salamis, Lepanto, Trafalgar, Navarino, Tsushima drückten jedesmal das Siegel auf ein entscheidendes Unterliegen einer starken Landmacht gegenüber einer Seemacht, die wiederholt als allgemein-staatliches Machtgebilde erheblich schwächer gewesen war. Lediglich die Römer verstanden es mit ihrer unerhört großen Energie, im ersten Punischen Krieg als Landmacht die überragende Seemacht niederzuzwingen.

Die neuere Geschichte kennt einige ebenfalls hierher gehörige Beispiele, wie mit dem Augenblick, wo die Seeüberlegenheit eines Gegners gebrochen wird, das Kriegsglück sich wendet. Im amerikanischen Sezessionskrieg fochten die Nordstaaten gegen die zur See überlegenen Südstaaten anfänglich durchaus unglücklich. Als aber am 9. März 1862 bei Hampton Roads der berühmte Kampf des Ericssonschen „Monitor" mit dem gefürchteten „Merrimac" des letzteren Niederlage gebracht und damit die Seeüberlegenheit des Südens gebrochen hatte, da neigte sich der Sieg langsam den Nordstaaten zu. Ähnlich focht im Chilenisch-Peruanischen Kriege 1879 bis 1883 das zur See schwache Chile zunächst ausgesprochen unglücklich, bis die erfolgreiche Niederringung des gefährlichen peruanischen Monitors „Huascar" am 8. Oktober 1879 die Peruaner derart in Nachteil brachte, daß schließlich sogar ihre Hauptstadt Lima am 17. Januar 1881 vom Feinde erobert wurde.

Je mehr einzelne Nachbarn und je volkreichere Nachbarländer ein Staat hat, um so schwerer hat er naturgemäß unter politischen Reibungsflächen an den Landgrenzen zu leiden. Wenn auch im einzelnen Ausnahmen

hiervon vorkommen (Schweiz!), so scheint doch der meines Wissens von Reinhard[1]) in die Geopolitik eingeführte Begriff des „Druckquotienten" einen ausgezeichneten Maßstab für die Stärke der Reibungsmöglichkeiten abzugeben. Der Druckquotient ist $= \frac{\text{Einwohnerzahl aller Landnachbarstaaten}}{\text{Einwohnerzahl des eigenen Staates}}$.
Dieser Quotient beträgt bei:

Rumänien	30,8	Ver. Staaten	0,2
Belgien	14,8	Großbritannien	0,0.
Deutschland	4,4		

Wo der Druckquotient gar zu groß und die Grenzwandung schwach ist, da bricht das staatliche Gebäude dauernd oder vorübergehend zusammen, wie es Polen 1772—1795, Belgien 1914, Serbien 1915 erlebten.

2. Bündnisse mit Nachbarn des Nachbarn.

Wo zwei ungefähr gleich starke Staaten als Nachbarn in unausgesetzten, immer wieder und wieder sich erneuernden Kämpfen miteinander ringen, wie es zwischen Deutschland und Frankreich seit der Schlacht von Andernach (8. Oktober 876), also seit über 1000 Jahren, oder zwischen England und Frankreich zunächst von 1159 bis 1815 der Fall gewesen ist, da sucht ein jeder seine politische und militärische Stellung zu kräftigen, indem er dem Gegner möglichst viele Grenznachbarn auf den Hals ladet. Die von Frankreich seit 1891 durch seinen Zweibund mit Rußland und nach 1918 durch seine engen Freundschaftsbeziehungen mit Polen und der Tschechoslowakei geübte diplomatische Kunst gegenüber Deutschland war auch schon den alten Völkern nicht fremd. Die Geschichtschreiber berichten uns zwar nichts von politischen Abreden, die zwischen den Persern zur Zeit des Darius und den Karthagern gegenüber ihren gemeinsamen Nachbarn und Feinden, den Griechen, bestanden haben. Aber sollte es wirklich ein bloßer Zufall gewesen sein, daß in denselben Tagen, da die Griechen des Mutterlandes bei Salamis auf Tod und Leben mit den Persern rangen, die Griechen Siziliens sich der karthagischen Invasion durch den zerschmetternden Sieg bei Himera erwehren mußten?

Als Ludwig XIV. durch seine Reunionskammern dem Deutschen Reiche möglichst viel Gebiet links des Rheins abzunehmen wünschte, als er sich Straßburgs ohne Krieg bemächtigte und die Hand nach der Pfalz ausstreckte, da lag ihm naturgemäß daran, Deutschland zur Abwehr so unfähig wie möglich zu machen, und der allerchristlichste König verschmähte es nicht, sich mit dem Erbfeind der damaligen Christenheit, dem Türken, zu verständigen, da er eben ein Nachbar des Nachbarn war. Zwischen dem Raub Straßburgs (30. September 1681) und der rettenden Türkenschlacht am Kahlen Berge vor den Mauern Wiens (12. September 1683) besteht ein viel engerer politischer Zusammenhang, als es dem oberflächlichen Blick erkennbar ist.

1) A. a. O., S. 122.

Später sehen wir, wie auch der genialisch-bizarre König Karl XII. von Schweden und ebenso Friedrich der Große während des Siebenjährigen Krieges mit den Türken als den Nachbarn ihres feindlichen Nachbarn Rußland Freundschaftsbeziehungen anknüpften, um dadurch tunlich die Kriegsmacht des Gegners zu teilen und zu schwächen. In besonders meisterhafter Weise verstand es die Kaiserin Maria Theresia, sämtliche anderen Nachbarn ihres größten Feindes Preußen gegen dieses Land ins Feld zu führen, mit alleiniger Ausnahme von Holland, Hannover (das den mit Friedrich gegen Frankreich verbündeten Engländern gehörte) und Polen. England unterstützte in seinem schwersten, 22jährigen Krieg gegen Frankreich 1793—1815 der Reihe nach die verschiedensten Nachbarn des Nachbarn, erst Holland, dann Spanien, dann Preußen. Im 1866er Kriege hatte Österreich einen Zweifrontenkampf zu führen, im Norden gegen Preußen, im Süden gegen Italien: wieder war mit dem Nachbar des zu bekriegenden Nachbarn eine Verständigung erfolgt, wenn sie sich auch nicht zu einem militärischen Bündnis verdichtet hatte. Als Bismarck 1883 das Bündnis mit Österreich durch Einbeziehung Italiens erweiterte und somit den Dreibund schuf, schwebte auch ihm, in Erwartung des französischen Revanchekrieges, die Freundschaft zum Nachbarn des Nachbarn vor: Italien sollte als Bundesgenosse erhebliche Teile des französischen Heeres im Alpengebiet fesseln. Hätte sich Italien, unter den allerdings gänzlich geänderten Verhältnissen des Jahres 1914, diesen Bundesverpflichtungen nicht entzogen, die vom deutschen Heer schon gewonnene Marneschlacht vom 5.—9. September 1914 hätte mit einem überwältigenden Siege der deutschen Truppen geendet, und der Weltkrieg hätte schwerlich das Jahr 1914 überdauert.

Das merkwürdige englisch-japanische Bündnis vom 30. Januar 1902, das dann am 13. Juli 1911 nochmals erneuert wurde, war in ungemein charakteristischer Weise ein weiteres Beispiel für das Bündnis zweier entfernter Staaten gegen einen gemeinsamen Nachbarn, Rußland.

In diplomatisch meisterhafter Weise hat zuletzt die Regierung Eduards VII. von England, als sie die „Einkreisungspolitik" betrieb und den Weltkrieg vorbereitete, die Kunst verstanden, die Nachbarn des Nachbarn zu gewinnen. Die jahrhundertelange Gegnerschaft gegen Frankreich, die noch wenige Jahre vorher infolge der „Schmach von Faschoda" (10. Dezember 1898) nahe an den Rand eines Krieges geführt hatte, wurde durch das englisch-französische Afrikaabkommen vom 8. April 1904 bis auf weiteres in die Ecke gestellt und durch die Entente ersetzt. Die traditionelle Feindschaft mit Rußland in Asien, die sich unstreitig im Kriege entladen hätte, wenn nur der Elefant und der Walfisch gewußt hätten, wie sie aneinander kommen sollten, wurde durch das Persienabkommen (31. August 1907) für zwei Jahrzehnte gleichfalls zu den Akten geschrieben, und wenn auch Eduards VII. Bemühen, in Ischl Österreich-Ungarn ebenfalls in den Einkreisungsring hereinzuziehen, an des alten Kaisers Franz Joseph

Bundestreue scheiterte, so hat dennoch 1914—18 Englands geschickte Einspannung der Nachbarn des Nachbarn ihre Früchte getragen.

Die deutsche Staatskunst hatte in der Vorkriegszeit die von Bismarck und Eduard VII. richtig erkannte Wichtigkeit des Zusammengehens mit dem Nachbar des Nachbarn leider nicht im geringsten sich zu eigen gemacht. Sonst hätte sie 1895 in Shimonoseki nicht gegen Japan und 1906 in Algeciras gegen Spanien Partei ergriffen und beide Male aufs falsche Pferd gesetzt.

Mögen diese wenigen Andeutungen genügen. In einem Hinweis auf die politischen Reibungsflächen der Staaten durften die Bündnisse mit den Nachbarsnachbarn nicht ganz fehlen, wenn dieses Thema auch schon über den Rahmen der Geopolitik hinausgreift in das der reinen Politik.

3. Die Mare nostro -Tendenz und der Drang nach dem Gegenufer.

Dem staatlichen Wachstumsdrang pflegen mäßig große Randmeere keine Grenze zu setzen. Das Hinübergreifen aufs „Gegenufer" ist ein Leitmotiv der Politik aller kraftvollen Staaten, die rege Schiffahrt treiben. Fast bis zum Ende des 19. Jahrhunderts war es hier und da üblich, selbst ganze Meere als Herrschaftsgebiet eines einzelnen Staates zu beanspruchen und jede fremde Schiffahrt auf ihnen entweder von einer besonderen Erlaubnis abhängig zu machen oder auch gänzlich zu verbieten (vgl. S. 304ff.).

Instinktiv hat sich das Streben nach dem Besitz des Gegenufers und weiter nach der „Mare nostro"-Bildung schon in Zeiten ausgewirkt, wo man nicht einmal die geographische Gestalt der von der Politik beanspruchten Meere hinreichend kannte. Schon in den Anfängen ihrer Geschichte haben die Griechen sich auf dem kleinasiatischen Gegenufer festgesetzt, und bis auf den heutigen Tag haben die Griechen ihren Anspruch, die gesamte Ägäis mindestens kulturell und wirtschaftlich, wenn möglich aber auch politisch, zum mare nostro oder, wie sie schon im Altertum sagten, zum καθ' ἡμᾶς θάλαττα zu machen, nicht aufgegeben. Daß diesem Wunsche bis heute keine Erfüllung beschieden, daß im Gegenteil die Ägäis

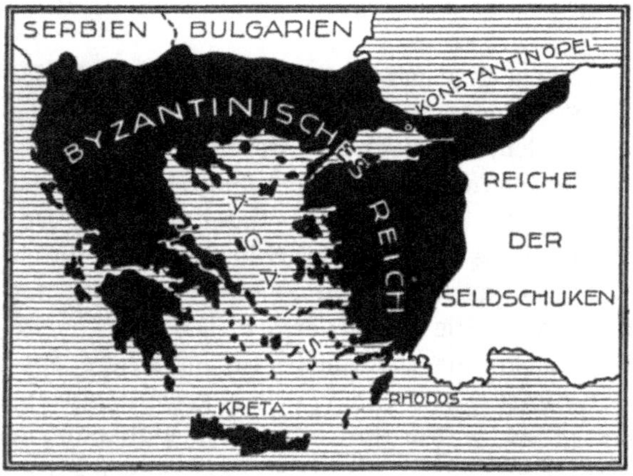

Fig. 50. Die Ägäis als Mare nostro im byzantinischen Reich des 12. Jahrhunderts

Fig. 51. Die Ostsee als schwedisches Mare nostro im 17. Jahrhundert.

sogar recht lange politisch ein türkisches mare nostro war, ist für die Herausschälung der geopolitischen Grundtendenz durchaus belanglos. Bevor sich die Türken in Konstantinopel festsetzten, etwa in den Tagen der Kreuzzüge, war die Ägäis freilich ein Mare nostro des griechischen (byzantinischen) Kaiserstaates, der das Ägäische Meer im Süden (Kreta), Westen (Griechenland), Norden (Byzanz) und Osten (Kleinasien) in fast genau kreisförmiger Gestalt, mit einem auf Sinope zuspringenden Nordostzipfel, umrahmte (Fig. 50).

Den Römern gelang bekanntlich sogar die stolze Leistung, die ein Mussolini, wenn er könnte, brennend gern nachahmen würde[1]), das gesamte Mittelmeer mit römischem Territorium zu umrunden und somit zum Mare nostro zu machen. Es war z. T. Notwehr, die sie zwang, die Gegenufer zu unterwerfen. Als die Verkehrsleistungen zur See so bedeutend geworden waren, daß frische Feigen in nur drei Tagen von Karthago nach Rom gebracht werden konnten, da wies ein Cato diese Feigen im Senat vor und sprach sein Ceterum censeo.[2]) Und Rom ging hinüber nach Afrika, vernichtete Karthago, seinen gefährlichsten Nebenbuhler, und ein Jahrhundert später gehorchte das gesamte Mittelmeerbecken den Befehlen von der Tiber. Andererseits haben die Karthager durch die um 530 v. Chr. von ihnen verhängte und im karthagisch-römischen Vertrag von 509 v. Chr.[3]) auch staatsrechtlich festgelegte Sperrung der Straße von Gibraltar für jede nicht-karthagische Schiffahrt den Atlantischen Ozean etwa vom Senegalgebiet bis zur Bretagne hinauf zum karthagischen Mare nostro für rund 300 Jahre gemacht, ebenso wie später nach der Schlacht von Xerez de la Frontera (711) die siegreichen Araber rund 400 Jahre

1) Vgl. Mussolinis Rede in Perugia vom 5. Okt. 1926 über die Seemacht des alten Rom.

2) Plinius, nat. hist. XV, 20.

3) Polybius III, 22.

lang die Gibraltar-Straße für alle Schiffe, außer ihre eigenen, verschlossen, wenn ihnen diese Absicht auch nicht so vollkommen gelang wie den Karthagern.

Im Mittelalter haben dann die Dänen mannigfach nach Gegenufern hinübergegriffen und bald in Schweden und Norwegen, bald in England, bald im Wendenland und bald in Esthland Fuß zu fassen gesucht. Im Anfang des 11. Jahrhunderts waren sie auf dem besten Wege, die Nordsee zum dänischen Binnenmeer zu machen, und einige Jahrhunderte später hätten sie beinahe der Ostsee dasselbe Schicksal bereitet (vgl. S. 72). Im 17. Jahrhundert dagegen, zu Gustav Adolfs Zeiten, fehlte nicht viel, daß die Ostsee zum schwedischen Binnenmeer gestempelt wurde, denn nicht nur Finnland und der größere Teil des Baltikum, sondern auch ein sehr großer Teil der heutigen deutschen Ostseeküste waren damals der schwedischen Krone untertan, und der „Löwe aus dem Norden" fiel auf dem Nebelfelde von Lützen im letzten Augenblick, da er eine schwedische Ostsee-Großmacht fast fertig gezimmert hatte (Fig. 51).

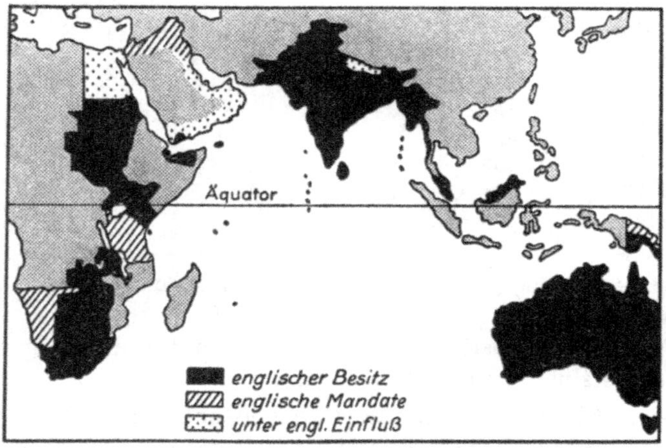

Fig. 52. Der Indische Ozean als britisches Mare nostro. (Nach Hettner.)

Schon vorher hatte das Hinübergreifen Englands nach der französischen Gegenküste unter Eduard III. i. J. 1338 jenen 200jährigen englisch-französischen Krieg entfesselt, der zu wiederholten Malen halb Frankreich in eine englische Provinz verwandelte und der schließlich doch, nach dem Verlust von Calais (8. Januar 1558), England zwang, sich wieder ganz auf seine Inseln zurückzuziehen.

Das Begehren nach dem „Mare nostro" im alten Sinne des Wortes, d. h. nach territorialen Hoheitsrechten über bestimmte Teile des Weltmeers, ist heute überlebt und kann bei den überaus engen Weltwirtschaftsverflechtungen aller an der Seeschiffahrt beteiligten Völker schwerlich auch jemals in friedlichen Zeiten wieder aufleben, während in Kriegszeiten allerdings, wie wir 1914—18 hinreichend erlebt haben, das Blockaderecht, die Erklärung von „Sperrgebieten", Minenverlegungen usw. noch immer vorübergehend Verfügungsansprüche einzelner Staaten über gewisse Teile des freien Weltmeeres zeitigen. Wohl aber besteht auch in unseren Tagen der Mare nostro-Anspruch noch im Sinne des Territorialanspruchs auf alle Ufer eines bestimmten Meeres. Italiens Anspruch auf Hoheitsrechte über alle Ufer der Adria, der seit 1918 weitgehend, aber noch nicht ganz verwirklicht worden ist, ist das zurzeit typischste Beispiel dieser Art. Die niemals zu vereinigenden Gegensätze zwischen den Ansprüchen Italiens an eine allitalienische Adria und den berechtigten südslawischen Forderungen nach einem Ausgang zum Meere stellen eine der gefährlichsten geopolitischen Reibungsflächen im Europa der Nachkriegszeit dar.

Italien hat kein Hehl daraus gemacht, daß es die Adria in diesem Sinne als Mare nostro beansprucht. In anderen Fällen pflegen Staaten ihre Karten nicht so offen aufzudecken, aber praktisch dennoch ähnliche Tendenzen zu verfolgen, in Beachtung des Wortes: „Immer daran denken, nie davon reden". Hierher gehört die Art und Weise, wie England den Indischen Ozean im modernen Sinne zum Mare nostro gemacht hat (Fig. 52), und ganz offensichtlich strebt auch die Politik der Vereinigten Staaten auf weite Sicht dem Endziel zu, das große amerikanische Mittelmeer so geräuschlos wie möglich schließlich in ein Mare nostro zu verwandeln. Ein allseitig von spanischem Besitz umrandetes Meer, ein spanisches Mare nostro, war übrigens nach dem Versailler Frieden vom 3. September 1783 bereits einmal der Golf von Mexiko für 17 Jahre.

4. Pufferstaaten.

Auch die ausgiebigste Schaffung von Glacisgelände kann für die Sicherung von Staaten unerwünscht sein, wenn sie dazu führt, daß zwei etwa gleich starke feindlich gesinnte Nebenbuhler dadurch eine lange, gemeinsame Grenze erhalten.

In solchen Fällen dienen die Pufferstaaten als Aushilfe. England und Rußland, die sich in Asien seit Jahrzehnten als Todfeinde gegenüberstehen, obwohl sie den Kampf miteinander, der bis aufs Messer gehen müßte, bisher noch sorgfältig vermieden, sind stets darauf bedacht gewesen, sich jeder gemeinsamen Grenze zu enthalten, obwohl sonst schwer zu sagen ist, wer von ihnen die unbekümmertere Annektions- und Glacispolitik betrieben hat. Wenn ausgesprochen schwache, kulturell rückständige und militärisch fast wehrlose Staaten, wie Afghanistan und Persien, sich bisher der kolonialen Aufsaugung überhaupt noch haben entziehen und als leidlich selbständige Staaten behaupten können, so danken sie dies ganz allein der Eifersucht der beiden Rivalen England und Rußland, von denen keiner die Annektion des „Glacis" zu vollziehen wagte, weil er genau wußte, daß dann der Kampf auf Tod und Leben unvermeidlich war. Afghanistan und Persien waren die typischsten Pufferstaaten der Erde. Nicht einmal Eisenbahnen durften in diesen beiden Ländern vor 1914 gebaut werden (von einer ganz unbedeutenden, kurzen Lokalbahn bei Teheran abgesehen), weil sie dem Gegner den militärischen Aufmarsch hätten erleichtern können. Eifersüchtig lagen England und Rußland auf der Lauer und mißgönnten einander die bescheidensten Vorteile in den beiden Zwischenstaaten. Als Rußland 1896—98 einen Seitenzweig seiner transkaspischen Bahn als rein militärische Strecke bis Kuschk in unmittelbarer Nachbarschaft der afghanischen Grenze vortrieb, um auf diese Weise die wichtige Hauptstadt unter sicherer Kontrolle zu haben, durchbrachen sofort die Briten auf der Südseite Afghanistans das Chodscha-Amrun-Gebirge an der indisch-afghanischen Grenze mit einem großen Tunnel, um nötigenfalls in der Lage zu sein, auf schnellstem Wege eine strategische Gegenbahn nach der südafghanischen Hauptstadt Kandahar zu bauen.[1])

Mit Recht meint Dix, im Hinblick besonders auf diese Zustände in Asien, die Pufferstaatenpolitik sei eine „Lebensversicherung für kleine Staaten".[2]) Gelegentlich werden neue staatliche Gebilde sogar eigens als Puffer ins Leben gerufen, um die politischen Reibungsflächen zwischen großen Staaten zu verringern. Deshalb ist Luxemburg vom Wiener Kongreß 1815 zum selbständigen Staat gemacht worden. Auch Uruguay dankt seine staatliche Selbständigkeit lediglich der Eifersucht zwischen Argentinien und Brasilien, die 1828 um den Besitz jener Grenzzone in Krieg verwickelt waren, weshalb Englands Eingreifen im Frieden von Rio de Janeiro (27. August 1828) dem Pufferstaat Uruguay zum Leben verhalf. Siam wäre ebenfalls längst als selbständiger Staat von der Bildfläche verschwunden, wenn nicht England und Frankreich sich gegenseitig den Bissen mißgönnten und eine gemeinsame Grenze, nach Aufteilung des Pufferstaates, für bedenklich hielten.

Es ist interessant, in der Geschichte zu verfolgen, wie solche Puffer zwischen militärisch starken Großmächten allmählich schmäler und schmäler zu werden pflegen. Sie werden bald von dieser, bald von jener Seite territorial angeknabbert, aber vor dem völligen Verschlingen hütet man sich dennoch sorgsam. Ein geradezu klassisches Beispiel hierfür ist ja die äußere Form des Staates Afghanistan, wie sie seit dem englisch-russischen Vertrage vom 11. März 1895 besteht. Rußland erhielt damals u. a. das Pamirgebiet, aber zwischen dem Zarenreich und dem Hindukusch, auf dessen Wasserscheide die „wissenschaftliche Grenze" Indiens verlief, blieb ein ganz schmaler, schlauchartiger, wirtschaftlich wertloser Nordostzipfel Afghanistans von mehreren hundert Kilometern Länge und stellenweise kaum 20 km Breite im Hochgebirge als Puffer zwischen den beiden Weltmächten und Todfeinden bestehen (Fig. 53)!

Sobald einer der beiden sprungbereiten Gegner vorübergehend ausfällt, ist es natürlich um den jeweiligen Pufferstaat geschehen, wenn ihm nicht andere mächtige Beschützer erstehen. Korea war um die Jahrhundertwende nur ein Pufferstaat zwischen Japan und Rußland. Kaum war Ruß-

---

1) Richard Hennig, Bahnen des Weltverkehrs, Leipzig 1909, S. 96.
2) A. a. O., S. 89.

land durch Krieg und Revolution 1905 hinreichend geschwächt, da hatte sich Japan schon Koreas bemächtigt und läßt bis auf den heutigen Tag seine Faust schwer auf dem unglücklichen Lande lasten. Was wäre auch in Europa nach 1918 wohl aus der Selbständigkeit der Pufferstaaten Belgien und Luxemburg geworden, wenn nicht England eifersüchtig darüber wachte, daß sie von Paris respektiert wurde! Wie die Dinge liegen, mußte sich Frankreich, wie auch beim Saargebiet, mit einer engeren wirtschaftlichen Durchdringung und Umklammerung sowie einem Militärbündnis (mit Belgien) begnügen. Andererseits ist die sonderbare Zipfelgestalt von Holländisch-Limburg anscheinend von England auf dem Londoner Kongreß von 1839 deshalb durchgesetzt worden, damit diese niederländische Provinz ein Pufferstaat zwischen Preußen und Belgien sei oder, richtiger gesagt, damit der Weg nach Antwerpen, auf das es England allein ankam, für Preußen versperrt werde. Ebenso ist Englands Hand vor allem am Werke gewesen, als zwischen der immer mehr zusammenschrumpfenden Türkei und Rußland nach dem Krimkrieg und auf dem Berliner Kongreß die Pufferstaaten Rumänien und Bulgarien entstanden, deren Aufgabe nach englischer Auffassung nie eine andere sein sollte, als den Russen den Weg nach Konstantinopel zu verrammeln.

Fig. 53. Der Nordostzipfel Afghanistans als Typus des Staaten-Puffers.

Diese letztgenannten Pufferstaaten stellen Grenzsicherungen dar, die bemerkenswerterweise weder im Interesse der beiden eigentlichen militärischen Gegner noch des Pufferstaates selbst, sondern eines quartus gaudens in der Downing Street zu London geschaffen worden sind.

Ein ganz deutlicher Pufferstaat ist ferner eine der jüngsten europäischen Staatenbildungen Europas geworden, Albanien. Ursprünglich i. J. 1912 als typisches Verlegenheitsprodukt erdacht, weil jede andere Regelung Kriegsgefahr bedeutete, ist Albanien heute ein echter Pufferstaat zwischen den italienischen und den südslawischen Ansprüchen. Der Pufferstaatcharakter prägt sich hier sogar, wie bei Afghanistan und Persien, in der Verkehrsrückständigkeit aus: Albanien ist der einzige europäische Staat, der noch heute keine Eisenbahnen besitzt! Dennoch strebt das Mussolinische Italien, wie die Ereignisse des Jahres 1927 (Vertrag von Tirana) gezeigt haben, offensichtlich auf ein Protektoratsverhältnis über Albanien hin, das in der Regel den ersten Auftakt zur Verspeisung darstellt.

5. Kondominium.

Des alten Homer Grundsatz „Einer soll Herr sein"[1]) gilt im geopolitischen Leben der Staaten noch entschiedener als im innerpolitischen der Völker und im privatrechtlichen. Im bürgerlichen Leben ist ein gemeinsamer Besitz mehrerer Individuen gang und gäbe, und mögen auch häufig Streitigkeiten darob entbrennen, so müssen diese doch nicht die Regel sein. Aber schon beim Besitz großer Bauernhöfe, Güter usw. ist es unbedingt notwendig, daß nur ein Einziger die Leitung in der Hand hält — wieviel mehr beim staatlichen Besitz von Ländern oder anderen wertvollen Teilen der Erdoberfläche!

Das Kondominium, die Teilung der staatlichen Hoheitsrechte unter zwei oder noch mehr Herren, ist stets vom Übel, stets ein Verlegenheitskompromiß zur Vermeidung von Streitigkeiten, womöglich Kriegen, zwischen zwei nach einem Besitz lüsternen, etwa gleich starken Gegnern und fast stets eine Regelung, die keine lange Dauer hat. Erst die neuere Zeit hat das gemeinsame Besitzrecht verschiedener Staaten in einigen Fällen geschaffen, und sie hat zumeist wenig Anlaß, auf diese staatspolitische Regelung besonders stolz zu sein. Bewährt hat sie sich lediglich in den Fällen, wo das Kondominat überhaupt keine praktischen Folgen hatte. Das Kondominat der fünf Uferstaaten über den Bodensee z. B., das seit dem Bregenzer Abkommen vom 22. September 1867 besteht, unterscheidet sich in der Praxis kaum vom Zustande des nullius regio, wie er auf den Weltmeeren zu Hause ist. Bei Wasserflächen ist dergleichen tragbar, nicht dagegen bei wirklich wertvollem Landbesitz.

Soviel ich sehe, findet sich zum ersten Male ein Kondominium angewandt bei dem heut hamburgischen Städtchen Bergedorf, das i. J. 1420 von Hamburg und Lübeck gemeinsam den Sachsen-Lauenburgern abgenommen und in der Folgezeit gemeinsam verwaltet wurde, bis es i. J. 1868 ganz dem hamburgischen Staate zugeschlagen wurde. In diesem Fall war das Kondominium von langer Dauer, aber offenbar nur, weil das Objekt von geringer Wichtigkeit war, so daß sich an ihm Zwistigkeiten von Bedeutung nicht leicht entzünden konnten. Ein anderes gelegentlich angeführtes Beispiel eines langdauernden Kondominiums gehört nur sehr bedingt hierher, nämlich die Zwergrepublik Andorra in den östlichen Pyrenäen. Hier haben wir es nicht mit einem Kondominium zweier Staaten zu tun, sondern mit einem geopolitisch infolge seiner schweren Zugäng-

1) Ilias II, 204.

lichkeit im allgemeinen selbständig gebliebenen und bereits von Karl dem Großen als neutral erklärten, kleinen Staatswesen, auf dessen Verwaltung sowohl die französische Regierung wie der spanische Bischof von Urgel einen gewissen Einfluß haben, das auch an beide Protektoren alljährlich einen geringen Tribut zahlt. Es ist dies jedoch kein Kondominium im strengen Sinne des Wortes, sondern äußerstenfalls nur eine ganz seltsame und einzigartige Spielart eines solchen.

Das erste moderne Kondominium über ein wirkliches Wertobjekt wurde, soweit ich sehe, über den Rheinstrom verhängt, nachdem er durch den Lunéviller Frieden (9. Februar 1801) in seinem ganzen schiffbaren Lauf oberhalb der holländischen Strecke Grenzfluß zwischen Frankreich und dem Deutschen Reich geworden war. Damals wurde, am 15. August 1804, zwischen diesen beiden Ufermächten der sogenannte Oktroivertrag geschlossen, in dessen Art. II sich die sonderbare, sonst niemals in der Binnenschiffahrtspolitik wiederkehrende Bestimmung fand:

„Der Rhein wird unter dem Gesichtspunkt der Schiffahrt und des Handels ganz wie ein beiden Staaten gemeinsamer Fluß behandelt."

Immerhin ist hier auf das „Wie" Nachdruck zu legen, und da als Grenze ausdrücklich der Talweg festgelegt wird („Le Thalweg du Rhin forme, quant à la souverainité, la limite entre la France et l'Allemagne"), kann auch hier nur von einem Kondominium der Verwaltung, nicht von einem Kondominium des Besitzes die Rede sein. Im übrigen wurde schon zwei Jahre später, durch die Ereignisse des Jahres 1806, die Regelung praktisch hinfällig, wenn auch staatsrechtlich erst der Pariser Friede (30. Mai 1814) eine Änderung brachte.

Von ähnlich kurzer Dauer waren fast alle sonstigen Fälle von Kondominium, die das 19. Jahrhundert hervorbrachte. Eine Ausnahme bildete nur der für eine politische Reibungsfläche zu kleine und unbedeutende Ort Neutral-Moresnet, den Preußen und Holland, später Belgien, von 1816 bis 1914 gemeinsam verwalteten und betreuten, bis er durch das Versailler Friedensdiktat ganz an Belgien gegeben wurde.

Fälle von sonstigen Kondominaten boten Schleswig-Holstein als gemeinsamer preußisch-österreichischer Besitz 1864—66, ferner, unter ganz absonderlichen Begleiterscheinungen, Bosnien und die Herzegowina 1878 bis 1909, wo der Türkei die Souveränität zustand, die Verwaltung aber gemeinsam von Österreich und Ungarn vollkommen übernommen wurde, dann Samoa als englisch-deutsch-amerikanisches Kondominium 1889 bis 1899 und die Neuen Hebriden als gemeinsamer Besitz Englands und Frankreichs seit dem Vertrag vom 16. November 1887 bis zum heutigen Tage. Gerade das letztere koloniale Beispiel, das einzige, das die Gegenwart noch aufweist, ist aber ein deutliches Beispiel, wie unbefriedigend das Kondominium empfunden wird, denn schon mehrfach ist empfohlen worden, es lieber durch eine ehrliche Teilung der Inselgruppe zwischen England und Frankreich zu ersetzen. Noch in jüngster Zeit haben 1300 britische Siedler auf den Neuen Hebriden bittere Klage geführt über die üblen Folgen des Kondominiums.[1]) Und die Eingeborenen kommen dabei am meisten zu kurz, denn von den verfügbaren $3^1/_2$ Mill. acres Land gehören $2^1/_2$ Mill. einigen wenigen Weißen, während sich 58000 Eingeborene in 1 Mill. teilen müssen.[2]) — Geplant war ferner ein Kondominium wegen der durchaus undurchsichtigen ethnographischen Verhältnisse auch in der Dobrudscha zwischen Bulgarien und Rumänien, als letzteres zum Bukarester Frieden (7. Mai 1918) genötigt wurde, doch hat ja der bald darnach erfolgende Zusammenbruch der Mittelmächte diese Regelung gegenstandslos gemacht und die ganze Dobrudscha wieder an Rumänien gebracht.

Bemerkenswert ist die Tatsache, daß der Vorschlag eines Kondominiums, obwohl dieser staatsrechtlichen Regelung das Odium des Wortes „Vestigia terrent" in denkbar deutlichster Weise anhaftet, immer aufs neue auftaucht, wo gefährliche politische Reibungsflächen scheinbar anders nicht ausgeschaltet werden können. So ist letzthin ja sogar der wunderliche Vorschlag gemacht worden[3]), die gemeinsamen Ansprüche Deutschlands und Polens auf den Polnischen Korridor durch ein Kondominium beider Staaten daselbst aus der Welt zu schaffen. Der Vorschlag ist praktisch glattweg unmöglich, zeigt aber, wie man auch im sogenannten Zeitalter des Selbstbestimmungsrechtes der Völker noch gern nach dem Aushilfsmittel des Kondominiums greift, um unerwünschten nationalen Entscheidungen so lange wie möglich aus dem Wege zu gehen.

1) „Times", 18. Mai 1927.
2) „Zeitschr. f. Geopolitik", 1928, S. 316.
3) „Zeitschrift für Politik", 1928, S. 713.

VII. Der staatliche Fortpflanzungstrieb (Kolonialpolitik).

1. Die Kolonien des Altertums und Mittelalters.

Kolonien pflegt man gern als Tochterstaaten eines Mutterlandes zu bezeichnen. Hierin äußert sich mit richtigem Instinkt unbewußt die geopolitische Erkenntnis, daß der Staat als Lebewesen auch dem Gesetz des Fortpflanzungstriebes unterliegt. Allerdings ist dabei zu beachten, daß gegenwärtig ausschließlich solche Staaten, die eine starke Seegeltung und bedeutende überseeische Handelsinteressen besitzen oder aber in früheren Jahrhunderten einmal besessen haben, über Kolonialbesitz verfügen. Reine oder überwiegende Landstaaten eignen sich in unseren Tagen nicht mehr zur organischen Fortpflanzung. Vielmehr bedarf es zu deren Zustandekommen der Vermählung von Staat und See.

Der Begriff der Kolonien, wie wir ihn heute verstehen, ist erst seit dem Zeitalter der großen Entdeckungen geläufig geworden. Die Kolonien, die das Altertum und das Mittelalter hervorbrachte, waren ihrem Wesen nach doch etwas anderes als die gegenwärtigen. Die Kolonien der Phönizier, der Karthager, der Griechen waren in erster Linie Handelsstützpunkte, z. T. befestigte Warenlager (Faktoreien), z. T. aber auch blühende Handelsstädte mit starkem staatlichem Eigenleben. Die Zahl dieser Gründungen von Kolonialstädten war sehr groß (vgl. Fig. 54): allein Milet hat im Umkreis des Schwarzen Meeres 80 Kolonien ins Leben gerufen. Nur vereinzelt freilich sind politische neue Gebilde von größerer Bedeutung aus solchen antiken Kolonien hervorgegangen, als mächtigstes Karthago aus einer phönizischen Ansiedlung in Nordafrika. Aber auch die griechische Kolonie Syrakus war zweimal nahe daran, eine politische Großmacht zu werden, 480 v. Chr. unter Gelon und 310 v. Chr. unter Agathokles. Jedesmal war die Blüte nur kurz, und es ist damals, obwohl Syrakus selber wieder Kolonien gründete, zur Schaffung eines sizilischen Staates nicht gekommen. Erst im 12. Jahrhundert n. Chr., unter den Normannen, war Sizilien vorübergehend eine wirkliche politische Großmacht.

Die Römer, die eigentlichen Schöpfer des Begriffes Kolonie, haben dennoch Kolonien in unserem Sinne nicht gekannt. Sie pflegten lediglich das, was wir innere Kolonisation nennen, und siedelten coloni = Feldbauer an; Militärpersonen, Veteranen, wohl auch Bürger, die anderswo kein Land besaßen oder erwerben konnten, wurden irgendwo in geeigneten Teilen des riesigen Reiches mit Grundbesitz ausgestattet. Die auf solche Weise begründeten Ortschaften waren die eigentlichen und ursprünglichen Kolonien. Aus einer dieser rheinischen Kolonien mit dem Beinamen Agrippina hat sich bekanntlich „das große, heilige Köln" entwickelt.

Sobald irgendwo im fremden Land eine Vielheit von Landsleuten sich zur Bewirtschaftung des Bodens oder zur ständigen Pflege des Handelsgewerbes zusammenfand, sprach man ebenfalls und spricht noch heute von Kolonien, in einem Sinne, dem jeder politische Beigeschmack fehlen kann. In der Bibel ist bereits die Rede[1]) von fremden Kaufmannskolonien auf dem Boden Palästinas. Ebenso gab es im Mittelalter an vielen Stellen Judenkolonien, in China Araberkolonien usw. Auch die Kontore der Hansa in London, Bergen, Wisby und Nowgorod waren als derartige Kaufmanns- und Handelskolonien zu bewerten. Die letzteren

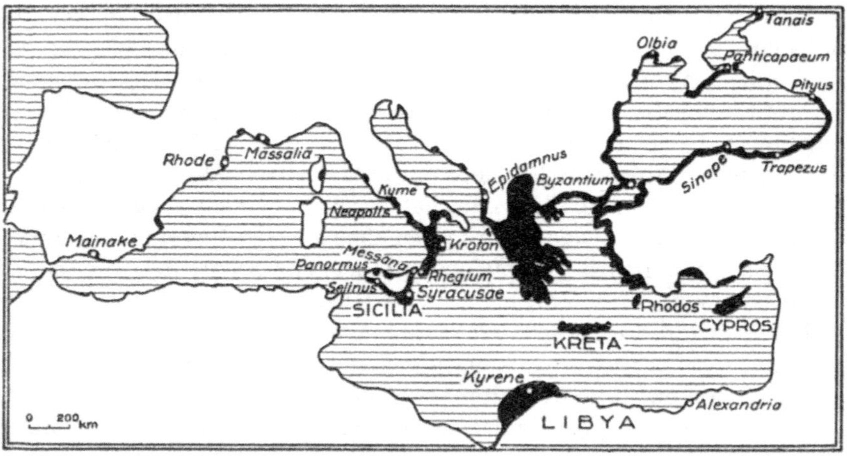

Fig. 54. Der Umfang der alt-griechischen Kolonisation.

waren wiederholt nahe daran, zumal auf Gotland, sich zu neuen politischen Staatsgebilden zu entwickeln, doch gelang es den Handelskolonien der Hanse nicht, über den embryonalen Zustand hinaus zu staatlichem Leben zu erwachen. Wohl aber sind z. B. auf Borneo aus Siedlungen chinesischer Kaufleute neue staatliche Gebilde dereinst hervorgegangen.[2]) — Landwirtschaftlichen Zwecken dienende Kolonien gibt es bis auf den heutigen Tag zahlreich. So spricht man bekanntlich von deutschen Kolonien im Wolgagebiet, in der Krim, in Siebenbürgen, Ungarn, Kanada, Argentinien usw. Ein Teil dieser Kolonien ist durch freiwilliges Zusammenhalten von Auswanderern entstanden, z. T. sind sie aber auch geradezu durch Einladung von Herrschern des jeweiligen Landes begründet, die sich erfahrene und fleißige Bauern oder andere wertvolle Kräfte fremder Gebiete zu sichern wünschten. Z. B. gilt dies für die besonders eigenartige Kolonie der Wolgadeutschen, die 25000 qkm groß ist und geradezu als eine autonome Kolonie im Rahmen des russischen Reiches gelten kann. Sie erstreckt sich an der mittleren Wolga vom 50. bis 52. Grad nördl. Breite und vom 45. bis 48. Grad östl. Länge. Sie be-

1) 1. Buch Kön., 20, 34.
2) Friedrich Ratzel, Völkerkunde, Bd. I, S. 363.

herbergt 571000 Menschen, von denen zwei Drittel Deutsche sind. Ähnlich besteht eine „französische Kolonie" seit fast 2½ Jahrhunderten in Berlin und der Mark Brandenburg, hervorgegangen aus jenen durch Ludwig XIV. i. J. 1685 vertriebenen Hugenotten, die dann der Große Kurfürst Friedrich Wilhelm in sein Land einlud. Die noch jetzt in der Mark sich findende Ortschaft Französisch-Buchholz, der in Berlin stehende „Französische Dom", in dem französische Predigten gehalten werden, und das Französische Gymnasium daselbst, sie erinnern an jene große Kolonisationstat des Siegers von Fehrbellin, durch die eine Fülle wertvollster Intelligenzen mit französischen Namen und preußischer Gesinnung dem deutschen Volke gewonnen wurde. Ebenso schuf dann König Friedrich Wilhelm I. von Preußen unter Aufwand von 5 Mill. Talern aus Protestanten, die in anderen Ländern verjagt wurden, wertvolle Siedlungskolonien: 18000 Salzburger, die 1731 vertrieben worden waren, wurden im Jahre darauf im Litauischen angesiedelt, ebenso 2000 Böhmen in der Mark Brandenburg. Volkswirtschaftlich haben sich derartige Kulturtaten in der Regel trefflich gelohnt. Mitten im niederrheinischen katholischen Gebiet gibt es noch heute eine überwiegend evangelische pfälzische Kolonie, das 1741 begründete Dorf Pfalzdorf bei Cleve. Daß in der Kolonisationsgeschichte Amerikas die Kolonien religiöser Sekten und Orden eine große Rolle gespielt haben, ist allbekannt. Es genügt in diesem Zusammenhang an die Quäkerkolonie in Pennsylvanien oder die Mormonenstädte Nauvor und Saltlake City zu erinnern.

Alle derartigen „Kolonien" sind jedoch ausgesprochen unpolitisch. Die Kulturträger oder Asylsucher, die ihnen zum Dasein verhalfen, sind fast immer treue Bürger ihres neuen Heimatstaates geworden, mochten sie auch bewußt den Zusammenhang mit ihrer Väter Sprache, Glauben und Sitte liebevoll pflegen.

Ganz anders die eigentlich politischen Kolonien, die den Handelsinteressen, dem Wohlstand und oft auch der politischen und militärischen Stellung der Gründer zu dienen berufen waren. Dabei ist es höchst beachtenswert, daß bis ins 15. Jahrhundert hinein niemals Staaten als Schöpfer der Kolonien erscheinen, sondern entweder Handelsstädte, wie Tyrus, Sidon, Athen, Korinth, Milet, Karthago, Venedig, Genua usw. oder aber religiöse, oft sogar internationale Gemeinschaften, wie die Kreuzfahrer und die von ihnen begründeten Ritterorden. Eine internationale christliche Kolonie auf mohammedanischem Boden war jenes merkwürdige Gebilde des Königreichs Jerusalem, das nach der Eroberung der Stadt Jerusalem durch die Kreuzfahrer (15. Juli 1099) begründet wurde und das dann fast 100 Jahre, bis zur Wiedereroberung der Stadt durch Saladin (3. Oktober 1187), und dann nochmals, kurzlebig genug, von 1229 bis 1244 bestand. Auch die Johanniterkolonien in Rhodos und später in Malta trugen internationalen Charakter und stellten sozusagen Kolonialstaaten einer religiösen Gemeinschaft dar. Noch ausgeprägter war dies der Fall bei dem national allerdings einheitlichen Staate des Deutschen

Ordens, der 300 Jahre hindurch eine unvergleichliche kulturelle und völkische Mission inmitten feindlicher slawischer Flut vollbrachte, und zwar ganz aus eigener Kraft heraus und ohne jeden Rückhalt an einem politischen Staatengebilde der damaligen Zeit. Wie die spanischen Conquistadoren, doch von edleren Motiven als dem Golddurst geleitet, verbreiteten jene mutigen Ordensritter Kultur und Christentum, bald mit dem Schwert und bald mit dem Pflug, und schweißten dabei einen Staat von wahrhaft imposanter Macht und Eigenart zusammen, dessen Gebiet von der Weichsel bis zur Narowa reichte. Aber als dieser ganz auf die Spitze des eigenen Schwertes gestellte Staat am 15. Juli 1410 der polnischen Übermacht bei Tannenberg erlag, da kümmerte sich im Heiligen Römischen Reich Deutscher Nation kein Mensch um die Tragödie dieses ersten deutschen Kolonialstaates, und statt dem gefährdeten östlichen Vorposten zu Hilfe zu eilen, vergnügten sich die deutschen Kurfürsten eben damals damit, dem deutschen König Ruprecht von der Pfalz einen Nachfolger zu geben.

Eine ähnliche Stellung wie der Deutsche Ordensstaat im Rahmen des deutschen Reiches nahmen später einige Missionsschöpfungen der Jesuiten im spanischen Amerika ein. Insbesondere in Paraguay entwickelte sich seit 1609, von den Jesuiten geschaffen, „ein merkwürdiger Priesterstaat auf theokratisch-sozialistischer Grundlage, aus der, mit Ausnahme der Jesuiten, alle Weißen verbannt waren"[1]) ein Staat, der sich eine eigne indianische Fremdenlegion schuf und mit ihr Kriege gegen die portugiesischen „Paulisten" in Brasilien führte.[2]) — Auch gegenwärtig übrigens ist in Paraguay wieder eine Kolonie einer religiösen Sekte in Aussicht genommen: um Puerto Casado im Chaco-Gebiet soll auf einem 1.6 Mill. ha großen Gelände ein Mennonitenstaat mit etwa 225000 Bewohnern entstehen, in dem es kein Amt, keinen Eid, keinen Kriegsdienst gibt und der ein vollkommener Staat im Staat sein soll.

Kolonien haben während des Mittelalters ferner die dänischen, schwedischen und norwegischen Normannen in großer Zahl ins Leben gerufen. Aber wiederum waren in jedem Einzelfall nicht die Könige des Landes, nicht die Träger der Staatsgewalt die Begründer, sondern kühne Abenteurer, die auf eigene Faust und auf eigene Rechnung vorgingen, um dem übervölkerten Heimatland Erleichterung zu schaffen und sich selber „ein Königreich zu suchen". Infolgedessen bestand auch zwischen den im 9., 10. und 11. Jahrhundert entstehenden Normannenstaaten und den Mutterländern nur wenig und oft gar kein staatlicher Zusammenhang, sondern im günstigsten Falle lediglich eine vereinzelte Beziehung zu alten Verwandten und Freunden und etwas Handelsverkehr. In einigen Fällen wurden die normannischen Recken von Herrschern anderer Länder eingeladen, sich in ihrem Gebiet anzusiedeln, so in Rußland (vgl. Fig. 44), wo sich für Jahrhunderte sogar eine normannische

1) Supan, „Entwicklung der europäischen Kolonien", S. 61.
2) J. Pfotenhauer: „Die Missionen der Jesuiten in Paraguay." Gütersloh 1891.

Herren- und Oberschicht bildete (der Name Rûs bedeutet ursprünglich: Schweden!), ferner an der Odermündung, wo sich im Reiche des Slawenfürsten Burisleifr im 10. Jahrhundert für rund 100 Jahre die sagenberühmte normannische Jomsburg, vom „nordischen Tell" Palnatoki begründet, erhob, und von 1027 bis 1194 in Italien, wo sich die normannische Grafschaft Aversa seit 1030 allmählich durch kriegerische Eroberungen zum mächtigen Reich entwickelte und wo von 1130 bis 1194 auf Sizilien ein normannisches Königreich bestand, das eine Großmacht des Jahrhunderts war. Die meisten Normannenreiche in Übersee entstanden aber als Siegesbeute kühner Feldzüge, so in der Normandie, in England, im Rheinmündungsgebiet, in Sizilien und Italien, welche letzteren Wunschländer geraume Zeit hindurch besonders stark anlockend wirkten und in den rauhen Nordmännern die „figiacasta", die „Sehnsucht nach Feigen", entstehen ließen. Auch standen die Orkney- und Shetlandsinseln über ein halbes Jahrtausend lang in einem allerdings nur losen Lehens- und Abhängigkeitsverhältnis zu Norwegen.

Im ausgehenden Mittelalter begegnen wir dann abermals, wie im Altertum, Städten als Trägern des kolonialen Gedankens. Die deutschen Hansestädte haben zwar eigentliche Kolonialstaaten im Ausland nicht begründet. Ihre kleinen Stadtstaaten kannten eben nur Handelsinteressen und keinen Ehrgeiz nach politischer Macht, so nachdrücklich sie oft genug mit politischen und militärischen Mitteln ihre wirtschaftlichen Belange selbst gegen sehr mächtige Herrscher des Auslandes durchzusetzen wußten. Sie hätten vielfach ohne weiteres die Gelegenheit und auch die Fähigkeit gehabt, Hansekolonien im Ausland auf eine staatliche Grundlage zu stellen, aber ihr Ehrgeiz ging nicht nach dieser Richtung: was sie schufen, waren daher bestenfalls Embryonen von Kolonien, kaufmännische Genossenschaften von weitreichendem, oft ausschlaggebendem Einfluß im Ausland, Genossenschaften, die gelegentlich sogar pseudostaatliche Verträge mit fremden Herrschern abschlossen, wie jenen vom Jahre 1229, den die gotländische Genossenschaft in Wisby mit den Fürsten von Smolensk, Witebsk und Polozk vereinbarte. Immer aber hatten solche politischen Betätigungen und Vereinbarungen lediglich Förderung der Handelsprivilegien der Heimatstädte zum Ziel, und ein wirklicher Staat im Staat sind jene Genossenschaften, Kaufhäuser und Kontore der Hanse im Ausland in keinem einzigen Fall geworden, obwohl verschiedentlich die Möglichkeit dazu bestanden hätte, zumal nach dem siegreichen Kriege gegen Dänemark, der im Diktatfrieden von Stralsund (24. Mai 1370) den Städtebund der Hanse zur ersten Ostseegroßmacht emporsteigen ließ (vgl. S. 34).

Demgegenüber haben sich in demselben Zeitalter die italienischen Seehandelsstädte, unter denen bekanntlich Venedig und Genua die erste Rolle spielten, zu wirklichen Kolonialmächten entwickeln können. Anfänglich verfolgten auch sie, wie die deutsche Hanse, nur das Ziel der steten Förderung ihrer Handelsbeziehungen. Im Jahre 1082 wurden den

Venezianern von Byzanz wertvolle Privilegien und in Konstantinopel selbst ein eigenes Stadtviertel als venezianische „Kolonie" eingeräumt, aber schon ein Jahrzehnt später trat Byzanz dem venezianischen Staat Dalmatien und Istrien als Eigentum ab. Wie einst Karthago, verstand es in der Folgezeit auch Venedig, sich vom Seehandelsplatz zur politischen Großmacht und zum Herrscher eines großen überseeischen Kolonialreiches emporzuschwingen. Die mit Hilfe der Kreuzfahrer durchgeführte Eroberung Konstantinopels (12. April 1204) machte die Venezianer für 57 Jahre sogar zur beherrschenden Macht des byzantinischen Reiches. Kreta und zahlreiche Inseln im Ionischen und Ägäischen Meer wurden venezianische Kolonien, später auch Korfu, Treviso, Südwest-Morea, Cypern u. v. a., während gleichzeitig innerhalb Italiens das venezianische Staatsgebiet sich mehr und mehr vergrößerte.

Ähnlich war es mit den anderen italienischen Seestädten bestellt. Korsika und Sardinien waren zeitweilig Kolonien Pisas, dann Genuas. Genua schuf sich weitere Kolonien auf Chios, Samos, in Cypern (vor den Venezianern), in Nordafrika, im Golf von Smyrna und vor allem in der Krim, wo Kaffa und Tana (Feodosia und Asow) die wichtigsten genuesischen Kolonien waren. Wer weiß, ob sich Venedig oder Genua nicht schließlich zu beherrschenden Mittelmeermächten oder gar zu Weltreichen nach dem Muster Roms entwickelt hätten, aber die portugiesische Auffindung des Seewegs nach Ostindien und die spanische Entdeckung Amerikas untergruben die Wurzeln der venezianischen und genuesischen Handelsmacht, denn sie ließen das bis dahin erste Seeverkehrsgebiet der Welt, das Mittelmeer, zum Range eines Nebengewässers herabsinken. Niemals sonst in der Geschichte hat eine plötzliche Verlagerung der großen Verkehrswege so durchgreifende politische Folgewirkungen gezeitigt: Venedigs und Genuas Sterne sanken, und Portugal und Spanien wurden die neuen Herren der Welt.

2. Die Anfänge der modernen Kolonisation.

Portugal und Spanien waren die ersten großen Länder, in denen die Staatsgewalt als solche, die Regierung, bewußt und konsequent Kolonialpolitik im modernen Sinne pflegte. Auch ihre im 14. Jahrhundert einsetzenden Entdeckungsfahrten zur See waren ursprünglich sozusagen Privatunternehmungen einzelner Abenteurer. Als i. J. 1341 die seit dem Altertum verschollenen, nur von den Arabern i. J. 1124 und einem Italiener i. J. 1270 nochmals gesichteten Kanarischen Inseln von den Portugiesen neu entdeckt worden waren, ließ sich Luis de la Cerda vom Papst zum König der Kanarischen Inseln krönen. Aber der neue König suchte sein „Reich" nicht auf, und von einem neuen Staat konnte daher keine Rede sein. Ein anderer Abenteurer von normannischer Abkunft, Jean de Béthencourt, setzte sich darauf seit 1402 auf den Kanaren fest, ließ sich jedoch (woran die normannischen Kolonisatoren nie gedacht hatten) seinen

Besitz, der sich nur auf Lanzarote, Fuerteventura, Gomara und Ferro erstreckte, schon vom König von Kastilien bestätigen, da er sich nur als Lehensmann der kastilischen Krone dort behaupten konnte, womit gewissermaßen die kastilische Oberhoheit über die „Kolonie" anerkannt war. Einem seiner Nachfolger kaufte dann Ferdinand der Katholische i. J. 1496 die Besitzrechte ab und schuf somit, nachdem auch Teneriffa, Palma und Gran Canaria in hartem Kampf mit den tapferen Guanchen erobert worden waren, die Kanaren zur Kolonie Spaniens um, die sie bis heute geblieben sind. Supan sagt über diese Episode[1]:

„1402 ist das Geburtsjahr der modernen Kolonisationsgeschichte, aber die Besetzung der Canaren war doch nur die vereinzelte Tat eines verwegenen Abenteurers, und Spaniens Verdienst beschränkt sich darauf, daß es ein Geschenk annahm, das ihm in den Schoß gefallen war. Erst Portugal hat Entdeckung und Kolonisation systematisch in die Wege geleitet, dieser Ruhm darf ihm und seinem großen Sohne, Heinrich dem Seefahrer, nicht geraubt werden."

Portugal war in der Tat Spanien in der Eigenschaft als Kolonialgründer zuvorgekommen. Schon 1418/19 hatte der tatkräftige Prinz Heinrich der Seefahrer, eine der edelsten und sympathischsten Erscheinungen des Entdecker-Zeitalters, Porto Santo und Madeira neu entdeckt und sich später von seinem Bruder, dem König Eduard, schenken lassen, womit das Besitzrecht der Krone an allen neuen Entdeckungen grundsätzlich anerkannt war. Seit 1431 wurden die Azoren aufgefunden und besiedelt, seit 1455 die Kapverdischen Inseln, nachdem die angebliche Grenze der bewohnbaren Welt, Kap Bojador, i. J. 1434 erstmalig umsegelt und 1441 Kap Blanco, 1445 Kap Verde entdeckt worden war. 1471 wurde Marokko erobert und unter dem Namen des Überseeischen Algarve zur portugiesischen Kolonie erklärt, und schon 1455 hatte sich die portugiesische Krone vom Papst Nikolaus V. alle jenseits des Kap Bojador gelegenen Länder usque ad Indos als alleiniges Eigentum zusprechen lassen. Die „Teilung der Erde" hatte damit ihren Anfang genommen.

Wenn es nach dem Willen Portugals und Spaniens gegangen wäre, mußte die Teilung der Erde mit den Verträgen von Tordesillas (7. Juni 1494) und Saragossa (22. April 1529) auch schon beendet sein, da in ihnen die gesamte neuentdeckte und noch unbekannte Welt von Pol zu Pol zwischen Portugal und Spanien aufgeteilt wurde (vgl. S. 124). Selbst die uralten Hochkulturländer des fernen Ostens, China und Japan, glaubten die Portugiesen als ihr Eigentum ansprechen zu können; doch führten ihre Versuche, seit 1514 in China und seit 1543 in Japan Fuß zu fassen, nicht zum Ziel: schon 1523 wurden sie aus China, 1609 bzw. 1639 zugleich mit allen anderen Fremden aus Japan vertrieben.

Portugals Energie als Großmacht und als Kolonialstaat war bereits mit der unglücklichen Schlacht von Alcassar in Marokko (4. August 1578) erschöpft. Die portugiesische Kolonialmacht zerfiel so schnell, wie sie aufgebaut worden war — bis auf die Reste, die, gleich Petrefakten, noch bis

1) A. a. O. (Europäische Kolonien), S. 13.

in die Gegenwart hineinragen. Auch das spanische Kolonialreich, in dem „die Sonne nicht unterging", geriet, vorwiegend durch eigene Schuld, unter die Räder der Weltgeschichte, denn nicht in den ausgedehnten spanischen Überseebesitzungen, die ein kurzsichtiges Mutterland ängstlich vor jeder Berührung mit anderen Völkern, vor jedem Luftzug geistiger Bildung zu schützen suchte, spielten sich die wichtigsten kolonialen Ereignisse der nächsten Jahrhunderte ab, sondern in den kolonialen Gebieten derjenigen westeuropäischen Nationen, welche die hochmütigen Teilungsverträge von 1494 und 1529 als nicht vorhanden angesehen hatten. Nach den schweren Rückschlägen, welche die spanische Weltherrschaft durch den Abfall der Niederlande und die Vernichtung der „unüberwindlichen Flotte" (1588) erlitten hatte, ging die Führung in der Kolonialpolitik von der Pyrenäenhalbinsel auf Holland, England und Frankreich über.

Die vom spanischen Joch freigewordenen Niederlande erlebten seit 1585 einen ähnlich raschen und glänzenden Aufstieg zur ersten See- und Kolonialmacht, wie 100 Jahre vorher Portugal und Spanien, und verfielen etwa seit 1676 ebenso schnell einer weitgehenden Energieerschöpfung. I. J. 1669 waren von den 25000 Schiffen, welche die gesamte Welthandelsflotte zählte, nicht weniger als 16000 in holländischem Besitz.[1]) Dementsprechend ausgedehnt war auch der niederländische Kolonialbesitz, dessen Höhepunkt, nach Supan, das Jahr 1642 bildete: die besten Teile der nordamerikanischen Ostküste mit dem heutigen New York und Boston, ein Teil der Kleinen Antillen, Curaçao mit den Nachbarinseln, Guyana mit Paramaribo, ein Stück der brasilianischen Küste mit Pernambuco, Ceara und San Luiz, St. Helena, St. Thomé und Annobon, Gorée und Arguin im Senegalgebiet, die Goldküste, Loanda, das Kapland (dieses etwas später), Ceylon, der wertvollste Teil der Malabar- und Coromandelküste mit Madras, ein großer Teil der Sundainseln, Malakka sowie Formosa und eine Faktorei in Japan (seit 1609 auf Hirado, seit 1641 in Deshima) — das war das holländische Kolonialreich, wie es gegen Ende des Dreißigjährigen Krieges bestand!

Um ein so riesiges Kolonialreich zu erhalten und zu entwickeln, war Hollands Menschenreichtum zu klein, die geopolitische Basis des Staates zu schmal. England unterwühlte systematisch Hollands Machtstellung;

„Ganz ähnlich wie im Zeitalter der Einkreisungspolitik begann das Geplänkel mit Bündnisangeboten Englands an Holland. Oliver Cromwell ging sogar so weit, in aller Bescheidenheit eine britisch-holländische Union vorzuschlagen. Als Holland dieses Ansinnen mit Entrüstung zurückwies, scheute sich das protestantische England nicht, sich klug vorbauend zunächst die Neutralität des an sich als papistisch verhaßten Frankreichs zu sichern. Nachdem so eine gewisse Rückendeckung erreicht war, schlug man Holland gegenüber schärfere Töne an".[2])

Die „schärferen Töne" bestanden in Cromwells berühmter Navigationsakte vom 9. Oktober 1651, die ein Hauptgrund für den Abstieg der

1) Mitteilung in einem Brief Colberts an den Marquis de Pomponne.
2) Erich Obst, England, Europa und die Welt, Berlin-Grunewald 1927, S. 27.

holländischen Großmachtstellung und die Quelle der aufblühenden englischen Seemacht wurde. Die Navigationsakte, diese magna charta des englischen Seewesens, war, nach Friedrich Lists Ausspruch, „der Fehdehandschuh, den die werdende Suprematie von England der herrschenden Suprematie von Holland ins Gesicht warf". Unbesiegt im Kriege, mußte Holland etwa seit dem Frieden von Westminster (19. Februar 1674) dennoch die Stellung als koloniale Vormacht an seine größeren Rivalen England und Frankreich abgeben, mag es auch bis auf den heutigen Tag das in kolonialen Dingen zumeist begünstigte und überdies des Kolonialbesitzes würdigste unter den kleineren Ländern geblieben sein.

In jenen letzten schweren Kriegen gegen Holland begann England zuerst sein bis auf den heutigen Tag mit Meisterschaft festgehaltenes System anzuwenden, europäische Todfeinde vor allem in den meist wehrlosen Kolonien anzugreifen und schwer zu treffen. Mitten im Frieden nahmen damals die Engländer i. J. 1664 den Holländern ihren nordamerikanischen Besitz mit dem zukunftsreichen, 1626 gegründeten Neu-Amsterdam, dem heutigen New York, fort und provozierten durch diesen Gewaltakt den zweiten und schwersten Krieg gegen die Niederlande. Obwohl dieser für England durchaus nicht glücklich verlief — Admiral de Ruyter erschien zum Schluß mit der holländischen Flotte in der Themse unmittelbar vor London — gelang es den gerissenen britischen Diplomaten dennoch, im Frieden von Breda (31. Juli 1667) die Abtretung des holländischen Kolonialbesitzes in Nordamerika an England gegen Zugeständnisse auf den Molukken durchzusetzen.

Wie groß das Verständnis für Kolonialpolitik damals im 17. Jahrhundert schon geworden war, ging aus einer Reihe von Symptomen hervor, die uns heute ganz eigenartig, z. T. fast unbegreiflich anmuten. So schuf sich Schweden in der Zeit seiner höchsten Blüte unter Gustav Adolf an der Delaware-Bai eine Kolonie Neuschweden, in der schwedische und finnische Bauern angesetzt wurden und zu deren Schutz daselbst das Fort Christiania erstand. Aber schon 1655 ging Neuschweden durch Eroberung an die Niederländer verloren, und Schweden hat sich in der Folgezeit kolonialpolitisch nicht mehr betätigt, abgesehen von einem unbedeutenden, nochmaligen Versuch nach 1784 (vgl. S. 228). — Noch eigenartiger war das zeitweilige Vorhandensein kurländischer Kolonien. Herzog Friedrich von Kurland erhielt die Antilleninsel Tobago vom König Jakob I. von England als Patengeschenk überwiesen und rief auch an der Elfenbeinküste im Guinea-Golf am St. Andreas-Fluß (Sassandra) eine kurländische Kolonie ins Leben, die ihm als Stützpunkt für den einträglichen Negersklavenhandel diente und die durch das Fort St. Andreas geschützt wurde. Unter seinem hochbedeutenden und von regem Verständnis für Überseefragen erfüllten Nachfolger Herzog Jakob, dem Schwager des Großen Kurfüsten von Brandenburg, ging Tobago 1659 an die Niederländer verloren. Durch englische Vermittlung erhielt zwar Kurland Tobago 1664 noch einmal zurück, jedoch nur als englisches Lehen und obendrein gegen Abtretung der zweiten Kolonie an der Elfenbeinküste an England. Da Tobago auch in die nachfolgenden Kriegswirren mehrfach hineingezogen und abwechselnd von Holländern, Franzosen und Engländern besetzt wurde, gab Kurland bald nach des großen Herzog Jakobs Tode (31. Dezember 1682) seine Kolonie im Jahre 1699 auf.

Am wunderlichsten und durchaus beispiellos in der ganzen Kolonialgeschichte war aber die Tatsache, daß auch rein binnenländische Staaten, die nirgends Zugang zum Meer hatten, Kolonialpolitik zu treiben begannen. In Bayern kam es nur zu einem Plan dieser Art, nicht zur praktischen Ausführung: ums Jahr 1664 unterbreitete ein gewisser Dr. Joh. Joachim Becher der Regierung ein Projekt zur Begründung bayrischer Kolonien in Südamerika.[1]) Ungleich großzügiger war in derselben Zeit das Vorgehen Brandenburgs, wo damals der geniale Große Kurfürst in Seeverkehrs- und Kolonialfragen einen Weitblick bekundete, der seiner Zeit weit vorauseilte und ausgesprochen modern anmutet. Vielleicht ist im Leben dieses wahrhaft großen Herrschers nichts bewundernswerter als sein zähes Ringen um brandenburgische Seegeltung unter widrigsten Umständen. Nachdem im Unglücksfrieden von St. Germain (29. Juni 1679) alle seine Hoffnungen, einen der eroberten schwedischen Ostseehäfen an der pommerschen Küste behalten zu können, gescheitert waren, schuf er in seinen letzten neun Lebensjahren nicht nur eine kurbrandenburgische Kriegs- und Handelsflotte, für die er sich durch Vertrag in Emden einen Stützpunkt verschaffte, begann mit dem Neujahrstage 1683, einer Anregung seines Marine-Generaldirektors Raule vom Jahre 1679 folgend, praktische Kolonialtätigkeit zu betreiben. Schon i. J. 1650 hatte er die dänische Besitzung Fort Tranquebar an der Coromandelküste erwerben wollen, doch kam es nicht dazu. Nun wurden an der Guineaküste vier brandenburgische Forts zum Schutze des Kolonialbesitzes und des Handels mit Gold, Elfenbein, Straußenfedern, Gummi und Sklaven erbaut, Groß-Friedrichsburg als wichtigstes, Fort Sophie Luise, Dorotheenschanze und Takorady.[3]) Dazu wurde vom Kurfürsten 1685 an der Senegalmündung das ehemals holländische Fort Arguin in Besitz genommen, und auch auf der westindischen Insel San Thomas faßte er Fuß. Mit dem Tode Friedrich Wilhelms (9. Mai 1688) erlosch freilich die treibende Kraft dieser großartigen Kolonisationsfreudigkeit. Des Großen Kurfürsten Nachfolger König Friedrich I. wahrte zwar noch das koloniale Erbe seines Vaters, ohne ihm jedoch wesentliches Interesse zuzuwenden. In der Erkenntnis, daß die überseeischen Besitzungen dauernd nur mit einer großen Flotte zu behaupten waren, die sich das arme Preußen neben einem starken Landheer nicht zu leisten vermochte, beschloß der Enkel des Großen Kurfürsten, der Soldatenkönig und gute Hausvater Friedrich Wilhelm I., dessen Blick

1) Simonsfeld: „Bayrische Kolonialpläne im 17. Jahrhundert" in der „Allgemeinen Zeitung", 1883, Nr. 172—176.

2) Brandenburg-Preußen auf der Westküste von Afrika, 1683—1721, herausgegeben vom Großen Generalstab, Berlin 1885.

freilich über die Grenzen seines Staates kaum hinausreichte, den kostspieligen Besitz zu verkaufen. Die Eifersucht der Engländer und der Holländer, die wiederholt brandenburgische Handelsschiffe einfach fortnahmen,[1]) ohne daß eine Möglichkeit bestand, sich gegen solche Übergriffe nachdrücklich zur Wehr zu setzen, ließ es dem König geraten erscheinen, auf allen Ehrgeiz zur See und in Übersee zu verzichten und sich ganz der Schlagfertigkeit des Heeres zu widmen. Am 22. November 1717 wurde das stolze Kolonialwerk des Großen Kurfürsten durch Verkauf der brandenburgischen Kolonien an Holland für 72000 Dukaten sang- und klanglos zu Grabe getragen.[2]) Ein fast tragisches Verhängnis fügte es, daß sehr bald hinterher der Lieblingstraum des Großen Kurfürsten, dessen Verwirklichung ihm versagt blieb, fast von selbst in Erfüllung ging: im Stockholmer Frieden erwarb Preußen gegen Zahlung von 2 Mill. Talern Vorpommern und erhielt somit endlich eigene Seehäfen, darunter als wichtigsten Stettin, so daß es nunmehr in der Lage gewesen wäre, Kolonialpolitik unter Anlehnung an preußische Häfen zu treiben. Nun aber war es zu spät! — Lehrreich für die schon damals den Schwarzen beigebrachte „preußische Staatsgesinnung" war es immerhin, daß die Holländer erst i. J. 1725 in der Lage waren, sich in den Besitz des acht Jahre zuvor gekauften Groß-Friedrichsburg zu setzen, da der Negerhäuptling Jean Cuney das Fort für Preußen hartnäckig verteidigte, obwohl er von Berlin keinerlei Auftrag dazu hatte.

Es verdient in diesem Zusammenhang erwähnt zu werden, daß schon vor dem Großen Kurfürsten, dessen großes koloniales Verständnis gar nicht genug bewundert werden kann, ein anderer deutscher Fürst den Plan deutscher Kolonien erörtert hatte. Graf Friedrich Kasimir von Hanau plante i. J. 1669, unter Anlehnung an die Niederländisch-Westindische Kompagnie, eine deutsche Siedlungskolonie in Guyana ins Leben zu rufen, doch gelang die Verwirklichung nicht. Bemerkenswert war aber der fast pathetische Aufruf des Grafen an die deutschen Stämme, bei der Aufteilung der überseeischen Welt nicht im Hintergrunde stehen zu bleiben. Von Frankfurt aus veröffentlichte er ein Manifest, in dem es u. a. hieß:[3])

„Wolauf denn, dapfere Teutsche, machet, daß man in der Mapp neben Neu-Spanien, Neu-Frankreich, Neu-Engelland auch ins Künftige Neu-Teutschland finde."

Die Geschichte gab dem Aufruf erst über 200 Jahre später Folge. — —

3. Die politischen Reibungsflächen in den Kolonien.

Vom Ende des 17. bis zum Ende des 19. Jahrhunderts spielten sich die wichtigsten kolonialen Ereignisse im wesentlichen unter englischer und französischer Flagge ab. Man kann sagen, daß sich rund 300 Jahre lang England und Frankreich in ihren Kolonien in einem nahezu unausgesetzten, nur durch kurze Pausen unterbrochenen Kriegszustand gegen-

1) Vgl. R. Hennig: „Die brandenburgische Kolonialpolitik im 17. Jahrhundert" in der Deutschen Kolonial-Zeitung, 1918, S. 71.

2) Otto Hintze: „Die Hohenzollern und ihr Werk", S. 247.

3) Handelmann, Geschichte von Brasilien, S. 620. Berlin 1860.

überstanden. Vom Jahre 1614 an, in dem die englischen Kolonisten in Virginien die zehn Jahre zuvor begründete französische Kolonie Port Royal (Annapolis) an der Fundybai ohne voraufgegangene Kriegserklärung überfielen und zerstörten, bis zur Erzwingung des französischen Rückzugs aus Faschoda durch Lord Kitchener (10. Dezember 1898) und zum französisch-englischen Afrika-Abkommen vom 8. April 1904 ist dieser Kolonialkrieg zwischen beiden Nationen bald offen, bald versteckt, bald erbittert, bald lau fast ohne Pause geführt worden. Ihn in seinen wechselnden Phasen zu verfolgen, ist hier nicht der Ort, da es im vorliegenden Zusammenhang nur darauf ankommen kann, die wachsende Bedeutung des kolonialen Verständnisses und der kolonialen Betätigung in kurzen Stichproben zu schildern. Keine Nation hat früher und gründlicher den kolonialen Gedanken in seinem ganzen Ausmaß erfaßt als England, das seine Kriege mit europäischen Nationen immer häufiger in den Kolonien und auf der See auszufechten strebte und das europäische Festland — abgesehen von Höchstädt und Waterloo — immer nur als Nebenkriegsschauplatz ansah. Am deutlichsten war dies während des Siebenjährigen Krieges der Fall, dessen eigentliche weltgeschichtliche Entscheidungen nicht auf den preußischen, sächsischen und böhmischen, sondern auf den kanadischen Schlachtfeldern fielen. Die glanzvollen Taten des Großen Friedrich lassen leicht den irrigen Eindruck entstehen, als habe es sich hier in erster Linie um einen preußischen Krieg um den endgültigen Besitz Schlesiens gehandelt. In Wahrheit lag der Schlüssel zum Siebenjährigen Krieg, wie schon Ranke richtig erkannte, in den Urwäldern Nordamerikas, und Supan nennt ihn nicht minder treffend einen „Weltbrand, anscheinend wegen des oberen Ohiotales".[1]) In Amerika war der Krieg schon 1755 ausgebrochen, wenngleich Englands offizielle Kriegserklärung an Frankreich erst am 17. Mai 1756, ein Vierteljahr vor dem Ausbruch des preußischen Krieges gegen Sachsen und Österreich (29. August 1756), erfolgte. Mochten auch die amerikanischen Waffentaten an Glanz und Weltberühmtheit den Taten von Roßbach, Leuthen und Zorndorf nicht annähernd gleichkommen, so hatte doch keine der Schlachten Friedrichs des Großen so entscheidende weltgeschichtliche Bedeutung wie der englische Sieg bei Quebec (13. September 1759) über die Franzosen, der den Briten Kanada in die Hände spielte, oder der schon vorher, fast auf den Tag genau gleichzeitig mit den Schlachten bei Kollin und Hastenbeck errungene Sieg Lord Clives bei Plassey (23. Juni 1757), der endgültig Englands Herrschaft über Indien besiegelte. Am europäischen Kriege beteiligte sich England nur durch Subsidienzahlungen und einige Hilfskorps, die bei Hastenbeck, Krefeld und Minden mitwirkten, die eigentlichen kriegerischen Entscheidungen aber suchte es restlos in den Kolonien. Hier allein holte es sich auch seine Siegespreise, und es vermochte dabei seine Ziele um so höher zu stecken, als, wie Supan sagt[2]), „die

1) A. a. O. (Europ. Kolonien), S. 129.
2) A. a. O., S. 133.

Siege Friedrichs des Großen den Engländern die Möglichkeit gewährten, ihre Siege in den Kolonien voll auszunutzen und Frankreich und Spanien den Frieden zu diktieren."

Der Pariser Frieden, der, fünf Tage vor dem Hubertusburger, am 10. Februar 1763 geschlossen wurde, ließ Kanada und Akadien mit Kap Bréton, Grenada mit den Grenadinen sowie das französische Senegalgebiet mit Ausnahme der Insel Gorée aus französischem in englischen Besitz übergehen. Dazu mußte Spanien sein Bündnis mit Frankreich mit dem Verluste Floridas und seiner sonstigen festländischen Besitzungen östlich des Mississippi bezahlen. Da Frankreich den ihm verbliebenen Besitz auf dem nordamerikanischen Festland, West-Louisana und die Mississippi-Mündung mit New-Orleans, in einem Geheimvertrag schon am 3. November 1762 an Spanien abgetreten hatte (was sich freilich erst 1769 praktisch auswirkte), war Frankreich, das noch 1754 unter allen Nationen die räumlich ausgedehntesten Kolonien in Nordamerika besessen hatte, jetzt so gut wie völlig aus diesem Erdteil verdrängt. Lediglich die beiden Inselchen St. Pierre und Miquelon bei Neufundland behielt es als Fischereistationen aus dem großen Zusammenbruch und hat sie bis zum heutigen Tag (neuerdings auch als Kabelstützpunkt) im Besitz, darf aber keine Befestigungen daselbst errichten und kein Militär (außer einer kleinen Polizeiwache) unterhalten. Auch diese kleine territoriale Vergünstigung sollen die Franzosen übrigens nur durch Bestechung des englischen Premiers Lord Bute erreicht haben. Mit Recht äußert sich Supan über dieses geopolitische Ergebnis französischen Ehrgeizes:

„So lange Frankreich zwei Ziele verfolgte: Herrschaft in Europa und Herrschaft über See, mußte es in dem einen oder anderen Schiffbruch leiden, denn für die Doppelrolle ist kein Volk stark genug. Großbritannien war durch seine Insularität vor kontinentalem Ehrgeiz bewahrt."

Frankreich hatte durch den 1763er Frieden alle seine eigentlichen Siedlungskolonien verloren. England war die erste Kolonialmacht der Welt geworden und ist es bis heute geblieben. Es hatte durch den Siebenjährigen Krieg gelernt, daß die Kriegführung gegen europäische Gegner in den Kolonien nicht nur ungefährlicher und sicherer, sondern auch einträglicher als in Europa selbst ist, und es zog aus dieser Erkenntnis die entsprechenden Folgerungen vor allem in seiner vorläufig letzten und schwersten kriegerischen Auseinandersetzung mit Frankreich in dem 22 jährigen, wütenden Ringen von 1793 bis 1815, das nur ein Jahr lang (vom 27. März 1802 bis zum 12. Mai 1803) von einer kurzen Friedenspause unterbrochen wurde. Schon vorher, während des nordamerikanischen Unabhängigkeitskrieges, hatten die Briten Hollands Beitritt zum nordischen Bunde der bewaffneten Neutralität als willkommenen Anlaß benutzt, dem mit Kolonien reich gesegneten Holland im Dezember 1780 den Krieg zu erklären und nun unter den niederländischen Kolonien gründlich aufräumen. Während es bezeichnenderweise in Europa zu irgendwelchen Kriegshandlungen von Belang zwischen England und Holland überhaupt nicht kam, nahmen die

Engländer ihren Feinden das westliche Sumatra und Ceylon, Negapatam in Vorderindien, St. Eustatius in Westindien, Demerara, Essequibo und Berbico in Guyana ab. Den größeren Teil dieser Eroberungen mußte zwar England im Pariser Frieden am 20. Mai 1784 — vorläufig! — noch einmal herausgeben, aber es behielt Negapatam, den letzten holländischen Stützpunkt in Vorderindien, auf den es ihm besonders angekommen war.

Sozusagen „reinen Tisch" mit dem Kolonialbesitz seiner Mitbewerber machte England jedoch erst in dem schon genannten Zeitraum von 1793 bis 1815. Und zwar sammelte es gewissermaßen Kolonien, wo es sie kriegen konnte, denn nicht nur seinem Todfeind Frankreich nahm es nach und nach ziemlich alle seine Kolonien fort, sondern auch überseeische Besitzungen seiner eigenen militärischen Bundesgenossen und dazu einiger neutral gebliebener Mächte verleibte es sich ein. Wohl wurde in diesem wirklichen Kampf auf Tod und Leben England genötigt, sich auch in und um Europa mit ganzer Kraft für die Niederringung Frankreichs einzusetzen, mehrfach Entscheidungen zur See zu suchen, so bei Ouessant (1. Juni 1794), Abukir (1. August 1798) und vor allem Trafalgar (21. Oktober 1805), und schließlich sogar auf dem Lande mehrere Jahre lang am Kampf gegen Napoleon in Portugal und Spanien, Südfrankreich und Belgien mit großer Energie teilzunehmen. Aber der Schwerpunkt der englischen Kriegführung lag doch ausgesprochen wieder in den Kolonien. Die französischen Besitzungen in Ost- und Westindien, Madagaskar, Réunion, Ile de France wurden fortgenommen, dazu das von Napoleon auf seinem Ägyptenzuge durch Handstreich eroberte Malta. Als das mit England anfänglich verbündete Holland 1795 von den Franzosen völlig erobert worden war, wurde es von England unter dem Vorgeben, es sei nun feindlicher Boden geworden, als Kriegsgegner behandelt, ebenso Spanien, weil es ohne Englands Erlaubnis vorzeitig 1795 mit Frankreich den Baseler Frieden geschlossen hatte. Die holländischen Kolonien in West-Sumatra, Java, Malakka, Ceylon, Kapland, Guyana sowie das spanische Trinidad wurden, vielfach ohne Schwertstreich, von den Engländern besetzt, 1806 sogar das spanische Buenos Aires. Als Rußland, Preußen und die skandinavischen Staaten 1800 einen Bund bewaffneter Neutralität schlossen, erklärte England dies als feindlichen Akt, für den es einseitig Dänemark, als einzigen größeren Kolonialstaat darunter, büßen ließ: Kopenhagen wurde zweimal (2. April 1801 und 2.—5. September 1807) bombardiert, und die dänischen Besitzungen in Ost- und Westindien fortgenommen, dazu auch Helgoland, während Island für ein selbständiges und mit England „befreundetes" Land erklärt wurde. Schweden, das dem englischen Zugriff mehr entzogen war, wurde von England durch Besetzung seiner einzigen Kolonie bestraft, der Antilleninsel St. Barthelemy, die es 1784 den Franzosen abgekauft hatte. Als die Napoleonische Episode sich 1813 ihrem Ende zuneigte, gab es außer Grönland und den Färöern, die den Dänen verblieben waren, dem russischen

Küstenbesitz in Nordwestamerika und Guyana nur noch englische, spanische und portugiesische Kolonien auf der Erde!

Die Friedensschlüsse von 1814 und 1815 haben ja zwar diesen Zustand in weitgehendem Maße revidiert. Den größeren Teil seiner kolonialen Eroberungen gab England wieder heraus, aber die wertvollsten Teile davon behielt es endgültig, darunter so hohe Werte wie Helgoland, Malta, Ceylon, Cochin in Vorderindien, Bernagore bei Kalkutta, das Kapland, Mauritius, Sta. Lucia, Tobago, die Seychellen, die wichtigsten holländischen Besitzungen in West-Guyana. Um jede Möglichkeit zur Befreiung des auf der steilen und schwer zugänglichen Atlantischen Insel gefangen gehaltenen Napoleon I. zu vereiteln, nahm England ferner nicht nur St. Helena selber in Besitz, das seit 1651 der Englisch-Ostindischen Kompagnie gehört hatte, nachdem es vorher holländisch gewesen war, sondern auch die vorher herrenlosen, im Süd-Atlantik einsam gelegenen Inseln Ascension und Tristan d'Acunha. — England war nicht nur, seit Trafalgar, die weitaus erste Seemacht der Welt, sondern auch die einzige Kolonialmacht von überragender Bedeutung geworden.

4. Staatliches Eigenleben und Großjährigkeit der Kolonien.

Inzwischen freilich war auch schon der erste schwere Rückschlag in dieser glanzvollen Entwicklung eingetreten, mit dem eine völlig neue, noch heute in den Anfängen steckende Epoche der Kolonialpolitik begann. Die ersten Kolonien hatten sich in hartem Kampfe mit dem Mutterland die staatliche Selbständigkeit errungen. Die Vereinigten Staaten hatten sich als erste in einem neuen Siebenjährigen Kriege (1776—1783) ihre Unabhängigkeit erkämpft, waren großjährig geworden, und England hatte damit diejenige Kolonie verloren, deren Fortbesitz seine Stellung in der Welt heute durchaus unangreifbar gemacht hätte. Weiterhin hatte der zu Frankreich gehörige Teil von Haiti, wo etwa 27000 Weißen 405000 Negersklaven gegenüberstanden, die von Paris gepredigten Menschenrechte in seinem Sinne ausgelegt und in langdauernden Kämpfen von 1791 bis 1804 die Fremdherrschaft abgeschüttelt.

Die durchgreifendste Wandlung aber vollzog sich im Bereich der spanischen Kolonien in Amerika. Spanien verfügte noch ums Jahr 1780 über einen Kolonialbesitz von 14,7 Mill. qkm Umfang[1]), also einen viel größeren, als ihn Frankreich heute sein eigen nennt. Aber durch die gesamten spanischen Festlandskolonien in Amerika brauste dann eine revolutionäre Epidemie dahin, die dem ganzen kontinentalen Latein-Amerika spanischer Zunge von 1810—1824 zur staatlichen Selbständigkeit verhalf. Im Gegensatz zu den unabhängig gewordenen Ländern der angelsächsischen Nation fanden sich jedoch in Mittel- und Südamerika die befreiten Gebiete nicht zu einem Vereinigten Staaten-Bund zusammen, sondern zerfielen in eine große Zahl von einzelnen, oft miteinander in Fehde liegenden

1) Supan, a. a. O., S. 151.

Staaten, und zumal in Zentralamerika bildeten sich geradezu Duodezstaaten aus, deren politische Aktionsfähigkeit obendrein durch fast unablässige revolutionäre Zuckungen bis auf den heutigen Tag mehr als bescheiden geblieben ist.

Spanien, drei Jahrhunderte zuvor „der" Herr der Neuen Welt, hatte als einzigen bescheidenen Besitz in Amerika die Insel Kuba behalten, wo die Bevölkerung aus Besorgnis vor Negeraufständen und vor Wiederholung der blutigen Ereignisse von Haiti dem spanischen Mutterland die Treue hielt, bis i. J. 1898 die siegreiche nordamerikanische Union die Spanier auch hier vertrieb. Außer Haiti und San Domingo hielten sich die gesamten Antillen der revolutionären Bewegung fern und blieben, ebenso wie die englischen, französischen und holländischen Festlandsbesitzungen in Südamerika, den Mutterländern verbunden. Nur die portugiesische Kolonie Brasilien wurde 1821 von der revolutionären Welle im übrigen Südamerika vorübergehend angesteckt und trennte sich 1825 fast freundschaftlich vom Mutterland. Während aber die befreiten englischen, französischen und spanischen Kolonien im allgemeinen, von vorübergehenden Ausnahmen abgesehen (Mexiko, Haiti), die republikanische Staatsform annahmen, bewahrte sich Brasilien noch über 60 Jahre lang (bis 15. November 1889) die Monarchie und wurde dadurch vor den heftigen revolutionären Zuckungen, und fortwährenden Staatsstreichen, die die anderen befreiten Länder noch viele Jahrzehnte und z. T. bis heute nicht zur Ruhe kommen ließen, im wesentlichen verschont. Supan, der vollauf anerkennt, daß in den Vereinigten Staaten keine andere Staatsform als die Republik denkbar war, sagt über die latein-amerikanischen Länder nach ihrer Befreiung:[1])

„Die monarchische Staatsform wäre ihnen zuträglicher gewesen; das wiederholte Auftreten von Diktatoren beweist das Bedürfnis nach einem strammen Regiment, aber es war notwendigerweise mit Erschütterungen verbunden, die unter erblichen Monarchen vermieden worden wären. Der Vorsprung, den Brasilien gewann, ist nur seinem Kaisertum zuzuschreiben."

Die inneren Erschütterungen, von denen die befreiten amerikanischen Länder während des ganzen vorigen Jahrhunderts zu leiden hatten, waren in erheblichem Umfang auch durch die allmähliche Abschaffung der Sklaverei bedingt worden, die in keinem anderen Erdteil so viele und schwere staatliche Gefahren heraufbeschwor wie in Amerika. Selbst die so starken und innerstaatlich so gefestigten Vereinigten Staaten sind ja durch dieses Problem zeitweise an den Rand des Verderbens geführt und in die nächste Nähe des staatlichen Zerfalls gebracht worden. Das Verdienst, gegen die Kulturschmach der Sklaverei zuerst und am energischsten und zähesten Front gemacht zu haben, gebührt unstreitig den Engländern, und es wäre ungerecht, wenn man bestreiten wollte, daß sie in hohem Maße durch ethische, ideale Motive zu ihrer Haltung veranlaßt wurden. Aber andrerseits ist nicht zu verkennen, daß für sie der grundsätzliche

1) A. a. O., S. 195.

Kampf gegen die Sklaverei auch politisch ein gutes Geschäft war. In den britischen Kolonien war die Sklaverei von wesentlich geringerer Bedeutung als in den französischen, spanischen, portugiesischen usw. England war auch am ehesten in der Lage, für den einträglichen Sklavenhandel andere Handelsbeziehungen als Ersatz eintreten zu lassen, ohne daß sein Wohlstand geschädigt wurde. Dagegen mußten die kolonialen Wettbewerber Englands durch eine Erschwerung und moralische Unterbindung der Sklavenhaltung sowohl in ihren merkantilen Interessen wie in der Zuverlässigkeit ihrer kolonialen Besitzungen empfindlichst geschädigt werden, und diese praktische Wirkung hat wohl kaum weniger lebhaft auf Englands Bekehrung zur Antisklaverei Einfluß gehabt als die rein ethischen Motive einer moderneren Auffassung von Menschenrechten und Menschenwürde. Die Abschaffung der Sklaverei, ging nur sehr langsam vor sich — im letzten amerikanischen Land, Brasilien, erfolgte sie erst 1888, in Sierra Leone erst 1927, und auch heute noch gibt es fast $4^1/_2$ Mill. Sklaven in der Welt, darunter die Mehrzahl in britischen Kolonien! Daß sie Englands politischer und wirtschaftlicher Stellung in der Welt recht sehr dienlich war, ist jedenfalls kaum in Abrede zu stellen. Im übrigen war die Abschaffung der Sklaverei nicht allen Ländern ausnahmslos ein Segen. Haiti und San Domingo z. B. sind durch die Sklavenbefreiung und die damit verbundene Vertreibung und Ermordung der meisten Weißen in ihrem Wohlstand und ihrer Kultur in fürchterlicher Weise zurückgeschleudert worden und weisen noch heute alle Anzeichen staatlicher Minderwertigkeit auf.

England, der eigentliche und hauptsächliche Sieger in all den schweren Kämpfen um die Wende des 18. zum 19. Jahrhundert, hatte aus dem Unabhängigkeitskrieg seiner Neuengland-Staaten die geopoltische Erkenntnis gewonnen, daß man auch mündig gewordenen Tochterstaaten die Großjährigkeit nicht allzu lange vorenthalten darf. Es zog aus dieser Erkenntnis die einzig mögliche Folge mit einem wahren Meisterstück von großzügiger Staatskunst, indem es den großjährig gewordenen Kolonien freiwillig die Autonomie gewährte, und hat es diesem klugen Verhalten zu danken, daß aus seinem riesigen und immer noch wachsenden kolonialen Imperium bis heute kein anderer Pfeiler mehr herausgebrochen ist.

Viel hätte ja gegen Ende der 30er Jahre nicht gefehlt, daß auch Kanada den Weg der Neuenglandstaaten gegangen wäre. Es kam 1837 zum Aufstand gegen die britische Herrschaft (vgl. S. 168). In Montreal gab es bis 1841 wiederholt schwere Unruhen, eine Reihe von Gefechten fand zwischen Insurgenten und englischen Truppen statt, 1838 war es nahe daran, daß die Vereinigten Staaten zugunsten Kanadas in den Krieg eingriffen. Aber es gelang den Engländern, wenn auch mit Mühe, ihre Stellung am St. Lorenzstrom zu behaupten, und durch die Verleihung der Selbstverwaltung an die Provinzen Quebec und Ontario 1841, an Neubraunschweig und Neuschottland 1847, an die Prince Edwards-Insel 1851, an Neufundland 1855 haben sie das nördliche Nordamerika (außer Alaska, das bis 1867 russisch war und dann von den Vereinigten Staaten erworben wurde) zum freiwilligen Verharren im Rahmen des britischen Weltreichs veranlaßt, in so hohem Maße, daß Kanada aus eigenem Entschluß dem Mutterland im Burenkrieg 1899—1902 und im Deutschen Krieg 1914—18 Hilfe leistete, obwohl es direkt von diesen kriegerischen Auseinandersetzungen überhaupt nicht berührt wurde. Die mit der Autonomie bedachten, einzelnen kanadischen Staaten haben sich bekanntlich in der Folge, nach dem Muster des südlichen Nachbarstaates, zumeist zu einem Staatenbund Kanada zusammengeschlossen, zunächst 1867 Neuschottland und Neubraunschweig einerseits, Columbia und Vancouver andererseits, dann 1871 die gesamten Festlandstaaten, denen die Prince Edwards-Insel 1873 ebenfalls beitrat. Außerhalb des Staatenbundes ist, bis zur Gegenwart, lediglich Neufundland geblieben, das einen mit Selbstverwaltung ausgestatteten Dominion-Staat für sich bildet.

Auch die anderen Kolonien Englands, soweit sie eine zahlenmäßig oder einflußmäßig überwiegende weiße Bevölkerung hatten, wurden nach und nach mit dem Recht der Selbstverwaltung ausgestattet, so Neusüdwales und Victoria 1855, Südaustralien, Tasmanien und Neuseeland 1856, Queensland 1859, die Kapkolonie 1872, Westaustralien 1890, Natal 1893 und die soeben erst eroberten Burenstaaten, unter Vereinigung mit dem übrigen Südafrika, 1906 bzw. 1910. Die weise Maßnahme hat sich überall genau wie in Kanada bewährt: alle neuen Staaten blieben freiwillig „im großen Hause der Mutter" wohnen, konnten nach Gefallen ihren eigenen Haushalt führen und dennoch, gegen eine nur geringe Einengung der eigenen Bewegungsfreiheit, sehr große Vorteile in Kauf nehmen. Um im Bilde zu bleiben, kann man sagen, daß sie „keine Miete" zu zahlen brauchten, denn sie sparten fast gänzlich die gewaltigen Kosten der Landesverteidigung, die Ausgaben für ein großes stehendes Heer und eine starke Kriegsflotte, weil das Mutterland ihnen seinen kraftvollen Schutz gewährte, zu dessen militärischen „Haushaltungskosten" sie einen nur verschwindend kleinen Beitrag beizusteuern brauchten. Dies ist der Anlaß gewesen, weshalb die britischen Dominions, trotz eines stets wachsenden und berechtigten Selbstbewußtseins, bis zum heutigen Tage freiwillig dem weiten Hause des britischen Weltreichs treu geblieben sind.

Der Hauptgrund, warum im Laufe von nur einem halben Jahrhundert (1776—1824) den europäischen Staaten über die Hälfte ihres damaligen Koloniallandes verloren ging, war darin zu suchen, daß die Mutterländer die Töchter allzu lange gegängelt und bevormundet hatten. Der Kolonist, der nach Übersee auswandert, wünscht im allgemeinen, nach einem treffenden Wort von Artur Dix[1]), möglichst viel Land und möglichst wenig Staat. Sein Volkstum nimmt der Kolonist fast immer mit, wacht eifrig darüber und hat in fremder Umgebung oft ungleich mehr Verständnis für dessen Wert als in der Heimat, doch an seiner Nationalität, am Ver-

1) A. a. O., S. 131.

bundensein mit dem Mutterstaat geht ihm bei langer Abwesenheit das Interesse in der Regel verloren. Er bewahrt dem Heimatsstaat vielleicht ein freundliches Gedenken, wünscht aber auch in den Kolonien nicht, daß ihm die heimischen Behörden in seine Sachen viel hineinreden und hineinregieren. Ernstere Mißgriffe der Regierung des Mutterlandes können sich in überseeischen Gebieten leichter als in der Heimat unheilvoll auswirken.

Es gibt zurzeit nur fünf überseeische britische Dominions, da sich der Zusammenschluß zu Staatenbünden überall fortgesetzt hat. Ebenso wie die kanadischen, haben sich die australischen und die südafrikanischen Staaten untereinander zusammengeschlossen. Dominions sind daher zurzeit Kanada, Neufundland, Südafrika, Australien (mit Tasmanien) und Neuseeland. Zu ihnen gesellt sich als sechster mit Selbstverwaltung ausgestatteter Staat Irland, das nach jahrhundertelangen, erbitterten Kämpfen und grausamster Unterdrückung durch England endlich am 6. Dezember 1921 das heiß ersehnte Home rule bewilligt erhalten hat. Die britisch gesinnte und stark von Briten bewohnte, auch religiös vom übrigen Irland getrennte Provinz Ulster bildet allerdings noch einen Pfahl im Fleische des irischen Freistaates und ist staatlich von ihm geschieden.

England hat seinen Tochterstaaten stets weitere Freiheit gelassen und die Zügel immer lockerer gehalten. Die australischen Staaten schlossen sich 1901 zum Staatenbund (Commonwealth) zusammen, der anfangs aus fünf Staaten bestand, gegenwärtig aus sieben. Die südafrikanischen Länder Englands folgten dem Beispiel und bilden seit 1910 die „Südafrikanische Union". Bis 1926 wurden wenigstens die außenpolitischen Beziehungen der Dominions noch einheitlich von London geleitet, während sie innerpolitisch freie Hand hatten zu tun und zu lassen, was sie wollten. Auch diese Beschränkung wollten sich dann jedoch einzelne Staaten, so vor allem Kanada, Südafrika und Irland, nicht mehr gefallen lassen: sie forderten für sich das Recht, auch ihre Außenpolitik, ja, sogar ihr Verhalten im Falle neuer kriegerischer Verwicklungen des Mutterlandes ausschließlich nach ihren eigenen Interessen und Bedürfnissen einzurichten, selber eigene Gesandtschaften bei fremden Staaten und fremde Gesandtschaften bei sich zu unterhalten. Und auch diese letzte und äußerste Konsequenz der staatlichen Selbstbestimmung hat ihnen England schließlich, wenn auch nicht leichten Herzens, zugestanden und damit allerdings so viel getan, daß nun zu tun nichts mehr übrig bleibt. Die Londoner Reichskonferenz im Spätherbst 1926 hat die letzten, geringen Schranken staatlichen Eigenlebens der Dominions aus dem Wege geräumt: seit dem 19. November 1926 sind die Dominions samt Irland nur noch durch Personalunion mit Großbritannien verbunden, ähnlich wie Norwegen und Schweden von 1814 bis 1905 oder Dänemark und Island seit 1920. Bis zum genannten Tage war der englische König Georg V. das staatliche Oberhaupt des „Vereinigten Königreichs von Großbritannien, Irland und den Dominions". Dieses

United Kingdom gibt es seit dem 19. November 1926 nicht mehr, sondern statt dessen ein Königreich Großbritannien, ein Königreich Irland, ein Königreich Kanada, ein Königreich Neufundland, ein Königreich Südafrika, ein Königreich Australien und ein Königreich Neuseeland. Bei den letzteren beiden ergibt sich demnach die Groteske, daß die beiden sozialdemokratischen Paradiese der Erde eine monarchische Spitze haben. Irland hat sogar gleichzeitig einen Staatspräsidenten namens Cosgrave und einen König, ist also zur selben Stunde Republik und Monarchie! England ist nur noch primus inter pares, und der siebenfache König Georg, der überdies noch Kaiser von Indien ist, wird fortan von sieben verschiedenen Ministerien beraten, die teils konservativ, teils liberal, teils sozialistisch gesinnt sind. Wie lange diese letzte und größte Neuerung sich bewährt, muß abgewartet werden. Daß sie zunächst die Monarchie in England auf nicht absehbare Zeit fest verankert hat, ist nicht zu verkennen, denn wenn heute in London der König abgesetzt und die republikanische Staatsform eingeführt würde, wäre damit automatisch das letzte, das einzige noch verbliebene Band zerschnitten, das England und seine Dominions zusammenhält. Dazu darf und wird es England nicht kommen lassen.

Daß auch jetzt noch ein starker Anreiz für die britischen Tochterstaaten besteht, den losen Zusammenhang mit dem Mutterland beizubehalten, ist nach dem oben Gesagten nicht zu bestreiten. Wie lange freilich dieser Anreiz wirksam genug ist, um dem schwachen Bund Festigkeit zu verleihen, ist nicht vorherzusagen. In Südafrika, wo schon jetzt der Kampf um die eigene Flagge ging, die keinerlei Anklang mehr an den Union Jack aufweisen sollte, und in Irland, wo die Stimmung durch die jahrhundertelange Knechtung recht englandfeindlich ist, kann der kleinste Anstoß genügen, um den mündig gewordenen, selbstbewußten Staat in einer politisch schwierigen Lage einmal völlig aus der Reihe tanzen und dem Mutterland den Absagebrief schreiben zu lassen. Beide Länder haben bereits eigene Außenministerien. Seinen überseeischen Dominions gegenüber würde England in einem solchen Fall durchaus macht- und wehrlos sein. Wenn nicht alles täuscht, wird die Welt in den nächsten Jahrzehnten, vielleicht sogar mehr als einmal, das Schauspiel erleben, daß sich derselbe Prozeß, der vor $1^1/_2$ Jahrhunderten einen siebenjährigen schweren Krieg erforderlich machte, sich genau ebenso in Gestalt der Absendung einer einzigen diplomatischen Note abspielt. Wer dergleichen für unwahrscheinlich hält, mag bedenken, daß in Australien schon Ende 1884 dem englischen Mutterlande mit dem Abfall gedroht wurde, als Deutschland zu Anfang November seine Flagge im Bismarckarchipel gehißt hatte, wo sich die Plantagenbesitzer Queenslands bis dahin, mit mehr oder minder starkem Zwang, billige Arbeitskräfte zu beschaffen gewohnt waren. Auch sei daran erinnert, daß im Herbst 1922 die Dominions bereis einmal ihre Mitwirkung verweigerten, als England gegenüber den ungeberdigen Angora-Türken eine Flottendemonstration zum „Schutze der Neutralität" der Meerengen plante. — Seit dem 19. November 1926 kann die Frage, ob es noch das alte britische Weltreich gibt, nur bedingt bejaht werden und wird fortan in kritischen Lagen von Fall zu Fall einer neuen, vorher nicht zu berechnenden Antwort bedürfen. Jedenfalls wird man Kjéllen recht geben müssen, wenn er sagt,[1]) über dem britischen Weltreich liege „der Schatten des babylonischen Turms".

5. Verknappung des verfügbaren Kolonialraumes.

Im 19. Jahrhundert konnte noch neue Kolonisationstätigkeit in fast unbegrenzt großem Umfange stattfinden. England selbst vergrößerte sein britisches Weltreich mehr denn in irgend einem vergangenen Jahrhundert, so daß schon Ende der 60er Jahre das Wort geprägt werden konnte: „The world is rapidly becoming english". Frankreich, das beim Sturze des ersten Napoleon eigene Kolonien so gut wie überhaupt nicht mehr besaß, konnte sich dennoch aus noch unverteiltem Überseegebiet seit 1830 ein neues Kolonialreich zimmern, das zurzeit an Größe alle anderen, außer dem britischen, ganz bedeutend übertrifft. Als freilich die Vereinigten Staaten 1867 bzw. 1898 und Deutschland 1884 in die Reihe der Kolonialmächte eintraten, waren die besten Bissen schon verteilt und „die Welt weggegeben", wie in Schillers Gedicht von der „Teilung der Erde". Trotzdem war die Auswahl bei dem großen Inventurausverkauf noch reichlich genug, und als Deutschlands größter Staatsmann, der lange von Kolonien gar nichts hatte wissen wollen,[2]) sich — leider etwas spät! — 1884 zu deutscher Kolonial- und Schiffahrtspolitik bekehrte, konnten er und seine Mitarbeit in wenigen Monaten doch noch in recht verschiedenen, herrenlosen Teilen der Erde die deutsche Flagge entfalten. Vom 24. April 1884, dem Geburtstage der deutschen Kolonien, bis zum 6. April 1886 wurden deutsche Besitzungen in Südwestafrika, Togo, Kamerun, Ostafrika, in Neuguinea, Kaiser Wilhelmland, im Bismarckarchipel, auf den Marshall-Inseln und Karolinen, in der Salomo-Inselgruppe und auf Nauru ins Leben gerufen, denen bekanntlich 1897—1899 noch weitere deutsche Kolonien in Schantung, auf den Marianen-, Karolinen-, Palau-Inseln sowie in der Samoa-Gruppe folgten, während Stützpunkte in der St. Luciabai bei und am Dembiafluß bald wieder aufgegeben wurden (vgl. S. 241).

Deutschlands Eintritt unter die Kolonialmächte bewirkte freilich, daß England und Frankreich sich nach Möglichkeit beeilten, die noch herrenlosen und unabhängigen Gebiete in Afrika, Südostasien und der Südsee weitgehend unter sich aufzuteilen, und schon etwa um die Jahrhundertwende konnte man bereits von einer ausgesprochenen Knappheit an noch verfügbarem, neuen Kolonialland sprechen.

---

1) „Die Großmächte und die Weltkrise", S. 108.

2) Als in den 60er Jahren die Rheinische Mission im Damara- und Namaland dort die preußische Flagge hißte und als 1874 der Sultan von Sansibar sich unter deutschen Schutz stellen wollte, ging Bismarck nicht darauf ein.

Im großen und ganzen kann man heut 6 Formen von Kolonien unterscheiden:

1. Handelskolonien, anfänglich oft im Besitz großer Handelsgesellschaften (die Ostindischen Kompagnien, die Hudsonbai- und Russisch-Amerikanische Kompagnie usw.), später durchweg von den Regierungen übernommen;
2. Ausbeutungskolonien ohne Fürsorge für das Land und seine Bewohner, wie es anfänglich die Gewürzinseln, die spanischen Kolonien in Amerika und fast alle (nur für den Sklavenhandel errichteten) europäischen Niederlassungen in Afrika etwa bis zum Jahre 1800 waren;
3. Siedlungskolonien, um auswandernden Landeskindern in Übersee die Möglichkeit des Verbleibens im Staatsverband zu geben;
4. Pflanzungskolonien zur Ermöglichung einer zollfreien Gewinnung von Kolonialwaren auf eigenem Grund und Boden;
5. Strafkolonien zur Isolierung von Verbrechern, wie es Cayenne für Frankreich ist und früher Australien für England, Sibirien und Sachalin für Rußland, die Osterinsel für Chile, die Galapagos für Ecuador waren usw.;
6. Relaiskolonien als Stützpunkte der Flotte (z. B. Gibraltar und Malta, die Periminseln usw.) oder der nationalen Seekabelstränge (z. B. die Marianeninsel Guam für Amerika) oder der Fischereiinteressen (z. B. Miquelon und St. Pierre für Frankreich, die Falklands-Inseln für England, die Bouvet-Insel für Norwegen).

Wenn verhältnismäßig schnell ein ausgesprochener Überfluß an verfügbarem Kolonialland sich in das Gegenteil umwandelte und ungefähr seit den 80er Jahren sozusagen die Nachfrage nach Kolonien die Vorräte überstieg, so waren verschiedene Umstände daran schuld. Verhältnismäßig rasch hintereinander wurden ganze Erdteile der Möglichkeit, neue Kolonien zu begründen, entzogen. Daß bei der zunehmenden staatlichen Festigung aller europäischen Länder der Erdteil Europa heute für neue Kolonialgründungen seit langem nicht mehr wohl in Betracht kommt, ist ohne weiteres einleuchtend. Noch gibt es ja zwar aus älteren Zeiten ein paar Kolonien innerhalb Europas: Gibraltar und Malta, allenfalls auch noch die Färöer. Aber es ist wenig wahrscheinlich, daß neue koloniale Stützpunkte auf europäischem Boden geschaffen werden können, wie es noch vor etwas mehr als 100 Jahren der Fall war, als die Engländer von 1713—1782 auch Herren von Menorca, von 1807—1890 von Helgoland und von 1815—1863 Protektoren des auf dem Wiener Kongreß neugeschaffenen „Königreichs der Ionischen Inseln" waren.

Als die spanischen Kolonien Amerikas sich ihre Freiheit schon fast erkämpft hatten und einige europäische Regierungen aus legitimistischen Tendenzen heraus Miene machten, den Spaniern bei der Unterdrückung des Aufstandes zu helfen, proklamierte der Präsident der Vereinigten Staaten Monroe am 2. Dezember 1823 jene nach ihm benannte, berühmte Doktrin, die, ursprünglich ganz anders und viel harmloser gemeint, seither stets in dem Sinne ausgelegt und angewandt worden ist, daß jede Neueinmischung europäischer Staaten in amerikanische Verhältnisse grundsätzlich untersagt sein sollte. In den aus älterer Zeit herübergenommenen kolonialen Beziehungen sollte keine Änderung eintreten, doch der gesamte amerikanische Erdteil wurde neuer europäischer Kolonisationstätigkeit ein für alle Male entzogen. Die Vereinigten Staaten haben diesen ihren Willen in der Tat durchgesetzt, obwohl die Monroedoktrin eine ganz einseitige Auslassung war, an die die andren Mächte staatsrechtlich so wenig gebunden waren, daß England in einer Denkschrift vom 2. Mai 1854 ausdrücklich feststellte, es könne „diese Doktrin nicht als ein internationales Axiom zulassen, das das Verhalten europäischer Staaten regeln soll". Englands damaliger (1841—1860) Versuch, sich über das Gebiet der Moskito-Indianer ein Protektorat zu verschaffen und sich in Greytown (Nikaragua) und auf den Baiinseln (Honduras), entgegen den heftigen Drohungen der Vereinigten Staaten, festzusetzen, mußte aber doch schließlich aufgegeben werden (vgl. S. 249ff). Die Vereinigten Staaten, die zeitweilig entschlossen waren, es wegen der Durchsetzung der Monroedoktrin zum Kriege mit England kommen zu lassen, setzten damals ihren Willen durch, ebenso gegen Frankreich, als Napoleon III. die Wirren des nordamerikanischen Bürgerkrieges 1861—65 benutzte, um französische Truppen nach Mexiko zu senden und diesem Lande einen Herrscher aufzuzwingen, den es nicht haben wollte. Kaum war der Bürgerkrieg beendet, als die Vereinigten Staaten mit der Waffe der Monroedoktrin die schleunige Räumung Mexikos erzwangen, und der unglückliche, von Napoleon den Mexikanern aufgedrängte Kaiser Maximilian fiel unter den Kugeln seiner sogenannten Untertanen (19. Juni 1867), ein Opfer der Monroedoktrin! — Heute zweifelt natürlich kein Mensch mehr, daß Amerika als Gebiet für neue europäische Kolonien niemals wieder in Betracht kommen wird, wenn auch die Rückbildung des alten Kolonialbesitzes nur sehr langsam vor sich geht, denn bisher haben die Vereinigten Staaten nur Alaska 1867 durch Kauf, Kuba 1898 durch kriegerische Eroberung und die dänischen Antillen 1917 wieder durch Kauf aus den alten europäischen Kolonialbesitzungen in Amerika herausgebrochen. Dafür war die am 28. Februar 1928 von Argentinien im Völkerbund abgegebene Erklärung, die Monroe-Doktrin sei lediglich eine „politische These der Ver. Staaten", durch die sich die andren amerikanischen Länder nicht gebunden fühlten, ein politischer Vorgang von größter Tragweite, dessen Folgen noch nicht zu übersehen sind.

Noch ein dritter oder, wenn wir Nord- und Südamerika als zwei Erdteile auffassen, ein vierter Erdteil ist aber seit rund 100 Jahren jeder neuen europäischen Kolonialpolitik entzogen, nämlich Australien. Obwohl in den 20er Jahren des vorigen Jahrhunderts die Briten auf diesem von Cook neuentdeckten (18. April 1770) Kontinent erst an wenigen Stellen, vornehmlich in Neusüdwales, „punktförmig" Fuß gefaßt hatten, genügte ein i. J. 1826 aufkommendes Gerücht, daß die Franzosen Niederlassungen in Australien gründen würden, um die britische Regierung zu veranlassen, durch den Kapitän Fremantle am 2. Mai 1829 den ganzen Erdteil für die englische Krone annektieren zu lassen. Auch haben sie bekanntlich ihren Willen bis heute in vollem Umfang durchgesetzt: Australien ist jeder anderen europäischen Kolonisation restlos entzogen! Der weitergehende, auf dem Sydneyer Kolonialkonvent 1883 gemachte Versuch, im Interesse der billigen Arbeiterbeschaffung für Australien eine Monroedoktrin für die ganze Südsee zu verkünden, ist freilich gescheitert. Bismarck hat ihn einfach ignoriert, und England wagte ihm gegenüber nicht, dem Wunsch des Tochterstaates Geltung zu verschaffen, willigte vielmehr im April 1885 in die Teilung Neuguineas ein.

Es sind somit in den letzten 100 Jahren nur Asien, Afrika und Polynesien als Kolonisationsgebiete übrig geblieben. Sie haben auch bis etwa zur Jahrhundertwende den Bedarf ungefähr gedeckt. Aber bei sinkenden Vorräten nahm die Nachfrage schnell zu; Deutschland, Belgien, Italien, die Vereinigten Staaten, Japan traten neu in die Reihe der Kolonialmächte ein, während lediglich Spanien und Dänemark, und auch nicht einmal vollständig, ausschieden. Fast alle schwachen Staaten und staatenlosen Landgebiete sind von den Großmächten und ihren Freunden verspeist worden. Wo sie sich erhalten haben, danken sie ihre Unabhängigkeit lediglich der Gunst ihrer unzugänglichen Lage, wie Nepal, Bhutan, Tibet, oder der Eifersucht der großen Mächte aufeinander, wie Abessinien, Persien, Afghanistan, Siam. Diese Behauptung gilt auch für Liberia, die Negerrepublik am Guinea-Golf, neben Abessinien das einzige noch nicht kolonisierte Land Afrikas. Seit 1822 bildete sie sich, zunächst als Niederlassung freigewordener amerikanischer Negersklaven und erweiterte sich 1848 zum eignen Staat. Mit Recht stellt jedoch Supan hinsichtlich dieser sonderbaren Kolonie fest:[1] „Die in sie gesetzten Hoffnungen hat sie nicht erfüllt, denn staatenbildende Kraft haben die Neger nur dort bewiesen, wo sie unter einem starken Despoten standen." Liberia ist ein in jeder Hinsicht rückständiges Land. Obwohl es zurzeit etwa 2 Mill. Einwohner hat, darunter ungefähr 15000 aus Amerika nach Liberia gekommene, intelligente Neger, eine Art von Herrenschicht, — eine Volkszählung hat bezeichnenderweise noch nie stattgefunden — ist sein Anteil am Welthandel lächerlich gering. Erst 1911 hat das Land Anschluß an das Welttelegraphennetz gewonnen, und zwar auch nur durch einen Zufall: weil Deutschland für sein Südamerika-Kabel einen Stützpunkt in Westafrika brauchte, der nicht auf britischem oder französischem Boden lag. Die gesamte Ausfuhr Liberias belief sich 1923 auf nicht ganz 11 Millionen, während es das benachbarte englische Gambia bei nur einem Zehntel der Bevölkerung Liberias auf einen über dreimal höheren Ausfuhrwert brachte. Genau wie im Negerstaat Haiti erschöpft sich in Liberia die ganze „Kultur"

1) A. a. O., S. 174/5.

in einigen belanglosen Äußerlichkeiten, vor allem in prunkenden, goldüberladenen Uniformen der Minister, der Offiziere, des „Militärs", im „Orden der afrikanischen Befreiung", und im übrigen geht alles drunter und drüber, soweit nicht der Weiße für Kulturzustände sorgt. Ein Stück des Landes, das Gallinasgebiet, mußte 1882 auf englischen Druck abgetreten werden. Es war die Bankerotterklärung der staatenbildenden Kraft der Negerrasse, als Liberia im Juni 1900 durch eine geheime Abordnung nach Washington um die amerikanische Schutzherrschaft nachsuchte. Die Amerikaner, die schon seit 1886 versucht hatten, sich in Liberia festzusetzen, mußten zwar nach manchem Hin und Her auf die offizielle Besitzergreifung verzichten, um nicht die Monroedoktrin zu gefährden, haben sich jedoch politisch und wirtschaftlich derart in Liberia eingenistet, daß das Land heute als eine verschleierte amerikanische Kolonie angesprochen werden kann. Die Gewährung einer Anleihe von 5 Mill. Dollar an die Negerrepublik, die seit 1916 ihre Zahlungen eingestellt hatte, hat am 28. Oktober 1921 einen Vertrag gezeitigt, der den Yankees die Verwaltung der Zölle und aller anderen Staatseinkünfte, ferner aller öffentlichen Arbeiten, des Sanitätswesens und der Landwirtschaft in Liberia überließ, ihnen auch führende Stellen im liberianischen „Heer" einräumte usw. Damit ist Liberia unter amerikanisches Protektorat gestellt, wenn auch dieser Ausdruck vermieden worden ist. Dennoch legen sich die Vereinigten Staaten selbstverständlich in einem fremden Staat finanziell und kulturell nicht annähernd so fest wie in einer ihnen gehörigen Kolonie. Liberia leidet, ebenso wie Haiti, schwer daran, daß es nicht vollständige Kolonie ist. Mit Recht wurde gelegentlich gesagt:[1]) „Liberia fehlt der Rückhalt eines Mutterlandes, aus dessen finanziellen Quellen es schöpfen könnte." In England und Frankreich war man übrigens sehr wenig erbaut von der Festsetzung der Amerikaner in Liberia. Die französische „Dépêche Coloniale" vom 13. März 1922 schrieb bissig, die Vereinigten Staaten hätten bisher nur die koloniale Fähigkeit gezeigt, „Indianer auszurotten und Neger zu lynchen", es werde daher nun wohl bald „der letzte Liberianer dem letzten Mohikaner im besseren Jenseits die Hand reichen", und im Anschluß daran forderte die führende französische Kolonialzeitschrift eine „umgekehrte Monroedoktrin", die den Amerikanern jeden Kolonialerwerb in der alten Welt verbieten sollte. — Als unabhängigen Staat kann man jedenfalls Liberia seit 1921 nicht wohl mehr bezeichnen.

Herrenlos ist zurzeit in der bewohnten Welt lediglich Neukaledonien, über dessen Besitz sich die beiden darum streitenden Mächte England und Frankreich nicht einigen konnten und in dem sie daher gemeinsam die Herrschaft ausüben wie früher, bis 1899, in Samoa Deutschland, England und die Vereinigten Staaten. Außerdem waren bis vor kurzem lediglich noch die Länder der arktischen und subarktischen Zone, wenigstens zum

1) Deutschenspiegel, 1927, S. 1069.

größten Teil, „Niemandsland". Eine Ausnahme machten Grönland, das mindestens theoretisch dänischer Besitz war, ferner die entdeckten Inseln im Norden Amerikas, die als zu Kanada gehörig betrachtet wurden, und einige Inseln im Norden von Europa und Asien, von denen aber nur Spitzbergen ständig bewohnt ist und beachtenswerte wirtschaftliche Werte, Kohlen, birgt.

Auch hier sind im letzten Jahrzehnt, von der Öffentlichkeit wenig beachtet, durchgreifende politische Änderungen eingetreten. Auf Spitzbergens Kohlen bezeigten mehrere Nationen Gelüste. Bei Kriegsende, als der russische Nebenbuhler lahmgelegt war, versuchte England die Inselgruppe zu annektieren, sah sich dann aber doch veranlaßt, sie 1919 an Norwegen abzutreten, das heute daselbst staatliche Hoheitsrechte ausübt. Norwegen möchte sich ebenfalls gern Teile von Grönland angliedern, an dessen Erforschung es ja hervorragenden Anteil gehabt hat. Es ist hierdurch in einen gewissen Konflikt mit Dänemark geraten, das von je die ganze Insel, auch in ihren unentdeckten Teilen, als sein Eigentum ansah. Als weiter Amundsen im Mai 1925 seinen bekannten Luftschiffflug über den Pol bis Alaska ausführte, war er beauftragt, alle neu zu entdeckenden arktischen Inseln in jenem Gebiet für Norwegen in Besitz zu nehmen. Der Auftrag blieb gegenstandslos, weil auf der Flugstrecke unbekannte Inseln nicht gesichtet wurden. Das Vorkommnis hat aber doch Anlaß gegeben, daß Kanada amtlich sämtliches Land zwischen Nordkanada und dem Pol, auch das unentdeckte, für annektiert erklärte. In derselben Bahn bewegte sich Rußland, das am 15. April 1926 alle bekannten und noch unentdeckten Inseln zwischen Sibirien und dem Pol der russischen Herrschaft unterstellte, auch die Wrangel-Insel, auf der die Engländer bereits Fuß gefaßt hatten. Es ist also auf beiden Hemisphären in der Arktis das Prinzip der „vorgelagerten Sektoren"[1]) durchgeführt worden.

Spitzbergen und die Wrangel-Insel (S. 79) sind typische Beispiele dafür, daß auch ein in der Eisregion liegendes Land sogleich staatlich begehrenswert wird, sobald Wirtschaftswerte darin entdeckt werden, wie es die ergiebigen Kohlenfelder Spitzbergens oder die geophysische Lage der Wrangel-Insel zu den arktischen Fanggebieten sind. Sollte die vor einiger Zeit gemeldete Nachricht sich bestätigen, daß auch auf dem Südpolarkontinent ausgiebige Kohlenlager entdeckt worden seien, so würde die andere, gleichzeitige Meldung nicht wenig Glauben verdienen, daß England sich mit der Absicht trage, das ganze Südpolarland zum britischen Besitz zu erklären. Inoffiziell scheint England bereits gegenwärtig die Antarktis als britisches Monopolgebiet zu betrachten. Als wenigstens am 1. Dezember 1927 Norwegen auf der herrenlosen, unbewohnten und völlig vergletscherten Bouvet-Insel unter 54°26′ Südbreite die norwegische Flagge hißte, weil es in den antarktischen Gewässern einen eignen Stützpunkt für den Walfang zu besitzen wünschte, gab es in England ziem-

1) Georg Hasenkamp in der Zeitschr. f. Geopolitik, 1925, S. 759.

liche Aufregung. Die Regierung sprach schließlich ihre Genehmigung aus, aber grade darin lag unausgesprochen die Ansicht ausgeprägt, daß England allein über die Besitzrechte in der Antarktis zu bestimmen habe. Solange ein Land unbewohnt ist, hat ja seine staatliche Zugehörigkeit nur akademische Bedeutung. Aber das Beispiel Spitzbergens zeigt, daß selbst im arktischen Gebiet ständige Siedelungen heute keine Unmöglichkeit mehr sind, sobald nur in gewissen Zeiten des Jahres ein ständiger Verkehr mit der übrigen Welt gesichert ist und sobald wirtschaftliche Werte daselbst aus dem Boden gewonnen werden können. Gibt es doch in Spitzbergen sogar eine ständig bewohnte Stadt von 400 Einwohnern, Green Harbour.

6. Das Protektoratswesen.

Die koloniale Eifersucht der Mächte aufeinander hat seit Jahrzehnten die einfache Besitzergreifung von Kolonien mehr und mehr erschwert. Hatte doch schon in den 80er Jahren, als die Dinge noch einfacher als gegenwärtig lagen, selbst ein Bismarck erhebliche Schwierigkeiten zu überwinden, als er seit dem 24. April 1884 bewußt und großzügig die Bahnen deutscher Kolonialpolitik beschritt: auf verschiedene ursprünglich als Schutzgebiet in Aussicht genommene, noch herrenlose Länder, wie die Sta. Lucia-Bai im Sululand und am Dembiafluß im Gebiet der Rivières du Sud, verzichtete er freiwillig, um keine politischen Verwicklungen herbeizuführen, obwohl die angeblich älteren Anrechte anderer Kolonialmächte darauf z. T. auf außerordentlich schwachen Füßen standen. Mit Recht konnte daher Supan sagen:[1])

„Keine Kolonialpolitik war jemals so sehr von dem Geiste der Friedfertigkeit und der Achtung vor fremdem Rechte durchdrungen wie die deutsche."

Deutschland ist jedenfalls die einzige Kolonialmacht gewesen, die ihre Schutzgebiete nur auf dem Wege friedlicher Verträge und ganz ohne kriegerische Eroberungen erworben hat. Im letzten halben Jahrhundert hat es nicht mehr viele koloniale Besitzergreifungen und -erweiterungen gegeben, die ganz ohne politische Reibungen, Konflikte und selbst Kriege vor sich gegangen sind. Wo mehrere Anwärter auf ein verfügbares koloniales Gebiet vorhanden waren, haben daher oftmals sehr mannigfache Formen von Kompromissen gesucht werden müssen, um die Gefahr schwerer diplomatischer Verwicklungen zu vermeiden. In dem Faschoda-Konflikt 1898, in den Marokko-Reibungen 1905 und 1911 hat sich gezeigt, wie leicht sich fast ein Kriegsbrand zwischen europäischen Mächten an kolonialen Fragen entfacht hätte, und verschiedentlich ist in der Tat ein Krieg aus derartigen überseeischen Ansprüchen hervorgegangen, so Frankreichs Tongking-Krieg 1885 und Siam-Krieg 1893, der spanisch-amerikanische Krieg 1898, der Burenkrieg 1881 und 1899—1902, der russisch-japanische Krieg 1904/05, der Tripolis-

1) A. a. O., S. 272.

krieg 1911, die englisch-afghanischen Kriege 1878—81 und 1919, der griechisch-türkische Krieg 1921 usw.

Die großen Mächte haben daher immer häufiger koloniale Streitfragen durch Kompromisse der mannigfachsten Art gelöst, sei es durch gemeinsame Verwaltung strittiger Gebiete, ein sogenanntes „Kondominium“ oder gar durch eine regelrechte Internationalisierung, wie sie uns heute am charakteristischsten in der Tanger-Zone entgegentritt, oder durch eine Teilung in politische bezw. mindestens wirtschaftliche „Interessensphären“, oder gar durch Überantwortung des begehrenswerten Gebietes an einen kleinen schwachen Staat, weil die großen Mächte sich gegenseitig den Besitz mißgönnten. Das eigentümlichste Beispiel der letzteren Art zeigt uns der so ausnehmend wertvolle Kongostaat, den man zunächst dem königlichen Kaufmann Leopold II. von Belgien zur persönlichen Verwaltung und Ausbeutung übertrug und später zum belgischen Besitz — nicht zum Vorteil der Kolonie selbst — werden ließ, weil eine Festsetzung einer Großmacht in diesem Lande nie geduldet worden wäre und eine Aufteilung in mehrere politische Interessensphären wegen der ausnehmend schmalen Küstengrenze, die verfügbar war, unmöglich erschien. Für die Schaffung des Kongostaates war genau dasselbe Motiv maßgebend, das i. J. 1878 Montenegro und 1913 Albanien als neue „selbständige“ Staaten entstehen ließ.

Vielfach ist es daher in den letzten Jahrzehnten üblich gewesen, daß Länder, welche als Kolonien in Aussicht genommen wurden, nicht einfach annektiert, sondern unter einer weniger anstößigen Bezeichnung in ein Abhängigkeitsverhältnis gebracht wurden. C'est le ton qui fait la musique. So sagt man „Offene Tür“, wenn man mehr einen Handel *auf Kosten* als *mit* einem schwachen Überseestaat im Auge hat, und ähnlich schlägt man gern den Sack „Protektorat“ und meint den Esel Kolonie. Somit wurden manche Länder nicht als Kolonien in Anspruch genommen, sondern sie wurden in ein „Schutzverhältnis“ zu dem koloniallüsternen Staate gebracht. Das klang gut und kam doch praktisch ungefähr auf dasselbe heraus. „Doch will der Held nicht Herrscher sein genannt; ihr sollt ihn heißen: *Schützer* von Brabant.“ In der Kolonialpolitik war freilich in der Regel der einzige Gegner, gegen den ein schwacher Überseestaat geschützt werden mußte, der Schützer selbst, und das Wort vom kleinen Finger, dem die ganze Hand folgt, hat sich bei der Übernahme von Protektoraten noch immer bestätigt.

England war es, das diese besondere und harmlos klingende Form der Kolonisation neu erfunden hatte. Freilich kannten auch schon ältere Zeiten ein langsam-listiges Hineinschleichen ohne Krieg in ein System der Unterjochung fremder Völker. Sehr bezeichnend berichtet die Dido-Sage, wie die Phönizier sich für billiges Geld im heutigen Tunis so viel Ansiedlungsland, als eine Ochsenhaut bedeckte, erwarben, wie sie dann mit einer an moderne Völkerbundsmethoden erinnernden Rabulistik dieses Stück Land so groß werden ließen, daß sie die Stadt Karthago darauf erbauen konnten, und wie sie schließlich die eingeborenen Stämme, denen sie anfänglich Tribut gezahlt hatten, ihrerseits tributpflichtig machten. Ähnlich gingen die Araber gegenüber den Somali-Negern vor: zunächst erkauften sie von ihnen die Erlaubnis, ihr Gebiet zu durchziehen, dann errichteten sie ständige Warenlager in diesem Gebiet, forderten dann Streitigkeiten heraus, begünstigten irgendeinen Häuptlingsanwärter gegen Bewilligung immer neuer Privilegien und rissen schließlich die ganze staatliche Macht an sich. Neuerdings hat England die gelungensten Meisterstücke dieser Art der Koloniegründung geliefert.

Schon die Ostindische Kompagnie hatte in den Jahrzehnten von 1757 bis 1791 und von 1800 bis 1833 ein Protektorat über verschiedene indische Fürstentümer verkündet, und der britische Staat, der später die Erbschaft übernahm, änderte nichts an diesem System: er ließ den einzelnen Maharadschas den Schein der Macht und der Selbständigkeit und nahm ihnen nur alle außenpolitischen Sorgen freundlichst vollständig ab. England hat diese Methode zu wahrhaft erstaunlicher Fertigkeit zu entwickeln gewußt und hat sie im 19. und 20. Jahrhundert noch in vielen Fällen mit denkbar bestem Erfolge angewandt. Als z. B. am 5. November 1815 zu Paris das kurzlebige Staatsgebilde des Königreichs der Ionischen Inseln erfunden wurde, ließ sich England zu seinem „Protektor" ernennen. Ebenso übernahm es 1888 das Protektorat über drei malayische Staaten in Borneo, 1890 über Sansibar, 1914 über Ägypten, nachdem dieses türkische Land schon seit 1882, also 32 Jahre lang, „vorübergehend" von England militärisch besetzt gehalten war, dazu in etwas lockererem Verhältnis 1881 über Afghanistan, 1922 und 1928 über die neuen Staaten Mesopotamien und Transjordanien, die als „A-Mandate" für künftige „Selbständigkeit" vorgesehen sind, aber zunächst, wie Ägypten, von erfahreneren Staaten betreut werden müssen. Nur „Protektorate" übernahm auch Frankreich 1874 über Tahiti, 1881/83 in Tunis, 1883 in Annam, 1884 in Kambodscha, 1885 in Tongking, 1904 über Marokko usw. Auch Deutschland nannte seine im 19. Jahrhundert erworbenen Kolonien „Schutzgebiete", hat freilich den eigentlichen Sinn dieses Wortes gewissenhafter und uneigennütziger als jede andere Kolonialmacht beachtet, während sonst Ausbeutungskolonien und Protektorate in der Regel sich ähnelten, wie ein Ei dem anderen. Meist waren die einzelnen Etappen der Straße zum Protektorat zunächst harmlose Handelsabkommen, dann einzelne Landabtretungen und Sonderrechte im Lande selbst, dann formelle „Bündnisse", die der Protektoratsmacht nach und nach eine weitgehende Durchdringung der inneren Verwaltung mit eigenen Elementen und eine völlige außenpolitische Entmündigung ermöglichten. Selbst gegen alte, selbständige, einst mächtig gewesene Staaten wurde das System einer weitgehenden Einengung ihrer Hoheitsrechte gern und in wechselndem Umfang angewendet, sobald sie dauernd oder vorübergehend in einen Schwächezustand gerieten und ihre Souveränität nicht verteidigen konnten. Die Türkei, China, Portugal, neuerdings auch Deutschland und Österreich, sind lehrreiche Beispiele für dieses System, das man als Portugalisierung bezeichnen kann, entsprechend dem Verfahren, wie es England dem einst so mächtigen Portugal gegenüber seit langem mit erstaunlicher Konsequenz angewendet hat. Letzteres Land befindet sich England gegenüber in einem derartig fortgeschrittenen Stadium der Hörigkeit, daß man von einer britischen Suzeränität de facto, wenn auch nicht de iure, sprechen kann. England benutzte im Weltkrieg das portugiesische Madeira, lange bevor Portugal in den Krieg gegen Deutschland hineingezwungen wurde (9. März 1916), als britischen Flottenstützpunkt, wie Gibraltar und Malta, und in den portugiesischen Kolonien Angola und Mozambique besteht die portugiesische Herrschaft seit langem nur noch dem Namen nach. England und sein Dominion, die afrikanische Union, bauen in Mozambique ganz nach ihrem Gefallen Straßen, Eisenbahnen, Schiffahrtswege und betätigen sich auch sonst daselbst, als ob es ihr eigenes Territorium sei. Im äußersten Fall darf der portugiesische Gouverneur formell seine Erlaubnis zu Unternehmungen geben, an denen er doch nichts ändern kann. Vor dem Weltkrieg hatte England mindestens zweimal noch eine Aufteilung der afrikanischen Kolonien Portugals zwischen sich und Deutschland erwogen. Am 14. Juli 1914 war sogar ein derartiger Teilungsvertrag unterzeichnet worden, der dann freilich drei Wochen später im Sturmbrausen des Weltkriegs verweht wurde, und gegenwärtig denkt England natürlich nicht mehr daran, „sein" Mozambique mit irgend jemand anders zu teilen. Ganz von selbst wird das südliche Mozambique schließlich in der Südafrikanischen Republik aufgehen, das nördliche dagegen im neugeplanten britischen Dominion Ostafrika, falls dieses zustande kommen sollte. Und Angolas Geschick dürfte ähnlich sein, zumal daselbst die entstehenden Bahnlinien vollkommen in englischer Hand sind. Es wird schließlich aus irgendeinem Anlaß nur noch eines staatsrechtlichen Aktes bedürfen, um einen längst vorhandenen Tatbestand zu sanktionieren.

Wirtschaftliche Durchdringung, Konzessionen aller Art, politische Sonderrechte, Kapitulationen, Übernahme von Teilen fremder Hoheitsrechte usw. — das sind seit langem moderne Surrogatformen für direkte Kolonisierung fremder Länder geworden. Zumal die beiden angelsächsischen Nationen meistern diese Methoden der Ausschaltung von Souveränitätsrechten schwacher Staaten in vollendeter Weise, z. T. sogar schon fremden Großmächten gegenüber, wenn sie in übergroßer Vertrauensseligkeit sich dem Ansturm fremden Begehrens nicht entschieden genug zu widersetzen wußten. Tributzahlungen, Abtretung von Eisenbahn- und anderen Hoheitsrechten, Internationalisierung der Hauptströme, Losreißung von Landesteilen an allen Grenzen, Stellung anderer Landesteile unter eine internationale Verwaltung oder Kontrolle von äußerst fragwürdiger Unparteilichkeit (Saargebiet, Danzig), langjährige militärische Besetzung wichtigster Landesstriche mit vielfachen Eingriffen in die Verwaltungs-, Justiz-, Zoll-, Finanzhoheit kennzeichnen dann die Methoden des Kolonial-Ersatzes in „British Germany". Die Art und Weise, wie die Vereinigten Staaten im Bereich des größten Teiles von Mittelamerika sich in wachsendem Maße einnisten, bietet weitere lehrreiche Beispiele, wie auch der Neuen Welt diese „Portugalisierung“ nicht fremd ist. Mexikos Nationalvermögen, das auf $2\frac{1}{2}$ Milliarden Dollar veranschlagt wird, ist zu einem Drittel in amerikanischer Hand; 73 % der Ölfelder des Landes im Werte von 2 Milliarden und rund 80 % der Bergwerke im Werte von 13 Milliarden gehören den Yankees,[1]) dazu 54874554 acres Land. Bis 1918 waren in Mexiko etwa 56000 Ölkonzessionen vergeben worden, aber nur 5—6000 werden ernstlich ausgebeutet.[2]) Sobald die mexikanische Regierung nicht nach der Pfeife von Washington tanzt, beschwört sie Interventionen, bezahlte Aufstände und ähnliche Eingriffe herauf. Der um Mexiko hochverdiente, langjährige Präsident Porfirio Diaz (1877—1911) wurde, achtzigjährig, am 26. Mai 1911 verjagt, als er den nordamerikanischen Petroleumkönigen gegenüber die nationalen Interessen seines Staates vertrat. Mexiko wehrt sich immerhin noch mit anerkennenswerter Energie gegen die fortschreitende Umklammerung durch den Polypen im Norden. Nikaragua und Panama sind ihr schon in erheblich größerem Maßstab verfallen. Panama, das ohnehin 1903 nur als ein Staat von Yankees Gnaden zum Leben erwachte (S. 249), hat von vornherein zugunsten der Nordamerikaner „für 100 Jahre“ auf jede eigene Außenpolitik, Zoll- und Polizeihoheit verzichten und den wichtigsten Teil des Landes, das in der Mitte gelegene Kanalgebiet von einem Ozean bis zum anderen, mit einem 16 km breiten Uferstreifen den Nordamerikanern vollkommen als Eigentum überlassen müssen. Derlei moderne Eroberungskriege werden heut mit silbernen Kugeln viel erfolgreicher als früher mit bleiernen geführt. Nikaragua begann sich auf die schiefe Ebene des fortschreitenden Verzichts auf seine Souveränität zu begeben, als die Regierung zu Anfang 1913 den Vereinigten Staaten gegen Zahlung von 3 Mill. Dollar das alleinige Recht zum Bau eines Nikaraguakanals zwischen dem Atlantischen und Stillen Ozean verkaufte. Man hatte den kleinen Finger geboten, und schon ist ziemlich die ganze Hand umklammert, denn die „Wahrung ihrer wirtschaftlichen Interessen“ treibt die Vereinigten Staaten zu immer weitergehenden Einmischungen in die innerpolitischen Zustände Nikaraguas. 1917 begannen die Verhandlungen über die Bauausführung des Nikaraguakanals, den die Nordamerikaner jetzt unter allen Umständen schaffen wollen, um im Kriegsschiffbau von den zu engen Schleusen des Panamakanals unabhängig zu werden und im übrigen einen Reservekanal zu besitzen, falls der Panama-Weg einmal unbenutzbar sein sollte. Sobald der neue Nikaraguakanal wirklich geschaffen wird, dürfte es um Nikaraguas Unabhängigkeit endgültig geschehen sein. Einen Vorgeschmack empfing dieser mittelamerikanische Staat schon im März 1927, als nordamerikanische Kriegsschiffe in Nikaragua kurzerhand Truppen landeten, um

1) Sozialistische Monatshefte, Juni 1927, S. 479.
2) Karl Hoffmann: „Die Ölpolitik“, S. 238.

einem Aufstande gegen den rechtmäßigen, den Yankees unwillkommenen, weil nicht hinreichend gefügigen Präsidenten zum Siege zu verhelfen. Die Nordamerikaner richteten durch Bombenabwürfe das Blutbad von Ocotal an, bei dem 2—300 Nikaraguaner ihr Leben verloren, proklamierten selbstherrlich eine „neutralisierte Zone" im fremden Staatsgebiet und erklärten, wenn auch in offensichtlicher Verleugnung ihrer eigenen Vergangenheit, keine Regierung anerkennen zu wollen, die durch eine Revolution zur Macht gelangt sei, unterstützten dann aber in Nikaragua selber eine solche revolutionäre Bewegung, von der die Mehrheit der Bevölkerung nichts zu wissen wünschte. Im Juli 1927 lieferten amerikanische Marinetruppen in Nikaragua der Armee der ihnen unwillkommenen liberalen Partei des Landes sogar eine regelrechtes Gefecht, dem mehrere andre folgten. Nikaragua geht, ebenso wie Panama, einer wohl unaufhaltsamen, weiteren Portugalisierung entgegen, und es müßten geradezu politische Wunder geschehen, wenn nicht in einer Reihe von Jahrzehnten ganz Mittelamerika von den Vereinigten Staaten territorial einverleibt sein sollte. Zunächst übernehmen die Yankees in einem mittelamerikanischen Staat nach dem anderen das Zoll- und Polizeiwesen sowie die außenpolitische Vertretung „auf 100 Jahre". Dabei werden sie aber keinesfalls stehen bleiben. Hat doch Präsident Roosevelt, offenherzig genug, den Panamakanal schon als die künftige Südgrenze der Vereinigten Staaten in Anspruch genommen! Guatemala, San Salvador, Honduras, Costarica, Haiti, Dominika stehen gleichfalls bereits unter finanzieller Vormundschaft der Ver. Staaten. Auch in der hohen Politik der Staaten machen eben die großen Warenhäuser den kleinen Einzelunternehmern den Garaus ——

Die Bedeutsamkeit der am 25. April 1927 erlassenen „Coolidge-Doktrin" kann in dieser Hinsicht kaum hoch genug eingeschätzt werden. Die Erklärung, daß die U. S. A.

> „gegenüber den von uns anerkannten Regierungen in den Ländern diesseits des Panamakanals eine moralische Verantwortung fühlen, die wir gegenüber den anderen Nationen nicht haben. Wir haben es unternommen, die Revolutionen in diesen Gebieten zu entmutigen."

stellt geradezu eine Entmündigung der sechs mittelamerikanischen Staaten dar. Die latein-amerikanischen Staaten lehnen sich jetzt einmütig gegen diese nordamerikanischen Methoden auf. Argentiniens kürzliche Ablehnung der Monroe-Doktrin (vgl. S. 237) hängt damit eng zusammen.

Der Respekt vor fremder Staatshoheit ist überhaupt seit dem Weltkrieg in beunruhigendem Maße geschwunden und hat einer bedenklichen Verwilderung der politischen Moral Platz gemacht. Eine Mißachtung fremder Gebietshoheit ohne Kriegszustand war vor 1914 beinahe beispiellos, wenn auch ein übles Beispiel schon 1882 gegeben wurde, als England im Frieden am 11. Juli Alexandrien bombardierte und wenige Wochen später das der Türkei gehörige Ägypten vollkommen militärisch besetzte, um es nie wieder zu räumen. In der Nachkriegszeit gehören aber territoriale Übergriffe im „Frieden" gegenüber wehrlosen Staaten beinahe schon zum gewöhnlichen politischen Handwerkszeug, wobei die nur aus der Ohnmacht entspringende Duldsamkeit des Völkerbundes gegenüber solchen Herausforderungen leider einen unverkennbaren, starken Anreiz zur Wiederholung derartiger Rückfälle ins mittelalterliche Faustrecht geschaffen hat. Daß im Weltkrieg selber territoriale Übergriffe gegenüber schwachen Neutralen vorkamen, wie die Besetzung des griechischen Saloniki durch die Ententetruppen (6. Oktober 1915), ist zwar nicht zu entschuldigen, wenn auch zur Not schließlich zu verstehen, aber es zeugt von einer erschreckend weit fortgeschrittenen Bolschewisierung des völkerrechtlichen Empfindens und der internationalen Moral, wenn seit 1920 sich ungestraft Ereignisse im „Frieden" häufen konnten, wie Polens Wegnahme Wilnas, Litauens Handstreich auf Memel, der französische Ruhreinbruch, Italiens zeitweilige Besetzung von Korfu, militärische Aktionen von Franzosen, Engländern, Amerikanern, Japanern in Frankfurt a. M., Nikaragua, Schanghai, Schantung usw. Wie in Nikaragua die Nordamerikaner, so führten 1928 in Schantung die Japaner regelrecht Krieg mit den einheimischen Heeren: Anfang Mai stand ein ganzes japanisches Armeekorps um Tsinanfu im Kampfe mit den südchinesischen Truppen Tschangkaischeks — alles ohne Kriegszustand und alles nur „zum Schutze der eigenen Staatsangehörigen"! Der Krieg wird im Zeitalter des Völkerbundes „verboten": nun nennt man die kriegerischen Expeditionen einfach „Polizei-Aktionen" oder, wie beim Ruhreinbruch, „Entsendung von Ingenieuren unter militärischem Schutz" — und das sogenannte Gesicht ist gewahrt! Wohin sollen wir kommen, wenn derartige Methoden der jeweilig mächtigeren Staaten, sich in Konfliktfällen „Recht" zu verschaffen, allgemein üblich werden, ohne daß der Völkerbund, der sich als berufenen Hüter der zwischenstaatlichen Rechtsbeziehungen feiern läßt, einen Finger zur Abwehr rührt? Man bedenke, daß z. B. Nikaragua und China Mitglied des Völkerbundes sind! Dieser hat sich aber gegenüber den geradezu beispiellosen Eingriffen der Vereinigten Staaten gegenüber Nikaragua bezeichnenderweise nicht anders zu helfen gewußt, als daß er die Vorkommnisse gänzlich ignorierte! Er wird und kann auch in Zukunft niemals anders handeln, wenn es gilt, einen schwachen Staat gegen einen starken zu schützen. Im umgekehrten Fall wird er wohl eher zum Eingreifen bereit sein. Wenn gelegentlich von einem objektiv urteilenden Gelehrten offen ausgesprochen worden ist[1]), der Völkerbund habe die Grundsätze von Treu und Glauben im Völkerrecht tatenlos aufs schwerste erschüttern lassen und selber erheblich zu ihrer Erschütterung beigetragen, und dadurch sei der Glaube von Millionen an die Gemeinschaft der Völker für immer untergraben worden, so richtet sich diese ebenso harte wie berechtigte Anschuldigung in allererster Linie gegen die wahrhaft verbrecherische Nonchalance, mit der der Völkerbund jederzeit der Verge-

1) Vortrag Prof. Pohl's: „Das neue Völkerrecht" auf der Goslarer Tagung des Arbeitsausschusses Deutscher Verbände am 7. Juli 1927.

waltigung des Schwachen durch den Starken zusah und ihr womöglich nachträglich noch sein Plazet erteilte. Wir waren in den letzten 100 Jahren in der Entwicklung und Ausgestaltung des internationalen Rechts schon erfreulich weit gediehen, nähern uns aber jetzt, im Zeitalter des Völkerbunds, der, in Erkenntnis seiner vollkommenen Machtlosigkeit, immer nur dort ein kräftig Wörtlein zu reden wagt, wo er nichts riskiert, bedenklich wieder dem Zustand, den Spinoza einstmals in die Worte kleidete: Quisquis tantum iuris habet, quantum valoris habet. Wenn die Dinge sich in den zwischenstaatlichen Beziehungen der Völker auch nur ein wenig noch ebenso weiter entwickeln, wie in der Zeit von 1914 bis 1928, so erleben wir einen Kulturrückfall ins Zeitalter des Faustrechts, das im innerstaatlichen Geschehen vielfach schon erschreckend weit um sich gegriffen hat und mehr und mehr auch die außenpolitischen Handlungen beherrscht. Bezeichnend hierfür ist ja die vollkommene Verwilderung des Tones in den Reden gewisser Staatsmänner in Moskau, Warschau, Paris, Washington, Rom usw. Wo ist die einst so gewählte, stets höfliche Ausdrucksweise der höfischen Diplomaten im „demokratischen Zeitalter" geblieben? Mit Recht sagt Strewe hierüber:[1])

„Der Ehrenstandpunkt der Völker ist verschoben worden; eine Folge des Weltkriegs, der nicht mehr nach dem Kriegskomment alter Militärnationen ausgefochten wurde, sondern durch die Nichtachtung des Privateigentums und der Rechte der Zivilisten, durch den Gedanken der völligen Vernichtung des Gegners, gleichgültig, mit welchen Mitteln, auf die Stufe des Krieges unzivilisierter Nationen herabgesunken ist."

Wir haben letzthin in Mussolinis naiver Unverbindlichkeitserklärung aller vorfaschistischen Regierungsversprechen, einschließlich des gegebenen Königswortes, bezüglich Südtirols (3. März 1928) wieder einmal ein besonders krasses Beispiel vor uns für die Unbekümmertheit, wie man heute selbst mit feierlichsten Ehrenworten umspringt. Wilson hat Schule gemacht!

Politisch hat der Bolschewismus, seitdem er im November 1917 Rußland unterjocht hat, keine merklichen Fortschritte mehr machen können, aber mit seiner Verachtung aller ethischen Forderungen, seinem schrankenlosen Materialismus, seiner Untergrabung aller rechtlichen Traditionen, seiner Ignorierung von Treu und Glauben, seiner Ausdrucksweise im Umgang, die von der Hemmungslosigkeit der Unbildung geleitet wird, hat er schwer infizierend auf viele heutige Staatsmänner in anderen Ländern, auch auf solche mit den ältesten und ritterlichsten Traditionen, gewirkt, und diese ethischen Schädigungen werden wir in vielen Jahrzehnten nicht überwinden. —

7. Strohmann-Staaten.

Eine weitere Methode, verkappte Eroberungs- oder Kolonialpolitik zu treiben, besteht in der willkürlichen Konstruktion neuer staatlicher Gebilde, sei es in Wirklichkeit, sei es auf dem Papier, um dann deren vorgeb-

1) M. Th. Strewe, „Proletenton und Prestige in der internationalen Diplomatie" im Deutschenspiegel, 15. Juli 1927, S. 1330/1.

liche „Rechte“, die sich stets mit eigenen, selbstsüchtigen Wünschen decken, gegenüber einem unbequemen Mitbewerber „verteidigen“ zu können. Nur einmal in der Geschichte hat, soviel ich sehe, die unvermittelte Vorschiebung eines solchen „Strohmann-Staates“ wirklich zur Schaffung eines neuen, allgemein anerkannten Staates geführt. Als nämlich die Vereinigten Staaten i. J. 1902 die Zone des Panamakanals mit allen territorialen Rechten zu erwerben wünschten, boten sie der zuständigen Regierung von Kolumbien für die Abtretung des verlangten Landstreifens die Summe von 10 Mill. Dollar, und auf dieser Basis wurde am 22. Januar 1903 zwischen den Bevollmächtigten beider Staaten, Hay und Herran, ein Staatsvertrag abgeschlossen. Das kolumbische Parlament verweigerte aber die Ratifizierung des Vertrages, teils aus nationalem Stolz heraus, dem Staatsgebiet nicht verkäuflich war, teils weil man eine höhere Kaufsumme herausschlagen zu können hoffte. Da machte Präsident Roosevelt kurzen Prozeß, wie er selber ganz offen in einer am 23. März 1911 vor den Studenten der Kalifornia-Universität gehaltenen Rede geäußert hat, die in die Worte ausklang:

„Ich nahm den Isthmus und ließ den Kongreß debattieren, und während die Debatte ihren Fortgang nahm, schritt auch der Kanal fort.“

Mit amerikanischer Hilfe wurde ein Aufstand in den nördlichen Bezirken von Kolumbien vorbereitet, und als er am 3. November 1903 ausbrach, wurden die kolumbischen Regierungstruppen durch amerikanische Marinesoldaten am Einschreiten verhindert; schon 24 Stunden nach dem Ausbruch des Aufstandes war das aufrührerische Land Panama als neuer souveräner Staat von Washington anerkannt, und bereits am 18. November hatte Roosevelt mit diesem Staatenneuling den gewünschten Abtretungsvertrag fix und fertig in der Tasche. Panama ist dauernd von Kolumbien getrennt, ist ein eigenes Staatensurrogat unter vereinsstaatlicher Suzeränität geblieben!

In anderen Fällen sind die in usum delphini konstruierten Strohmann-Staaten nicht zum eigenen Leben erwacht; vielmehr sind die Konstruktionen, wenn sie für einen bestimmten Zweck ihren Dienst getan hatten, unter gewandelten politischen Verhältnissen stillschweigend wieder ignoriert und fallen gelassen worden. Als in den 40er Jahren des vorigen Jahrhunderts die Wahrscheinlichkeit bestand, daß der künftige mittelamerikanische Kanal in Nikaragua, im Bereiche des großen Nikaragua-Sees und seines zum Atlantik strömenden Ausflusses, des San Juan, geschaffen werden würde, wünschte sich England von vornherein eine beherrschende Stellung an dieser neuen Hauptstraße des Weltverkehrs zu sichern und demgemäß die Mündung des San Juan-Flusses in seinen Besitz zu bringen. Die Monroe-Doktrin verwehrte jedoch allen europäischen Nationen den Erwerb neuen Koloniallandes in Amerika. Freilich hatte England die Doktrin nie als verbindlich anerkannt; in Wirklichkeit scheute es aber dennoch vor ihrer Verletzung zurück. In diesem Dilemma griff man zur Konstruktion eines Strohmann-Staates als Aushilfe. England forderte von der schwachen nikaraguanischen Regierung, sie habe den „Staat der Moskito-Indianer“ an der San Juan-Mündung als ein von Nikaragua unabhängiges und mit England schon seit den Flibustierzeiten befreundetes Staatsgebilde anzuerkennen. Als Nikaragua sich sträubte, erschien am 19. August 1841 ein britisches Kriegsschiff vor der Mündungsstadt San Juan (dem heutigen Greytown), verlangte vom Kommandanten des Hafenzollamts, Leutnant Quijano, die Überlassung der Stadt an die Moskito-Indianer, zu deren „Gebiet“ sie gehöre, und führte ihn, als er sich weigerte, gefangen mit sich fort. Sechs Jahre später ging man mit noch stärkeren Gewaltmitteln vor. England setzte die Grenzen des „Moskito-Königreichs“ nach Gutdünken fest und teilte am 15. Oktober 1847 der Regierung von Nikaragua kurzerhand mit, der neue „König“ werde demnächst den zu seinem Staate gehörenden Hafen San Juan in Besitz nehmen und England werde ihm dabei behilflich sein. Als Nikaragua forderte, der Streitfall möge einem internationalen Schiedsgericht unterbreitet werden, besetzten englische Marinetruppen San Juan, vertrieben die nikaraguanischen Behörden und übergaben den Platz den Moskito-Indianern. Nach dem Abzug der drei englischen Kriegsschiffe bemächtigten sich zwar die Nikaraguaner San Juans ohne Mühe aufs neue. Aber schon erschienen abermals zwei britische Schiffe, nahmen San Juan am 28. Februar 1848 neuerdings ein, schlugen die zu seinem Schutz bereitstehenden nikaraguanischen Truppen in die Flucht und erzwangen von Nikaragua am 7. März die Aufgabe der San Juan-Mündung und des Hafens. Als jedoch eine nordamerikanische Gesellschaft, „Companhia de Transito de Nicaragua“, die ein Jahr später von Nikaragua eine Kanalbau-Konzession erlangt hatte, an der Aufnahme ihrer Arbeiten an der San Juan-Mündung durch die Briten gehindert wurde, schlug man in Washington Alarm und war bereit, für die Monroedoktrin einen neuen dritten Krieg gegen England zu führen. Nur durch den Tod des sehr energischen amerikanischen Präsidenten Polk (15. Juni 1849) wurde der Ausbruch des Krieges verhindert und der Konflikt zwischen beiden Staaten durch den Kompromiß des Clayton-Bulwer-Vertrages (19. April 1850) bis auf weiteres geschlichtet Als sich aber einige Jahre später zeigte, daß vom Bau eines Nikaraguakanals auf weit absehbare Zeit noch keine Rede sein könne, verlor England jedes Interesse am „befreundeten“ Moskitoreich, gab am 2. August 1860 sein Protektorat darüber auf und hatte gegen einen Rückfall des Moskito-Gebiets samt der Stadt Greytown = San Juan an Nikaragua nicht das geringste

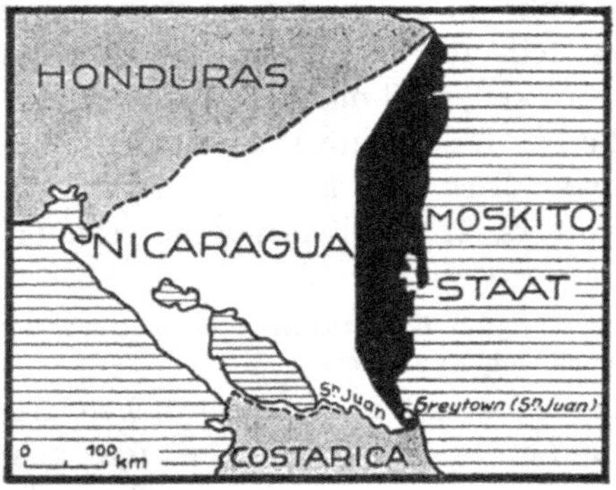

Fig. 55. Ein Strohmannstaat des Zeitraums 1841—1860.

einzuwenden. Seither ist von dem Strohmann-Staat des „Moskito-Königreichs" nie wieder die Rede gewesen.[1])

Noch einmal hat England politische Vorteile zu erreichen gesucht, indem es eines Tages einen neuen Staat erfand, von dem niemand vorher etwas gehört hatte. Als Deutschland seine großzügigen Bagdadbahnpläne verfolgte, war zunächst in Aussicht genommen, die neue Hauptstraße des Weltverkehrs bis zum Persischen Golf heranzuführen. Der beste natürliche Hafen am Golf, Kadhima im Gebiet von Kueit, sollte der Endpunkt werden, da der Hafen des Schatt-el-Arab, Basra, infolge einer Strombarre, die der Mündung vorgelagert ist, sich nur für kleinere Seeschiffe mit nicht zu bedeutendem Tiefgang als zugänglich erwies. Der türkische Sultan, der Oberherr von Kueit, war gern bereit, die Fortführung der Bahn bis zum Hafen Kadhima zu gestatten. Aber England, das entschlossen war, die Heranführung der deutschen Bahn an „seinen" Persischen Golf unter allen Umständen zu verhindern, fand ein Mittel, die Konzession zu hintertreiben. Es erklärte 1910 Kueit für ein „unabhängiges" Sultanat[2]), in dem die Türkei nichts zu sagen habe, trat mit dem kleinen arabischen Sultan von Kueit in Verbindung, huldigte ihm als einem befreundeten, souveränen Herrscher, ließ ihm durch zwei britische Kriegsschiffe eine mächtige Ordensauszeichnung überbringen und ging ihm derart um den Bart, daß er sich schließlich zu einem Vertrag bereit finden ließ, worin er sich verpflichtete, ohne englische Genehmigung keiner „fremden Macht" (d. h. auch der Türkei nicht) irgend welche Befugnisse in seinem Lande einzuräumen. Seit freilich die Engländer 1917 das Zweistromland erobert und den Strohmann von Kueit nicht mehr nötig hatten, hat man von dem politischen Zweckgebilde des unabhängigen Sultanats Kueit mit keinem Worte je wieder etwas vernommen. — Ein von England unternommener Versuch, einen kurdischen Strohmann-Staat zu schaffen, der schon im Frieden von Sèvres (10. August 1920) vorgesehen war, um auf diese Weise in den möglichst alleinigen Besitz des Erdöls von Mossul zu kommen, scheiterte nur daran, daß die Kurden selbst einen eignen Staat nicht haben wollten.

Als Strohmann-Staat war ferner zeitweise die Mongolei zu bewerten, deren „Unabhängigkeit" China 1912 auf starken Druck Rußlands hin, weil dieses das Land selber zu verspeisen wünschte, hatte zugestehen müssen. Unter geänderten Verhältnissen hat Sowjet-Rußland im chinesischen Freundschafts- und Handelsvertrag vom 31. Mai 1924 Chinas Souveränität über die Mongolei aufs neue anerkannt, was dann freilich nicht hinderte, daß die „äußere" Mongolei sich nachträglich mit russischer Hilfe doch noch als „unabhängige" Räterepublik erklärte.

Typische Strohmann-Staaten waren ferner manche der von Napoleon I.

---

1) Diese historische Darstellung nach Lindley M. Keasbey, Der Nikaraguakanal, Straßburg i. E. 1892.

2) Über Englands ältere Kueit-Politik vgl. Petermanns Mitteilungen, 1901, Anhang, S. 148.

geschaffenen Staaten, so die 1802 konstruierte und 1810 annektierte „unabhängige Republik Wallis", das Königreich Westfalen, Königreich Holland, Großherzogtum Berg, Großherzogtum Warschau usw. Über letzteres z. B. hat Theodor Schiemann geäußert:

„Die dem Herzogtum durch Statut vom 22. Juli 1807 verliehene Verfassung gab ihm nicht die wirkliche Freiheit, sondern ein Trugbild, das es Napoleon ermöglichte, ganz wie in seinen übrigen Vasallenstaaten hier nach Belieben zu schalten."

In jüngster Zeit kann man die aus der türkischen Erbmasse herausgeschnittenen A-Mandate wie auch das „Königreich" Hedschas als „Strohmann-Staaten" bezeichnen, über die sich England alsbald, mit silbernen Kugeln für den König Ibn Saud, Protektoratsrechte sicherte, wenn sie auch anscheinend gegen ihre Strohmannrolle mehr und mehr zu löcken beginnen. Strohmann-Staaten neuerer Zeit sind ferner der „Saarstaat" und der Danziger Staat, ersterer auf die französische, letzterer auf die polnische Durchdringung und schließliche Verspeisung berechnet, die vom Völkerbund ziemlich unverhüllt begünstigt wird, ebenso das wunderliche Gebilde des von England erdachten „Zionistenstaates" in Palästina, der freilich nur ein Scheindasein führt. Auch Fiume war anfangs als eigner Verlegenheits-Staat in Aussicht genommen.

Solche Strohmann-Staatengebilde werden wohl auch in Zukunft noch manchmal erfunden werden, da ihre Konstruktion sich bisher immer als ein ganz vorteilhaftes politisches Geschäft erwiesen hat. An irgendwelchen geheimnisvollen historischen Begründungen ihrer Anerkennung als selbständiger Staaten wird künftig so wenig, wie bisher, ein Mangel sein. Je undurchsichtiger und unverständlicher die Begründung ist, um so schwerer ist es auch, sie zu widerlegen. Die Strohmann-Staaten werden aus der praktischen Politik schwerlich wieder verschwinden; sie ähneln dem „großen Unbekannten" der Gerichtssäle und werden wohl nicht früher als dieser das Zeitliche segnen. —

8. „Freundschaftsverträge".

Eine andere Form des verschleierten Protektorats, der verschleierten Annektion, sind die erst in neuerer Zeit in die Erscheinung getretenen „Freundschaftsverträge" mit schwachen Staaten oder staatsähnlichen Ländern, die gern eine Anlehnung an einen mächtigen Beschützer suchen möchten, denen dann aber nicht selten von dem Beschützer selbst ein Strick für ihre Unabhängigkeit gedreht wird. Es gibt eine Menge von Spielarten zwischen dem offen erklärten Protektorat über ein anderes Land und der aus der Luft gegriffenen Konstruktion eines Strohmann-Staates, der geschützt und mit „Freundschaft" überschüttet werden muß. Wenn eine Großmacht mit einem schwachen Staat einen Freundschaftsvertrag abschließt, pflegt dies in unseren Tagen oft die Freundschaft des Wolfes mit dem Lamme zu sein. Typisch ist etwa das Verhalten der Engländer den Sulus gegenüber: man hat mit ihnen stets — vom Jahre

1879 abgesehen — gute „Freundschaft" gehalten. Das Ergebnis liegt heute klar zutage: das Land ist eine britische Kolonie, und von 300 Mill. acres fruchtbaren Bodens gehören den 5½ Mill. Zulus nur noch 40 Mill., die übrigen 260 Mill. dagegen 1½ Mill. Weißen!

Es brauchen keineswegs immer nur überseeische Länder zu sein, mit denen Freundschaftsverträge geschlossen werden. Auch innerhalb Europas kommt dergleichen hier und da noch vor. So hat Sowjet-Rußland am 7. Mai 1920 einen Freundschaftsvertrag mit der Republik Georgien geschlossen, der einen erwünschten Vorwand zur fortdauernden Einmischung in die georgischen Verhältnisse gewährte und sozusagen die Vorfrucht der kalten Annektion bildete, während in einem anderen Staate, in Armenien, Rußland kurzerhand am 2. Dezember 1920 die Oberherrschaft an sich riß. Auch der Freundschaftsvertrag von Tirana, den Italien 1927 mit Albanien abgeschlossen hat und der die Gefahr eines italienisch-südslawischen Krieges heraufbeschwor, mutet ganz so an, als ob er schließlich der Anfang vom Ende der erst 1½ Dezennien alten albanischen Selbständigkeit werden wolle.

Mussolini erweist sich überhaupt als ein ebenso gelehriger wie geschickter Schüler der britischen diplomatischen Methoden gegenüber schutzbedürftigen Staaten. Vor kurzem erst hat Italien mit dem vom Hedschas-König Ibn Saud arg bedrängten Imam Yahia von Yemen einen „Freundschaftsvertrag" geschlossen, dem jeder Sinn abgehen würde, wenn nicht Italien die Absicht haben sollte, zu seiner Kolonie Erythräa auf der anderen Seite des Roten Meeres ein Gegenstück zu schaffen, was natürlich nur möglich ist mit der schweigenden Duldung Englands, das sich Italien aus manchen hier nicht zu erörternden Gründen verpflichten und zugleich seinem ungebärdigen einstigen Schützling Ibn Saud das Wasser abgraben möchte.

„Freundschaftvertrag" klingt überaus sympathisch, und auch der kleinste und schwächste Staat braucht sich nicht zu schämen, fühlt sich sogar vielleicht geehrt, wenn er der Freundschaft irgendeiner großen Macht gewürdigt wird. Letztere pflegt dann freilich die Liebe oftmals bis „zum Fressen lieb haben" zu überstürzen. Dem gebenden Teil wird aber die Illusion aufgezwungen, er sei ein gleichberechtigter Partner. Früher pflegte die Annektion von vornherein ohne Umschweife vollzogen zu werden, heute erfolgt sie gewissermaßen in Raten — freilich mehr mit Rücksicht auf die eifersüchtigen anderen großen Mächte als aus Zartgefühl gegen das zu verspeisende Land. Dem Hund ist es bekanntlich lieber, daß ihm der ganze Schwanz auf einmal, statt daß er ihm nach und nach in Stücken abgehackt wird. Um gewisse in der Gegenwart übliche Freundschaftsverträge recht zu charakterisieren, genügt die Bemerkung, daß der Rahmen des Begriffes keinesfalls gesprengt worden wäre, wenn man das Friedensdiktat von 1919 den Versailler Freundschaftsvertrag genannt hätte. Auch das Dawes-Abkommen von 1924 hätte diesen Namen vollauf verdient.

9. Kapitulationen als Kolonialersatz.

Es wird neuerdings, infolge der Eifersucht der Kolonialmächte aufeinander, immer schwieriger, wertvollen Kolonialbesitz zu erwerben oder sogenannte Protektorate über schwache Staaten sich anzueignen. Infolgedessen findet in wichtigen Wirtschaftsgebieten ein Wettrennen der mit Macht ausgestatteten Länder um allerhand Vergünstigungen wirtschaftlicher, politischer, rechtlicher und sozialer Art statt, um die sogenannten „Kapitulationen", die zumeist erst ein Produkt der letzten Jahrzehnte, des Zeitalters der Kolonial-Rationierung, sind, wenn auch die älteste derartige Abmachung bereits i. J. 1535 zwischen Frankreich und der Türkei getroffen wurde. Zwischen den Protektoraten und den zur Bewilligung von Kapitulationen gezwungenen Ländern gibt es noch allerhand Übergänge; der Unterschied zwischen ihnen ist aber nicht mehr sehr groß, denn auch die noch „souveränen" Staaten, die viele Kapitulationen haben einräumen und wertvolle Hoheitsrechte, etwa auf dem Gebiete des Zoll- und Polizeiwesens, haben aus der Hand geben müssen, sind in ihrer Außenpolitik kaum weniger abhängig vom Willen fremder Staaten als die Protektorate, wovon die Türkei der Sultanzeit der letzten hundert Jahre und Chinas Geschichte seit 1842 hinreichend viel zu erzählen wissen.

In manchen Fällen ist die Kapitulation nur eine Vorfrucht des Protektorats, wie am Beispiel von Tunis, Marokko und Ägypten zu ersehen ist. Die Türkei hat sich schließlich, freilich nur mit dem Opfer schwerster Gebietsverluste, aus den Fesseln der Kapitulationen befreien können. Ebenso hat das seit kurzem stark nationalistisch eingestellte Persien alle Kapitulationen mit dem 10. Mai 1928 kurzerhand als erloschen erklärt. Auch in Japan gab es früher Kapitulationen, und es ist dort das Exterritorialrecht der Fremden erst 1899/1900 vollständig beseitigt worden; in Siam besteht es, mit Ausnahme der Deutschen und der anderen Mittelmacht-Angehörigen, heute noch, ebenso für alle Europäer in Abessinien. China steht gerade gegenwärtig, inmitten seiner eigenen Bürgerkriegswirren, im schwersten Kampfe um die Abschaffung seiner Kapitulationen, um die Rückeroberung seiner vollen

Fig. 56. Die „Anknabberung" Chinas vom Meere her am Schluß des 19. Jahrhunderts.

Souveränität. Um die letzte Jahrhundertwende war es nahe daran, daß dieses älteste Kulturland der heutigen Welt auch noch in viele koloniale Bissen aufgeteilt wurde (Fig. 56 und 57). England hatte 1842 Hongkong und 1898 Weihaiwei an sich gerissen, Frankreich hatte 1885 Cochinchina, Annam und Kambodscha verschluckt und 1898 Kwangtschouwan sich angeeignet, Japan 1894 Formosa samt den Fischerinseln genommen und nach Korea und der Liautung-Halbinsel hinübergegriffen, die ihm im Shimonoseki-Frieden (17. April 1895) nur durch den Einspruch Frankreichs, Deutschlands und Rußlands vorläufig noch entgingen. Rußland hatte durch den Pekinger Cassini-Vertrag (8. September 1896) die Vorhand in der Mandschurei erlangt, die es schon vollkommen als künftige Provinz des Zarenreichs betrachtete und behandelte, und 1898 die „pachtmäßige" Abtretung der Liautung-Halbinsel mit Port Arthur erzwungen, ebenso wie Deutschland durch die gewaltsame Besetzung von Tsingtau (14. November 1897) die Verpachtung eines Teiles von Schantung „auf 99 Jahre" durchgesetzt hatte (6. März 1898). England hatte Weihaiwei am 2. April 1898 nur für die Zeit gepachtet, solange Rußland Port Arthur besitzen würde. Als aber Rußland Port Arthur verlor (2. Januar 1905), „vergaß" England die Rückgabe von Weihaiwei noch über 1½ Jahrzehnte lang, Außerdem richtete England sich im Jangtsegebiet derart häuslich ein, daß von einer mehr als nominellen Hoheit Chinas daselbst kaum noch die Rede sein konnte, und 1904 faßte es überdies in Tibet Fuß und schien nicht übel Lust zu haben, dies gewaltige Hochgebirgsland zum neuen Glacis für die Sicherung Indiens zu machen. In der Tat ist ja Tibet gegenwärtig nur mit starkem Vorbehalt noch als chinesisches Gebiet zu betrachten. Dasselbe gilt von der Mongolei, in der gerade gegenwärtig (1927) Rußland militärische Posten errichten will, und von der Mandschurei, in der der japanische Einfluß wesentlich stärker als der chinesische ist. Der Küstenbesitz Chinas, der um 1840 noch 17000 km Länge aufgewiesen hatte, war um die Jahrhundertwende auf 7100 km zusammengeschrumpft. Chinas Reaktion auf dieses territoriale Zerhacktwerden bestand im Boxeraufstand des Jahres 1900. Es wurde von den weißen Mächten samt Japan niedergezwungen, und im Frieden von Peking (7. September 1901) schien die Bahn frei zu sein für weitere Ausbeutung und koloniale Zerteilung. Wenn dennoch weitere „Pachtungen" unterblieben, so war die Eifersucht der europäischen Mächte untereinander und die Eifersucht Amerikas auf England und Japan daran mehr schuld als das Wohlwollen für Chinas Unabhängigkeit. Japans Versuch von 1915, die Wirren des Weltkriegs auszunutzen, um mit seinen berüchtigten „21 Punkten" China auf den Stand eines japanischen Protektoratslands herabzudrücken, ist zwar im Enderfolg gescheitert, zeigt aber doch, wohin die Reise gehen sollte. Dieser Sturm ist abgewehrt worden, und selbst in der Mandschurei, die Japan nach dem russischen Kriege schon ganz als Eigentum betrachtete, ist China wieder im Vordringen begriffen: 1900 wohnten verhältnismäßig nur wenige Chinesen in diesem Lande, heute beträgt ihre Zahl 20—30 Millionen.

Auch ohne die gänzliche Aufteilung in fremdes Kolonialeigentum war freilich von Chinas Souveränität nicht mehr allzuviel übrig. In seinen außenpolitischen Schritten sah China sich bis zur Willenlosigkeit gehemmt, kontrolliert und bevormundet. Den Höhepunkt bildete die ihm trotz heftigsten Sträubens durch englisch-französischen Druck abgepreßte Kriegserklärung an Deutschland i. J. 1917. Unzählige wirtschaftliche Konzessionen wurden ihm bald von dieser, bald von jener auswärtigen Macht abgezwungen, und für jede an einen Ausländer erteilte Konzession forderten die anderen fremden Mächte Kompensationen. Die Europäer und Nordamerikaner genossen durchweg Exterritorialrechte in China, unterstanden grundsätzlich nicht den chinesischen Gerichten und Gesetzen, womit übermütigem Mißbrauch des Gastrechts Tür und Tor geöffnet war. Zahllose fremde „Berater" wurden, wie in der Türkei, in hochbesoldeten leitenden Posten untergebracht und hatten in ihrem Wirken meist weniger die Interessen Chinas als die ihres Heimatlandes im Auge. An 40 Stellen Chinas gab es schließlich Fremdenniederlassungen, an deren Grenzen restlos sämtliche Hoheitsrechte Chinas, sogar die polizeilichen, ihr Ende finden, so daß sie von Chinesen, die irgend ein Verbrechen begangen haben, gern als exterritoriale Freistatt aufgesucht werden. Dabei ist die Ausdehnung dieser ausländischen „Enklaven" gar nicht einmal dauernd festgelegt, sondern es kommt oft vor, daß die Fremden im chinesischen Gebiet neue Straßenzüge anlegen, um sie nachträglich als neue Fremdenniederlassung in Anspruch zu nehmen.

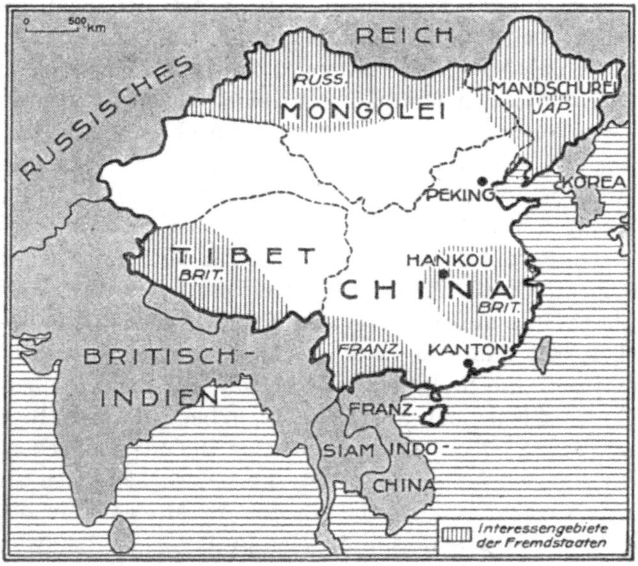

Fig. 57. Der Beginn der Aufteilung Chinas um 1900.

In den Wirren der Jahre 1927—28 haben Gebietsverletzungen durch Truppen und Flieger fremder Mächte oft genug in China stattgefunden, Japan sandte sogar, ohne China zu fragen, Truppen nach Tientsin. Man hatte sich an die völlige Ignorierung der chinesischen Hoheitsrechte eben schon so sehr gewöhnt, daß i. J. 1919, als die Fremdenniederlassung in Tientsin vom Hochwasser des Hoangho bedroht wurde, die japanische

Stromwache einfach die Dämme durchstach, so daß „nur" chinesischer Besitz von den Fluten verwüstet wurde.

Welche für China unmöglichen, ja aufreizenden Zustände sich dabei entwickeln, mag ein Beispiel aus Schanghai beweisen, wo sich bekanntlich eine der wichtigsten Fremdenkolonien befindet (Fig. 58). Hier leben 30000 Ausländer und 1100000 Chinesen zusammen. Letztere besitzen 90 % des Bodens und zahlen 90 % aller Steuern. Dennoch sind die öffentlichen Parks der Fremdenniederlassung allen Chinesen, auch den vornehmsten, grundsätzlich gesperrt, während sich z. B. die japanischen und indischen Kulis ohne weiteres darin ergehen dürfen!

Die Reaktion gegen diese unerträgliche nationale Bevormundung ging vom Volke selbst, nicht von der Regierung, aus. Die gewaltsame Auflehnung im Boxerfeldzug war gescheitert; jetzt wurden andere Mittel versucht. Die ohnehin nicht gern gesehene, volksfremde, dazu völlig steril gewordene Mandschu-Dynastie wurde 1911 verjagt. Die natürliche Ehrfurcht vor der weißen Rasse wurde, genau wie bei den Negern, durch Englands Schuld erstickt, als deutsche Untertanen, auf Veranlassung europäischer Nationen, mit Schimpf und Schande wie Tiere aus China verjagt und ihres Eigentums beraubt wurden, und schließlich haben England und Frankreich selber den Chinesen den Weg gezeigt, wie sie die lästigen Kapitulationen abschütteln konnten, als sie in den Friedensdiktaten von Versailles und St. Germain Deutschland und Österreich zwangen, auf alle Sonderrechte für ihre Untertanen in China zu verzichten (Art. 128). Da China freilich als einziges Land neben den Vereinigten Staaten, aber aus moralischeren Beweggründen als letztere, die Unterzeichnung der Friedensdiktate verweigerte, die so wenig mit dem am 5. November 1918 garantierten Vorfrieden übereinstimmten, kamen die Bestimmungen freilich zunächst nicht zur Geltung. Deutschland hat aber im schließlichen Sonderfrieden mit China am 20. Mai 1921 freiwillig auf alle Kapitulationen und Sonderrechte verzichtet und ist dafür durch Chinas Sympathie und wirtschaftliche Begünstigung unerwartet reich belohnt worden. Österreich und Rußland folgten seinem Beispiel, letzteres aus kommunistisch-theoretischem Idealismus heraus, und — China lernte erkennen, daß die Kapitulationen keine gottgewollte Abhängigkeit waren, daß es auch ohne sie ging. In den späteren Verhandlungen über chinesische Hoheitsrechte, so insbesondere über die Seezölle,

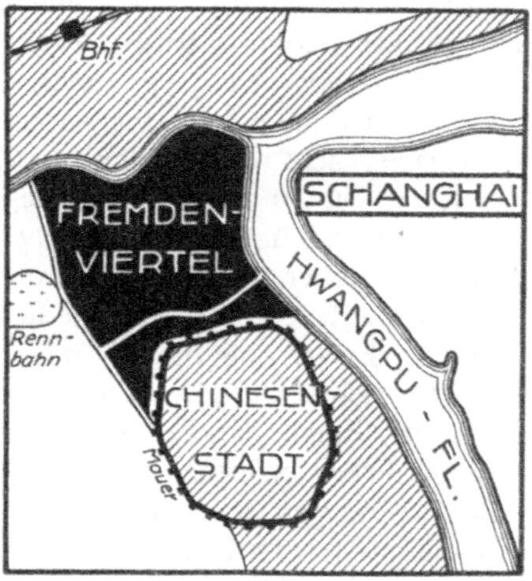

Fig. 58. Stadtplan von Schanghai.

legte es eine nie geahnte Halsstarrigkeit an den Tag und setzte seinen Willen durch. Dadurch wurde sein nationales Selbstgefühl mächtig gesteigert, und als bei der Einnahme Hankous durch die nationalistischen Truppen der Kantonregierung am 3. Januar 1927 sogar die Fremdenniederlassung sang- und klanglos preisgegeben wurde und selbst die stolzen Engländer den Kürzeren zogen, wurde dieses Selbstgefühl nicht gerade neu geschwächt.

Inzwischen hatte auch die Pekinger Zentralregierung (die den fremden Mächten doch wesentlich zaghafter als die nationalistische Nanking-Regierung gegenüberstand) mit einer entschlossenen Geste den Endkampf wider die Kapitulationen und um die Rückgewinnung der vollen Souveränität aufgenommen. Noch immer bestanden die Kapitulationen für alle Bürger Großbritanniens, Frankreichs, Belgiens, Hollands, Italiens, Spaniens, Norwegens, Schwedens, Dänemarks. Gewissermaßen um eine Probe aufs Exempel zu machen und um tastend vorzufühlen, wie weit die eigene Macht reichte, kündigte China im August 1926 ganz ohne Vorbereitung den am 2. November 1865 unbefristet abgeschlossenen und gar nicht für eine Kündigung vorgesehenen Kapitulationsvertrag mit Belgien zum 27. Oktober 1926. Belgien protestierte, China ließ sich nicht beirren. Belgien klagte gegen China vor dem Internationalen Schiedsgericht im Haag auf Erneuerung des Vertrages, China bestritt die Zuständigkeit des Schiedsgerichtshofs, da es sich gar nicht um eine rechtliche, sondern eine politische Frage handle. Der Schiedsgerichtshof wird sich trotzdem mit der Frage befassen, und wie sein Urteil ausfallen wird, kann man sich vorher sagen, wenn man bedenkt, welches ausnehmend große Interesse die meisten im Schiedsgericht vertretenen Staaten haben, daß ihnen nicht auch ihre Kapitulationen in China gekündigt werden. Ob sich freilich China dem Urteil einer Behörde, deren Kompetenz es bestreitet, fügen wird und wie man es zwingen will, wenn es sich nicht fügt, bleibt eine offene Frage. Nachdem der Sieg der nationalistischen Regierung mit der Einnahme Pekings (4. Juni 1928) entschieden ist, dürfte in der Tat im Laufe der nächsten zehn oder zwanzig Jahre den fremden Kapitulationen der Garaus gemacht und China in Wahrheit ein selbständiger und souveräner Staat werden, der voraussichtlich sogar einen größeren Teil seiner verlorenen Außenbezirke schließlich wiedergewinnen wird. Wer weiß, wie lange es noch dauert, bis die fremden Mächte weit weniger nach der „Offenen Tür" als nach dem Notausgang Ausschau halten werden! Es vollzieht sich in China in diesen Jahren ein Prozeß der Abschüttelung der fremden Vormünder oder, um mit Haushofer[1]) zu sprechen, einer „von jenen Übergängen von Zuständen latenter Energie zur Entspannung kinetischer, wie wir sie vor einem Menschenalter in Japan, heute in Jung-China, demnächst im ganzen Rahmen der Monsunländer erleben." Im Rahmen der ungeheuren Menschenmasse der Chinesen verschwinden

1) Karl Haushofer, „Geopolitik und Weltwirtschaft" im Märzheft 1927 der Monatsschrift „Weltwirtschaft", S. 54.

die Ausländer wie ein Tropfen im Meer: 1923 gab es in einem 425 Millionenvolk nur 46823 Europäer und Amerikaner, 85766 Russen und 198206 Japaner. Es entfällt also ein Ausländer auf etwa 1300 Chinesen!

Da gegenwärtig Peking wegen seiner heut allzu exzentrischen Lage seine Rolle als Hauptstadt ausgespielt zu haben scheint, erscheint geopolitisch Hankou als die gegebene, neue Hauptstadt. Mag diese Millionenstadt auch sonst sehr reizlos und unschön sein, ihre Lage ist geradezu ideal, denn wo in der Welt findet sich noch einmal eine fast zentrale Sicherheits-Lage der Hauptstadt in einem Riesenland vereinigt mit der Rolle eines der ersten Seehäfen?

10. Kolonialmandate.

Gerade die unverkennbare Knappheit des verfügbaren Koloniallandes zwingt heute zu einer wirklich gerechten Verteilung, zu einer Rationierung nach höheren und allgemeineren Gesichtspunkten als nach den Interessen einzelner Nationen. Da in den meisten Kolonialländern überdies Menschen leben, die nicht mehr einfach Objekt der Geopolitik sein wollen, die über die Weltvorgänge nachdenken und die, seit dem Weltkrieg, erkannt haben, daß auch die Weißen nur Menschen sind, gegen deren Willen man sich auflehnen kann, so würde es gar nichts schaden, wenn in geeigneten Fällen das gepriesene „Selbstbestimmungsrecht der Völker" auch auf die Eingeborenen der Kolonien angewandt würde. Von ihnen würde man ein zuverlässigeres und gerechteres Gutachten erhalten können als vom Völkerbund, welchen „fortgeschrittenen Nationen" man gemäß dem Idiom des Art. 22 des Völkerbundsstatuts am zweckmäßigsten die „Vormundschaft über diese Völker" anvertraut. Gerade die Völker des wichtigsten Kolonialerdteils Afrika würden sich zum großen Teil noch ganz und gar nicht sträuben, sich von wohlwollenden weißen Herren führen und lenken und ihr Land entwickeln zu lassen. Die etwas überspannten Ideen, die auf dem Brüsseler Antikolonialkongreß im Februar 1927 jede Kolonialpolitik im Namen der „Freiheit" verurteilten und unklare Forderungen nach Autonomie auch für die kulturell tiefstehenden Völker erhoben, atmeten vollkommene Weltfremdheit und würden wohl grade bei den Negern auf ein nur schwaches Echo stoßen, denn diese wissen und fühlen sehr genau, daß eine wirtschaftliche, kulturelle, hygienische Entwicklung ihrer Länder ohne das wissenschaftliche, technische und — last not least! — das finanzielle Können der Weißen restlos ausgeschlossen ist. In den englischen und den ehemals deutschen Kolonien hätte man für die Schlagworte „Afrika den Afrikanern!", „Freiheit der Neger" usw., die in Brüssel überdies bedenklich stark von einer gewissen Parteipropaganda erhoben und vertreten wurden, sicher ein richtigeres und skeptischeres Urteil übrig gehabt als in manchen Schreibstuben unserer weißen Menschheit.

Daß heute die Welt keinen Raum mehr haben sollte für „Luxuskolonien", die irgendein Besitzer nur deshalb noch sein eigen nennt, weil er sie früher besessen hat oder weil er es seinem Prestige schuldig zu sein glaubt, Kolonialland zu haben, können wir allerdings als vornehmstes kolonialpolitisches Dogma aufstellen. Riesige portugiesische Kolonien etwa sind heute ein ausgesprochener Atavismus, denn ein Land, das rund 80 % Analphabeten besitzt, politisch wie finanziell fast vollkommen in die Hörigkeit eines anderen Staates, Englands, geraten ist und dessen Bewohner sogar bei den Negern „die Wilden von Europa" heißen, kann wirklich im 20. Jahrhundert nicht mehr Anspruch darauf machen, weißes Vorbild und Führer für farbige Rassen zu sein, ganz abgesehen davon, daß Portugal so gut wie nichts zur Entwicklung seiner Kolonien tut, in denen Engländer und Südafrikaner wirtschaftlich vollkommen das Heft in der Hand haben.[1])

Ebenso wird Belgien, trotz all seines Ehrgeizes und vielleicht selbst guten Willens, nie und nimmer in der Lage sein, ein achtzigfach größeres, schwieriges und anspruchsvolles Kolonialland ausreichend zu entwickeln. Es ist einfach dazu physisch nicht imstande. Woher soll denn das kleine Sechsmillionenvolk die für eine wirklich vollwertige Erschließung allein notwendigen Scharen von Pflanzern, Beamten, Ingenieuren, Lehrern, Ärzten usw. und dazu die erforderlichen, gewaltigen Geldmittel nehmen? Bei Holland liegen die Dinge wesentlich anders: es ist seit Jahrhunderten sozusagen hineingewachsen in seinen hinterindischen, schönen Kolonialbesitz und hat ihn bereits sehr weitgehend entwickelt. Aber dem Insulinde-Paradies gegenüber ist der Kongostaat doch geradezu ein jungfräuliches Kolonialland, in dem kaum weniger als alles noch zu tun bleibt!

Und gerade diesem Land, das in Jahrzehnten noch nicht in der Lage sein kann, den seiner harrenden Aufgaben im Kongostaat gerecht zu werden, hat der Völkerbund nun noch die verantwortungsvolle Aufgabe einer Mandatsverwaltung aufgebürdet! Für den entsetzlich leichtfertigen Unverstand, mit dem man im Genfer Völkerbund über das Wohl und Wehe eingeborener Bevölkerungen kurzerhand verfügt hat, kann es kein schlimmeres Beispiel geben als die geopolitisch schlechterdings ungeheuerliche Angliederung der wertvollen ostafrikanischen Sultanate Ruanda und Urundi an die belgische Verwaltung des Kongostaates. Das „Mandatsgebiet" ist vom Kongostaat gänzlich getrennt, viel nachhaltiger als die Exklave Ostpreußen vom übrigen Deutschen Reich (vgl. S. 121). Daß es militärisch nicht im geringsten zu verteidigen ist, wird mancher vielleicht für unwesentlich halten, aber so lange dieses Mandatsland staatlich von Ostafrika getrennt ist, zu dem es gehört, kann es einfach überhaupt nicht entwickelt werden. Es ist geopolitisch ganz unverantwortlich, ein Gebiet, das mit allen Fasern im Bereich des Indischen Ozeans wurzelt, mit Gewalt ins Gebiet des Atlantischen Ozeans zu verweisen, der doppelt so weit entfernt ist wie jener und von dem das Land durch die breiten Seen, den Russisi und das Wirungagebirge verkehrstechnisch geradezu

1) Vgl. Hans Meyer, Geopolitische Betrachtungen über das portugiesische Kolonialreich in Afrika in der „Zeitschr. f. Geopolitik", 1924, S. 274.

abgeriegelt ist. Aber die „Weisheit" von Genf hat's nun einmal so bestimmt — zur Erheiterung kommender Geschlechter!

Ebenso ist es in einer Zeit, da der für die Aufnahme von Bevölkerungsüberschüssen bestimmte Kolonialraum empfindlich selten wird, mit dem ethischen Grundgedanken der Kolonialidee, wie sie auf dem Papier im Art. 22 des Völkerbundsstatuts recht ansprechend niedergelegt ist, nie und nimmer zu vereinbaren, daß ein Staat riesige Mengen von Kolonien nicht wegen seiner zunehmenden, sondern wegen seiner abnehmenden Bevölkerungsmengen unterhält, daß er seine Kolonien mehr und mehr als reine Rekrutierungsgebiete ansieht, um sich ein übermäßig großes und gleichzeitig, infolge der Zwangsdienstpflicht, billiges Heer halten zu können. Kein anderes Land hat jemals so systematisch und so viel fremdes Blut, unter tunlicher Schonung der eigenen Landeskinder, für seine imperialistischen Ziele fließen lassen wie Frankreich, das letzthin z. B. gleichzeitig mit marokkanischen Soldaten das deutsche Rheinland und mit deutschen Fremdenlegionären Marokko zu erobern trachtete. Man wird ganz objektiv feststellen dürfen, daß für ein seit 60 Jahren in seiner Einwohnerziffer nahezu stagnierendes, nicht übermäßig dicht besiedeltes Land ein Kolonialreich von $11\frac{3}{4}$ Millionen qkm im 20. Jahrhundert, bevölkerungspolitisch gesehen, schlechterdings ein grober Unfug ist.

Und was soll nun gar der weltgeschichtliche Widersinn, für den den Völkerbund die volle Verantwortung trifft, daß die dünnstbesiedelten Staaten der ganzen Erde, Australien, Neuseeland, Südafrika, die im eigenen Staatsgebiet noch auf 100 und mehr Jahre innere Kolonisation zu treiben haben, mit wertvollen Kolonialmandaten ausgestattet worden sind, während anderen, an schwerer Übervölkerung leidenden Staaten, „die auf Grund ihrer Hilfsmittel und ihrer Erfahrung am besten imstande und auch bereit sind, eine solche Verantwortung (der Vormundschaft über unentwickelte Völker) auf sich zu nehmen", wie Art. 22 des Völkerbundsstatuts mehr phrasenselig als ehrlich betont, die gleichen Kolonialmandate vorenthalten wurden! Wenn eine Stadt oder ein Staat einen riesigen industriellen Auftrag vergeben will, der höchste technische Erfahrung und finanzielle Sicherheit erfordert, so wird dieser Auftrag doch nicht gerade an die kleinste und unerprobteste Firma erteilt werden, die mit dem eigenen Aufbau noch alle Hände voll zu tun hat. Aber in der Kolonialpolitik, wo es nur um Leben und Wohlfahrt von Millionen von „Eingeborenen" geht, leistet man sich derartige Extravaganzen, und der Völkerbund drückt das Siegel seines Einverständnisses auf eine solche Sünde wider den heiligen Geist des kolonialen Gedankens. — Die Folgen sind denn auch dementsprechend: auf der neuseeländischen Kolonie Samoa ist im Winter 1918/19 ein Viertel der liebenswürdigen eingeborenen Bevölkerung, in Südafrika gleichzeitig eine Menge von 500000 Farbigen einer Influenzaepidemie zum Opfer gefallen, weil Neuseeland keine und Südafrika nur wenig Ärzte zur Bekämpfung der Seuche zur Verfügung stellen konnte, und im belgischen Kongostaat sind in den letzten 20 Jahren, glaubhaften Nachrichten zufolge, wegen völlig unzureichender ärztlicher Versorgung rund die Hälfte, in Franz.-Äquatorialafrika angeblich sogar fast zwei Drittel der ohnehin nur spärlichen Bevölkerung von der Schlafkrankheit und anderen tropischen Seuchen dahingerafft worden. Wie sollte es auch anders sein in einer Kolonie, in der selbst nach belgischen Statistiken auf je 15000 qkm meist unwegsamen Landes nur je ein Arzt entfällt und sogar in schwer verseuchten Gebieten nur ein Regierungsarzt auf 300000 Einwohner kommt?[1]) Inzwischen nehmen in sämtlichen tropischen Mandatsgebieten die i. J. 1914 schon fast ausgerottet gewesenen Krankheitsgeißeln Schlafkrankheit, Pocken und Pest wieder stark zu, weil überall die eingearbeiteten deutschen Ärzte vertrieben und andere Ärzte nur in viel zu kleiner Zahl erschienen sind. Tausende und Tausende von schwarzen Menschenleben fallen alljährlich dieser hygienischen Nachlässigkeit zum Opfer und müßten sämtlichen Völkerbundsdelegierten auf der Seele brennen, die diesen sanitären Niedergang mitverschuldet haben und noch heute gleichmütig mitansehen.

„Gerechte Regelung aller kolonialen Ansprüche“ lautete der fünfte unter den berüchtigten „14 Punkten“ des Präsidenten Wilson vom 8. Januar 1918, die durch ehrenwörtliche Zusicherung aller leitenden Ententestaatsmänner vom 5. November 1918 zur Grundlage des abzuschließenden Friedens gemacht werden sollten und dann — nicht gemacht worden sind. Von der „gerechten Regelung“ ist die Welt zurzeit erheblich weiter entfernt als vor der Veröffentlichung der 14 Punkte. Ob sie überhaupt noch je zu erreichen sein wird, muß um so mehr bezweifelt werden, als die Sonne des kolonialen Zeitalters sich offensichtlich ihrem Untergang zuneigt und in schätzungsweise rund 100 Jahren Kolonien im alten Sinne wohl überhaupt kaum noch auf der Erde zu finden sein werden. Für eine größere Reihe von Jahrzehnten freilich sind Kolonien für alle Beteiligten sicher noch nicht zu entbehren, mag auch das verfügbare Kolonialland stets spärlicher werden. Um so mehr muß darauf gedrungen werden, daß die unvermeidliche Rationierung von einem wirklich unparteiischen und mit der nötigen moralischen Autorität ausgestatteten Bunde aller Nationen vorgenommen, daß eine Annäherung an eine wahrhaft „gerechte Regelung“ zumindest angestrebt wird, während sich die Welt in den zehn Jahren seit der Bekanntgabe der 14 Punkte weit mehr jenem gegenteiligen Zustand genähert hat, wie er etwa im Testament des Cecil Rhodes (vgl. S. 104) als Ideal hingestellt worden ist.

Ein guter Maßstab für eine gerechte „Regelung“ scheint das Verhältnis zwischen der Volksdichte eines Landes und der Größe bzw. dem Wert seines kolonialen Territoriums zu sein, Supans „Kolonialquotient“.[2]) Es ist dabei nur von untergeordneter Bedeutung, ob es sich um ein industriell entwickeltes oder ein überwiegend auf Landwirtschaft eingestell-

1) Hermann Nordau, „Quer durch das dunkelste Afrika“. Leipzig 1926.

2) Alexander Supan, „Leitlinien der allgemeinen politischen Geographie“, S. 1, Gotha 1919.

tes Land handelt, denn das Industrieland braucht koloniale Rohstoffe und der Ackerbaustaat Siedlungsland. Wirklich maßgebend in beiden Fällen bleibt in erster Linie die Bevölkerungsdichte. Es ergibt sich nun nach neueren Berechnungen, die sehr verschiedenen Quellen entstammen, folgende erstaunlich ungleichmäßige „Regelung" der kolonialen Bedürfnisse:

Bevölkerungsdichte je Quadratkilometer.

	im Stammland	mit Kolonien bzw. „Mandaten"		im Stammland	mit Kolonien bzw. „Mandaten"
Sibirien . .	0,46	0,46	Vereinigte Staaten . .	$13^{1}/_{2}$	10
Südafrika. .	0,6*	0,5	Großbritannien .	188*	14
Kanada . .	0,75	0,75	Italien. . .	136	20
Australien .	0,77*	0,7	Holland . .	201	21
Neuseeland .	$3^{1}/_{2}$*	$3^{1}/_{2}$	Spanien . .	40	30
Portugal . .	65	6	China . . .	86	86
Belgien . .	257*	6	Japan . . .	157*	99
Rußland (+ Sibirien) . .	7	7	Deutschland	134	134
Frankreich .	74*	8			

Die Zahlen der ersten Tabelle spiegeln das moralische Anrecht der Staaten auf Kolonialbesitz wieder: je höher sie sind, um so unvermeidlicher ist das jeweilige Volk auf koloniale Ausdehnung angewiesen, je niedriger sie sind, um so mehr Aufgaben blühen ihm noch auf dem Gebiete der „inneren" Kolonisation, und um so weniger ist es physisch imstande, Menschen und Kapital zur Entwicklung anderer, überseeischer Gebiete frei zu machen. Demgegenüber gibt das Zeichen * an, welche Staaten im Dezember 1920 vom Genfer Völkerbund mit neuem Kolonialbesitz in Gestalt von „Mandaten" ausgestattet worden sind. Das, was man in Genf als „gerechte Regelung" anzusehen vorgab, springt auf den ersten Blick in die Augen: gerade die schon vorher mit unnatürlich großem Kolonialbesitz ausgestatteten Länder (Belgien, Frankreich, Großbritannien) und einige der am allerdünnsten besiedelten Staaten der Erde sind mit Mandaten beschenkt worden!

Vielleicht ein noch besserer objektiver Maßstab für das Anrecht auf Kolonialbesitz ist die schon oben (S. 190) genannte „Tragfähigkeit des Lebensraumes". Wenn 100 das Verhältnis angibt, bei dem die vorhandene Bevölkerung eines Stammlandes durch die im Lande selbst zu erzeugenden Nahrungsmittel, bei Ausnutzung aller heutigen Möglichkeiten, gerade ausreichend und gut ernährt werden kann, so sind in der nachfolgenden Tabelle die Zahlen unter 100 charakteristisch für die Länder, die noch weitere Volksmengen aufnehmen können, ohne die autarke Ernährung aus eigenem Boden zu gefährden, während die Zahlen über 100 Länder bezeichnen, in denen die Volksmenge größer als die Nahrungsdecke ist. Je niedriger die Zahl — um so bedeutender die Aufgaben der inneren

Kolonisation; je höher die Zahl, um so stärker der Anspruch, auf die koloniale Dringlichkeitsliste zu kommen, falls nicht Industrie der einen oder anderen Art (auch Fremdenindustrie) einen hinreichenden Ausgleich schafft. Die Tragfähigkeit des heimischen Lebensraums war dann i. J. 1925 ausgenutzt in Prozenten:

Staaten mit Kolonialbesitz		Staaten ohne Kolonialbesitz	
Neuseeland	5	Brasilien	4
Australien	5	Kanada	6
Vereinigte Staaten	23	Argentinien	7
Rußland	50	Schweden	60
Spanien	79	Südslawien	74
Frankreich	81	Rumänien	75
Dänemark	85	Norwegen	138
Italien	113	Deutschland	140
Japan	131	Österreich	165
Großbritannien mit Irland	179	Finnland	174
		Schweiz	231

Um den in Genf begangenen Widersinn in vollem Umfang verständlich zu machen, werden wieder am besten einige statistische Tabellen für sich sprechen. Vor dem Kriegsausbruch 1914 stellte sich die Größe der Kolonialreiche und ihr Menschenreichtum im Verhältnis zu den jeweiligen Mutterländern ungefähr folgendermaßen:

Die Größe des Kolonialbesitzes (Kolonialquotient) 1914.

Name des Staates	Raumgröße des Kolonialbesitzes im Verhältnis zur Größe des Mutterlandes	Verhältnis zwischen der Kopfzahl der Kolonien zu der des Mutterlandes
Großbritannien	102,7 : 1	8,42 : 1
Belgien	80,1 : 1	1,19 : 1
Holland	59,8 : 1	6,13 : 1
Portugal	23,5 : 1	1,55 : 1
Frankreich	19,7 : 1	1,15 : 1
Italien	5,7 : 1	0,05 : 1
Deutschland	5,4 : 1	0,19 : 1
Japan	0,8 : 1	0,36 : 1
Vereinigte Staaten	0,23 : 1	0,10 : 1

Hiermit wolle man vergleichen, in welchem Verhältnis der Völkerbund die ehemals deutschen Kolonien i. J. 1920 aufteilte. Von nahezu 3 Mill. qkm deutschen Kolonialbesitzes erhielten:

England nebst Dominions	2 400 000 qkm	(940 000 qkm in Ostafrika, 835 000 in Südwestafrika, 340 000 in Kamerun, 243 000 in der Südsee, 42 000 in Togo),
Frankreich	495 000 qkm	(450 000 qkm in Kamerun, 45 000 in Togo),
Belgien	49 000 qkm	(Ruanda-Urundi),
Japan	2 500 qkm	(Südseeinseln nördl. des Äquators).

Außerdem verschaffte sich England aus der türkischen Erbmasse die Königreiche in Arabien, ferner Mesopotamien[1]), Transjordanien, Palästina und Cypern, Frankreich den größten Teil von Syrien usw.

Diese Art der „Regelung der kolonialen Ansprüche", die der Völkerbund auf soufflierten Befehl der Ententemächte gemäß der Versailler Verabredung vom 7. Mai 1919 vorgenommen hat, bildet die denkbar trefflichste Illustration zu dem alten Oxenstjernawort von der wenigen Weisheit, mit der die Welt regiert wird: die am meisten mit Kolonien gesättigten, ja übersättigten Länder erhielten den Löwenanteil von der Beute, die am schwersten übervölkerten und am dringlichsten auf neues Siedlungsland angewiesenen Bundesgenossen der Entente selbst entweder nur einen Abfall von des Herrn Tische, wie Japan, oder nichts, wie Italien. Was aber die Neuverteilung und „Regelung" des Kolonialbesitzes zwischen Deutschland, England, Frankreich, Belgien betrifft, so stehet ja schon in der Bibel geschrieben: „Wer da hat, dem wird gegeben; wer aber nicht hat, dem wird auch, was er hat, genommen werden."

In Berücksichtigung dieses Wortes der Bergpredigt hat der Völkerbund eine Verteilung der Mandate vorgenommen, auf Grund deren sich heute folgende Tabelle ergibt:[2])

Die Größe des Kolonialbesitzes 1925.

Name des Staates	Raumgröße des Kolonialbesitzes im Verhältnis zur Größe des Mutterlandes	Verhältnis zwischen der Kopfzahl der Kolonien zu der des Mutterlandes
Großbritannien. . . .	150,1 : 1	9,27 : 1
Belgien[3])	79,5 : 1	1,52 : 1
Holland	59,8 : 1	6,87 : 1
Portugal.	23,5 : 1	1,12 : 1
Frankreich[3])	20,7 : 1	1,45 : 1
Italien[3]).	6,4 : 1	0,05 : 1
Japan	0,8 : 1	0,40 : 1
Vereinigte Staaten . .	0,23 : 1	0,12 : 1
Deutschland	0 : 1	0 : 1

Englands Besitz allein ist in Asien 16mal so groß wie in Europa, in Australien 24mal, in Afrika 27mal, in Amerika 32mal so groß (vgl. Fig. 59)!

1) Mesopotamien ist vom Völkerbund nie an England als Mandat übergeben worden. Regelrecht als Mandat verliehen sind bisher aus der türkischen Erbmasse lediglich Palästina (24. Juli 1922) und Syrien (28. Juli 1922). Mesopotamien ist heute britisches Protektoratsland (vgl. S. 269). Im Königreich Hedschas sind den Briten ähnliche Absichten infolge der Verschlagenheit Ibn Sauds mißlungen, dagegen scheint Transjordanien durch den Vertrag vom 28. Februar 1928 in dasselbe Vasallenverhältnis zu England wie das Königreich Irak gebracht worden zu sein.

2) Nach Erich Obst, a. a. O., S. 104/5, und Heinrich Schnee, Deutschlands Eintritt in die Mandatskommission im „Heimatsdienst", 1927, S. 220.

3) In Belgien war 1925 das Mutterland um Eupen-Malmedy vergrößert, in Frankreich durch Elsaß-Lothringen, in Italien durch Südtirol, Dalmatien usw.

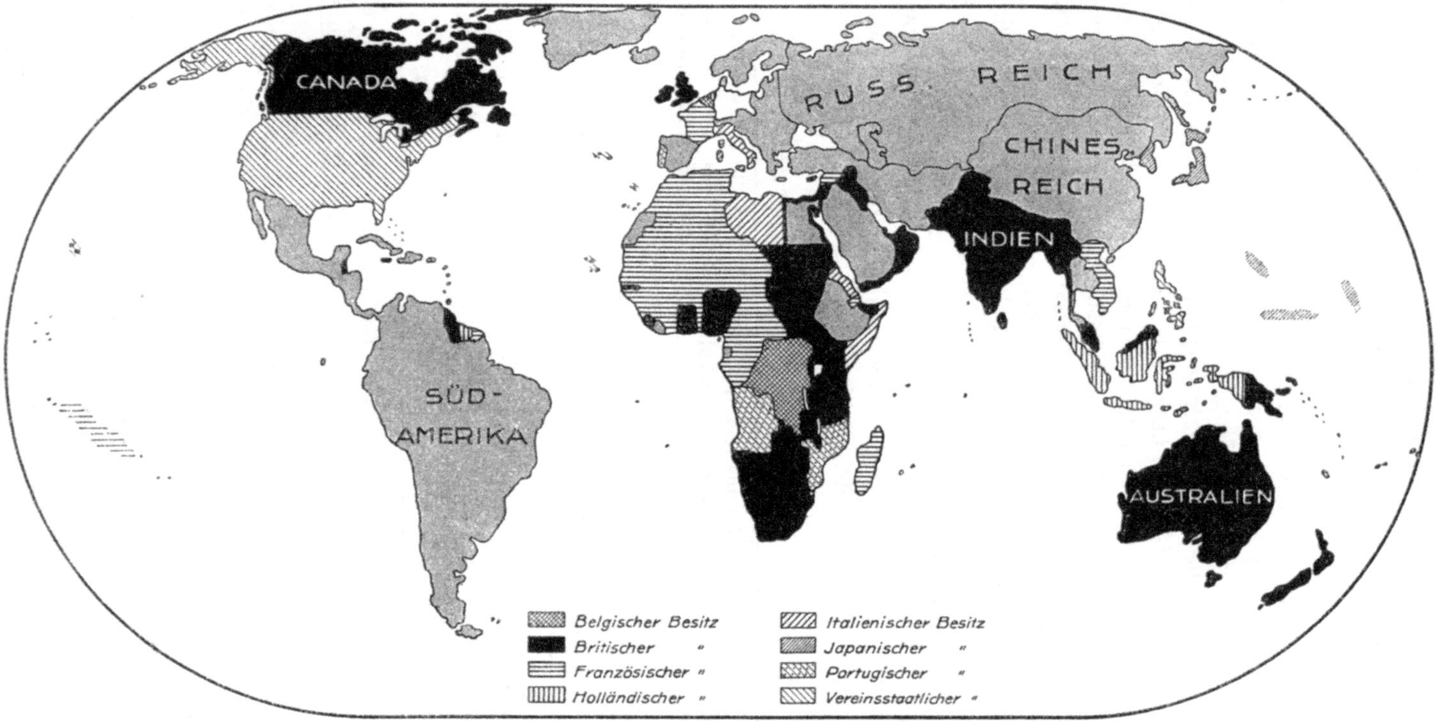

Fig. 59. Die Verteilung des Kolonialbesitzes.

Der Völkerbund trägt für diese Sinnlosigkeit die volle Verantwortung. Die Zensur, die ihm auf Grund sachlicher Betrachtungsweise in einer hochstehenden wissenschaftlichen Zeitschrift Erich Obst hat zuteil werden lassen[1]), ist vielleicht das in seiner Schlichtheit vernichtendste Urteil, das je über ihn gefällt worden ist, er habe seine Aufgabe vorwiegend darin erblickt, „das Recht zu beugen im Interesse derjenigen Staaten, die die Macht besitzen".

Wenn wir von den bedenklichen Seiten des augenblicklich geübten kolonialen Mandatssystems einmal absehen und von einer höheren Warte aus die Frage prüfen, ob solche Mandatsverwaltungen ganzer Länder überhaupt objektiv empfehlenswert sind, so müssen wir zu einem recht ungünstigen Urteil kommen. Jedes Mandat ist ganz selbstverständlich widerruflich und zeitlich begrenzt — sonst ist es eben überhaupt kein Mandat, geschweige denn ein zu treuen Händen verwaltetes Mandat! Nun lehrt aber die Erfahrung immer wieder, daß ein nur vorübergehender Besitz volkswirtschaftlich bedeutend weniger günstig als ein voraussichtliches Dauereigentum zu bewerten ist. Das erst im November 1906 von Stolypin beseitigte russische Mir-System oder das chinesische „Brunnenfeld" (Tsing Tien)-System, die dem Bauer bald dieses und bald jenes Ackerstück zur Bewirtschaftung zuwiesen, konnten doch wirklich nicht als ein Gipfel wirtschaftlicher Weisheit angesehen werden, da ein solcher Agrarkommunismus zwangsläufig zum Raubbau, zur raschen Erschöpfung des Bodens, zu ungenügender Vorsorge für künftige Ernten führen mußte. Haushofer hat des weiteren überzeugend dargelegt, wie zwei Vorläufer des jetzt in Rußland mit katastrophalem Endergebnis gepflegten Kommunismus die denkbar schlimmsten Folgen gezeitigt haben: Die japanische Taikwa-Periode der Jahre 645—652 mit einer Aufteilung des Bodens nach der Kopfzahl und das ums Jahr 1067 angestellte Experiment des vom chinesischen Kaiser Shin-tsung zum Staatslenker ernannten philosophischen Phantasten Wang-Ngan-Shi, der alles Privateigentum abschaffte und Ackerboden und Güter aller Art vom Staat verteilen ließ, auch die gesamte Ernte als staatliches Eigentum in Anspruch nahm. Haushofer faßt das Endergebnis dieser zwei kommunistischen Eisenbartkuren in die Worte zusammen:

„Bezeichnend ist, daß beide damit das Erbe zweier ausgezeichneter Regierungen vertaten und nicht nur den Zusammenbruch der Dynastie herbeiführten, sondern auch eine längere Fremdherrschaft. Das praktische Ergebnis war, daß niemand mehr den Boden ordentlich bebaute, der ihm nicht zu eigen gehörte und daß nach sieben Jahren der Versuch unter allgemeinem Elend zusammenbrach." [2])

Hinreichende Kenntnis der Geschichte hätte voraussichtlich nicht nur gar manche verhängnisvollen privatwirtschaftlichen Experimente der Jahre seit 1917 vermieden, sondern auch vor dem kolonialen Mandat (wenn es ehrlich gemeint war) zurückscheuen lassen. Denn welch Unter-

1) Zeitschr. f. Geopolitik, 1925, S. 57.
2) „Zur Geopolitik der Selbstbestimmung", S. 143.

schied besteht denn schließlich zwischen den überspannten Weltverbesserungsideen eines Wang-Ngan-Shi oder Lenin und einer kolonialen Mandatserteilung durch den Völkerbund? Eine Zuerkennung von Kolonialbesitz auf Zeit muß notwendig dieselben Mißstände, denselben Raubbau zur Folge haben wie die Verleihung von Ackerboden auf Zeit durch den Staat, und solch Raubbau hat sich in einigen Mandatsländern (Samoa, Neuguinea, Togo, Ruanda-Urundi) auch schon erschreckend deutlich bemerkbar gemacht. Die schöne Bestimmung der Mantelnote zum Versailler Diktat (16. Juni 1919), daß der Mandatar „keinerlei Vorteil aus dem anvertrauten Gute ziehen" darf, steht ja doch nur auf dem Papier, wenn nicht der Genfer Auftraggeber mit äußerster Energie und Strenge über der Einhaltung dieser Verpflichtung wacht, wovon aber keine Rede ist. Wenn jene gutklingende Redensart nur zur Einschläferung der öffentlichen Meinung bestimmt war, wenn der Mandant ein Auge und noch lieber alle beiden zudrückt, um die massenhafte Verstöße gegen das Völkerbundsstatut, die Vernunft und Moral nur nicht zu bemerken und dann vielleicht zu unbequemen Auseinandersetzungen gezwungen zu sein, so ist ein gewissenloser Raubbau an den materiellen und menschlichen Werten eines Mandatslandes schlechterdings unvermeidlich. In der Privatwirtschaft wie im Leben der Staaten gewährt der dauernde Besitz die zweckmäßigste Verwendung und die liebevollste Fürsorge. Der Mandatsbegriff, auf die Kolonien angewandt, ist in der gegenwärtigen Form nicht ein Fortschritt, sondern ein schwerer Rückschritt. Man würde sich wohl auch zur Einführung einer solchen Neuerung nie verstanden haben, wenn man nicht in einer gewissen Verlegenheit gewsen wäre. Die Schaffung von „Verlegenheitsstaaten", für die keinerlei sachliche Notwendigkeit besteht, die auch von keinerlei Bevölkerung gewünscht werden und deren Begründung nur den Staatsmännern über gewisse peinliche Gegensätze hinweghelfen soll, ist ja überhaupt charakteristisch für die neueste Politik. Typische Verlegenheitsstaaten sind Albanien, Danzig, das Monstrum des „Saarstaates" und selbst Österreich. In eben diese Rubrik gehören nun auch die Kolonialmandate, die selbst bei einwandfrei gerechter Zuteilung der Mandatsländer und bei mustergültiger Erfüllung der übernommenen moralischen und rechtlichen Pflichten der Mandatare ein zweifelhafter Gewinn des modernen zwischenstaatlichen Lebens sein würden, die aber jetzt, infolge der meist wenig gewissenhaften Handhabung durch den Mandanten wie die Mandatare, eine schwere Kompromittierung der Staatenmoral im 20. Jahrhundert sein und bleiben werden. Ein objektiver Beurteiler, der selber als Berater Wilsons am Inhalt des Versailler Diktats mitgearbeitet hat, Staatssekretär Lansing, hat dies rundweg anerkannt, als er schrieb[1]):

„In seiner tatsächlichen Wirkung arbeitet der scheinbare Altruismus des Mandatssystems zu Gunsten der selbstsüchtigen und materiellen Interessen der Mächte, die solche Mandate annahmen."

1) Robert Lansing: „Die Versailler Friedensverhandlungen". Berlin 1921.

Der Ausdruck „scheinbarer Altruismus“ ist eine euphemistische Umschreibung für das, was man sonst Heuchelei zu nennen pflegt. Es ist nicht zu erkennen, mit welchen Gegenargumenten die scharfe Kritik Lansings entkräftet werden könnte. —

Wie berechtigt diese Kritik ist, hat sich in besonders lehrreicher Weise im Irak gezeigt. Der Völkerbund hat nämlich das mesopotamische, ebenso wie das transjordanische und die arabischen Mandate niemals offiziell vergeben, sondern lediglich der Vorsitzende des Völkerbundes, Lord Balfour (!), hat im September 1921 als Privatperson die englische Regierung „eingeladen“ zur „provisorischen“ Übernahme der Verwaltung im Irak. England hat sich dies nicht zweimal sagen lassen. Vorausgegangen war ein interessanter diplomatischer Kampf. Am 24./25. April 1920 war in San Remo vereinbart worden, das Mandat über das wegen seiner Erdölschätze begehrenswerte Mesopotamien solle England erhalten. Darauf forderte am 17. Mai der amerikanische Unterstaatssekretär Polk für Mesopotamien die „Offene Tür“ und drohte ein Ausfuhrverbot an, falls England sich weigere. Am 20. November erklärten sich die Ver. Staaten durch die „Colby-Note“ als eine „zweifellos an den Mandaten interessierte Macht“. Brüsk erwiderte Lord Curzon am 28. Februar 1921 „Gleichberechtigung“ in den Mandatsgebieten dürften nur die Mitglieder des Völkerbunds für sich in Anspruch nehmen. Da aber kurz zuvor, am 21. Februar, die Ver. Staaten in einer Eingabe gefordert hatten, bei Vergebung der Mandate gehört zu werden, zog England es vor, das mesopotamische Mandat überhaupt nicht vergeben und sich in der geschilderten Weise nur „provisorisch“ mit der Verwaltung des Königreichs Irak betrauen zu lassen. Durch „Verträge“ mit dem Strohmann-König Feissal vom 10. Oktober 1922 und 11. Juni 1924 hat sich dann England in Mesopotamien nachhaltig festgesetzt und das Land zum englischen Protektorat gemacht, in dem die Amerikaner keine Forderungen mehr stellen konnten. Zwar fand man sich schließlich, am 14. März 1925, doch noch bereit, die amerikanischen Erdöl-Interessenten mit 25% Kapital an der mesopotamischen Petroleumbeute zu beteiligen, aber wie sehr Lansings harte Kritik zu Recht bestand, ist aus dem Gesagten dennoch klar zu ersehen.

Das härteste Urteil über das gesamte Mandatssystem aber hat ein Engländer, der bedeutende Kolonialpolitiker Dawson, gefällt, als er öffentlich erklärte:

„Ich werde nie aufhören, diese Gebietsmehrungen als in schäbiger und unehrlicher Weise zustande gekommen zu bezeichnen und ihre Besitzergreifung als die niedrigste Tat, die je im Namen der Regierung, der Krone und des Volkes in England geschehen ist.“

11. Volk ohne Raum.

Es gibt also Staaten, die mit ihrer Überfülle von kolonialem Raum durchaus nichts anzufangen wissen, und andere, die unbedingt neues Siedlungsland haben müssen, wenn sie nicht ersticken sollen, und denen man es dennoch in Genf vorenthalten hat. Dem Grimmschen „Volk ohne

Raum", wie es heute vor allem in Japan, China, Indien, Italien und Deutschland zu finden ist, steht der Raum ohne Volk gegenüber, wie er uns im größeren Teile der französischen Kolonien, im Kongostaat, in Australien, Neuseeland, Südafrika und mannigfach anderswo entgegentritt.

Die am dichtesten besiedelten geographischen größeren Einheitskomplexe der Erde sind zurzeit die folgenden:[1])

	Menschen auf den qkm		Menschen auf den qkm
Barbados	363 1/2	Martinique.	248
Ägypten (ohne Wüste)	360	Malediven	233
Sachsen	321	Grenada.	219
Java	266	Straits Settlements . .	213
Rheinland	263	Madeira	208
Belgien	257	Mauritius	202
England.	251	Holland	201

Demgegenüber wolle man bedenken, daß z. B. die gesamte Einwohnerzahl des Erdteils Australien nur der von London gleichkommt und daß von seinen 6,1 Mill. Bewohnern rund ein Drittel nur in den vier Städten Sydney, Melbourne, Adelaide und Brisbane zu finden ist, während fruchtbares Land in riesenhaftem Umfang künstlich menschenleer gehalten wird. Aber — Australien hat großes und wertvolles Mandatsland erhalten, nämlich Deutsch-Neuguinea, dagegen Japan wenig, Italien nichts! „Ohne Wahl verteilt die Gaben, ohne Billigkeit das Glück" — —

a) Italien.

Nach der oben (S. 263) mitgeteilten Tabelle könnte es so scheinen, als ob unter den übervölkerten Ländern Italien ausgiebig genug mit Kolonialbesitz ausgestattet sei, da ja die für ein an Industrien und Rohstoffen armes Land viel zu große Bevölkerungsdichte von 136 Menschen auf den Quadratkilometer durch die Kolonialländer Erythräa, Somaliland, Tripolis, Cyrenaika und den Dodekanes bis auf 20 je Quadratkilometer herabgedrückt ist. Seine Kolonialgebiete sind aber wenig wert und zur Besiedlung im großen durchaus ungeeignet, vielfach ausgesprochen wüstenhaft, so daß die heimische, überstarke Bevölkerungsdichte durch den Besitz eigener Kolonien kaum merklich beeinflußt werden kann. Dazu kommt, daß über einen sehr großen Teil seines angeblichen Koloniallandes Italien auch heute noch nur nominell die Oberhoheit besitzt. Es erklärte 1911 im Kriege gegen die Türkei etwas sehr voreilig ganz Tripolis samt der Cyrenaika für annektiert, als seine effektive Herrschaft über zwei oder drei Punkte an der Küste und den unmittelbaren Bereich der Schiffsgeschütze noch nicht hinausreichte. Die Abtretung der begehrten

1) Z. T. nach „Zeitschr. f. Geopolitik", 1925, S. 421,

Länder durch die Türkei im Frieden von Ouchy (18. Oktober 1912) hat daran nicht viel gebessert. Erst 1914 konnte Italien daran gehen, das Land effektiv in seinen Besitz zu bringen, aber kaum glaubte man einige befriedigende Fortschritte gemacht zu haben, da brach der Weltkrieg und bald darnach, am 27. November 1914, ein großer Senussiaufstand gegen die italienische Herrschaft aus. Die Italiener wurden derart in die Enge getrieben, daß sie zu Anfang 1916 außer den beiden Städten Homs und Tripolis von ihrem größten Koloniallande tatsächlich nichts besaßen. Nach dem Kriege war Tripolis als ein nahezu selbständiger mohammedanischer Staat unter einer überwiegend nur nominellen italienischen Oberhoheit zu bewerten.[1]) Zu Anfang 1921 war der Zustand etwa derselbe wie fünf Jahre vorher. Mit dem 26. Januar 1922 begann Italien eine militärische Neueroberung, die im November 1924 abgeschlossen wurde. Damals reichte die italienische Herrschaft südwärts bis zur Linie Ghadames-Misda-Sirte.[2]) Alles Land außerhalb dieses „limes tripolitanus", d. h. der weitaus größte Teil der Kolonie, erkennt die italienische Oberhoheit nicht an. Zurzeit (1927—28) herrscht wieder Kriegszustand, und die Senussi haben den Italienern siegreiche Gefechte geliefert, sie z. T. bis an die Küste zurückgeworfen, so daß der „Besitz" nach wie vor sehr fragwürdig ist. Es ist daher in obiger Tabelle die Zahl für Italiens Kolonialland wirklich nur cum grano salis zu lesen.

Die italienische Auswanderung wendet sich deshalb ungleich mehr nach Südfrankreich, Tunis, Amerika usw. als in die Kolonien des eigenen Landes, und Italiens Hunger nach wirklich wertvollem Siedlungsland ist bislang ungestillt, das Verlangen nach seiner Befriedigung vollauf berechtigt. Im übrigen ist es nicht gut für Italien, daß ihm die Erinnerung an das altrömische Vorbild stets als nachahmenswertes Vorbild vor Augen steht. Mag auch der heutige Staat, in dem 1400 Jahre lang Deutsche, Normannen, Franzosen, Spanier bald hier bald dort die Herren spielten, noch jung, stolz und anspruchsvoll sein, es ist nicht zu verkennen, daß Italien niemals ganz und gar Herr im eigenen Hause sein, daß es mit seinen langgestreckten, offenen Küsten immer im Schlepptau der britischen Politik bleiben wird und muß, solange England die Meere beherrscht.

Geopolitisch am interessantesten und weltpolitisch am gefährlichsten ist der immer schärfer hervortretende Gegensatz der siedlungstechnischen Zustände in den beiden romanischen Schwester- und Nachbarstaaten Italien und Frankreich. Italien verfügt über eine heimische Fläche von zurzeit 312570 qkm, auf der Kohle und Erz so gut wie gänzlich fehlen, wo daher keine menschenmassierende Großindustrie entwickelt werden kann. Dabei ist die Bevölkerungsziffer in ständiger, rascher Vermehrung begriffen und ist seit 1914, trotz aller Kriegsverluste, bis 1928 von $34\frac{1}{2}$

1) C. Fidel, Une mission en Tripolitaine, Paris 1921.

2) Näheres bei L. Wittschell, Die Entwickelung Tripolitaniens seit der italienischen Besitzergreifung in „Petermanns Mitteilungen", 1926, S. 167/8.

auf 40[1]) Mill. Köpfe gestiegen. Demgegenüber weist Frankreich eine reichgesegnete Bodenfläche von 551000 qkm auf mit den größten Erzlagern Europas und bedeutenden Kohlenlagern, und dennoch stagniert seine Bevölkerungsziffer seit über einem halben Jahrhundert nahezu völlig. 1870 gab es in Frankreich 37, 1926 40,7 Millionen Menschen, so daß das viel kleinere Italien seit wenigen Jahren ebenso volkreich wie Frankreich ist, das noch unter Ludwig XIV. ein Drittel der gesamteuropäischen Bevölkerung (heut knapp ein Zwölftel) umfaßte. Italien ist seit Jahrzehnten genötigt, große Mengen seiner Söhne und Töchter, die es auf dem engen, durch viele Gebirge und ausgedehnte Malariagebiete noch weiter beschränkten Boden der Heimat nicht zu ernähren vermag, ins Ausland zu senden. Fast ein Viertel aller Italiener lebt im Ausland, da eben die schlechten italienischen Kolonien nur eine äußerst kümmerliche Aufnahmestellung gewähren. Italienisch Jubaland ist z. B. für europäische Siedler so wenig geeignet, daß man jetzt gezwungen ist, trotz des Menschenüberflusses der Heimat, dort indische und chinesische Kulis einzuführen! Italien besitzt unzweifelhaft unter allen Kolonialvölkern, mit Ausnahme Dänemarks, die geringsten und wertlosesten Kolonien. Vier Zahlen beleuchten blitzartig die Lage und erhellen den Unterschied zwischen einem Land mit schlechten und einem mit guten Kolonien. Es betrug die Bevölkerungsziffer i. J. 1925:

Land	im Mutterland	in den Kolonien
Italien	38836000	1807000
Holland	7212700	49540000

Und inzwischen quillt daheim das italienische Volk nach allen Seiten über seine Landesgrenzen hinüber, und zwar in besonders großem Umfang in das gesegnete Frankreich hinein, das obendrein mannigfaches italienisches Sprachgebiet dem Mutterland entrissen und sich selber einverleibt hat: Korsika schon 1769, Nizza und Savoyen, die Wiege des italienischen Königshauses, 1859. Rund 55 % der italienischen Auswanderer wenden sich auf französischen Boden im Norden und Süden des Mittelmeeres. Die Zahl der in Frankreich selbst lebenden Italiener ist, zumal in den letzten Jahren, gewaltig emporgeschnellt; sie entwickelte sich folgendermaßen:[2])

1861	78000
1872	115000
1901	330000
1921	470000

Hierzu kamen allein in den drei Jahren 1922—24 noch weitere 469000 (1922: 99000, 1923: 168000, 1924: 202000!) italienische Einwanderer, und wenn auch etwa 30 % dieser Zahl wieder zurückwanderten, so liegt hier doch eine völkische Invasion vor, auf die Frankreich erklärlicher-

1) Die amtlichen Zahlen werden seit Jahren oft bewußt zu hoch angegeben. Vgl. Alois Fischer's Darlegungen in „Zeitschr. f. Geopolitik" 1928, S. 335/6.

2) L'Emigrazione italiana, Rom 1925.

weise mit erheblicher Besorgnis blickt, denn der größte Teil dieser Einwanderer besitzt ein starkes Nationalgefühl und ist durchaus nicht gewillt, zu „guten Franzosen" zu werden. Wenn Frankreich alle diese italienischen Zuwandererströme im Süden, dazu die polnischen im Norden einfach einbürgern und sich assimilieren könnte, würde es kaum etwas dagegen einzuwenden haben, denn das Volk, das die schwarze Schmach übers Rheinland gebracht und die Unterschiede zwischen Weiß und Farbig selbstmörderisch mehr und mehr verwischt hat, ist längst des Rassenstolzes bar und, da es der Menschenauffüllung dringend bedarf, frischt es die schwindende eigene Volkskraft unbedenklich aus jeder Quelle auf, die sich gerade darbietet. In Paris leben ständig 200000[1]), in Marseille 100000 Farbige, in den Werken von Renault findet man neben Franzosen russische, ungarische, italienische, spanische, chinesische und schwarze Arbeiter. Und trotz alledem verringerte sich vom 1. Januar bis 1. April 1927 die Gesamtbevölkerungszahl des Landes um 32000 Köpfe. Frankreich ist eben, um mit Maull zu sprechen[2]), „ein absterbender Staat". Die Italiener wollen zumeist ihr Volkstum und ebenso ihre Sprache behalten, was ja in den italienischen Provinzen Frankreichs ohnehin leicht fällt, und somit muß Frankreich beginnen, Dämme gegen den Einwandererstrom zu errichten, wenn seine südöstlichen Landesteile nicht mehr und mehr italienisiert und schließlich von Italien als Irredenta beansprucht werden sollen. Das Problem ist für Frankreich um so schwieriger, als seine Volksdichte sich von 1913 bis 1921 von 74 auf 71,2 je Quadratkilometer verringert hat. 1927 hat zu Rosporden in der Bretagne schon ein französischer Minderheitenkongreß stattgefunden, an dem Bretonen, Elsässer und Korsen ihre Klagen und Beschwerden vortrugen. Das war ein erstes Signal. Es ist durchaus wahrscheinlich, daß den Franzosen eines Tages das Minderheitenproblem im eigenen Lande über den Kopf wachsen wird.

Noch gefährlicher ist für Frankreich die Lage in Tunis, seiner wertvollen nordafrikanischen Kolonie. I. J. 1881 hat es den Italienern dieses lebhaft begehrte koloniale „Gegenufer" durch den Bardovertrag mit dem Bei (12. Mai 1881) sozusagen vor der Nase weggeschnappt, was den Hauptanlaß gab, daß es Bismarck gelang, das verärgerte Italien in den Dreibund hineinzubringen. Aber wie die Dinge heute liegen, beherbergt das französische „Protektorat" Tunis dreimal so viel Italiener als Franzosen! Nicht weniger als 100000 Italiener haben sich in dieser „südlichen Verlängerung" ihrer Heimatinsel angesiedelt, und da sie nicht im geringsten Neigung zeigen, ihre kulturelle Eigenart und ihre Sprache zugunsten der herrschenden französischen Minderheit „tunisieren" zu lassen, so hat sich auch hier eine politische Reibungsfläche ersten Ranges gebildet. Ebenso bestehen in der französischen Kolonie Algerien zwei Drittel der Bewohner

1) Vortrag Graf Brockdorffs auf der Tagung des Alldeutschen Verbandes in Halberstadt am 4. September 1927.

2) a. a. O., S. 283.

aus Italienern und Spaniern.[1]) Dauernd können Tunis und Algerien natürlich nicht gleichzeitig eine französische Kolonie und ein italienisches Siedlungsland sein. Eines von beiden muß schließlich weichen, und da ja in unseren Tagen die größere Masse ausschlaggebend wirkt, so kann es kaum zweifelhaft sein, nach welcher Seite schließlich die Entscheidung fallen wird.

Schon hat Mussolini zu Anfang 1927 den ganz neuen politischen Grundsatz verkündet, daß ein Land gewisse Rechte über seine ausgewanderten Kolonisten unter fremder Staatshoheit behalten müsse. Es ist dies genau derselbe Gedanke, den England seinerzeit gegenüber den Burenrepubliken verfocht. Er hat damals zum Burenkriege 1899 bis 1902 geführt — wie wird er sich in Tunis auswirken, auf das er in erster Linie gemünzt war? Den am 9. September 1918 mit Italien geschlossenen Vertrag, der den Schutz des italienischen Volkstums in Tunis garantierte, hat Frankreich bezeichnenderweise nicht erneuert, statt dessen sogar am 8. November 1921 ein Dekret erlassen, das die Nationalisierung der Italiener in Tunis erleichtern soll. Unweigerlich ist hier ein politischer Konflikt erster Ordnung im Entstehen begriffen, und Witschell mag schon recht haben, wenn er einen „vierten punischen Krieg" heraufdämmern sieht.[2])

Die bevölkerungspolitische Lage Italiens verfinstert sich mehr und mehr. Die Möglichkeit der Entwicklung einer große Menschenmassen auf engem Raum ernährenden Großindustrie fällt fort aus Mangel an Rohstoffen, der Kjellén schon vor dem Kriege mit Bezug auf Italien sagen ließ: „Im planetarischen Wettbewerb erscheint sein Ausmaß klein und das Dach niedrig."[3]) Frankreich sperrt sich hingegen nach Kräften gegen jede italienische Zuwanderung, das bisherige Hauptaufnahmebecken der Vereinigten Staaten, wo allein 1779000 Italiener leben, hat seine schon erwähnte, sehr strenge Kontingentierung durchgeführt und dürfte fortan nur kaum den dreißigsten Teil der italienischen Auswanderung aufnehmen, die im Jahrzehnt 1905—14 jährlich im Durchschnitt 658000, im Jahrsechst 1920—25 durchschnittlich 365000 Menschen umfaßte. Schon vor dem Kriege gab es unter den 30½ Mill. Bewohnern Brasiliens 1 Mill. Italiener, unter den 8,7 Mill. Einwohnern Argentiniens gar 618000, unter den 1½ Mill. Bewohnern Uruguays 100000 Italiener, so daß Colajanni diese Länder gelegentlich „italienische Kolonien ohne italienische Flagge" genannt hat.

Die Beteiligung am Weltkrieg hat Italien keine merkliche Erleichterung gebracht. In unverständlicher Kurzsichtigkeit haben die Staatsmänner, die 1914—19 des Landes Geschicke leiteten, einseitig nach Triest und nach der Veroneser Klause gestarrt. Es ist ihnen gelungen, die dort wohnende Irredenta und noch darüber erhebliche Bruchstücke fremder Volksteile in den italienischen Staat einzubeziehen. Sie haben sich dort

1) Supan, a. a. O., S. 202.
2) Zeitschr. f. Geopolitik, 1927, S. 1063.
3) Kjellén, Die Großmächte der Gegenwart, S. 33.

ein italienisches Irland auf den Hals geladen, aber das, was sie am notwendigsten brauchten, neues Siedlungsland, haben sie nicht gewonnen. Sie haben sich in den engen Gebirgstälern des Nordens und Nordostens festgerannt und darüber verabsäumt, sich von der ungleich wichtigeren kolonialen Beute der Entente ein ausreichend großes Stück zuerteilen zu lassen. Wäre damals schon ein Mussolini am Ruder gewesen, hätte eine derartige, schlechterdings unbegreifliche Übervorteilung Italiens durch seine eigenen, mit Kolonialland übersättigten Bundesgenossen nie und nimmer stattfinden können!

England hat den begangenen Fehler eingesehen, als der energische Mussolini in Italien ans Ruder gekommen war, und im September 1924 91000 qkm des (wertlosen) Jubalandes den Italienern überlassen, womit aber keine Abhilfe geschaffen ist.

Und nun schüttert und stampft der überheizte italienische Bevölkerungskessel, und die eingepreßten Dämpfe sind, neben der polnischen Großmannssucht, zur schwersten Gefahr für den europäischen Frieden geworden. Der Widersinn der in Versailles und Genf beliebten „kolonialen Regelung" macht dies vollauf verständlich: es kann gar nicht anders sein! Bald in Fiume, bald am Brenner, in Korfu, in Albanien, in Adalia, in Marokko, im Yemen, suchen sich die Dämpfe ein Ventil. Wird es in absehbarer Zeit nicht irgendwo geöffnet, so geht Mussolinis treffsichere Prophezeiung in Erfüllung: „Ausdehnung oder Explosion!" Schon sind durch den zu engen Lebensraum 9 Mill. Italiener außer Landes gedrängt worden.[1]) Dabei strebt aber Mussolini gleichzeitig merkwürdigerweise eine möglichst starke Vermehrung der italienischen Bevölkerungsziffer an und hat in einer Rede am 26. Mai 1927 die Mahnung ausgesprochen, die Geburtenziffer des Landes derart zu erhöhen, daß ums Jahr 1950 rund 60 Millionen Italiener im Lande wohnen. Wie derartiges möglich werden soll, ist durchaus nicht zu ersehen — es sei denn, man erinnert sich, daß in einem Zeitalter, da der Völkerbund durch Mehrheitsabstimmung jeden künftigen Krieg abschafft, Mussolini aber, unbekümmert um den Genfer Phrasendrusch, der ebenso wahren wie düsteren Überzeugung Ausdruck gegeben hat „Blut treibt die Räder der Weltgeschichte", die Wahrscheinlichkeit wirklich nicht groß ist, die Weltgeschichte könne der „gerechten Regelung der kolonialen Ansprüche" durch den Völkerbund ihr Placet erteilen.

b) Japan.

Ganz ähnlich liegen die Dinge in Japan. Hier ist eine Volksmenge, die mehr als halb so groß wie die der Vereinigten Staaten ist, auf einem Raum zusammengepreßt, der nur ungefähr zwei Dritteln des einen Staates Kalifornien entspricht! Kein anderes Volk leidet so schwer wie das japanische unter dem grundsätzlichen Widerstand gegen seine Ausdehnung auf allen Seiten, sei es, daß ohnehin überfüllte Länder wie

1) Zeitschrift Politica, Märzheft 1923: La Francia e noi.

China die Nachbarschaft bilden, sei es, daß eifersüchtige weiße Mächte dem gelben Mann die Ansiedlung neiden und erschweren, z. T. selbst auf ausgesprochen unterbevölkerten Böden. Verschiedene Versuche der Japaner, in China Fuß zu fassen, scheiterten am Veto der Großmächte: die Früchte des siegreichen Krieges gegen China 1894/95 schlug der Einspruch Frankreichs, Rußlands und (leider) auch Deutschlands den Japanern aus der Hand, als sie sich im Frieden von Shimonoseki (17. April 1895) zum Pflücken anschickten, und der einzig begehrenswerte Preis, um den sich Japan am Weltkrieg beteiligt hatte, Tsingtau mit dem Schantung-Hinterland, mußte auf energisches Drängen der Vereinigten Staaten 1922 an China zurückgegeben werden. Nur im Norden gelang es Japan, nach dem siegreichen Kriege gegen Rußland sich in Korea, auf der Liautunghalbinsel, in der Mandschurei und auf Sachalin festzusetzen. In Korea haben Japaner sogar ein Drittel allen Grund und Bodens im Privatbesitz. Aber sehr viel kann Japan mit diesen Gebieten nicht anfangen, denn es braucht vor allem Land, wo Reisbau möglich ist, und das ist in jenen Kolonialländern zumeist nicht der Fall. Es ist bezeichnend genug, daß gerade der Norden Japans, Hokkaido, wo der Reis nicht mehr gedeiht, verhältnismäßig schwach besiedelt ist, als einziges nicht übervölkertes Gebiet auf den Inseln (vgl. Fig. 60).[1]

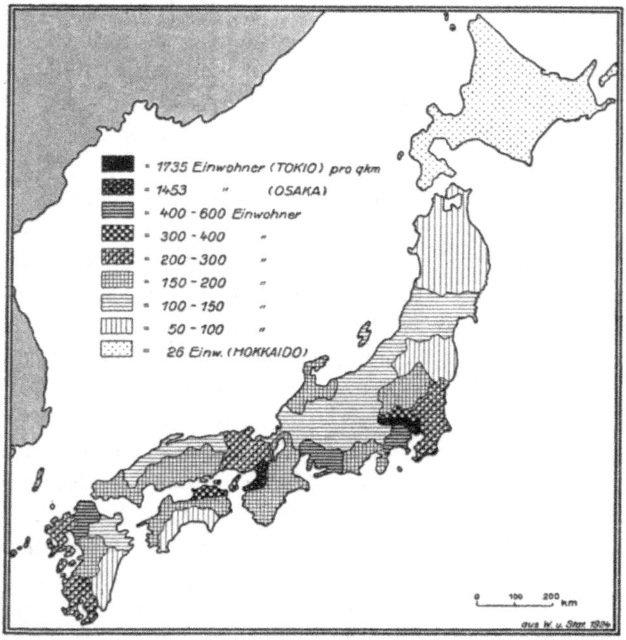

Fig. 60. Japans Volksdichte.

Japan ist in erster Linie ein ackerbauendes Land und wird es auch bleiben müssen, da die Basis für eine industrielle Entwicklung schmal, die verfügbare, wenige Kohle ungeeignet zur Verkokung ist und Eisenerz (das drüben im Jangtsegebiet, lockend genug, zu finden ist) gänzlich fehlt. Muß doch Japan sogar 90 % der im Lande erzeugten Rohseide ausführen, da ihm zur eigenen industriellen Weiterverarbeitung das erforderliche Kapital fehlt! Es ist nun schlechterdings ein unhaltbarer Zustand, daß

1) Näheres siehe Karl Haushofer, Japan und die Japaner, Leipzig 1923.

in Japan die durchschnittliche Größe des bäuerlichen Ackerbesitzes nur 1 Hektar, auf der anderen Seite des Ozeans, in Kanada, obendrein bei noch überreich vorhandenen Mengen jungfräulichen Bodens, aber 64 ha ausmacht! In Kanada erhält jeder Einwanderer auf Wunsch 64 ha Boden kostenlos überwiesen, aber — japanische Einwanderer werden nicht gewünscht. Wie muß dergleichen aufreizend wirken! Solche siedlungspolitischen Gegensätze sind im „planetarischen Wettbewerb" des 20. Jahrhunderts einfach nicht tragbar, und wenn eine friedliche, wirklich gerechte „internationale Bodenreform"[1]) nicht rechtzeitig erfolgt, müssen und werden unweigerlich aus dem politischen Tiefdruckgebiet, das sich von Jahr zu Jahr deutlicher über dem Stillen Ozean entwickelt, schwerste Kriegsstürme entstehen. Der japanische Staatsmann Graf Komura hat bereits i. J. 1909 innerhalb eines Lebensalters, d. h. also bis 1940, hinhinreichenden Lebensraum für 100 Mill. Japaner verlangt oder den Untergang des japanischen Volkes prophezeit. Mag diese Alternative etwas übertrieben sein, die Tatsache ist nicht zu verkennen, daß Japan in noch höherem Maße als Italien einem überheizten Kessel gleicht, für den ebenfalls das von Mussolini zu Anfang 1927 gesprochene Wort gilt: „Ausdehnung oder Explosion!"[2])

Japan steht inmitten einer feindlichen Welt ohne jeden Freund da; den einzigen, den es hätte haben können, hat es sich selbst verscherzt. Man hat es, nicht unzutreffend, das Preußen des Ostens genannt. Nun, der „Siebenjährige Krieg" dieses östlichen Preußen steht noch bevor. Die sittlichen Energien, mit denen es in ihn hineingehen wird, sind groß und verheißungsvoll genug, aber ob dem Lande in der entscheidenden Stunde auch ein großer Friedrich erstehen wird, muß abgewartet werden. Der Erfolg von 1904/05 gegen Rußland hat dem Land und Volk eine Atempause gewährt, nicht mehr. Und diese Atempause geht jetzt zu Ende! — Das wichtigste Gegenufer, das japanische Tunis, heißt Kalifornien. Wie im afrikanischen Tunis die Italiener den Herren des Landes an Zahl um das Dreifache überlegen sind, so sind in Kalifornien von 623752 acres landwirtschaftlichen Bodens volle 458065 in japanischem Besitz. Seit 1882 wehrt sich der Staat Kalifornien mit immer rigoroseren Maßnahmen gegen die gelbe Sturmflut. Es ist nicht unwahrscheinlich, daß es ihm schließlich, gestützt auf die überragende politische und wirtschaftliche Macht der nordamerikanischen Union, gelingen wird, der Überschwemmung durch die Asiaten im „gelben Irland"[3]) Herr zu werden. Die neuere, außerordentlich einschneidende Maßnahme, daß kein Japaner seinen kalifornischen Grundbesitz vererben kann, sondern daß nach seinem Tode der Staat das Verfügungs- und nötigenfalls das Enteignungsrecht darüber erlangt,

1) Oskar Aust in den „Deutschen Stimmen", 20. Januar 1928, S. 60.

2) Über die japanische Auswanderung vgl. Ernst Schultzes Aufsatz: „Petermanns Mitteilungen", 1915, S. 130, und Karl Haushofer „Das japanische Reich", S. 111, Wien 1921.

3) Kjellén, Die Großmächte und die Weltkrise, S. 116.

scheint ein sehr wirksames Mittel zu sein, um im Kampf Rasse gegen Rasse den einstigen Erdteil des roten, heut des weißen Mannes dagegen zu schützen, daß sein Westrand schließlich vergilbt. Aber in Japan selbst muß und wird durch solche Maßnahmen der Manometerzeiger nur immer näher an den Gefahrenpunkt herangetrieben werden.

Hawai, wo die japanische Bevölkerung seit langem stark überwiegt, ist ebenfalls amerikanischer Besitz, und sogar die Monroedoktrin ist schon i. J. 1842 auf diese wichtigste nordpazifische Inselgruppe ausgedehnt worden, so daß eine japanische Erwerbung dieses vorwiegend von Japanern besiedelten Gebietes unter den obwaltenden politischen Verhältnissen völlig aussichtslos erscheint. Auch ist die Inselwelt zu klein, als daß sie den japanischen Landhunger stillen könnte. Anders lägen die Dinge schon bei den ebenfalls amerikanischen Philippinen, die die Vereinigten Staaten i. J. 1898 den Spaniern abnahmen, in völliger Verleugnung des selbstverständlichen Grundsatzes, daß ihre Forderung nach allgemeiner Anerkennung der Monroedoktrin natürlich auch die Beachtung einer „umgekehrten Monroedoktrin" erfordert. Wer aber glaubt, daß in der heutigen politischen Konstellation die Vereinigten Staaten sich freiwillig ihres Philippinen-Besitzes zugunsten der Japaner entäußern werden? Im Gegenteil, die amerikanische Presse stellt an die Japaner die naive Zumutung, sie möchten „Geburtenkontrolle" üben! Überall stellt sich Uncle Sam der japanischen Expansion als schwerstes Hindernis in den Weg; selbst die japanische Siedlung in Mexiko, wo man als Mestizenstaat weniger von Rassenstolz weiß und dem „Wanderdruck" der Gelben keinen bedeutenderen Widerstand entgegensetzen würde, wird infolge des vereinsstaatlichen Druckes tunlich erschwert. China wehrt sich ebenfalls eifrig gegen japanische Bevormundung und japanische Siedlung, ist auch selbst viel zu stark bevölkert, als daß hier der japanischen Raumnot Erlösung winken könnte. Dasselbe gilt für die wichtigsten unter den gesegneten holländischen Sundainseln. Australien aber und Neuseeland, wo unbegrenzt viel Siedlungsland brach liegt, wehren sich, in Verfolgung des Grundsatzes „principiis obsta" noch zäher und konsequenter als die Amerikaner gegen jedes japanische Eindringen; denn man weiß ganz genau, daß die gelbe Flut überhaupt nicht mehr aufzuhalten ist, wenn in dem sorgsam errichteten Schutzdamm auch nur die kleinste Bruchstelle sich bildet. Solange Australien und Neuseeland als Dominions zum britischen Weltreich gehören, solange die Kanonen der englischen Flotte zu ihrem Schutze im Hintergrunde bereit stehen, kann Japan auch schwerlich daran denken, nach diesen verlockenden Siedlungsgebieten hinüberzugreifen. Deshalb werden Australien und Neuseeland, im Gegensatz zu den anderen Dominions Kanada und Südafrika, keinesfalls daran denken dürfen, sich ganz auf eigene Füße zu stellen und den Zusammenhang mit dem größeren Reichsverband zu lockern, denn im selben Jahr, wo sie ohne Anlehnung an eine Seemacht, die stärker als die japanische ist, dastehen sollten, würden sie ohne jeden Zweifel von der mongolischen

Flut verschlungen werden und vollkommen wehrlos ihr gegenüber sein. England hatte zwar lange ein Bündnis mit Japan, das am 1. Oktober 1921 unter dem Druck der Dominions aufgehoben werden mußte. Aber nachdem der japanische Mohr seine Schuldigkeit getan und sich 1904/05 als Degen gegen Rußland und 1914 gegen Deutschland hat gebrauchen lassen, ist man in London keineswegs geneigt, seiner schwierigen Lage Rechnung zu tragen. Oben in der Mandschurei und in Russisch-Ostasien mag er sich nach Gefallen ausbreiten; die zeitweilige japanische Festsetzung in Wladiwostok, die vorübergehende japanische Ausdehnung bis zum Baikalsee, die Überschwemmung des Amurgebiets mit japanischen Siedlern, die japanische Aneignung von Nord-Sachalin 1920—25 nach der Niedermetzelung aller 800 in Nikolajewsk lebenden Japaner durch die Russen ließen England vollkommen kalt, aber wie sehr man jeder japanischen Machtausdehnung nach dem wärmeren Süden Schranken zu errichten gewillt ist, zeigt die Schaffung der starken, neuen britischen Flottenstation in Singapur, die ihre Spitze ganz offen gegen Japan und nur gegen Japan kehrt, um es von Indien und Australien fernzuhalten.

Mit der britischen und amerikanischen Weltmacht sich zu messen, kann Japan in absehbarer Zeit kaum einfallen. Nicht die Tüchtigkeit, Tapferkeit und Zahl der verfügbaren Truppen ist denen der angelsächsischen Mächte irgendwie unterlegen, aber der Mangel an Material und an Geld im Falle eines länger dauernden Krieges macht den Waffengang eines alleinstehenden Japan gegen Amerika oder England auf absehbare Zeit aussichtslos. Nach der angelsächsischen Seite hin wird der überhitzte japanische Dampfkessel schwerlich explodieren, wenn nicht ganz große und vitale, neue Konfliktstoffe in die Erscheinung treten. Sollte das mandschurische Notventil, das durch einen siegreichen chinesischen Nationalismus leicht verstopft werden kann, eines Tages nicht mehr ausreichen, den japanischen Ausdehnungsdrang zu befriedigen, so liegt doch wohl am ehesten noch ein japanisches Vorgehen gegen Indochina im Bereich der Wahrscheinlichkeit, das größere Gefahren kaum in sich bergen würde. Freilich ob die amerikanische und englische Eifersucht den Japanern ein Verspeisen von Indochina gestatten würde, nachdem sie ihnen nicht einmal Schantung gegönnt hat, bleibt eine offene Frage. Japan hatte i. J. 1927 allein einen Geburtenüberschuß anscheinend von über 1 Million Köpfen zu verzeichnen. Bisher ist es ihm noch immer, wenn auch zuweilen mit Mühe, gelungen, seinen Bevölkerungsüberschuß in fremden Ländern unterzubringen. Die Ventile sind freilich beunruhigend eng. Der vor einigen Jahren mit Brasilien geschlossene Siedlungsvertrag, wonach in Sao Paulo bis zu 100000 Japaner angesiedelt werden können, war schon ein großer Erfolg — aber 100000 beträgt Japans Volksvermehrung in knapp 1½ Monaten! — Dabei ist Japan trotz seiner Raumnot recht anspruchsvoll und lehnt manche Siedlungsländer ab, wonach „das arme Deutschland von heute, das seine Kinder nicht ernähren kann, die Hände ausstrecken würde, mit der Begründung, daß es dort zu kalt sei, daß es ihnen an landschaftlichem Reiz fehlt." (Haushofer)[1])

c) Deutschland.

An der sittlichen Berechtigung des Kolonialhungers Italiens und Japans kann nach dem Gesagten nicht der leiseste Zweifel bestehen. — Das dritte Land aber, das in gleich hohem Maße ein moralisches Anrecht auf ausreichend großen Kolonialbesitz hat, ist Deutschland. Zwar hat Deutschland gegenüber jenen beiden anderen übervölkerten Staaten den unschätzbaren Vorzug, daß es eine der größten Industrien der Welt hat entwickeln und dadurch Millionen von Volksgenossen im eigenen Lande Brot und Arbeit hat verschaffen können, ohne neues Ackerland in Anspruch nehmen zu müssen. Aber andererseits darf auch nicht vergessen werden, daß Deutschland seit 1919 der eigenen überseeischen Besitzungen vollkommen entbehrt, während Italien doch immerhin volle 1633700 qkm, wenn auch minderwertigen, Kolonialbesitzes sein eigen nennt und Japan über 291300 qkm eigner Kolonien von mittlerer Güte verfügt. Es wird sich daher wohl schwerlich eine Rangordnung aufstellen lassen, welcher von diesen drei kolonialbedürftigsten Staaten in erster Linie Anspruch auf Zuteilung von Kolonialland hat. Man sagt kaum zu viel, wenn man behauptet, daß alle drei etwa ein gleich großes Anrecht haben, und sie sollten nur diese Erkenntnis praktisch ausnutzen, indem sie im Genfer Völkerbund eine gemeinsame Front zur Durchsetzung ihrer Ansprüche bilden. Die Völkerbunds-„Regelung" der kolonialen Ansprüche in Gestalt der „Mandats"-Zuerteilungen vom Jahre 1920 grenzt jedenfalls, geopolitisch betrachtet, an Wahnwitz, wie nachfolgende Übersicht unzweideutig erkennen läßt:[2])

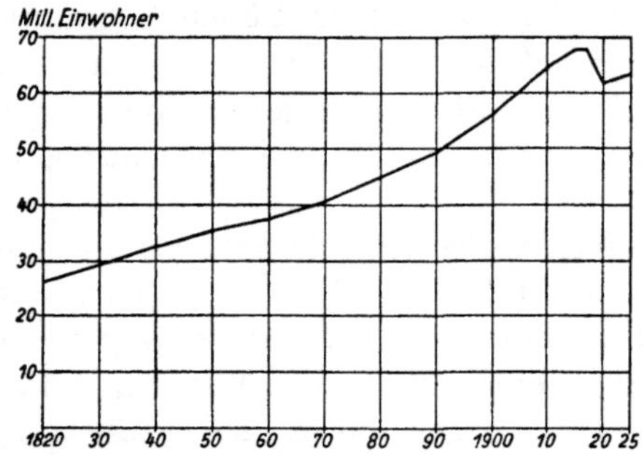

Fig. 61. Deutschlands Bevölkerungszunahme in den letzten 100 Jahren.

Land	Besitz zu Anfang 1914		Änderung in Versailles und Genf	
	qkm	Kopfmenge	qkm	Kopfmenge (1925)
England	30812400	435039000	+ 7497800	+ 36116000
Frankreich	11020500	85176000	+ 910000	+ 11818000
Deutschland	3493800	77313000	— 3022600	— 13087000
Japan	673720	72207000	+ 9400	+ 6099000
Italien	1920310	36979000	+ 414000	+ 3664000
Belgien	2394500	15996000	+ 54900	+ 3975000

1) Karl Haushofer, Das japanische Reich, S. 73.

2) Nach Erich Obst, England, Europa und die Welt, S. 84/5 und 100/1.

Also England, das in seinem Weltreich 1914 bereits fast ein Viertel der gesamten Landmasse der Erde (und zwar natürlich vielfach gerade der besten Teile) und ein Viertel der gesamten Menschheit vereinigte, hat seinen Landbesitz nochmals um 25, seinen Menschenbesitz um etwa 8 % vermehren können, während das hoffnungslos übervölkerte Japan sich mit einer Vermehrung seines Landes um nur 0,37 % begnügen mußte, Italien in Übersee leer ausging und Deutschland um sechs Siebentel seines Territoriums gekürzt wurde!

Fig. 62. Die Verwirklichung von Wilsons Punkt 5: „Gerechte Regelung aller kolonialen Ansprüche".

Gewiß kann gerade Deutschland als industriell hochentwickeltes Land den Mangel an Kolonien noch eher als ein vorwiegend agrarisch eingestellter Staat mit starker Übervölkerung ertragen. Die wundervolle deutsche Industrie hat es möglich gemacht, daß von 1820 bis 1913 die Bevölkerungszahl des Landes von 27 auf 67 Mill. steigen und dennoch die Auswanderung 1885—1913 von 900 000 auf 26 000 im Jahr zurückgehen konnte (Fig. 61). Wenn Deutschland nicht die sinnlos hohen Kriegsentschädigungen zu zahlen hätte — jahraus jahrein in jeder Minute 8000 Mark! — würde es eine irgendwie nennenswerte Arbeitslosigkeit wohl überhaupt nicht kennen und könnte dennoch seine dicht gedrängte Volksmenge auch gegenwärtig noch auf eigener Scholle ausreichend beschäftigen und ernähren. Der Wert der deutschen Kolonien der Vorkriegszeit lag ja weit mehr in ihrer Rohstofferzeugung und in ihren handelswirtschaftlichen Zukunftsaussichten als in ihrer Eigenschaft als Auffangbecken für überschüssige Menschenmengen. Die Gesamtzahl der deutschen Siedler, Pflanzer, Beamten und Kaufleute in den deutschen Schutzgebieten war zahlenmäßig durchaus nicht hoch, und der starke Rückgang der deutschen Auswanderung seit dem Anfang der 80er Jahre bis zum Weltkrieg ist weit weniger durch das Vorhandensein der Kolonien seit 1884 als durch den Riesenaufschwung der innerdeutschen Industrie bedingt worden. Deutschland hat heute etwa 60 000 Auswanderer jährlich aufzuweisen, Japan aber eine Million!

Das Zeitalter der Maschine hat soziologisch eine Umwertung aller Werte gebracht. In den älteren Zeiten, als die Menschheit keine anderen „Maschinen" kannte als die Segelschiffe sowie die Wind- und Wassermühlen, wurde die körperliche Kraft des Menschen besonders hoch bewertet. Der stärkste Mann war in der Regel der größte Held, und bei den

Völkern, die den Kindesmord pflegten, erfolgte die Auswahl meist in der Weise, wie es bei den Spartanern der Fall war, daß die schwächlichen Kinder getötet, die körperlich kräftigen aufgezogen wurden. Die Maschine, die ohne weiteres die Arbeit von Hunderten der stärksten Menschen- und Pferdekräfte leistet, hat die rohe Kraft vom Thron gestürzt und erheblich dazu beigetragen, daß die geistigen Werte mehr geschätzt werden, die ja oft genug an einen schwächlichen und kranken Körper gefesselt sind. Ein Großer Friedrich und Kant, ein Schiller und Menzel wäre vielleicht auf niederen Kulturstufen schon sogleich nach der Geburt getötet worden. Heute stellt die Maschine die konzentrierte und potenzierte Kraftleistung dar, und beim Menschen werden, trotz aller gelegentlichen Sportverirrungen, die die bedeutendsten Boxer und Ringkämpfer unter die Heroen des Zeitalters einreihen, mehr und mehr die geistigen Qualitäten höher als die körperlichen geschätzt.

Wenn man das Wesen der ganzen Kultur in materialistischer Hinsicht dahin gedeutet hat, daß sie die zunehmende Fähigkeit des Menschen, die Energie zu beherrschen, widerspiegle, so stellt die Industrie die bisher höchste und raffinierteste Steigerung eben dieser Kultur dar, denn sie erspart, durch erstaunliche Vervielfachung der Menschenkräfte bzw. der Pferdekräfte, Energie im denkbar höchsten Maße. Wenn in den Vereinigten Staaten alle natürlichen Wasserkräfte ausgebaut sein werden, von denen gegenwärtig erst ein Siebentel benutzt wird, kann man mit 40000 Arbeitern eine Leistung vollbringen, zu der jetzt 450000 nötig sind und überdies noch 200000 Güterwagen und 5000 Lokomotiven zur Beförderung von Kohle einsparen. Schon in den ersten bescheidenen Anfängen der jetzigen industriellen Entwicklung, um 1865, errechnete man in England, daß die damaligen, von nur 100 Mill. t Kohlen gespeisten Maschinen die Arbeit von 400 Mill. Menschen, also der 20fachen Bevölkerung des ganzen Landes leisteten. Heute wohnen in Großbritannien 44½ Mill. Menschen, aber die landlosen „Heloten", die Maschinen, lassen allein in den Fabriken 175 und im Verkehrswesen 90 Mill. Menschenkräfte arbeiten.[1]) Dabei ist zu beachten, daß England noch bis ins 16. Jahrhundert hinein ein typisches Agrarland war (1590 gab es erst vier Kaufherren in London), in dem besonders die Wollproduktion eine erste Rolle spielte, so daß England gelegentlich „das Australien des Mittelalters" genannt worden ist.[2]) Mit Hilfe der Maschinen ist es möglich gewesen, die Beschaffung von 35 l Weizen, zu deren Kauf i. J. 1830 eine Arbeitszeit von drei Stunden nötig war, bereits i. J. 1896 in nur zehn Minuten und heut in noch viel kürzerer Zeit zu ermöglichen.[3]) Und das Merkwürdige ist, daß trotz der starken Rationalisierung der Betriebe, die Menschenhände einzusparen gestattete, in den wirtschaftlich gesunden Zeiten die besonders rasch anschwellenden Menschenmengen der Industriegebiete dennoch

1) Fairgrieve, a. a. O., S. 365.
2) Ebendort, S. 176.
3) Ebendort, S. 374.

ausreichend Arbeit und Brot finden konnten, so daß man vor 1914 eine irgendwie nennenswerte Arbeitslosigkeit kaum kannte, ja sogar noch eine erhebliche Menge von ausländischen Dauer- oder Saisonarbeitern nach Deutschland hereinziehen mußte, von denen allein die polnischen Wanderarbeiter alljährlich etwa für 120 Mill. Mark Arbeitslohn aus Deutschland nach Polen ausführten. Die Vervielfachung der industriellen Leistung war eben stärker als die Menschenersparnis infolge der Betriebsrationalisierung. Jeder Rückschlag in einem so fieberhaft gesteigerten Leistungsparoxysmus der Industrie mußte dann freilich doppelt hart und schwer empfunden werden, und es erscheint fast wunderbar, daß im ausgepowerten Deutschland, dem man „vingt millions de trop" Menschen so oder so aufzwingen wollte, die Zahl der Erwerbslosen nie über 2 Mill. (1926) und die Zahl der jährlichen Auswanderer nie über 115000 (1923) hinausging.[1]) Diese Tatsache zeugt von einer im Grunde äußerst gesunden Struktur. Wenn der deutschen Industrie voller Raum zur Entwicklung gegeben wird, brauchte selbst das kolonienlose Deutschland keine sehr großen Menschenverluste durch Abwanderung ins Ausland zu befürchten. Aber im Interesse der tunlichen Erhaltung unseres Nationalvermögens, das nicht dauernd 4 Milliarden Mark für Nahrungsmittel und $2\frac{1}{2}$ Milliarden Mark jährlich nur für Einfuhr von Kolonialwaren, wie gegenwärtig, ans Ausland zahlen kann, im Interesse unserer Zahlungsbilanz, im Interesse unserer vollen Gleichberechtigung unter den Völkern und zwecks endgültiger Erwürgung der schamlosen „kolonialen Schuldlüge" dürfen wir allerdings nicht müde werden, eine Revision des Versailler Artikels 119, der uns unsere Kolonien, unter Bruch des gegebenen Wilson-Wortes, raubte, und neuen, wirklich wertvollen Kolonialbesitz zu fordern, mit demselben Recht, mit dem Italien und Japan für sich Siedlungsland zu verlangen die sittliche Pflicht und das sittliche Recht haben.

d) Indien.

Ein viertes hoffnungslos übervölkertes Land, dessen Volk ein gewisses Anrecht auf Zuweisung neuen Bodens hat, ist, so seltsam es klingt, Indien. Zwar ist Indien selbst Kolonie, aber es ist bemerkenswert genug, daß ihm bei Kriegsende von England versprochen worden war, es solle das ehemalige Deutsch-Ostafrika als Kolonie erhalten. Auch dies Versprechen ist nicht gehalten worden. Immerhin hat England sein nunmehriges Mandatsgebiet Tanganjika-Territorium indischer Einwanderung in erheblichem Umfang geöffnet: in den letzten Jahren sind siebenmal soviel Inder als Europäer ins Land gekommen. Es war dies freilich um so notwendiger, als gleichzeitig das Dominium Südafrika sich recht wenig freundlich gegen indische Kolonisten stellte und sich gegen sie ähnlich, wie der Staat Kalifornien gegen die gelbe Rasse, verhielt. Hat doch die südafrikanische

1) Allerdings ist zu beachten, daß in der Nachkriegszeit die deutsche Auswanderung einmal durch die Inflation und weiter durch die Erwerbslosenunterstützung künstlich stark gehemmt wurde.

Regierung in vier Jahren nicht weniger als 20384 Inder mit mehr oder minder sanftem Zwang in die Heimat zurücktransportiert. Während in der Kapkolonie letzthin nur 6655, in Transvaal 15774 Inder gezählt wurden, erreichte ihre Zahl in dem ebenfalls zum Dominium gehörigen Natal 151430. Ähnlich, wie Japaner in Kalifornien, besitzen Inder in Natal und Sululand 17931360 acres Land und überdies allein in der Stadt Durban Grundstücke im Werte von 26 Mill. Mark. Südafrika hat schon mit seinem „native problem“ mehr als genug zu tun und möchte daher die Inder am liebsten ganz ausschließen, um Südafrika tunlich als white man's land zu erhalten. Da auch Chinesen immer zahlreicher nach Südafrika kommen, bildet sich dort ein bedenkliches Konglomerat aus der weißen, schwarzen, braunen und gelben Rasse. Da Indien wehrlos ist, wird gegen die Inder natürlich besonders rücksichtslos vorgegangen. Aber wo soll Indien seine überschießende Bevölkerung lassen? — Und es gibt doch auf der Erde noch so viel verfügbares Ackerland. Drüben in Amerika hat z. B. Argentinien von dem fruchtbaren Boden seines 2,9 Mill. qkm großen Landes vier Fünftel noch gar nicht angerührt!

Die rasch wachsende indische Unabhängigkeitsbewegung, dic sogar den allindischen Kongreß in Madras am 27. Dezember 1927 schon die völlige Freiheit des Landes als Ziel proklamieren ließ, ist gerade durch den in einem unfreien Indien doppelt spürbaren Bevölkerungsdruck lebhaft angestachelt worden.

e) China.

Selbstverständlich hätte das völlig übervölkerte China, dessen Bevölkerungszahl sich 1928 auf 437 Millionen belief, also fast ein Viertel der ganzen Menschheit umfaßte, ebenfalls Siedlungsland nötig. Da aber bisher nicht einmal das viel mächtigere Japan seinen Bedarf an Kolonien decken kann, hat China auf weit absehbare Zeit erst recht keine Aussichten. Es muß es daher ähnlich machen wie Italien und fremde Hoheitsgebiete mit chinesischen Ansiedlern überschwemmen. Von 1900 bis 1923 sind 13 Mill. Chinesen in die nördlichen, 9 Mill. in die südlichen Umländer ausgewandert, zusammen also 22 Millionen[1]), und nach 1923 hat diese Auswanderung noch eine außerordentliche Steigerung erfahren. Von den 10 Millionen Bewohnern Siams sind nicht weniger als 4 Mill. Chinesen, und in Singapur leben neben nur 5000 Weißen und 100000 Malaien 400000 Chinesen, auf den Philippinen 2 Millionen, wobei zu bachten ist, daß fast allnächtlich auf Schleichwegen neue Chinesen heimlich in diese Inseln einströmen. In Penang stellen die Chinesen zwei Drittel der Bevölkerung; nach der Mandschurei sind allein in den drei Monaten von Februar bis April 1927 täglich fast 10000 Menschen aus China ausgewandert! Sogar auf Kuba bestehen schon 10% der Bevölkerung aus Chinesen. Die weiße Rasse sieht diese gelbe Sturmflut wirklich nicht gern, aber sie muß sich auch hüten, das Ventil der Auswanderung abzusperren. Der Chinese ist ja

1) Karl Haushofer, Zur Geopolitik der Selbstbestimmung, S. 83.

an sich ungemein langmütig, doch wenn der Druck allzu stark wird, kann dieses größte Volk der Erde eine unermeßliche Gefahr werden. Der Boxerfeldzug von 1900 hat einen Vorgeschmack gegeben, was eine allzu bedenkenlose Behandlung en canaille heraufbeschwören kann. Und die chinesische Geschichte kennt auch jenes furchtbare Blutbad von Khanfu (Hangtschou) i. J. 878, in dem wahllos sämtliche fremden Händler, angeblich 200000 an Zahl, niedergemacht wurden, weil sie das Volk allzusehr ausgesaugt hatten. Es bleibt gar nichts übrig, als daß die fremden Mächte auch China gegenüber schließlich dem Grundsatz des „Leben und Lebenlassen" zur Geltung verhelfen. Aber es ist kaum zu sehen, wie Erich Obsts Prophezeiung[1]) nicht wahr werden soll: „Früher oder später wird Europa und mit ihm Großbritannien im Fernen Osten gänzlich ausgespielt haben." Und zwar scheint es so, als werde auf die Dauer das politisch starke, kriegstüchtige und impulsive Japan als Gegner nicht so gefährlich sein wie das vorläufig noch politisch schwache, schwerfällige und schläfrige China, das aber recht eigentlich die Sphinx des Fernen Ostens darstellt. —

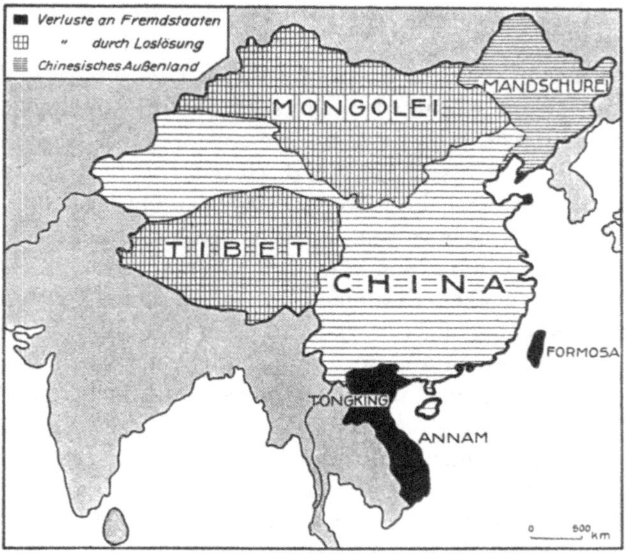

Fig. 63. Die Beschränkung des chinesischen Siedlungsraums auf eigenem Boden.

12. Vor dem Ende des kolonialen Zeitalters?

Europas Suprematie in der Welt, die 3000 Jahre lang, wie ein Fels von Bronze, unerschüttert stand, ist schwer unterhöhlt und seit dem großen Weltkrieg als sichtlich im Schwinden begriffen zu erachten. Amerikas wirtschaftliche Überlegenheit ist schon heute offensichtlich und muß, bei den ungeheuren natürlichen Reichtümern des Kontinents, fast von Jahr zu Jahr mehr in die Erscheinung treten. Von der wirtschaftlichen ist aber die politische Überlegenheit nur durch eine Phasenverschiebung getrennt. Man ahnt es immer deutlicher: der Besiegte des Weltkriegs ist ganz Europa gewesen und der Gewinner Amerika! Die vor 1914 völlig

1) „England, Europa und die Welt", S. 99.

unbestrittene Hegemonie Englands in der Welt, auf politischem wie wirtschaftlichem Gebiet, ist verloren. Englands wirtschaftliche Unterlegenheit gegenüber Amerika, dessen Schuldner es sogar geworden ist, liegt klar zutage, die Dollarwährung hat die Pfundwährung als stabiler Wertmesser verdrängt, und Wall Street ist heute an Stelle von London der Herr der Welt geworden. Daß Amerika auch politisch die Führung erlangen wird, ist kaum zu bezweifeln, zumal wenn man berücksichtigt, daß künftig die großen politischen Entscheidungen immer häufiger im pazifischen Bereich fallen werden, und daß demgemäß die Vereinigten Staaten schon ihrer geophysischen Lage nach das kommende Reich der Mitte sein werden. Eines Tages wird es plötzlich aller Welt offenbar werden, was bisher erst wenige ahnen, daß die englische Einkreisung, die 1914 um Deutschland gelegt worden war, gerade gegenwärtig durch ein englisches Eingekreistwerden abgelöst worden ist.

Aber nicht nur von Amerika droht der politischen Herrscherstellung Europas Gefahr, sondern auch sonst in der Welt brauen sich allerhand Gewitterwolken zusammen, aus denen eines Tages ein Wirbelsturm mit verheerender Gewalt daherbrausen und die Throne der europäischen Herren stürzen könnte. Die Sicherheit der kolonialen Reiche ist gewaltig unterwühlt, und man versteht es, wenn nicht ganz selten die Meinung vertreten wird, das Ende des kolonialen Zeitalters überhaupt sei nahe herbeigekommen.[1]) Aus rein wirtschaftlichen Erwägungen heraus ist diese Auffassung, wie oben (S. 259) dargelegt, bis auf weiteres wohl noch als übertrieben zu bezeichnen, solange viele unentwickelte Länder das weiße Kapital und die weiße Intelligenz einfach nicht entbehren können. Aber freilich, der alte, bequeme Begriff der völlig rechtlosen Kolonien wird wohl allerdings nicht mehr lange beizubehalten und koloniale Betätigung nur noch mit einer gewissen Zustimmung der Bevölkerung der Kolonien möglich sein. Das Schlagwort vom „Selbstbestimmungsrecht der Völker" scheint, sehr gegen den Willen seiner Erfinder, bis in die kulturentlegensten Teile der tropischen und subtropischen Gebiete gelangt zu sein und hat in wenig mehr als zehn Jahren wahre Revolutionen im Denken der farbigen Völker ausgelöst. Die Ehrfurcht vor den Weißen, vor der weißen Rasse, die Scheu vor ihrer Gottähnlichkeit, ist in raschem Schwinden begriffen und wird, wenn überhaupt, nur durch ganz große kulturelle Leistungen zu neuem Leben zu erwecken sein, nicht aber mehr durch Gewalt und herrische Gebärden. Der Sieg der Japaner über die Russen, der Gelben über die Weißen, i. J. 1904/05 hat den Thron des weißen Mannes zuerst erschüttert; der Weltkrieg aber, in dem Farbige aus aller Herren Länder auf die europäischen Schlachtfelder geschleppt wurden, um Weißen gegen Weiße zu helfen, hat alle Bande frommer Scheu gelöst, hat das Selbstgefühl der farbigen Rassen gewaltig gesteigert, weil sie instinktiv fühlten, daß der Weiße ohne ihre Hilfe nicht fertig wurde, und hat gleich-

1) Vgl. u. a. Karl Hoffmann: „Das Ende des kolonialpolitischen Zeitalters", Leipzig 1917.

zeitig diejenigen, die bis dahin durch die raffinierte Technik im großen Welttheater geblendet wurden, einen tiefen Blick hinter die Kulissen tun lassen, der ihnen besser verborgen geblieben wäre: sie haben die Drähte gesehen, an denen die schönen Puppen tanzten, und sie ziehen daraus ihre weiteren Schlüsse. Der tiefe und grundsätzliche Respekt vor dem Weißen als solchen, das sicherste Fundament der Kolonialmacht der europäischen Nationen, ist auf Nimmerwiederkehr zerstört oder mindestens sehr stark angefressen worden. Noch in der Schlacht bei Tanga (3.—5. November 1914) stellten Lettow-Vorbecks ostafrikanische Askaris das Feuer ein, als sie sahen, daß eine nur aus weißen Engländern bestehende Truppe ihnen gegenüberstand, und sie erkundigten sich ausdrücklich, ob sie den Befehl denn richtig verstanden hätten, denn drüben seien ausschließlich Weiße zu erblicken. Solche Gewissensskrupel werden den Farbigen aller Erdteile in Zukunft schwerlich noch einmal kommen. Die Kunde, daß damals bei Tanga 800 Askaris unter guter Führung 9000 Mann britische Truppen in die Flucht schlugen, hat sich in ganz Afrika verbreitet und hat gar sehr zum Nachdenken über die Gottähnlichkeit der Weißen angeregt. – 1914 sollten die farbigen Rassen nur ein einziges weißes Volk verachten lernen, es beleidigen, unterdrücken und quälen dürfen, aber es ging ihnen dabei wie der Frau Alving in Ibsens „Gespenstern“: „Nur an einem einzigen Knoten wollte ich zupfen; als ich den aber auf hatte, da gab die ganze Geschichte nach. Und da merkte ich, daß es nur Maschinennaht war.“ Auch im Verhältnis der weißen Rasse zu den farbigen ist in Wahrheit der Weltkrieg zur Weltwende geworden — —

Was sich neu herausbildet, könnte man ein Kontinentalgefühl nennen. „Asien den Asiaten“, „Afrika den Afrikanern“ lauten die Schlagworte, in Anlehnung an das durch die Monroedoktrin unausgesprochen geprägte Feldgeschrei „Amerika den Amerikanern“. Nach dem Vorbild der verschiedenen panamerikanischen Kongresse, die seit 1889 alle paar Jahre einmal stattgefunden haben, hat bereits 1926 ein erster panasiatischer Kongreß in Nagasaki, also im Lande der immer deutlicher sich heraushebenden Vormacht Asiens, getagt — ein zunächst noch harmloser, aber symptomatisch bedenklicher Auftakt für kommende, weltpolitische Geschehnisse. Dazu ist kurzsichtigerweise auch durch Angehörige der weißen Rasse überall in der farbigen Welt die Unruhe geschürt und Unzufriedenheit suggeriert worden, wo sie vielleicht gar nicht vorhanden war. Selbst Völker, die noch völlig unreif sind, ihr politisches Geschick selbst in die Hand zu nehmen, für die ein Fortfall der weißen Herrschaft einen schweren Rückschlag in Unkultur und Schlimmeres bedeuten würde, sind systematisch zur Aufsässigkeit und Selbstüberschätzung angeleitet und mit unreifen, verstiegenen Ideologien gefüttert worden, woraus leicht eine schlimme Saat aufsprießen kann. Es knistert im Gebälk gar mancher Kolonial- und Halbkolonialreiche: in China, Syrien, Marokko, Holländisch-Indien, Bolivien, Samoa, auf den Fidschi-Inseln usw. hat es schon Rauch und Flammen gegeben, in Indien und Ägypten wirken unterirdische

Kräfte, über deren Stärke und Ziel noch kein Urteil möglich ist. Anatole de Monzie hat die Sachlage richtig auf die knappe Formel gebracht [1]: „Asien glaubt nicht mehr an Europa"!

Ein grelles Licht fiel auf die schwüle „Amosphäre" durch jenen merkwürdigen Kongreß gegen koloniale Unterdrückung, der in den Tagen vom 10. bis 15. Februar 1927 in Brüssel im Palais d'Egmont stattgefunden hat. Aus den verschiedensten Teilen der Welt und einer überraschend großen Zahl von Ländern waren hier 180 Vertreter der farbigen Völker erschienen und vereinten ihre Anklagen gegen die weißen Unterdrücker. Außer einigen weißen, überwiegend kommunistisch eingestellten Teilnehmern aus Deutschland, Holland, Belgien, Frankreich und England gab es sogenannte „Delegierte" aus verschiedenen Ländern Afrikas, aus Palästina, Persien, Britisch- und Niederländisch-Indien, Tongking, Annam, China, Korea, mehreren mittelamerikanischen Staaten und Vertreter der nordamerikanischen Neger. Es ist nicht zu erkennen, wie große Kreise hinter den einzelnen Rednern standen, nicht zu erkennen, in welchem Umfange der Moskauer Souffleur die gehaltenen Reden vorgesprochen hatte, so daß über die wahre Bedeutung und Tragweite dieses „Antikolonialkongresses" kein endgültiges Urteil möglich ist. Die kommunistische Regie war jedenfalls durchaus unverkennbar, und in mehr als einem Fall werden dabei nur Einspänner zu Worte gekommen sein, die nicht die wahren Gefühle der Mehrheit ihrer Landsleute zum Ausdruck brachten. Aber die symptomatische und gefährliche Bedeutung des Brüsseler Kongresses darf dennoch nicht unterschätzt werden. Zum mindesten zeugte er davon, daß überall in den Kolonien Fäulnisherde sich entwickelt haben, die unter der Decke leicht ihre Ansteckungsstoffe rasch weiter verbreiten können, wo ein geeigneter Nährboden vorhanden ist, bis eines Tages das Übel durch die Hülle hindurchbricht und dann nicht leicht wird nochmals geheilt oder ausgemerzt werden können.

An dieser Beurteilung der Lage kann auch der Umstand nicht viel ändern, daß es auf dem Brüsseler Kongreß von ganz unreifen Ideen und sachlich geradezu unsinnigen Forderungen nur so wimmelte. „Völlige Freigebung aller Kolonialvölker", „Völlige Freiheit der afrikanischen Völker", „Besitzergreifung des afrikanischen Bodens und der afrikanischen Verwaltung durch die Afrikaner", „Sofortige Annullierung sämtlicher, der völligen Gleichberechtigung widersprechenden Verträge" — das waren einige der in den Resolutionen vorkommenden Schlagworte, die die Verstiegenheit der meisten Kongreßteilnehmer hinreichend kennzeichnen. Solche Resolutionen sind freilich oft ein recht zweckmäßiges Ventil der Unzufriedenheit. Wo viel geredet wird, wird wenig gehandelt. Es läge daher vielleicht durchaus im Interesse der kolonialen Unterdrücker, solche Antikolonialkongresse recht oft, tunlich alle paar Monate einmal,

1) Zeitschr. f. Geopolitik 1928, S. 455.

zusammentreten zu lassen, denn die aufrührerische Energie, die in Kongreßreden verpufft, bleibt ungefährlich.

Gesetzt den Fall, die überspannten Forderungen des Brüsseler Kongresses würden von heut auf morgen verwirklicht, so — müßte eine gewaltige Katastrophe die Folge sein, unter der niemand schwerer zu leiden haben würde als die plötzlich frei gewordenen, unterdrückten Völker selber. Insbesondere könnte es keinem Zweifel unterliegen, daß in Afrika sogleich wieder unaufhörliche Kriege der Eingeborenenstämme untereinander aufkommen würden und Sklavenjagden mit Totschlag, Plünderung und Bestialitäten aller Art, dazu Hungersnöte, Seuchen, wirtschaftliche Notzeiten, Justizmorde usw., wie sie Jahrtausende lang gang und gäbe waren und auch heute noch nicht völlig ausgerottet sind. Der sittlich fördernde Einfluß der meisten europäischen Kolonialvölker in Afrika darf keinesfalls verkannt werden, und es ist nichts als grotesker Unsinn, wenn i. J. 1925 auf einer Tagung der „Internationalen Frauenliga für Frieden und Freiheit" von Leuten, die ihre ganze Kenntnis von Afrika wesentlich aus dem Atlas geschöpft hatten, die europäische Wirkung auf Afrika zusammengefaßt wurde in die aus dem Reiche der Phantasie heruntergeholte Formel: „Minderwertige Zivilisation verdrängt einfaches, gesundes Volkstum." Derartige absurde Vorstellungen haben sogar dahin geführt, daß sich — natürlich im Lande der Dichter und Träumer — am 10. Februar 1926 in Berlin eine „Liga gegen koloniale Unterdrückung" gebildet hat, in der sich pazifistisch verstiegene Mitglieder der weißen Rasse zusammengefunden haben, selbstverständlich ausnahmslos Leute, von denen niemand je einen Blick in irgendwelche Kolonien getan hat. Von der Verstiegenheit der Brüsseler Resolutionen zeugt am erschütterndsten vielleicht das Verlangen, den Eingeborenen in den Kolonien überall dieselben Löhne zu zahlen, wie sie „in Europa"(!) üblich seien![1])

Durch seine maßlos übertriebenen Forderungen, die den Boden der erreichbaren und wünschenswerten Wirklichkeit allzu sehr unter den Füßen verloren, hat der Brüsseler Kongreß nur bewirkt, daß man ihn als Symptom nicht mehr ganz ernst nehmen konnte. Dennoch darf man jenes Ereignis auch nicht nur mit einer Handbewegung abtun, als ein Glied in der Kette der Sowjet-Propaganda. Die verschiedenen Welt-Negerkongresse, die seit 1919 in der Alten und Neuen Welt stattgefunden haben, sind doch ein Beweis, in wie starker Gärung die schwarze Rasse ist. Wären die afrikanischen Neger nur auf sich selber angewiesen, so wäre der Bewegung schwerlich größere Bedeutung beizumessen. Aber als treibende Kraft stehen dahinter die intellektuell hochstehenden und politisch gerissenen 12 Mill. Neger bzw. 24 Mill. Neger und Mulatten Nordamerikas, unter Führung des sehr energischen und mit allen Hunden gehetzten Negers

1) Vgl. Fritz Lange, Wider den Kolonialimperialismus? im „Deutschenspiegel," 1927, S. 1066.

Marcus Garvey. Die Bewegung des „Garveyismus"[1]) strebt den schwarzen Erdteil für die schwarze Rasse und demgemäß die Verdrängung der Weißen aus allen politischen Rechten in Afrika an. Sie prophezeit bereits, das Schicksal Afrikas müsse sich in den nächsten 25 Jahren auf 1000 Jahre entscheiden.[2]) Die Geschichte Liberias (S. 238f.) lehrt, daß die Erreichung des Zieles des Garveyismus alles andere denn ein Segen für die Neger selbst sein würde. Aber trotzdem ist die starke Stoß- und Suggestivkraft der Idee als solcher nicht zu verkennen, und es braut sich in der Tat ein schwarzes Gewölk zusammen, aus dem eines Tages, wenn Europa durch neue, eigne Wirren schwerer Art in Anspruch genommen wird, ein zündender Blitz fahren kann. Wer weiß, ob nicht der jahrhundertelang unter schlimmsten Begleiterscheinungen betriebene Handel mit „schwarzem Elfenbein" nach der Neuen Welt an den Nachfahren der schuldigen europäischen Händler stark verspätete Rechenschaft fordern wird, denn nur jener Handel hat ja die 12 Mill. Schwarzen, die jetzt den Garveyismus schüren und finanzieren, in Amerika heimisch werden lassen!

Sind doch in Nordamerika selbst die Neger ein im Vordringen begriffenes Element. Die Vereinigten Staaten haben eine schwarze Frage so gut wie eine gelbe Frage zu bewältigen. Es ist seltsam genug: die rote Rasse, die die Urbewohner des Erdteils stellte, scheidet als politischer Faktor aus. Aber nun muß der weiße Eroberer das Land gegen asiatische Mongolen und gegen afrikanische Neger zu halten suchen, welche letzteren er selber dereinst ins Land geholt hat. Wenngleich die Negereinwanderung aus Afrika vollkommen gedrosselt ist, haben sich die Schwarzen in den Vereinigten Staaten selbst so stark vermehrt, daß schon seit einer Reihe von Jahren die Höchstgrenze von 10% ihres Anteils an der Gesamtbevölkerung, die ihnen zugestanden worden war, überschritten worden ist.[3]) In Illinois, Nebraska und Ohio hat ihre Zahl in nur 10 Jahren sich verdoppelt, in Michigan und Neumexiko verdreifacht, in New Jersey um 50%, im Staat New York um 33% zugenommen. In der Bundeshauptstadt Washington bilden die Neger ein Drittel der gesamten Bevölkerung, die sechs Städte Baltimore, Chicago, New Orleans, New York, Philadelphia und Washington sind „Neger-Großstädte" geworden, da über 100 000 Schwarze in jeder von ihnen ständig wohnen. Haben doch 1925 in Chicago und 1927 in New York gar schon allgemeine Negerkongresse stattgefunden! In Haiti sind 90% der Bevölkerung Neger, in Jamaika 77, auf den Jungfern-Inseln 75%[4]).

Angesichts einer derartigen Lage sind in der Tat Zweifel gerechtfertigt, ob das koloniale Zeitalter nicht seinem Ende zuneigt, und man kann es

1) Vgl. E. Gagel: „Das Attentat Frankreichs auf die weiße Rasse und seine Folgen" im „Rheinischen Beobachter" (Berlin), 1923, S. 339.

2) Vortrag General v. Lieberts auf der Bremer Haupttagung des Deutschen Kolonialvereins am 16. September 1927.

3) Hartmut Merleker, „Amerikanische Neger" in der Zeitschrift für Geopolitik, 1925, S. 320.

4) „Bausteine zur Geopolitik", S. 192, Berlin-Grunewald 1928.

verstehen, wenn hier und da die Meinung vertreten wird, man möge auf die in Deutschland weitverbreiteten Pläne, die auf Wiedergewinnung der geraubten Kolonien oder mindestens auf Zuerteilung kolonialer Mandate durch den Völkerbund gerichtet sind, ein für alle Male Verzicht leisten, da in den nächsten Jahrzehnten schwere Stürme in den Kolonialländern doch unvermeidlich sein werden. Die letztere Erwartung wird man ohne weiteres teilen dürfen, und man kann dennoch den daraus gezogenen Schluß als schief bezeichnen. Es ist oben mehrfach dargelegt worden, daß eine große Zahl von jungfräulichen, wenig erschlossenen Ländern noch unter gar keinen Umständen auf eigenen Füßen zu stehen in der Lage ist, und daß ihre Bevölkerungen sich dessen bewußt sind. Ein starker Hunger nach Kultur und den Errungenschaften der Zivilisation hat auch die primitiveren Völker in abgelegenen Ländern erfaßt. Gerade die hier zumeist in Betracht kommenden Neger Afrikas fühlen es, daß dieser Hunger ohne weiße Hilfe nicht gestillt werden kann, daß ihnen Rettung vor den verheerenden Seuchen, wirtschaftlicher Aufschwung, gute Straßen und Eisenbahnen, unzählige, kleine Annehmlichkeiten und Behaglichkeiten des täglichen Lebens nur zu teil werden können, wenn sie wohlwollenden und opferbereiten Weißen das volle Verfügungsrecht im Lande zugestehen, wenn sie sich fremder Führung anvertrauen, der sie ihre Wünsche, Klagen und Beschwerden vertrauensvoll vortragen können, die bereit ist, ihnen als Freund und Berater jederzeit zur Seite zu stehen. Irgendwelcher nationaler Ehrgeiz, unbändiger Freiheitsdrang sind Begriffe, für die der durchschnittliche Eingeborene (mit Ausnahme einzelner Gebirgsstämme) keinerlei Verständnis hat. Wenn weltfremde, politische Phantasten sich für die vollkommene, schrankenlose Freiheit und Selbstbestimmung der Neger und Hindus und Indianer und zahlloser anderer Völkerschaften einsetzen und unreife Eingeborene in unverantwortlicher Weise mit halb oder gar nicht verstandenen Schlagworten beunruhigen, so mögen sie sich gesagt sein lassen, daß sie ein erheblich dankbareres Objekt finden können, wenn sie zunächst einmal Geld und Kraft an die Befreiung geknechteter weißer Völker und Volksteile setzen würden. Haushofer hat doch wahrhaftig nicht Unrecht, wenn er ganz objektiv feststellt:[1])

„Deutschland besitzt heute in manchen Richtungen weit weniger Selbstbestimmung als der Nizam von Haiderabad, als Tibet, die Mandschurei oder Djaktschokarta."

Wenn allen weißen Nationalitäten und ihren Volksminderheiten die Sonne der politischen Freiheit oder zumindest der politischen Selbstbestimmung scheint, dann erst wird es vielleicht Zeit sein, zu prüfen, ob man die als bewährt befundenen, neuen politischen Grundsätze auch den farbigen Rassen zugute kommen lassen kann. Man soll aber niemandem Wohltaten aufzwingen, der gar kein Verlangen nach ihnen trägt. Die

---

1) Zur Geopolitik der Selbstbestimmung, S. 26.

primitiven Völker verzichten erfahrungsgemäß gern auf Unabhängigkeit und Selbstbestimmung, wenn sie dafür wirtschaftliche, soziale, hygienische und kulturelle Nachteile in Kauf nehmen müssen. Sie wollen einen guten Herrn haben, der sie wirtschaftlich fördert, anleitet und erzieht, und werden dann mit der fremden Herrschaft genau so zufrieden sein, wie es die drei tropischen deutschen Kolonien in Afrika vor dem Kriege waren. Den entwickelteren unter ihnen genügt es vollauf, wenn sie wenigstens einen teilweisen Einfluß auf die Regierung in Gestalt eines bescheidenen Wahlrechts haben, wie es z. B. Holland der Bevölkerung Niederländisch-Indiens seit dem 16. Mai 1927 in kluger und selbstbewußter Weise zu gewähren wagen durfte.

Solange es in der tropischen Welt Länder gibt, die einfach nicht in der Lage sind, aus sich selbst heraus die finanziellen, technischen, medizinischen Kräfte zu stellen, wie sie im 20. Jahrhundert unentbehrlich sind, solange ist auch das koloniale Zeitalter noch nicht zu Ende. Man hat es ja immer wieder gesehen: fast alle B- und C-Mandatsländer haben in ihren Eingaben an den Völkerbund und andere Instanzen immer nur darum gebeten, einer anderen Verwaltung, der deutschen, unterstellt zu werden, nicht dagegen die völlige Freiheit verlangt, die in manchen Fällen fast dem Selbstmord gleichkäme. Einzig und allein ein Mandatsland der A-Gruppe, Syrien, hat immer wieder darauf bestanden, daß es die völlige Unabhängigkeit fordert, die ihm — natürlich — nicht gewährt wird. Solange es aber noch Kolonialbesitz gibt, solange die Eingeborenen solcher Länder selber fordern, von Weißen regiert und betreut zu werden, solange hat Deutschland nicht nur ein Recht, sondern auch die sittliche Pflicht, als besonders dicht bevölkertes Land gleichberechtigt unter den Kolonialmächten neuerdings eine Rolle zu spielen. Wie lautete doch einer der stärksten Lehrsätze des großen Rechtsgelehrten Rudolf von Jhering: „Kein Volk hat das Recht, auf sein Recht zu verzichten!" — Und Deutschland hat, da Kriegsentschädigungen verboten waren, so lange einen Rechtsanspruch auf Rückgabe seiner Kolonien, als die Gutschrift ihres vollen Wertes auf Reparationskonto noch nicht erfolgt ist. Ein Wanderer, der von einem Straßenräuber mit vorgehaltener Pistole zur Hergabe seiner goldenen Uhr und seiner Brieftasche gezwungen wird, entäußert sich mit dieser „Abtretung" zwar seines Besitzes, aber nicht seines Eigentumsrechtes. Im Fall der deutschen Kolonien liegen die Rechtsverhältnisse genau ebenso —

Das Ende des kolonialen Zeitalters! In einer Hinsicht allerdings wird es sicher nicht mehr fern sein. Die Zeit der Ausbeutungs-Kolonien ist vorbei. Entwicklungs- und Erziehungs-Kolonien mögen noch Jahrhunderte lang bestehen, aber koloniale Methoden, wie sie früher die Spanier anwandten, wie sie heute noch bei den Portugiesen, Neuseeländern, Franzosen üblich sind, müssen allerdings im 20. Jahrhundert als gründlich überlebt bezeichnet werden. Ein Staat und Volk, die nicht entschlossen sind, ehrlich an der Aufwertung der gesamten

Menschheitskultur mitzuarbeiten, sie taugen in unserem Zeitalter nicht mehr zum Kolonialbesitz. Ein gründliches Revirement unter den kolonialbesitzenden Staaten erscheint im Interesse aller Teile durchaus unvermeidlich. Und wenn der Völkerbund nicht imstande oder nicht willens ist, eine wirklich „gerechte Regelung aller kolonialen Ansprüche", wie sie in Wilsons 14 Punkten feierlichst verheißen wurde, zu bewirken, und zwar unter peinlich gewissenhafter Beobachtung der im Art. 22 der Völkerbundsatzung auf dem Papier niedergelegten ethischen Grundsätze, so wird die Zeit ebenso über den Völkerbund hinwegschreiten, wie sie mit den rückständigen Kolonialmethoden nachdrücklich aufräumen wird.

Das Erwachen der farbigen Völker, das dumpfe Brausen des Geistes der Aufsässigkeit, das durch die koloniale Welt geht und das von Ideologie und parteipolitischer Torheit noch systematisch gesteigert und bis zur Siedehitze angefeuert wird, es bleibt im allgemeinen unbedenklich in wirklich gut verwalteten Kolonien. Ein britisches Uganda oder Nyassaland ist gegen solche geistigen Epidemien immun. Aber für mangelhaft oder gar schlecht verwaltete, unzufriedene, notleidende Kolonialländer kann die Unruhe, die durch die Welt geht, allerdings ansteckend wie Fleckfieber wirken, zumal wenn draußen unmittelbar vor den Grenzen schon benachbarte Länder an ihren Ketten zerren. Die 1925er schweren Kämpfe, die die Franzosen und Spanier in Marokko, die Franzosen allein im „Mandatsland" Syrien zu bestehen hatten, haben noch einmal zu einer vorläufigen Niederschlagung der Aufstandsbewegung mit Gewalt geführt. Der Augenblick war von den Aufrührern schlecht gewählt, da die Herrenstaaten ihre ganze Kraft auf die Niederwerfung der Empörungen konzentrieren konnten. Aber es sei gar sehr dahin gestellt, was geschieht, wenn der nächste große europäische Krieg die Besitzer mancher Kolonien noch einmal in anderer Richtung voll in Anspruch nimmt. Mag auch eine gewisse rhetorische Übertreibung darin unverkennbar sein, so schießt doch ein Ausspruch Oswald Spenglers schwerlich sehr weit am Ziel vorbei, der rund heraus feststellt:[1])

„Die Armee schwarzer Franzosen ist heute schon, sobald sie will, die Herrin Afrikas."

Bedenken wir doch, daß sogar die ständige französische Armee, außer aus 110000 Offizieren und Unteroffizieren, aus 390000 weißen und 240000 farbigen Soldaten besteht!

Es ist für den geopolitisch geschärften Blick unschwer zu erkennen, daß in der Tat neben dem portugiesischen das französische Kolonialreich am schwersten von Umwälzungen bedroht ist. Die wirtschaftlich am besten entwickelte und blühendste Kolonie Algerien ist dabei wohl noch am wenigsten von inneren Wirren bedroht. Aber schon in Tunis war 1925 eine Unabhängigkeitsbewegung mit kommunistischem Einschlag zu spüren,

1) Oswald Spengler, Neubau des deutschen Reiches, S. 100, München 1924.

wobei das zahlenmäßig überstarke italienische Element anscheinend Lust verspürte, dieselbe Rolle zu spielen, wie 1899 die britischen Bevölkerungsschichten in den Burenrepubliken. In einem Lande, wo neben den Eingeborenen nur 54000 Franzosen, aber 98000 Italiener leben[1]), kann eben nicht für immer französische Kolonialpolitik getrieben werden, zumal da die genannten beiden Kolonialvölker, die Portugiesen und die Franzosen, über die kolonialen Methoden des 17. und 18. Jahrhunderts noch nicht gar so sehr hinausgewachsen sind. Was ihnen zuzutrauen ist, zeigte sich, als im Juli 1927 ein australisches Kriegsschiff ein französisches Schiff aufbrachte und 480 darauf befindlichen, schwer gefesselten Annamiten zur Freiheit verhalf, die die Franzosen aus ihrem „Protektorats"-Land Annam als Zwangsarbeiter vulgo Sklaven nach Neu-Kaledonien zu schaffen beabsichtigten, oder als kurz vorher Prof. Schwarz von der Rhodes-Universität in Grahamstown bekannt gab:[2])

„Es mag politisch sein, die Augen gegenüber den Sklavenjagden der Portugiesen (in Angola) zu verschließen, aber die Tatsache bleibt bestehen, daß die schlimmsten Greuel des Sklavenhandels in Portugiesisch-Afrika noch im Schwange sind. Als ich im Amboland weilte, sah ich mit eigenen Augen ein auf diese Weise überfallenes Dorf. Alte Leute und Kinder waren abgeschlachtet worden, die jungen Männer aber wurden in Ketten an die Küste geschafft und die jungen Frauen unter die Soldaten verteilt."

Selbst in einer Denkschrift des Völkerbundes ist betont, daß die Portugiesen Angolas sich in dieser Weise aus dem auf ihrem Gebiet wohnenden Kuanyama-Stamm ständig Zwangsarbeiter für die Kakaopflanzungen von São Thomé und Principe beschaffen!

Wo europäische Völker des 20. Jahrhunderts in solcher Weise das Erwachen der modernen Zeit verschlafen haben, da reift natürlich dieselbe Saat, die 1810—25 in den spanischen Kolonien Amerikas aufgegangen ist, heran. Die Portugiesen werden vermutlich, wie oben dargelegt (S. 244), ohnehin nicht mehr lange Herr in ihrem afrikanischen Hause sein, nachdem das Mutterland selbst sich nicht mehr erheblich von einem Protektoratsgebiet unterscheidet. Wenn nicht alles täuscht, wird demnach wohl in erster Linie ein Teil der französischen Kolonien in Betracht kommen für eine Auflehnung gegen die weiße Rasse. Die Ereignisse des Jahres 1925 haben in dieser Hinsicht bereits einen Vorgeschmack künftiger Ereignisse gegeben.

Die Franzosen sind unter den heutigen großen Nationen die typischsten Vertreter der oben als „karthagisch" bezeichneten, veralteten Verwaltungsmethode, von der sie ja sogar im Heimatland ihren eigenen, durchaus unselbständig gehaltenen Departements sowie gegenüber den nach der früher gehabten Autonomie verlangenden beiden deutschsprachigen Provinzen nicht zu lassen vermögen. Schon lange bevor irgend eine Kriegspsychose das Urteil zu trüben vermochte, i. J. 1906, hat ein so musterhaft objektiv

---

1) Erich Obst in der Zeitschrift für Geopolitik, 1925, S. 57.
2) Koloniale Nachrichten vom 12. Mai 1927.

urteilender Gelehrter wie Supan auf Grund seines tiefen historischen Wissens die Kritik ausgesprochen:[1])

„Die Franzosen waren kein Kolonialvolk."

Wesentlich schärfer noch lautet das gleichfalls gut begründete Urteil Spenglers:[2])

„Der Franzose ist der blutigste und zugleich der erfolgloseste Kolonisator, den es gibt."

Mag auch in dieser scharfen Formulierung die Empörung des Deutschen über die Vorgänge an Rhein und Ruhr nachklingen, so ist doch nicht zu bestreiten und charakteristisch genug, daß nur allein die französische Geschichte so blutige und einmütige Aufstände unterdrückter Völker und so grausige Ereignisse im eigenen Lande aufweist wie die Sizilianische Vesper (30. März 1282), die Brügger Maimette (19. Mai 1302), Genuas Abschüttelung der französischen Herrschaft durch Massaker aller Franzosen (September 1409), die Bartholomäusnacht (24. August 1572), die Septembermorde (2.—5. September 1792), die Massenhinrichtungen der Jahre 1793 und 1794, die Niedermetzelung der Franzosen auf Hawai 1803/04 usw.

Die französischen Kolonialmethoden, deren oberstes Ziel nicht, wie bei anderen Kolonialmächten, dahin zielt, für den eigenen Bevölkerungsüberschuß Siedlungsland zu haben, sondern umgekehrt die Nachteile einer zu geringen Eigenbevölkerung militärisch durch Blutopfer der kolonialen Bevölkerungen auszugleichen, sind veraltet, wie es die spanischen ums Jahr 1800 waren, und werden daher wohl auch zu demselben Ergebnis, wie jene, führen. Frankreich ist als Weltmacht erledigt, ist nur noch, um einen Ausdruck Mehrmanns[3]) mit boshaftem Nebenklang zu gebrauchen, eine Halbweltmacht.

Demgegenüber erscheint der britische Kolonialbesitz wesentlich gesicherter. Die einzige wunde Stelle, soweit eine gefährliche Aufsässigkeit in Frage kommen kann, ist wohl Indien, wo es seit langem gärt und wo schon der Sepoyaufstand von 1857 die der europäischen Herrschaft drohenden Gefahren beleuchtete. Bei der Waffenlosigkeit der Eingeborenen und den steten inneren Zwistigkeiten der wenig einheitlichen Bevölkerung ist aber wohl auch in diesem Lande die britische Herrschaft als leidlich gesichert zu betrachten, zumal jedes leise Symptom von Aufsässigkeit durch die Engländer mit so furchtbar blutiger Strenge niedergeschlagen wird, wie es das Blutbad von Amritsar am 13. April 1919 bewies, als der nervös gewordene General Dyer seine Truppen in eine stark besuchte Protestversammlung ohne Warnung hineinfeuern ließ, wodurch 378 Inder getötet und 1200 verwundet wurden. An Grausamkeiten ist die britische Kolonialgeschichte ja auch sonst unendlich reicher als etwa die deutsche, und wie gibt nicht zu denken, was ein schwedisches Blatt[4]) meldete: daß

1) A. a. O., S. 119. 2) A. a. O., S. 97/8.
3) Burschenschaftliche Rundschau, Oktober 1927, S. 13.
4) Södermanlands Tidning, 4. April 1919.

eine englische humanistische Gesellschaft jahrelang Material über belgische Greuel im Kongogebiet gesammelt, schließlich aber von der Veröffentlichung Abstand genommen habe, weil die Belgier bekannt geben ließen, sie könnten nötigenfalls mit noch weit schrecklicheren Fällen aus englischen Kolonien antworten!

Und dennoch steht der Engländer als Kolonisator turmhoch über allen anderen Völkern, die sich gegenwärtig eines Kolonialbesitzes rühmen können, mit alleiniger Ausnahme der Holländer. Die britischen Kolonien sind zurzeit von ernsteren Rebellionen ebensowenig bedroht, wie es die deutschen wären, wenn wir Deutschen sie noch im Besitz hätten. Die Anklagen wegen unwürdiger Verwaltung der deutschen Kolonien waren ohnehin nichts als eine dem Pokerspiel entlehnte Methode zum Bluffen des Gegners. Der Beschluß des südwestafrikanischen Landesrats vom 29. Juli 1926, das englische Blaubuch, das die deutschen Kolonialmethoden anschwärzte, als eine Kriegspropaganda mit erdichteten Einzelheiten aus der Bibliothek auszumerzen, ist in dieser Hinsicht bezeichnend genug. Einer Widerlegung ist jenes Märchen nicht wert, zumal da kein ernst zu nehmender Sachkenner heute mehr dafür eintritt. Allen böswilligen Elementen aber, die aus irgend einem Grunde noch von deutscher Grausamkeit und Unwürdigkeit, Kolonien zu verwalten, fabeln, sei nur die eine Frage entgegengehalten, in welches Kolonialvolks Geschichte sich ein Parallelbeispiel findet zum Falle des ostafrikanischen Sultans Kahigi von Bukoba, der im Weltkrieg, nach der Besetzung seines Landes durch die Engländer, Selbstmord verübte und kurz vor seinem Tode ihre Aufforderung, mit ihnen gemeinsam die Deutschen zu bekämpfen, mit den Worten beantwortete: „Die Deutschen haben mir 25 Jahre lang Treue und Freundschaft gehalten und mich und mein Land gut behandelt. Ich kann nicht zum Verräter an ihnen werden und habe es daher vorgezogen, Gift zu nehmen." Schwarze Nibelungentreue, die beweist, daß nicht im entferntesten alle Kolonialnationen etwas zu fürchten haben von dem unterirdischen Grollen, das durch die farbige Welt geht!

Das englische Weltreich dürfte tatsächlich im großen und ganzen gegen gewaltsame Auflehnung der farbigen Bewohner gesichert sein — wobei lokale Vorkommnisse nicht viel zu bedeuten haben. Es gilt dies selbst für Indien. Ein blutiger Aufstand nach dem Muster von 1857 kann vielleicht, wie damals, aus religiösen Gründen eines Tages wieder ausbrechen, schwerlich aber aus politischen. So wenig die Inder geneigt sind, noch lange auf die ihnen vorenthaltene Selbstverwaltung dauernd zu verzichten, so haben sie doch erkannt, daß sie mit gesetzlichen Mitteln, Non-Cooperation und Boykott englischer Waren, die Briten viel fühlbarer treffen und ihrem Willen gefügiger machen können als mit einer aussichtslosen offenen Rebellion. „Swaraj" (Autonomie) wollte ihnen England bislang nicht gewähren; nun haben sie mit „Swadeshi" (Autarkie), Boykott und Non-Cooperation, der von Gandhi erfundenen, wirksamsten Form der passiven Resistenz, den Briten viel mehr Schaden getan, als wenn man ihnen die Selbstbestimmung gewährt hätte. Mit Macht flutet das indische Volk über seine Grenzen und übers Meer, vor allem nach Ost- und Südafrika hinüber, die man schon ganz offen als „indische Kolonien“ gefordert hat. Bei der ungewöhnlich starken Volksvermehrung von 49 auf 285 Millionen in nur 100 Jahren (vgl. S. 193) entwickelt sich in Indien, genau wie in Japan, ein völkischer Luftdruckwirbel, der schärfstens im Auge behalten werden muß. Und dennoch ist von dem wenig aktiven, weltmüden Indervolk nicht zu befürchten, daß es je mit einmütiger Entschlossenheit gewaltsam gegen die englische Herrschaft vorgehen wird.

Knapp und richtig kennzeichnet Kjellén das Wesen der Geopolitik:[1])

„Gegenstand der Geopolitik ist nicht das Land, sondern stets und ausschließlich das von politischer Organisation durchdrungene Land, d. h. das Reich.“

Dem britischen Weltreich drohen die größten politischen Zukunftsgefahren überhaupt wohl weniger von seinen farbigen Kolonien als von seinen weißen Dominions. Wir hörten schon oben (S. 233), daß einige von diesen recht ungeberdig geworden sind, an der Spitze Südafrika, aber hier und da auch Kanada und Australien. Es ist nicht zu verkennen, daß die britische Regierung seit langem sehr geschickte Schachzüge tut, um einen allzu großen Machtzuwachs der eigenen Dominions zu unterbinden. Wenn neben Kanada noch das kleinere Neufundland, neben Australien das kleinere Neuseeland als eigene Dominions bestehen geblieben sind, so ist dies ein bewußtes Werk von Downing Street; wenn das zur Annektion längst überreife Mozambique bisher dem greisenhaft gewordenen Mutterland Portugal noch belassen worden ist, so ist dabei der Wunsch offensichtlich ausschlaggebend gewesen, Macht, Selbstbewußtsein und Selbständigkeitsgelüste der Südafrikanischen Republik durch einen Anfall dieses Gebietes nicht noch mehr zu stärken. In dasselbe Kapitel gehört der gegenwärtig erwogene Plan, ein neues zweites afrikanisches Dominion dem ersten zur Seite zu stellen, damit nicht eines Tages die Republik Südafrika unversehens auf den Einfall kommt, den Plan einer Panafrikanischen Republik ins Auge zu fassen. Das neue Dominion Ostafrika, dessen Verwirklichung noch fraglich ist, soll dem britischen Mutterland Wächterdienste gegen die eigene südafrikanische Schwester leisten, wie Neufundland gegen Kanada und Neuseeland gegen Australien. Es ist nicht zu verkennen, daß gerade die kleineren und schwächeren außereuropäischen Dominions die treusten und verläßlichsten Parteigänger Englands sind. Man sucht sie daher auch in London nach Möglichkeit zu begünstigen, wie ja erst kürzlich ein höchst bemerkenswertes Urteil des zum Obersten Reichsgerichtshof gemachten Londoner Privy Council die strittige Ostküste von Labrador mit ihren reichen Fischgründen, ein Gebiet von 300000 qkm Umfang, als zu Neufundland, nicht zu Kanada gehörig anerkannt hat. England sucht eben die in Europa bis 1914 so trefflich gewahrte balance of power auch innerhalb seines Imperiums aufrechtzu-

1) Rudolf Kjellén, Der Staat als Lebensform, S. 42, Leipzig 1917.

erhalten. In der meisterhaft gezimmerten Architektur des britischen Weltreiches haben sich die Gesetze der politischen Statik und Dynamik bisher glänzend bewährt, aber „die Schatten des babylonischen Turmes" wachsen dennoch mehr und mehr, je weiter die Sonne Europas sich dem Horizonte zuneigt.

13. Wie kann das koloniale Zeitalter verlängert werden?

Angesichts einer derartigen Sachlage muß man in die Zukunft der europäischen Kolonialpolitik trübe genug blicken. „Des Donners Wolken hängen schwer herab auf Ilion." Bei Fortdauer der bisher üblich gewesenen Kolonialmethoden der meisten Staaten kann es kaum zweifelhaft sein, daß in einigen Jahrzehnten in der Tat das Ende des kolonialen Zeitalters im großen und ganzen gekommen sein würde. Das Erwachen der farbigen Rassen ist nun einmal nach den Ereignissen von 1914—18 nicht mehr dauernd aufzuhalten. Die Zeitepoche, da in den europäischen Hauptstädten diktatorisch über Wohl und Wehe der Kolonien entschieden wurde, geht noch im 20. Jahrhundert unweigerlich ihrem Abschluß entgegen. Dennoch aber *muß* nicht notgedrungen das Ende des kolonialen Zeitalters überhaupt hiermit identisch sein.

Daß die weit überwiegende Mehrzahl der farbigen Völker — die gelbe Rasse ausgenommen — heute in der Tat noch nicht fähig ist, aus eigener Kraft einen Staat zu bilden, wie er im 20. Jahrhundert mit seinen unendlich vielfältigen weltwirtschaftlichen Verflechtungen eine unbedingte Notwendigkeit ist, darf ohne weiteres als Axiom angesehen werden. Die meisten farbigen Völker werden herzlich gern die Anlehnung an einen weißen Vormund und Berater suchen. Aber *Eines* allerdings wird sich nicht lange mehr umgehen lassen: *Den farbigen Völkern kann ein gewisses, starkes Mitbestimmungsrecht bei der Auswahl des Staates, der ihr Vormund sein soll, nicht mehr vorenthalten bleiben.* Holland hat, wie wir hörten, mutig diese Konsequenz 1927, als erster Staat, gezogen.

Und ein weiteres noch ist unerläßlich: gegebene Ehrenworte dürfen, weder weißen noch farbigen Völkern gegenüber, gebrochen werden. In dieser Hinsicht sind die Vereinigten Staaten mit besonders schlechtem Beispiel vorangegangen, das stark an die „Einhaltung" der italienischen Ehrenworte bezüglich Südtirols erinnert. Wie man Wilsons feierliche Garantie einer „gerechten Regelung aller kolonialen Ansprüche" Deutschland gegenüber ausgelegt hat, wurde bereits kritisch beleuchtet. Genau ebensowenig haben sie bis heute daran gedacht, das ihrer Philippinenkolonie am 29. August 1916 gegebene Versprechen einzulösen, daß sie Unabhängigkeit erhalten sollte, „sobald eine stabile Regierung darin aufgerichtet werden kann", die vor allem den Schutz der Fremden zu gewährleisten imstande sei. Dabei ist zu beachten, daß die 1898 wie Schachfiguren aus der spanischen in die amerikanische Gebietshoheit verschobenen $10\frac{1}{2}$ Mill. Bewohner der Philippinen bereits 350 Jahre Freiheitskampf mit großen und stolzen Überlieferungen hinter sich haben und daß die „Sicherheit" auf den Philippinen ungleich größer ist als in den nordamerikanischen Großstädten, unter denen zurzeit Chicago mit 141 Morden in 6 Monaten den Weltrekord der Unsicherheit hält. Als aber 1927 der amerikanische Kongreß vorbereitende Schritte tat, das 1916 den Filipinos gegebene Versprechen wenigstens teilweise durch eine Abstimmung einzulösen, legte Präsident Coolidge ausdrücklich sein Veto ein, und die Angelegenheit erscheint damit auf unabsehbare Zeit vertagt. Mit derartigen Methoden ist allerdings heute in höherentwickelten Kolonien Staatsgesinnung nicht mehr zu erzielen!

Unter gewissen Voraussetzungen kann der Mandatsgedanke des Herrn Smuts, wie auch die ganze Völkerbundsidee Wilsons, zeitgemäß und gesund sein. Nur ist die Genfer erste Ausführung ausgesprochen stümperhaft und birgt vielleicht mehr Gefahren als Nutzen in sich. Von einer gewissenhaften Bereinigung der ganz unmöglichen gegenwärtigen Verhältnisse auf neuer Grundlage darf man sich aber viel versprechen. „Ich sag' euch, Herrn, das Lied ist schön; nur ist's auf den ersten Blick zu ersehn, daß Freund Beckmesser es entstellt." Man sagt ja zuweilen optimistischerweise, wir seien ins Zeitalter des Selbstbestimmungsrechtes der Völker eingetreten. Freilich im Elsaß und in Südtirol, in Memel und Posen, in Syrien und Korea, in Nikaragua und auf den Philippinen und noch an vielen anderen Stellen der Erde ist man anderer Ansicht, auch im Lande Salzburg, wo man zwar am 29. April 1921 mit 98546 gegen 877 Stimmen sich für den Anschluß an Deutschland ausgesprochen hat, wo aber diese „Selbstbestimmung" ohne alle praktischen Folgen blieb, da es nirgends auf der Erde eine amtliche Stelle gab, die sich irgendwie um die Abstimmung gekümmert hätte. Was nutzt aber eine Selbstbestimmung der Völker, wenn sie zwar abstimmen, jedoch der Abstimmung keine praktische Verwirklichung folgen lassen dürfen?

Wenn dergleichen am grünen Holz geschieht, bei den höchstkultivierten Völkern Mitteleuropas, was soll dann am dürren sich ereignen, bei den „tiefstehenden" farbigen Rassen? — Und dennoch ließe sich aus der Sackgasse, in die wir geraten sind, hinauskommen!

Eine Anerkennung des Standpunktes „Afrika den Afrikanern" ist natürlich auf absehbare Zeit unmöglich — und zwar im Interesse sowohl der schwarzen wie der weißen Menschheit. Weder wollen und können die verständigen und gutartigen Elemente unter den schwarzen Naturkindern die Anleitung und Erziehung durch den weißen Lehrer entbehren, noch können die Weißen im übervölkerten Europa aus Selbsterhaltungstrieb daran denken, Afrika sich selbst zu überlassen. Ungemein zutreffend ist nämlich eine Bemerkung Alois Fischers[1]):

1) Alois Fischer: „Die Bevölkerungsentwicklung 1925—1928" in der „Zeitschr. f. Geopolitik" 1928 S. 335 (obiges Zitat auf S. 343).

„Der Kampf um die Großräume der Erde hat begonnen. Achte dabei Europa darauf, nicht ins Hintertreffen zu geraten, wenn es, nachdem es schon nicht mehr wirtschaftlicher Mittelpunkt der Erde ist, wenigstens noch kultureller Mittelpunkt bleiben will! Hüte man sich aber auch in Deutschland, wenn man schon aus Rücksicht auf die asiatischen Alt-Kulturvölker dem Ruf „Asien den Asiaten" eine gewisse Berechtigung nicht absprechen will, streng vor einer Anerkennung der Devise: ‚Afrika den Afrikanern'! Es ist doch nichts anderes als selbstmörderischer Wahnsinn, den überwiegend hochstehenden Rassen Kerneuropas (300 Millionen) die Bescheidung mit 5 Mill. qkm zu predigen, aber den 140 Millionen Afrikanern das Recht zuzugestehen, sich auf 30 Mill. qkm Fläche auf 1650 Millionenen vermehren zu dürfen, ganz abgesehen, ... daß ‚Afrika den Afrikanern', wirtschaftlich so viel wie ‚Afrika den Amerikanern!' bedeutet."

Gegen diese harte und dennoch haarscharfe Logik wird man mit Vernunftgründen schwerlich ankämpfen können. Europa muß also andere, neue und bessere Wege wandeln, wenn es die Vorhand in einem zufriedenen Afrika behalten will.

Das vielgepriesene und — ach — so maßlos vergewaltigte Selbstbestimmungsrecht der Völker läßt sich in einer Hinsicht auch heute schon auf die Kolonien und die farbigen Bevölkerungen in ihnen anwenden, und es kann dann selbst das zurzeit bedenkliche und mit bösesten moralischen und rechtlichen Mängeln behaftete Mandatssystem als ein zeitgemäßer Fortschritt beibehalten werden. Man lasse die Eingeborenen in den Kolonialgebieten etwa alle 25 oder auch meinetwegen 10 Jahre durch ihre berufenen Vertreter einem künftigen, gerecht wirkenden und gerecht denkenden Völkerbund eine Mitteilung darüber zugehen, welcher Staat der weißen oder gelben Rasse mit der Verwaltung des Gebietes für die nächsten 25 oder 10 Jahre betraut werden soll. Dann wird eine auf Vertrauen gegründete koloniale Zusammenarbeit und Fortentwicklung möglich werden; gewaltsame Unterdrückung, Grausamkeiten, Ausbeutung, ja, nur soziale und hygienische Mißstände, wie sie jetzt in Mandatsgebieten und Kolonien gang und gäbe sind, werden dann im großen und ganzen, ebenso wie Aufstände, Fremdenmassakers usw. unmöglich werden im Interesse beider Teile. Denn die eingeborenen Bevölkerungen werden sich gegen einen selbstgewählten Herrn, der ihnen wohlwollend allerhand Fortschritte der Kultur und Zivilisation vermittelt, schwerlich jemals aufsässig zeigen, und der Mandatarstaat, der in mäßigem Umfang gegenüber anderen Nationen gewisse Sondervorteile aus seiner Vormundschaft genießen soll, wird schon allein deshalb zu einer wirklich wohlwollenden und gewissenhaften Ausübung seines Treuhänderamtes gezwungen sein, weil er sonst seine an sich beliebig oft zulässige Wiederwahl gefährden würde. Zur Not geht's natürlich auch ohne Mandat und Völkerbund: jedes Kolonialland wählt sich einfach seinen Vormund, und die Sache ist fertig!

Eine ungefähr nach derartigen Grundsätzen neugeregelte Kolonialpolitik würde wohl ohne weiteres das Ende des kolonialen Zeitalters noch um mehrere Jahrhunderte hinauszuschieben gestatten und allen den unverkennbaren, sehr schweren Mißständen im gegenwärtigen Kolonial- und

Kolonialmandatswesen alsbald ein Ende machen. Dieser Ausweg scheint als einziger gangbar zu sein, um das gewaltige Unwetter, das sich langsam, aber sicher über allen Kolonialvölkern zusammenbraut, zu zerstreuen und unschädlich zu machen. Die fast unbegrenzte Suprematie und Weltherrschaft der weißen Rasse kann mit den genannten Mitteln für einige weitere Jahrhunderte gewalt- und gefahrlos gesichert werden, und kein Volk, das mit gutem Gewissen und reinen Händen auf seine koloniale Erziehertätigkeit zurückzublicken vermag, wird gegen die vorgeschlagene Neuregelung das geringste einzuwenden haben. Kann sich aber die weiße Rasse nicht entschließen, dem kolonialen Zeitalter eine solche liberale Neugestaltung zu verleihen, so sind schwerste Erschütterungen unvermeidlich. Nur die freiwillige und rechtzeitige Umwandlung hat Wert, nur den freudigen Geber hat Gott lieb. Läßt man es erst dahin kommen, daß die farbigen Völker fordern — Ansätze dazu sind schon mannigfach spürbar — und werden die unvermeidlichen Konzessionen nur zögernd und ungern gewährt, im letzten Augenblick und unter offensichtlichem Zwang, so bleiben sie ohne Erfolg, und immer neue Forderungen ohne Maß und Ziel werden folgen. Man hüte sich, in diesen Fragen allzu einseitig den Rechtsstandpunkt, wie gegenwärtig in China, zu betonen, denn allen derartigen Versuchen, den juristischen Standpunkt einseitig hervorzukehren, werden die unterdrückten Völker der ganzen Welt stets ihr „Recht auf Revolution"[1]) entgegenhalten.

Man darf annehmen, daß sich zurzeit rund 1 Milliarde farbiger Menschen gegen die Vorherrschaft der einen halben Milliarde Menschen der weißen Rasse in Bewegung zu setzen beginnt, nämlich etwa:

437	Mill.	Chinesen
290	„	Inder
125	„	Neger
83	„	Japaner
50	„	Malaien usw.

Wird die weiße Rasse den schwersten Sturm ihrer Geschichte siegreich überstehen — sei es mit militärischer Gewalt, sei es, was erfolgversprechender wäre, durch moralische Überlegenheit?

Die alten kolonialen Methoden sind in weiten Teilen der Welt überlebt — es will ein Neues werden. Mögen die weißen Nationen in dieser Hinsicht sich wahrhaft als Führer des Menschengeschlechts erweisen!

---

1) Taraknath Das in der „Zeitschrift für Geopolitik", 1927, S. 692.

VIII. Internationalisierungsbestrebungen.

1. Internationalisierte Landstriche.

Wo mehr als zwei oder äußerstenfalls mehr als drei verschiedene Reflektanten für ein besonders wertvolles Überseegebiet vorhanden sind, da genügt selbst die Besitzteilung oder die Zerlegung in einzelne Interessensphären nicht mehr zur Ausgleichung der Gegensätze, sondern da müssen noch andere Maßnahmen getroffen werden, damit keine gefährlichen Reibungsflächen entstehen. Zuweilen genügt es, wenn ein auswärtiges Land, dessen Erschließung ein einträgliches Geschäft zu sein scheint, den Grundsatz der „Offenen Tür" anerkennt und allen Nationen, die Handel zu treiben wünschen, den Zugang unter gleichen Bedingungen gewährt. Daß nicht ganz selten eine solche Gewährung nur unter gelindem Zwang durchzusetzen ist, daß die „Offene Tür", wie Haushofer treffend bemerkt[1]), zuweilen bedenklich einer „aufgebrochenen Tür" ähnelt, ist dabei eine Sache für sich. Ganz offensichtlich „aufgebrochenen Türen" glich z. B. die Öffnung der chinesischen Häfen 1842, der japanischen 1853, der koreanischen 1876. Die „Öffnung" der japanischen Seeplätze wurde geradezu erzwungen durch die amerikanische Flottenexpedition des Admirals Perry (1853), durch die im Vertrag von Kanagawa (31. März 1854) die Häfen Simoda und Hakodade den Amerikanern freigegeben wurden, sowie durch die Bombardements von Kagoshima (1863) und Shimonoseki (1864). — Solange von den einzelnen Bewerbern nur wirtschaftliche Absichten in einem überseeischen Gebiet verfolgt werden, kann in der Tat die „Offene Tür" Gegensätzlichkeiten und Reibungsflächen zum Schwinden bringen. Sobald aber noch andere politische Sonderwünsche irgendwelcher Art im Spiel sind, reicht die Lösung nicht aus, und es müssen andere Wege einer internationalen Verständigung versuchsweise eingeschlagen werden.

Der wichtigste Ausweg, bei dem freilich die Kennzeichen einer ausgesprochenen Notlösung leicht zutage treten, ist die Schaffung von „internationalen" Gebieten und Zonen, in denen alle Völker der Erde die gleichen Pflichten und Rechte haben sollen und die von einer durch verschiedene Nationen gebildeten Verwaltungskommission „regiert" werden. Solche internationalisierten Teile der Erdoberfläche bedeuten die konsequenteste Abkehr vom Staat, die Verneinung des Staates schlechthin. Mancher mag vielleicht deshalb geneigt sein, sie als Ideal-

---

1) „Geopolitik des Pazifischen Ozeans", S. 238.

form der internationalen Zusammenarbeit der Völker und als hoffnungsvolle Ansätze zu einem neuen, staatenlosen Zustand auf Erden anzusprechen. Das sind sie jedoch, bisher wenigstens, ganz und gar nicht. Vielmehr stellen solche internationalen Zonen typische Notbehelfe, Kompromisse, Krankheitsherde dar, und fast jeder der Beteiligten lauert fortgesetzt auf die Möglichkeit, den bestehenden, unklaren Zustand durch wirkliche territoriale Rechte abzulösen.

Ein deutliches Beispiel liefert uns die internationale Zone in Marokko, (Fig. 64) die wegen der Wichtigkeit des Haupthafens Tanger i. J. 1911 geschaffen worden ist, die aber gerade kürzlich Spanien mit zäher Energie, wenn auch wohl ohne Erfolg, zu beseitigen trachtete. Solche internationalisierten Gebiete haben von vornherein nur einen Sinn, wenn sie im Kriegsfall vollkommen neutral nach beiden Seiten sind. Wie wenig sie willens oder fähig sind, die strikte Neutralität zu wahren, haben sowohl die internationalisierte Tanger-Zone wie der internationalisierte Suezkanal i. J. 1914 in abschreckender Weise bewiesen. Die unmittelbaren Grenznachbarn werden eine internationalisierte Zone stets wie einen Pfahl im Fleisch empfinden, weil dadurch der Schmuggel begünstigt, die Zoll- und Polizeiüberwachung maßlos erschwert, selbst der Kriegführung ein Hemmschuh angelegt wird, wie der Rif-Feldzug der Spanier 1925/6 hinreichend bewiesen hat, und weil — last not least — zweifelhafte Subjekte und dunkle Elemente aller Art in solchen internationalen Zonen, deren Behörden natürlich nur schwerfällig und mit vervielfachten Reibungen arbeiten können, sehr leicht Unterschlupf finden. Ist doch die von Spanien i. J. 1927, wenn auch nur inoffiziell, abgegebene Erklärung sehr charakteristisch: wenn ihm nicht getattet werde, Tanger und die internationalisierte Zone ganz unter spanische Verwaltung zu bringen, werde es genötigt sein, Spanisch-Marokko vollständig aufzugeben. —

Fig. 64. Das internationalisierte Landgebiet um Tanger.

Eine Anzahl von chinesischen wichtigen Städten, insbesondere Haupt-Hafenplätzen, weist ebenfalls internationale Zonen auf, die schon oben (S. 257) erörterten Fremdenviertel, in denen die chinesischen Behörden nichts zu sagen haben, falls ihnen nicht von Fall zu Fall eine eigene Erlaubnis von den Fremden erteilt wird. Diese internationalisierten Stadtteile in Peking, Schanghai, Hankou usw. haben in letzter Zeit wiederholt lebhaft von sich reden gemacht. In Hankou sind die Truppen der Südarmee, unter Mißachtung der Exterritorialität sogar gewaltsam in die Fremdenniederlassungen eingedrungen (3. Januar 1927) und haben die

Europäer zur Räumung gezwungen, wofür eine einigermaßen ausreichende Genugtuung bis heute nicht erlangt werden konnte.

Auf dem Lande ist das Internationalisierungs-Prinzip noch nicht über einzelne Ansätze hinaus entwickelt worden, hat wohl auch einstweilen kaum Aussicht dazu, wesentliche Fortschritte zu machen. Man kann dies auch kaum wünschen — nach den, etwa im Saargebiet, gemachten traurigen Erfahrungen! Um so größere Bedeutung hat dagegen die Internationalisierung auf dem Wasser und ganz besonders auf dem Weltmeer erlangt.

2. Internationalisierung der Meere.

Der große Gedanke, daß das Weltmeer in allen seinen Teilen jeder seefahrttreibenden Nation in gleicher Weise zugänglich sein müsse, ist seit dem Ende des 19. Jahrhunderts als verwirklicht zu betrachten — natürlich mit Ausnahme kriegerischer Zeiten. Fast 300 Jahre hat es gedauert, ehe diese wahrhaft fortschrittliche, der Neuzeit würdige Vorstellung, die in einer stillen Gelehrten-Schreibstube geboren worden war, sich zum allgemein gültigen Völkerrechts-Grundsatz durchgerungen hat.

Der Erfinder des Dogmas vom grundsätzlich freien, internationalen und neutralen Meer, vom Mare liberum, war Hugo Grotius (1583—1645), der große holländische Rechtsgelehrte, der im Auftrag der Regierung seines Landes die schwierige, vorher nie untersuchte Rechtsmaterie in Angriff nahm und i. J. 1613 die von ihm gefundenen Grundsätze verkündete. Er hat sie später in seinem klassischen Hauptwerk „De iure belli ac pacis" (Paris 1625) niedergelegt, hat freilich leider seine große Tat selber dadurch verkleinert, daß er schon 1613 zugunsten seines Vaterlandes in einer eigenen Schrift Ausnahmen vom Grundsatz des freien Meeres in den Gewässern Hinterindiens und Spitzbergens forderte, wo die Holländer die Macht in der Hand hatten bzw. anstrebten.

Bis zu den Tagen von Grotius galt es als eine Selbstverständlichkeit, daß ein Staat ein Meer, über das er die volle Macht hat, als sein Eigentum beanspruchen und allen Nebenbuhlern die Befahrung verbieten könne. Selbst Grotius war noch der Meinung, daß das Mittelmeer nach dem Jahre 146 v. Chr. ein Bestandteil des römischen Reiches gewesen sei, wenn er auch erklärte, daß die Eigentumsrechte sich nur auf Schutz und Recrhtspechung, nicht auf Verkehrsbehinderung hätten erstrecken dürfen. Anderes naiveres Denken faßte das Problem aber mehr von der machtpolitischen Seite an.

Als die Karthager ums Jahr 530 v. Chr. Südspanien in ihre Gewalt gebracht hatten, sperrten sie die Straße von Gibraltar vollkommen für jede fremde Schiffahrt und beanspruchten die Gewässer westlich der Meerenge als Monopolgebiet des karthagischen Verkehrs. Der Versuch, die Sperre zu durchbrechen, war mit Todesstrafe bedroht. Dieser Zustand bestand, mit einer einmaligen, belanglosen Unterbrechung, über 300 Jahre und fand erst ein Ende, als i. J. 206 v. Chr. die Römer der Karthager-Herrschaft in Südspanien ein Ende machten. Ähnlich war es, als im

3. vorchristlichen Jahrhundert die Bewohner von Byzanz sich des Kaps Hieron auf der asiatischen Seite des Bosporus bemächtigten, den sie dadurch zum byzantinischen Mare nostro machen wollten. Wenn sie auch nicht planten, jeden anderen Verkehr in der Meerenge zu unterbinden, so gedachten sie doch durchzusetzen, daß ihnen jedes fremde Schiff für die Durchfahrt eine Abgabe zu entrichten habe. Der Plan scheiterte aber, da die Rhodier und Bithynier in einem Kriege den Verzicht auf diese Durchfuhrabgabe i. J. 219 von Byzanz ertrotzten.

Im Mittelalter sind ähnliche Versuche des öfteren gemacht worden, die eigene Schiffahrt auf Kosten der fremden zu begünstigen. So verbot im 13. Jahrhundert Genua den Franzosen jegliche Schiffahrt östlich Genua, und im Vertrag von Nymphaeum (1261) gelang es den Genuesen sogar, für 100 Jahre das Schwarze Meer zum ausschließlich genuesischen Meer zu machen. Allmählich aber kamen neue politische Kräfte auf, und i. J. 1345 verankerte der byzantinische Dux Apokaukos ein eigenes Schiff im Bosporus, um von allen passierenden Schiffen einen Sundzoll zu erzwingen[1]); doch konnte dieser Anspruch nicht durchgesetzt werden. Ebenso erhoben die Türken mehrfach den Anspruch auf das alleinige Verfügungsrecht über die Meerengen. Kurz vor der Eroberung Konstantinopels (29. Mai 1453) erbaute Sultan Mohammed II. bei Rumeli Hissar einen Turm mit dem bezeichnenden Namen Boghas Kesen = Abschneider der Meerengen. Sultan Murad IV. ließ i. J. 1628 sogar eine Kette zwischen Rumeli- und Anadoli-Kawak spannen, um jedes unbefugte Eindringen fremder Schiffe zu vereiteln. Zwischendurch war von 1475 bis zum Karlowitzer Frieden (26. Januar 1699) das gesamte Schwarze Meer ein türkisches Mare nostro, nicht nur in dem Sinne, daß es überall türkische Küsten aufwies, sondern auch in bezug auf die Beherrschung des Gewässers selbst.

Noch bis ins 18. Jahrhundert behandelten die Türken die Meerengen als territoriales Eigentum. Erst im Frieden von Kütschük Kainardschi (21. Juli 1774) mußte die Türkei den Russen die freie Fahrt durch die Meerengen zugestehen, setzte aber fünf Jahre später, im Vertrag von Ainali Kawak, durch, daß diese Erlaubnis auf solche russische Schiffe beschränkt wurde, die nicht größer als die größten türkischen waren. Dann wurde nach und nach immer mehr Nationen das Recht der Fahrt durch die Meerengen in eigenen Verträgen eingeräumt, so auch Preußen am 17. April 1806. Im Adrianopeler Frieden (14. September 1829) wurde freie Fahrt für alle Handelsschiffe, jedoch Sperrung der Meerengen für alle nicht-türkischen Kriegsschiffe vereinbart. Bald darnach aber, am 8. Juli 1833, zwang Rußland die Türkei im Vertrag von Hunkjar Skalessi als Lohn für seine gegen Mehemed Ali geleistete Waffenhilfe, zu dem Zugeständnis, daß auch russische Kriegsschiffe die Meerengen jederzeit durchfahren durften, während sie für alle anderen Kriegsschiffe gesperrt bleiben sollten. Das war natürlich ein auf die Dauer unhaltbarer Zu-

1) Karl Lehmann in der Festschrift des „Janus“ zu Lehmann-Haupts 60. Geburtstag, S. 176 u. 179.

stand. Es wurde eine Konferenz aller sechs interessierten Mächte nach London einberufen und im Londoner Abkommen vom 13. Juli 1841 der i. J. 1829 vereinbarte Zustand wiederhergestellt.

Dieses neugeschaffene Völkerrecht wurde freilich schon im Krimkrieg, wenn auch mit Willen der Türkei, verletzt, als eine alliierte Flotte ins Schwarze Meer vordrang. Der den Krimkrieg beendende Pariser Frieden vom 30. März 1856 suchte eine neue Regelung. Die Schiffahrt im Pontus sollte gänzlich unbeschränkt erlaubt, das Meer selbst aber neutralisiert, also jede Kriegshandlung darin verboten sein. Die Sperrung der Meerengen für fremde Kriegsschiffe wurde ausdrücklich nochmals ausgesprochen, um jedoch schon am 13. März 1871 in einem neuen, zu London abgeschlossenen Vertrag aufgehoben zu werden. Nach dem russisch-türkischen Kriege von 1876/77 erforderte freilich Englands Interesse neuerdings die möglichste Eindämmung der stark ins Kraut geschossenen Ansprüche des siegreichen Rußland, und in der Tat setzte England in der Schlußakte des Berliner Kongresses vom 13. Juli 1878 neuerdings die gänzliche Sperrung der Meerengen für Kriegsschiffe durch. Rußland hat hierunter bekanntlich schwer gelitten, zumal im Japanischen Kriege 1904/05, als es seine Kriegsschiffe im Schwarzen Meer nicht zur Verstärkung des nach Ostasien fahrenden Geschwaders Roshdestwenskis benutzen konnte. Nach dem Weltkriege ist dann nach manchem Hin und Her im Lausanner Frieden vom 24. Juli 1923 die neue Regelung getroffen worden, daß die Meerengen, wie der Suezkanal, „im Krieg und Frieden" für jegliche Schiffahrt frei sein sollen. Nur dürfen Kriegsschiffe in nicht größerer Zahl hindurchfahren, als jeweilig im Schwarzen Meer beheimatet sind — eine ziemlich bedenkliche und dehnbare Bestimmung, die im Falle eines neuen Krieges im Osten wohl schwerlich darauf rechnen kann, respektiert zu werden. In friedlich-normalen Zeiten sorgt jetzt eine in Konstantinopel untergebrachte Internationale Kommission (deren Ämter nur als angenehme Sinekure bewertet werden können) ziemlich überflüssigerweise für die Beachtung der Abmachungen von Lausanne.

Eine Anzahl weiterer, besonders bedeutsamer Versuche, bestimmte Meere und Meeresteile der fremden Schiffahrt zugunsten der eigenen zu entziehen, waren die folgenden:

England forderte etwa seit 1300 das „dominion over the narrow sea" und sah insbesondere den Englischen Kanal als ein ihm allein gehöriges Gewässer an. Ebenso maßten sich die deutschen Hansestädte im 14. und 15. Jahrhundert, zur Zeit der höchsten Blüte ihrer Macht, das Recht an, zu bestimmen, eine wie große Zahl von holländischen Schiffen die Ostsee befahren dürfe. Die Dänen, die demgegenüber das wichtige Verbindungsgewässer des Öresundes als ihr Eigentum ansahen, beanspruchten für sich das Recht der Sundsperre als politisches Druckmittel und sind hierdurch dreimal mit der Hanse in schwere Kriege verwickelt worden. Im 15. bzw. 16. Jahrhundert strebte Venedig in der Adria, Portugal im Indischen Ozean, Spanien in der Südsee ein „Mare nostro" in dem Sinne an, daß kein fremdes Schiff darin ohne ausdrücklich eingeholte und erteilte Erlaubnis darin sollte verkehren dürfen. 1616 verbot der Statthalter von Tobolsk jede nicht-russische Schiffahrt östlich des Weißen Meeres. Christian IV. von Dänemark und Norwegen (1596—1648) war sogar der Meinung, in „seinen" Gewässern könne er mit allen fremden Schiffen tun und lassen, was ihm beliebe. Darüber hinaus verbot er allen nicht-dänischen Schiffen den Walfang bei Spitzbergen und geriet dadurch natürlich in heftige Konflikte mit Holländern und Engländern. Letztere beanspruchten wieder das alleinige Fang- und Fischereirecht in den hochnordischen Meeren für sich allein, mit der nicht ganz zweifelsfreien Begründung, sie hätten Spitzbergen i. J. 1553 zuerst entdeckt! Zu einer gefährlichen Kontroverse, die bis an den Rand eines Krieges führte, kam es über ähnliche Fragen des Seefahrmonopols im Jahre 1616 zwischen England und Holland.[1]) Am 16. Mai 1609 untersagte England durch die „Proclamation touching fishing" den Holländern jegliche Fischerei in den Gewässern um Schottland, außer gegen Bezahlung. Zunächst kam es hierüber nur zu mehr theoretischen Differenzen. Als aber 1616 ein schottischer Beamter J. Brown von holländischen Fischereifahrzeugen in den schottischen Gewässern die Abgabe einziehen wollte, wurde er gefangen genommen und nach Holland geschleppt. Die Lage war bedrohlich, doch verstand sich die holländische Regierung schließlich zu einer Abbitte. Wie sehr damals von Fall zu Fall die Stellungnahme der Staaten zum Recht auf offenem Meer schwankte, geht daraus hervor, daß England gleichzeitig die gesamten Meere um die britischen Inseln als Territorialgewässer in Anspruch nahm, die Meere um Spitzbergen als mare clausum, die indischen Gewässer aber als mare liberum angesehen wissen wollte. Holland nahm natürlich genau den entgegengesetzten Standpunkt ein. I. J. 1635 veröffentlichte ein englischer Jurist John Selden sogar eine Schrift, worin er Englands Anspruch auf eine Monopolschiffahrt in der Nordsee bis dicht an die holländische und dänische Küste verteidigte. Gleichzeitig beanspruchte u. a. Schweden das alleinige Recht der Schiffahrt im Finnischen und Bottnischen Busen und wünschte von dem damals in seinen Diensten stehenden Grotius eine juristische Verteidigung dieses seines Anspruchs. Grotius konnte sich aber nicht dazu verstehen, seinen älteren Standpunkt so weitgehend zu verleugnen. Die Verfügung mächtiger Herren über ganze Meere äußerte sich auch in den Titeln, die sie annahmen oder vergaben. Wallenstein wurde vom Kaiser Ferdinand II. am 21. April 1628 zum „Admiral des Ozeanischen und Baltischen Meeres" ernannt, und der Zar von Mingrelien führte den Titel „Herr des Schwarzen Meeres".

Es ist fast verwunderlich, daß es über derart schroff auseinandergehende Forderungen nicht in der Tat mehrfach zum Kriege kam. Mehrfach war es nahe daran, so vor allem 1636 und 1639. Im letzteren Jahre hatten die Holländer, die mit Spanien im Kriege lagen, unter ihrem großen

1) Diese Darstellungen nach Walter Vogel, „Hugo Grotius und die Freiheit der Meere" (Heft 136 der Sammlung „Meereskunde").

Seehelden Tromp am 21. Oktober das letzte spanische Geschwader in den Downs bei Deal vernichtet, also in Meeren, die England als Eigentum, als mare clausum, ansah, was natürlich zu gereizten Protesten der englischen Regierung Anlaß gab. Dennoch renkten sich derartige Konflikte immer wieder von selber ein. In den Walfang-Gewässern bei Spitzbergen einigten sich z. B. die Konkurrenten ganz stillschweigend dahin, daß die Holländer nur in den nördlichen, die Engländer nur in den südlichen Meeresteilen dem Fang oblagen.

Angesichts einer solchen vielfach gespannten politischen Lage auf den Meeren ist es zu verstehen, daß man in mehreren Friedensschlüssen des 17. Jahrhunderts die gefährlichsten Reibungsflächen nach und nach auszuschalten bestrebt war, was gar nicht anders möglich war als durch eine stets weiter fortschreitende Anerkennung des Grotiusschen Grundsatzes vom mare liberum. Im Münsterschen Frieden vom 30. Januar 1648 wurde die Freiheit der Ostseeschiffahrt für alle Flaggen vereinbart, doch blieb Dänemarks Recht, von sämtlichen Fahrzeugen, die den Öresund oder die Belte passierten, den „Sundzoll" zu erheben, noch für mehr als 200 Jahre unangetastet. Der Friede von Ryswyk verkündete am 20. September 1697 ebenso die grundsätzliche Freiheit der Schiffahrt aller Flaggen im Indischen Ozean und in den südamerikanischen Meeren, und im Frieden von Poscharewatz gab Venedig am 21. Juli 1718 sein beanspruchtes Recht auf, von fremden Schiffen, die die Adria befahren wollten, Abgaben zu erheben.

Zuletzt hat sich im 19. Jahrhundert Rußland noch mehrfach gegen die Freiheit gewisser Meere erklärt und sich zu ihrem Herrn erklärt. So erklärte ein Ukas Alexanders I. den Seeweg zum Ob und Jenissei durchs Karische Meer als „nicht vorhanden", weil Rußland nicht wünschte, daß andere Nationen an der Ausbeutung Sibiriens teilnähmen, und derselbe Zar beanspruchte im Ukas vom 4. September 1821 den gesamten Stillen Ozean nördlich des 51. Breitengrades als Monopolgebiet der russischen Schiffahrt und verbot allen fremden Flaggen den Verkehr in diesen weiten Gebieten in einer 100 ital. Meilen breiten Zone an der asiatischen und an der amerikanischen Küste. Auf den Widerspruch der Vereinigten Staaten hin mußte der Zar freilich seine Forderung ganz bedeutend zurückpflocken und auf alle Ansprüche an die amerikanische Küste südlich 54^0 40′ im Staatsvertrag vom 17. April 1824 völlig verzichten. Es war dies der letzte und im größten Stil gehaltene Versuch, einen bedeutenden Teil des offenen Weltmeeres für die nationale Schiffahrt zu monopolisieren, wenn auch die Vereinigten Staaten nach ihrem Kauf Alaskas (30. März 1867) anfänglich nochmals die Auffassung vertraten, sie hätten das alleinige Recht zur Robbenjagd im Beringsmeer mitgekauft. Sonst ist ein solcher Versuch neuerdings mit Erfolg nur noch auf dem geschlossenen Kaspischen Meer gemacht worden. Auf ihm hatte Rußland seit dem mit Persien am 10. Februar 1828 geschlossenen Vertrag von Turkmantschai das alleinige Recht zur Unterhaltung von Kriegsschiffen. Noch 1871 konnte man das Kaspische Meer in ganzem Umfang als ein rein russisches Gewässer ansehen, wo Persien nichts mehr zu sagen hatte, dessen nördliche Küstenprovinzen Gilan, Mazenderan und Asterabad übrigens von 1723 bis 1735 schon einmal zum Zarenreiche gehört hatten.

Bei kleineren Meeren und Meeresteilen blieben mannigfache Sonderansprüche in jüngerer Zeit noch bestehen, wenn auch die zivilisierten Staaten ihren Herrschaftsanspruch auf gewisse Meeresteile schon längst in die mildere Form gekleidet hatten, daß sie von jedem fremden Schiff, das sich daselbst sehen ließ, nur eine Zollabgabe forderten. Am bekanntesten in dieser Hinsicht war der seit vielen Jahrhunderten regelmäßig erhobene dänische Sundzoll. In der Hansezeit hatte Dänemark in politischen Konflikten noch öfters die Fahrt durch den Öresund und die Belte vollständig verboten. Später begnügte man sich in Kopenhagen mit dem Sundzoll. Erst durch die Kopenhagener Vereinbarung vom 14. März 1857, an der 15 Staaten beteiligt waren, wurde dieser Sundzoll gegen Zahlung einer einmaligen Abfindungsgebühr von 30476325 dän. Taler für alle Zeiten aufgehoben. Ebenso fiel durch einen zwischen 18 Staaten vereinbarten Brüsseler Vertrag vom 16. Juli 1863 Hollands Recht auf Erhebung des Scheldezolls. Die seit 1585 gesperrt gewesene Scheldemündung war bereits seit 1795 mit Einschränkung und durch den Londoner Frieden vom 19. April 1839 endgültig für alle Flaggen geöffnet worden („Flaggenfreiheit der Schelde"), aber Holland erhob noch von allen Schiffen, die auf der Reise nach und von dem belgischen Antwerpen die Mündungsgewässer von Holländisch-Seeland durchfuhren, eine Abgabe. Erst als diese durch Ablösung i. J. 1863 in Fortfall kam, wurde die Bahn frei für Antwerpens gewaltigen Aufstieg zum gegenwärtig verkehrsstärksten Hafen Kontinental-Europas.

Den vollen und endgültigen Sieg errang der Grotiussche Satz des Mare liberum, als im Haager Vertrag vom 6. Mai 1882 die 6 Nordseestaaten anerkannten, daß ihre Hoheitsrechte an den Meeresküsten sich grundsätzlich nur 3 Seemeilen (= 5565 m) weit seewärts erstreckten und daß darüber hinaus nullius regio, das internationale Weltmeer, das mare liberum, liege, auf dem alle Staaten gleichberechtigt sind. Hierdurch war endgültig mehr als die Hälfte der Erdoberfläche der Einziehung in staatliche Grenzen entzogen und ein für alle Male „internationalisiert" worden. Es ist wohl auch schwerlich zu erwarten, daß dieser große Kulturfortschritt jemals wieder rückgängig zu machen ist. An letzter Stelle wurden Freiheit der Schiffahrt und des Robbenfangs im Beringsmeer für alle Nationen durch die Pariser Staatsverträge vom 15. August 1893 und 7. November 1897 vereinbart.

3. Internationalisierung großer Seekanäle.

Auch künstliche Seeschiffahrtskanäle ersten Ranges konnten unter solchen Umständen nicht Alleinbesitz eines einzelnen Staates bleiben, ohne daß weitgehende Sicherungen für die unbedingte Gleichberechtigung aller Nationen gewährleistet wurden. Schon als um die Mitte des 19. Jahrhunderts der Bau des mittelamerikanischen Kanals brennend werden zu wollen schien, wurde der oben geschilderte englisch-amerikanische Nikaragua-Konflikt (vgl. S. 250f.) nur dadurch beigelegt, daß beide Mächte sich im Clayton-Bulwer-Vertrag (19. April 1850) verpflichteten, im künftigen Mittelamerika die unbedingte Gleichstellung aller Flaggen und grundsätzliche Neutralisierung durchzuführen. Im Suezkanal, der ja ursprünglich als internationales Privatunternehmen unter französischer Führung gebaut worden war, in dem sich aber das anfänglich feindlich beiseitestehende England[1]) bald durch Erwerbung der Aktienmehrheit seitens der britischen Regierung (25. November 1875) die ausschlaggebende Stellung gesichert hatte, wurden die Grundsätze des Clayton-Bulwer-Vertrages in der Tat — wenn auch nur auf dem Papier — verwirklicht.

Das von 17 Regierungen unterzeichnete Konstantinopeler Abkommen vom 29. Oktober 1888 erklärte den Suezkanal für vollkommen internationalisiert und obendrein neutralisiert; alle Kriegshandlungen in ihm sollten verboten und die behinderungslose Durchfahrt aller Schiffe in Krieg und Frieden unbedingt gewährleistet sein. Der ägyptischen Regierung wurde lediglich die Polizeiaufsicht übertragen. Die trefflich gemeinte Vereinbarung wurde zwar von vornherein durch einige britische Sondervorbehalte fragwürdig in ihrem Wert, und im Weltkrieg hat es sich gerade am Suezkanal besonders deutlich gezeigt, daß auch die feierlichsten völkerrechtlichen Verpflichtungen im Zustande der geistigen Übererregung mit Füßen getreten wurden. Schon am 1. August 1914, bevor die Kriegserklärung erfolgt war, wurden deutsche und österreichische Schiffe im neutralisierten Kanal von den Engländern angehalten, ihre Funkanlagen heruntergeholt und die „feindlichen" Staatsangehörigen, die an Bord waren, bald darauf in Gefangenschaft abgeführt. Am 7. Oktober 1914 wurden die 26 in den Kanalhäfen weilenden „feindlichen" Schiffe mit englischer Bemannung versehen und zum Auslaufen gebracht, worauf ein britischer Kreuzer im Mittelmeer sie als gute Prise nach Alexandrien brachte. England und Frankreich begingen im neutralisierten Kanal Kriegshandlung über Kriegshandlung. Schließlich mußten Deutschland und die Türkei wohl oder übel ihrem Beispiel folgen: sie erklärten am 28. Mai 1915 den Kanal als Kriegsgebiet, verlegten Minen darin, beschossen vom Ostufer her feindliche Schiffe und Truppentransporte usw. Das Konstantinopeler Abkommen war im ganzen Umfange mißachtet! Offiziell besteht zwar nach dem Kriege die Internationalisierung und Neutralisierung wieder als „anerkanntes" Völkerrecht, aber niemand zweifelt, daß ein neues Kriegsunwetter das Fundament dieses Völkerrechts ebenso unterspülen wird, wie es 1914—1918 geschah. Wir leben eben in einer schwersten Krise des Völkerrechts, das in Kriegs- und

1) England wünschte den Bau des Kanals nicht, um die überragende Stellung von Kapstadt nicht zu gefährden, ebenso wie es im Interesse von Singapur seit Jahrzehnten den wichtigen Durchstich von Malakka im Isthmus von Kra verhindert.

Nachkriegszeit allzu leichtfertig bolschewisiert worden ist. — Wie sehr England im übrigen nach wie vor den „internationalisierten" Suezkanal als ein Gewässer betrachtet, das in erster Linie britischen Interessen zu dienen hat, wurde überdeutlich, als i. J. 1923 der Erste Lord der Admiralität, Amery, erklärte, die Regierung strebe eine weitere Vertiefung des Kanals an, da ihn zurzeit die englischen — — Dreadnoughts (!) wegen ihres zu großen Tiefgangs nicht durchfahren könnten[1]), ebenso als i. J. 1927 England mit der ägyptischen Regierung Verhandlungen pflegte, die ein für alle Male britisches Militär mit der „Verteidigung" des „neutralen" Kanals betrauen wollten.

Beim Panamakanal haben sich ähnlich die Grundsätze des Clayton-Bulwer-Vertrages nicht aufrecht erhalten lassen, obwohl auch in dem heut gültigen Hay-Pauncefote-Abkommen vom 18. November 1901 die Flaggenfreiheit und Gleichberechtigung aller Nationen im Frieden zugestanden wurde.

Als der Weltkrieg ausbrach, verkündete eine Proklamation des Präsidenten Wilson vom 13. November 1914 nochmals ausdrücklich die freie Benutzung der Wasserstraße und gleiche Behandlung aller Schiffe der kriegführenden Mächte. Kaum waren aber die Vereinigten Staaten selber in den Krieg eingetreten (6. April 1917), da war es aus mit der garantierten Neutralität: den feindlichen Schiffen wurde die Benutzung des Kanals ausdrücklich verboten!

Der dritte Seekanal des Weltverkehrs ist der deutsche Kaiser-Wilhelm-Kanal. Dieser war bis zum Kriege ein einwandfrei territorial-deutsches Gewässer, vom deutschen Staat aus öffentlichen Mitteln auf deutschem Boden erbaut. In Friedenszeiten herrschte in ihm Flaggenfreiheit und Gleichberechtigung aller Nationen, im Kriege diente er ausschließlich den Zwecken des Landes und war den fremden Flaggen im allgemeinen verschlossen. Das Versailler Diktat hat auch diese klare staatsrechtliche Stellung erheblich kompliziert und sich bemüht, dem deutschen Wasserweg nach Möglichkeit einen internationalen Stempel aufzudrücken. Im allgemeinen zwar legt der Versailler Art. 380 nur den Zustand im Kanal, den Deutschland vor 1914 freiwillig gewährt hatte, als völkerrechtliche Pflicht fest und begnügt sich damit, für den Fall eines Verstoßes dagegen eine Internationalisierung der Wasserstraße und die Schaffung einer Internationalen Überwachungskommission, wie sie am Bosporus besteht, anzudrohen, während an der Anerkennung des territorialen Charakters nicht gerüttelt wird. Dennoch liegt ein Konfliktstoff in der Luft, wie der „Wimbledon-Fall" vor einigen Jahren bewies. Am 31. März 1923 verweigerte die deutsche Regierung dem französischen Dampfer „Wimbledon", der Munition für Polen geladen hatte, die Fahrt durch den Kanal, unter Hinweis darauf, daß Kontrebande nicht durch neutrale deutsche Gewässer gebracht werden dürfe. Die Ententestaaten, England, Frankreich,

---

1) Vgl. Otto Moßdorf: „Singapore" im „Neuen Orient", Juliheft 1923.

Italien und Japan verklagten darauf Deutschland vor dem Haager Schiedsgerichtshof unter Berufung darauf, daß ähnliche Transporte im Suezkanal wiederholt stattgefunden hätten. Der Einwand war durchaus schief, da beim Kieler Kanal eben gar keine Internationalisierung, wie beim Suezkanal, ausgesprochen worden war. Trotzdem verurteilte der Haager Schiedsgerichtshof Deutschland zur Zahlung einer Entschädigung von 140 Mill. Frcs, was freilich zu einem Sonderprotest der überstimmten Richter Anlaß gab, so daß die Unparteilichkeit des im Ruhrjahr gefällten Urteils nicht über jeden Zweifel erhaben scheint. Begründet wurde es mit dem Hinweis darauf, daß gemäß dem Versailler Art. 380 der Kanal auch Kriegsschiffen immer offen stehen müsse. Daß in Konsequenz dieses Standpunktes eine neutrale deutsche Regierung auch nicht einmal ein auf deutschem Kanalgebiet sich etwa abspielendes Seegefecht zwischen fremden Kriegsschiffen verhindern dürfte, wurde geflissentlich übersehen. Eine genaue Klarstellung, in welchem Teilumfang der Kaiser-Wilhelm-Kanal zurzeit neutralisiert bzw. internationalisiert ist oder nicht, wird auch den gewiegtesten Kennern des Völkerrechts nicht leicht gelingen.

Wir stehen somit vor der absonderlichen Tatsache, daß nur der Suezkanal — auf dem Papier — deutlich internationalisiert und neutralisiert ist. Der Panamakanal und der Kaiser-Wilhelm-Kanal sind nationale Gewässer mit Garantie der Flaggenfreiheit und -gleichheit, ersterer mit eingeschränkter Neutralitäts**pflicht**, letzterer sogar mit eingeschränktem Neutralitäts**recht** und dem Damoklesschwert der Verwaltung durch eine Internationale Kommission über sich. Von einer einheitlichen Regelung kann also bislang ganz gewiß keine Rede sein, und der schöne Gedanke des Konstantinopeler Abkommens von 1888, solche künstlichen Seewasserstraßen ersten Ranges grundsätzlich dem Mare liberum gleichzustellen, bleibt in der Praxis zunächst nur ein frommer Wunsch. Ob kommende Zeiten in dieser Hinsicht rechtlich gewissenhafter und mit ehrlicherem Willen zur unbedingten Achtung vor dem Völkerrecht handeln werden als die unsrigen, muß dahingestellt bleiben — —

4. Internationalisierung von Binnenwasserstraßen.

Das Streben, auch wichtigere Binnenwasserstraßen, ähnlich wie das Meer, unter internationales Recht zu stellen und das Hoheitsrecht einzelner Staaten an ihren schiffbaren Gewässern zugunsten eines überstaatlichen Handelsverkehrs in erträglicher Weise zu beschneiden, ist an sich durchaus verständlich und berechtigt. Wir dürfen wohl darauf rechnen, daß später einmal, wenn auch schwerlich schon zu Lebzeiten der heutigen und der nachfolgenden Generation, für die wichtigsten Binnenschiffahrtsstraßen ein ähnlicher Zustand erreicht werden wird wie auf dem Weltmeer, daß dem durch $2\frac{1}{2}$ Jahrhunderte umkämpften und schließlich erreichten Mare liberum sich auch ein **Flumen liberum** zur Seite stellen wird. Diesen

Ausdruck, der sich bereits ein gewisses Bürgerrecht in der Literatur verschafft hat, prägte der Verfasser zuerst auf dem Duisburger Binnenschiffahrtstag am 5. April 1922 im Anschluß an einen Vortrag des Gesandten Seeliger[1]). Vorläufig freilich sind wir von dem erhofften Zukunftsziele des Flumen liberum noch sehr weit entfernt, weiter sogar als in den Jahren vor dem Weltkriege, obwohl oder vielleicht auch gerade weil seither verschiedene, neue Flußinternationalisierungen stattgefunden haben, die aber nicht als ein Fortschritt zu einem höheren zwischenstaatlichen Gemeinschaftsleben betrachtet werden können, weil sie nicht freiwillig gewährt, sondern erpreßt worden sind, weil nicht die wirtschaftliche Zweckmäßigkeit, sondern der politische Machtwille dabei Pate gestanden hat, schließlich auch, weil der Grundsatz der Gleichberechtigung aller Staaten dabei verleugnet und schwer kompromittiert worden ist.

Eine echte Internationalisierung von Binnenschiffahrtsstraßen im Sinne einer völligen Aufhebung der Hoheitsrechte der Uferstaaten, nach dem Muster der Internationalisierung des freien Meeres, gibt es bisher überhaupt nicht. Auch auf den sogenannten „internationalisierten" Strömen und selbst in der schon seit 1856 internationalisierten Donaumündung, in der die Hoheitsrechte des Uferstaates noch am weitesten ausgeschaltet sind, so daß sich hier in Gestalt der mit großen Machtbefugnissen ausgestattete Europäischen Donaukommission in Galatz ein vollständiger, eigener „Flußwasserstaat"[2]), ein „Staat im Staate"[3]), ausgebildet hat, sind die Hoheitsrechte der uferanliegenden Staaten nur mehr oder weniger eingeschränkt, aber nirgends ganz beseitigt worden. Ich muß es mir versagen, an dieser Stelle auf die ganz ungemein verwickelte und völkerrechtlich noch völlig undurchsichtige Materie weiter einzugehen, deren Behandlung ein sehr weites Ausholen notwendig machen würde. An anderer Stelle habe ich in einer eigenen Schrift[4]) versucht, diesem maßlos komplizierten Problem nahezukommen und darf mich hier um so mehr mit einem Hinweis darauf begnügen, als eben bislang eine wirkliche, völlige Internationalisierung von Binnenwasserstraßen überhaupt noch nirgends vorgenommen worden ist, als ferner die Auffassungen, was eigentlich unter „internationalisierten" Flüssen und Kanälen bisher zu verstehen sei, geradezu unerträglich weit auseinandergehen und jede feste Definition des Begriffs sich bislang als unmöglich erwiesen hat. Die ganze Materie ist zurzeit derart verworren, daß ohne eine vollständig neue zwischenstaatliche Regelung auf einer allgemeinen Konferenz schlechterdings nicht auszukommen ist.

---

1) Vgl. R. Hennig, „Flumen liberum" in der „Zeitschr. für Binnenschiffahrt", 1922, S. 140.

2) v. Holtzendorff, „Handbuch des Völkerrechts". Berlin 1885—89.

3) Engelhardt, „Fleuves internationaux", S. 107.

4) Richard Hennig, „Freie Ströme". 3. Heft der „Wirtschaftspolitischen Zeitfragen". Leipzig 1926.

5. Die Enteuropäisierung (Gegenkolonisation) der außereuropäischen Welt.

Bis zum Jahre 1914 war Europa anerkanntermaßen und unbestritten nicht nur das politische, sondern auch das wirtschaftliche Zentrum der Welt. Rund 3000 Jahre hatte diese Vormachtstellung ohne jede Unterbrechung gedauert. Jetzt ist ihre Zeit offensichtlich abgelaufen. Noch befinden wir uns in der Übergangsperiode. Aber unverkennbar schickt sich der Schwerpunkt des Weltgeschehens an, nach Amerika hinüberzupendeln, und das eigentliche politische Mittelmeer der Erde, das zuerst vier Jahrtausende lang im Süden Europas, dann vier Jahrhunderte lang im Atlantik lag, dürfte in einer nicht mehr sehr fernen Zukunft im Pazifischen Ozean zu suchen sein, der immer offensichtlicher sich auch als Hauptschauplatz des nächsten großen Weltkriegs abhebt.

Die Jahre des Weltkriegs 1914—18 haben Europas wirtschaftliche und industrielle Vormacht in einer Weise untergraben, die besonders England und Deutschland in schmerzlicher Weise verspüren. Lord Kitchener hat sich, wie Haushofer berichtet[1]), ihm gegenüber schon i. J. 1909 in Kalkutta als Gegner des kommenden englischen Einkreisungskrieges gegen Deutschland bekannt, weil dieser nur „für Japaner und Amerikaner geführt werden" würde. Die Richtigkeit dieser Prophezeiung liegt heute klar zu tage. Aber darüber hinaus hat Europa in noch viel höherem Maße wirtschaftlichen und machtpolitischen Selbstmord begangen. Die verschiedensten rohstoffliefernden Länder und Erdteile sind dazu übergegangen, ihre Rohstoffe in großem Umfang selber weiter zu verarbeiten, und zeigen sich wenig geneigt, die aus der Weiterverarbeitung fließenden, reichen Zwischengewinne länger geduldig den europäischen Nationen zu überlassen. Die Vereinigten Staaten, ehedem die Hauptlieferanten von Baumwolle für die englische und deutsche Textilindustrie, haben die Zahl ihrer eigenen Baumwollspindeln im Kriege auf 34 Mill. gesteigert, verarbeiten schon gegenwärtig die Hälfte ihrer Baumwolle selbst und machen gar kein Hehl daraus, daß sie ihr wertvolles Rohprodukt künftig in ganzem Umfang selber zu verwerten bestrebt sind. England bemüht sich daher fieberhaft, neue Baumwollgebiete in eigenen Überseeländern zu erschließen und zu entwickeln, und das kolonienlose Deutschland wird in diesem Wettbewerb ganz an die Wand gedrückt werden, wenn es nicht seiner chemischen Wissenschaft gelingen sollte, sich, wie bei den Farbstoffen, dem Zucker, Salpeter, Erdöl, vom Ausland unabhängig zu machen und auch Baumwollfaser künstlich aus einheimischen Produkten (Hanf und Flachs) zu hinreichend billigen Preisen herzustellen, wozu schon im Kriege aussichtsvolle Ansätze gemacht wurden. Auch China, das noch i. J. 1900 gänzlich unfähig zur eigenen Baumwollverarbeitung war, hat sich in dieser Hinsicht neuerdings sehr schnell und kräftig auf eigene Füße

---

1) „Zeitschr. f. Geopolitik", 1926, S. 205.

gestellt. Dasselbe gilt für Japan. In der Eisenproduktion haben die Vereinigten Staaten das seit hundert Jahren an der Spitze stehende England längst weitaus überflügelt, und das Übergewicht Amerikas wird noch sehr viel größer werden, wenn erst Brasilien einmal an die Ausbeutung seiner unermeßlich reichen Erzlager geht, die sich von Diamantina über Quebaz bis zur Espinhaco-Höhe über 250 km Länge erstrecken und die zumindest eine Bodenfläche von 5700 qkm, vielleicht aber auch die doppelte Fläche, bedecken. Dasselbe Brasilien, das heute 70% der Welt-Kaffeeernte hervorbringt, kann seine mit Kaffee zu bebauende Fläche, wenn es not tun sollte, jederzeit verachtzigfachen. In Australien wird die gewaltige Wollproduktion des Landes in steigendem Umfang im Lande selbst industriell verarbeitet, ebenso ist in der Kriegs- und Nachkriegszeit die australische Schuhindsutrie so stark entwickelt worden, daß die Wandlung von einem ein- zu einem ausführenden Lande bereits eingetreten ist. Indien hat in denselben Jahren seine eigene Textil- wie auch seine Stahlindustrie kraftvoll entwickelt und führt heute Eisenwaren bis nach der Schweiz hin aus. In einem Lande wie Birma werden bereits Pianos in eigener Fabrikation hergestellt. Südafrika hat sich in Webwaren, Stahl- und Stiefelfabrikation, Südamerika in Webwaren, Stahl- und Papierfabrikation von Europa mehr und mehr unabhängig gemacht. Uruguay verheißt einem jeden, der eine neue Industrie im Lande heimisch macht, ein neunjähriges Monopol. Kurzum, allenthalben ist ein konzentrischer Angriff gegen Europas industrielle Vormachtstellung zu verspüren.

Ähnlich steht es mit der Nahrungsmittelerzeugung. Ein „Memorandum über die Produktion und den Handel", das die Wirtschafts-Sektion des Völkerbundes kürzlich veröffentlicht hat, belehrt uns, daß die Gesamterzeugung an Nahrungsmitteln und Rohstoffen sich in Europa von 1913 bis 1925 nur um 4½ % gesteigert hat, dagegen in der gesamten Welt um 17, in Nordamerika um 26, in Südamerika gar um 70%. — Der Außenhandel ganz Europas hatte sich 1925 gegenüber 1913 um 6% verringert, in Nordamerika jedoch um 37% gesteigert usw.

Selbst in der chemischen Industrie, die früher ein Monopol Europas und insbesondere Deutschlands sowie der Schweiz war, hat sich seit dem Weltkrieg das Ausland weitgehend unabhängig gemacht.[1]) Die Vereinigten Staaten bezogen 1913 Farbstoffe im Werte von 44 Mill. ℳ von Deutschland, 1926 nur noch für 7 Mill. ℳ, machten aber mit einer Eigenausfuhr von 65 Mill. ℳ Farbstoffen Europa auf seinen alten Absatzmärkten empfindlich Konkurrenz. Sie haben ihre Teerfarbenerzeugung binnen zwölf Jahren (1913—25) von 12,6 auf 168,0 Mill. ℳ gesteigert[2]) und decken den Eigenbedarf des Landes zu 95%. Nur die besonders hochwertigen Farben Deutschlands haben als Qualitätsware anderswo noch nicht nachgeahmt werden können. Kanada hat 63 Farbenfabriken ins

1) Vgl. „Wirtschaftsdienst" (Hamburg), 9. Juli 1927.
2) V. d. J.-Nachrichten (Berlin), 23. März 1927.

Leben gerufen, Brasilien wandelt ähnliche Wege, Australien stellt sein Zink- und Bleiweiß selber her, Japans Farbenindustrie hat sich so stark entwickelt, daß sie heute die Hälfte des Inlandsbedarfs zu decken vermag.

Die überragende Stellung der Ver. Staaten in finanzieller Hinsicht in der Gegenwart ist bekannt und erhellt daraus, daß nach einer Berechnung des Amerikaners Bowman („The new world") das nordamerikanische Privatkapital zurzeit investiert hat:

in Latein-Amerika	4040	Millionen	Dollar,
„ Kanada und Neufundland	2460	„	„
„ Europa	1900	„	„
„ Asien und Ozeanien	690	„	„

während gleichzeitig 16 europäische Staaten den Ver. Staaten selbst mit nicht weniger als 12 Milliarden Dollar verschuldet sind.

In einem Vorwort zu einer kürzlich erschienenen deutschen Ausgabe eines amerikanischen Buches „Dollar-Diplomatie" hat Haushofer im Hinblick auf derartige entmutigende Zustände das unmutig-kritische Wort von der „amerikanischen Raffmaschine" gefunden, der „alle ethischen und seelischen Werte als Hebel und Schrauben dienen". Aber die Tatsache als solche, daß Europa in schwere finanzielle Hörigkeit von seinem früheren Schuldner Amerika geraten ist, daß es von ihm regelrecht wirtschaftlich eingekreist wird, diese Folge des Weltkriegs wird durch solche unwillige Kritik nicht aus der Welt geschafft. Und Amerika zögert wahrlich nicht, die nötigen Konsequenzen aus seiner überragenden Machtstellung zu ziehen, das bereits vom Throne stürzende Europa noch weiter herabzustoßen und die Welt immer mehr zu enteuropäisieren. Dieser zunächst wirtschaftlich gemeinte Ausdruck gilt mehr und mehr auch in politischer Hinsicht. Treffend hieß es zu diesem politischen Problem in einem Aufsatz des „Deutschenspiegel"[1]):

„Die durch den Versailler Frieden geschaffene Kleinstaaterei Europas mindert mit jedem Nachkriegsjahr Ansehen und Macht des Europäers in der übrigen Welt. Das kleine Memelgebiet, Danzig, Litauen, Albanien, Bessarabien, Oberschlesien, Tanger e tutti quanti sind ebenso viele rheumatische Beulen, die die alte Dame Europa nicht schlafen lassen."

Das Entstehen neuer, aussichtsreicher Industrien in bisherigen reinen Rohstoffgebieten führt aber zu einer fortschreitenden Dezentralisierung der industriellen Arbeit, zu dem, was Hermann Levy als erster eine „Enteuropäisierung der Weltwirtschaft" genannt[2]) und was Bonn nicht minder richtig als „Gegenkolonisation" bezeichnet hat. In diesem Prozeß ist Europa gegenüber Amerika und zumal gegenüber den Vereinigten Staaten fühlbar benachteiligt. Die letzteren haben fast alle im Welthandel wichtigen Rohstoffe und Mineralien in großer Fülle im eigenen Lande, blicken auf zwei Ozeane hinaus, sind das reichste Land der Welt und recken sich in jugendlichem Wachstumstrieb zu einer

1) Jahrg. 1927, S. 555.
2) Zeitschr. f. Geopolitik, 1925, S. 576.

neuen Weltmacht empor, wie sie in gleicher Konzentration der Energie auch das britische oder russische Imperium nie dargestellt haben. In Amerika gibt es auf einer Fläche von 42 Mill. qkm zurzeit nur 18 und bald vielleicht noch weniger Staaten (unter Abrechnung der paar noch vorhandenen europäischen Kolonien) mit langgeschwungenen, vielfach linienförmigen, unkomplizierten Grenzen. In Europa dagegen drängen sich auf nur 9 Mill. qkm allein 28 große und mittelgroße Staaten — zahlreiche kleine nicht gerechnet — mit oft unübersichtlich verzwickten Grenzen, fast alle von Eifersucht und Mißgunst gegen die Nachbarn erfüllt und sorgsam darauf bedacht, sich gegen sie durch Zollmauern abzuschließen.

Wie im privatwirtschaftlichen Geschehen die Massierung zur Groß- und Riesenunternehmung die günstigsten Voraussetzungen darbietet, um im Wettbewerb zu bestehen, so sind auch im staatlichen Leben die großen und größten Gebilde a priori begünstigt gegenüber den kleineren, und zwar nicht nur in bezug auf politische Macht, sondern auch im wirtschaftlichen Wettbewerb. Schon allein aus diesem Grunde sind die im Durchschnitt nur 321000 qkm großen europäischen Staaten gegenüber den im Durchschnitt 2333000 qkm großen amerikanischen empfindlich gehandikapt. Dazu kommt, daß die Vereinigten Staaten allein, deren Flächeninhalt 5,3% des gesamten festen Landes der Erde und deren Volkszahl 5,8% der gesamten Menschheit umfaßt, an einigen besonders wichtigen Handelsprodukten und Verkehrseinrichtungen der Welt mit folgenden ansehnlichen Prozentzahlen beteiligt sind:

Produktion von Baumwolle	71 %
„ „ Erdöl	71 „
„ „ Eisen	52 „
„ „ Getreide	41 „
Anteil an den Wasserkräften der Erde	40 „
„ am Welt-Eisenbahnnetz	35 „

6. Kontinentalbewußtsein und Pan-Europa.

Um seine politische und wirtschaftliche Stoßkraft stets weiter zu steigern, strebt Amerika auf eine Zusammenballung aller amerikanischen Staaten hin, auf eine panamerikanische Wirtschaftsphalanx gegenüber Europa, die in möglichst großem Umfang auch einen engen politischen Zusammenschluß nach sich ziehen soll. Auf der letzten (7.) panamerikanischen Konferenz in Havana wurde im Januar 1928 bereits der Gedanke eines eigenen amerikanischen Völkerbunds als Gegengewicht gegen den mißratenen Wilson-Sprößling in Genf erwogen[1]), der allzu einseitig die Interessen der europäischen Entente-Staaten wahrnimmt. Erdteil gegen Erdteil — bildet sich langsam als neue Parole heraus.

Wir sehen in dieser bewußt und mit großer Energie angestrebten panamerikanischen Interessengemeinschaft das zurzeit am konsequentesten

1) Vgl. die Vorarbeiten der Juristenkonferenz in Rio de Janeiro im Sommer 1925.

durchgehaltene Streben nach Vertrustung der Staaten eines ganzen Erdteils. Das mit großem Eifer und hoher Zielbewußtheit arbeitende, ständige Panamerikanische Komitee in Washington, die in mehrjährigen Zwischenräumen zusammentretenden Panamerikanischen Kongresse, das Riesenprojekt der Panamerikanischen Eisenbahn, sie zeigen, daß jenseits des Ozeans das Warenhaus-Prinzip selbst schon im Aufbau der staatlichen Systeme Platz zu greifen beginnt.

Es ist nicht zu verkennen, daß auch Latein-Amerika, einschließlich der ABC-Staaten, trotz seiner energischen Gegenwehr gegen den nordamerikanischen Imperialismus, dennoch ein gewisses panamerikanisches Gemeinschaftsgefühl bekundet und sogar geneigt ist, die Hegemonie der Vereinigten Staaten bis zu einem gewissen Grade anzuerkennen. Es ist in dieser Hinsicht sehr lehrreich, daß Chile und Peru sich entschlossen haben, ihren jahrzehntelangen Streit um das „südamerikanische Elsaß-Lothringen", um den Tacna- und Aricadistrikt, nicht mehr, wie es vor einigen dreißig Jahren geplant war, dem König von Spanien, also ihrem kulturellen Mutterlande, sondern dem nordamerikanischen Präsidenten zum Schiedsspruch zu unterbreiten (vgl. S. 134f.).

Daß Europa sich dauernd gleichberechtigt oder gar überlegen gegenüber dieser erdrückenden Konzentrierung aller politischen und wirtschaftlichen Energien Amerikas in ihrer Zusammenstraffung behaupten kann, so lange es in sich uneins ist und durch Zehntausende von Kilometern innerkontinentaler Zollgrenzen seine Wirtschaftskraft schwächt, erscheint nahezu ausgeschlossen. An sich ist der Gedanke eines zwischenstaatlichen europäischen Zweckverbandes, wie ihn Friedrich Naumann mit seinem „Mitteleuropa"-Plan anstrebte und gegenwärtig Graf Coudenhove als Vorkämpfer des „Paneuropa"-Gedankens befürwortet, durchaus gesund. In späterer Zukunft werden wir wohl auch einmal, der Not gehorchend, nicht dem eigenen Triebe, nach schweren wirtschaftlichen Erfahrungen aller europäischen Länder, zu einer Art von paneuropäischer Wirtschaftsgemeinschaft ebenso zwangsläufig gelangen, wie vor 100 Jahren das Aufkommen der Dampfmaschine und der Anfang der industriellen Entwicklung zunächst den deutschen Zollverein und später die politische Einigung Deutschlands erzwangen. Vorläufig aber ist auf weit absehbare Zeit Paneuropa als eine aussichtslose Utopie zu bewerten. Die nationalen und sprachlichen Gegensätze der europäischen Völker sind einstweilen ein unbedingt unüberwindliches Hindernis. In ganz Amerika gibt es nur zwei Sprachgrenzen, die einem engeren zwischenstaatlichen Zusammenschluß Schwierigkeiten bereiten; in Europa ist ihre Zahl Legion. Paneuropa wird nur als Folge schwerster wirtschaftlicher Nöte, gewissermaßen als allerletztes Aushilfsmittel der Länder unseres Erdteils, oder überhaupt nicht zu verwirklichen sein. Gewiß, die Vernunft sollte uns frühzeitig zu einer freiwilligen paneuropäischen Wirtschaftsgemeinschaft führen, doch wann hätte je in den internationalen Beziehungen eifersüchtiger oder gar feindseliger Staaten die Vernunft den

Ausschlag gegeben? Die „Vereinigten Staaten von Europa" aber als politisches Gebilde sind wohl, wie, nach Moltke, der ewige Friede, für immer ein Traum, und nicht einmal ein schöner. Selbst teil-europäische Sonderziele dürften an nationalen Gegensätzen scheitern, wie jene von Mussolini am 24. Oktober 1923 aufgestellte Forderung: „Das Mittelmeer den Mittelmeervölkern!", die mit ihrer Aufforderung, die „Parasiten" aus diesem Meere zu vertreiben, den Herren von Malta, Gibraltar und Cypern unangenehm genug in die Ohren klang.

Die Vereinigten Staaten von Australien haben sich leicht bilden können, weil der ganze Erdteil ein einheitliches Sprachgebiet ist, die Vereinigten Staaten von Südafrika waren möglich, weil nur zwei, neuerdings drei Sprachen eine Verständigung miteinander zu suchen brauchten, die Vereinigten Staaten von Panamerika haben aus dem gleichen Grunde eine gewisse, wenn auch nur kleine Aussicht auf Erfüllung. Aber wie in Europa dergleichen möglich sein soll, erscheint völlig rätselhaft und deshalb auch, mindestens in der Gegenwart, jedes Arbeiten am Paneuropa-Gedanken als Vergeudung von Zeit und Kraft. Zur Sprach- und Kulturgemeinschaft, zum National-, z. T. auch zum Rassenbewußtsein haben wir uns schließlich durchgearbeitet; für ein Kontinentalbewußtsein aber fehlen zurzeit in Europa noch so ziemlich alle Voraussetzungen, und für ein unterdrücktes, nur halbsouveränes, mit der größten Irredenta der Welt belastetes Volk, wie das deutsche, zumal sind auf weit absehbare Zeit noch so viele nationale Aufgaben zu lösen, daß ein Schwelgen in paneuropäischen Luftschlössern nur als eine ungesunde Ablenkung von den nächstliegenden politischen Pflichten betrachtet werden muß. Auch hier sollte unserem Volk das Hemd näher sein als der Rock. Die Pflege des Paneuropa-Gedankens wollen wir bis auf weiteres den satten und reichen Nationen überlassen; wir haben vorläufig Wichtigeres zu tun und können uns einer solchen Luxusbeschäftigung erst neuerdings zuwenden, wenn wir vielleicht einmal wieder die nationale Zusammenfassung, die politische Machtstellung und die Wirtschaftsblüte von 1913 erreicht haben werden. Im übrigen sollte an „Versöhnung" aller Völker eines Erdteils wohl erst dann mit Erfolg herangegangen werden können, wenn die Brüder und Schwester eines und desselben Volkes verträglich miteinander zu leben gelernt haben! Wenn das letztere Ziel aus irgendeinem Grunde nicht zu verwirklichen sein sollte, wird das erstere erst recht utopisch bleiben, sozusagen ein Luftschloß im Quadrat.

Erfolg werden alle Bestrebungen nach internationalem Zusammenschluß ohnehin erst haben können, wenn sie getragen sind von grundsätzlicher Achtung vor jedem fremden Volkstum, fremder Kultur, fremder Sprache, fremder Religion, fremder Staatsform. Bisher hat die Menschheitsgeschichte dergleichen selten gekannt. Vereinheitlichung, Zusammenschluß schien zumeist nicht denkbar ohne Proselytenmacherei, ohne freiwillige oder gewaltsame Unterwerfung des schwächeren unter den stärkeren Volksteil und Annahme möglichst aller seiner Besonderheiten. An derartigen utopistischen Zielen, die am eigenen nationalen oder sonstigen Wesen die Welt genesen lassen wollten, sind bisher die meisten internationalen Zusammenschlußbewegungen gescheitert, und sie werden weiter daran scheitern. In der zweiten Hälfte des 16. Jahrhunderts träumte der Spanier davon, die ganze Welt spanisch machen zu können, und heute gibt es im britischen Weltreich noch allerhand Cecil Rhodes-Naturen, die ernstlich daran glauben, die all-britische Welt könne eines Tages volle und unbeschränkte Wahrheit werden. Das sind Hirngespinste, die nicht ernster zu bewerten sind als die phantastischen Erwartungen mancher Kreise, es könne eines Tages gelingen, die ganze Menschheit zum Katholizismus, zur Sozialdemokratie, zum Kommunismus, zum Vegetarismus, zum Antialkoholismus, zum Esperanto oder, was der Heilslehren oder Allheilmittel für jegliche Gebrechen mehr sind, zu bekehren. Mit derartigen Ansprüchen fordern ihre Verfechter immer nur gesteigerten Widerspruch hervor und erschweren dadurch die wahre internationale Zusammenarbeit, und zwar um so mehr, je fanatischer sie für ihre Überzeugung eintreten und jede fremde verfolgen. Internationale Zusammenarbeit ist und bleibt ohne weitgehende Toleranz und Achtung für jede ehrliche Überzeugung auf immer eine Utopie. Gewiß, wir werden eines Tages zu einer neuen, vollkommeneren, friedlichen Zusammenarbeit der Staaten und Völker kommen, aber nicht eher, als bis des weisen Nathan Überzeugung eine Selbstverständlichkeit für jeden Machthaber geworden ist:

„Nur muß der Eine nicht den Andern mäkeln;
Nur muß der Knorr den Knubben hübsch vertragen,
Nur muß ein Gipfelchen sich nicht vermessen,
Daß es allein der Erde nicht entschossen."

Eine aufrichtige und erfolgreiche Zusammenarbeit der Staaten und Nationen in einem schöneren, von Schlacken gereinigten, neuen Völkerbund wird tolerant und selbstlos oder überhaupt nicht sein. Wer freilich die Möglichkeit bestreitet, daß Staaten überhaupt auf die Dauer selbstlos sein können, leugnet damit auch die Möglichkeit, daß je ein ehrlicher Völkerbund begründet zu werden vermag, der mehr als eine Kulisse zur Verschleierung egoistischer Ziele und Absichten ist. Erst muß die Voraussetzung bewiesen sein, ehe man aus ihr weitreichende Schlüsse ziehen kann. Auf die Möglichkeit hin, daß alle Nationen einmal vielleicht in Zukunft rein ideal gesinnt sein werden, läßt sich jedenfalls eine Gegenwarts-Politik der Staaten nie und nimmer aufbauen!

Und im übrigen sei noch eins gesagt: Ein Weltpostverein und Welttelegraphenverein konnte nach 1871, in einer Zeit politischer Saturierung, von einem deutschen Genie, wie es Heinrich von Stephan war, mit Erfolg angestrebt werden; in den Jahren nach 1806 wäre derselbe Plan, von einem Preußen erdacht, als ein verrückter Einfall lächelnd zu den Akten geschrieben worden. Es gehört eben auch, um auf dem Gebiete der internationalen und interkontinentalen Zusammenarbeit wirkliche Fortschritte zu erzielen, eine politische Macht des antragstellenden Staates unweigerlich dazu. Wo die Macht und das Ansehen eines Staates fehlen, bleibt auch sein begeistertstes Eintreten für ein Zusammenarbeiten der Völker eine praktisch belanglose Lufterschütterung. Es sind aber sehr charakteristischerweise gerade die schwachen Naturen, die ohnmächtigen Regierungen und Staaten, die am meisten für internationale Zusammenarbeit und „Völkerversöhnung" schwärmen. Wenn wir zugunsten einer erhofften Gemeinschaft der Völker unser nationales Bewußtsein zurückdämmen oder gar zu Grabe tragen wollen, bevor nicht auch die anderen Nationen ehrlich dazu bereit sind, so geraten wir nur völlig unter die Räder und gehen unaufhaltsam der völligen Portugalisierung entgegen! Im Kampf ums staatliche Dasein ist der nationale Stolz ein machtvoller Schutz gegen fremdes Joch und fremde Aussaugung. Deutschland hat dies auf der Jagd nach verstiegenen Idealen und Luftschlössern einen Augenblick vergessen und muß dafür furchtbar schwer und hart büßen, wird auch nicht wieder gesunden, ehe es sich nicht wieder auf sich selbst besinnt. Denken wir stets an Rankes Wort:[1])

„Wahre Politik kann nur von einem großen nationalen Dasein getragen werden."

Das geopolitische Denken in Kontinenten ist ein trefflicher Wegweiser für alle, die den Wunsch hegen, es möchten möglichst große Teile ihres Volkes heimfinden zu freudigem National- und Rassebewußtsein, denn gerade das übernationale geopolitische Verstehen lehrt klar erkennen, wie schädlich jede nationale Schwäche und jeder völkische Mischmasch ist. Der Abbau der nationalen Gegensätze, das Hinwirken auf internationale Zusammenarbeit sind schöne und hehre Zukunftsaufgaben, aber nur dasjenige Volk wird sich ihnen mit Erfolg widmen können, bei dem selber nationaler Stolz und nationale Würde eine unbedingte Selbstverständlichkeit sind. Den Eskimo oder Papua, der für internationale Zusammenarbeit schwärmt, lacht man aus; dem Engländer oder Franzosen oder Nordamerikaner, der ehrlich an solchen idealen Zukunftszielen arbeitet, ist ein starker Resonanzboden sicher, und zwar um so sicherer, je bewußter und stolzer er sich als Glied seiner eigenen Nation fühlt. Aus weichlichem Pazifismus heraus oder als Bürger eines schwachen Staates und Volkes internationale Zusammenarbeit zu befürworten, vielleicht nur um fehlendes Rückgrat zu verbergen, ist ein aussichtsloses Beginnen.

Internationale Menschheitsbeglückungsideen gehen bezeichnenderweise gern aus von national entwurzelten Existenzen. Der Vater der heutigen anationalen Denkweise, Karl Marx, war ein in England lebender, gegen sein Vaterland verbitterter deutscher Jude, und der heutige Führer der Paneuropa-Idee, Graf Coudenhove, ist als Sohn eines österreichischen Vaters und einer japanischen Mutter nicht nur in nationaler Hinsicht, sondern auch rassenmäßig ein Zwitter. Für seinen Mitstreiter Emil Ludwig (Cohn) liegen die Dinge nicht viel anders. Wir haben es erlebt, wie vom Überwuchern der internationalen Standesinteressen die nationale

---

1) L. v. Ranke, „Die großen Mächte", S. 28 (vgl. Anm. auf S. 3).

Wohlfahrt zugrunde gerichtet werden kann, und erleben gegenwärtig und in der Zukunft an Rußland, wie sich aus den Irrtümern der Verleugnung der Staatsidee zugunsten von internationalen Phantasien, nach furchtbarsten kulturellen und wirtschaftlichen Katastrophen, ein neuer und wahrscheinlich nur um so einseitigerer und engstirnigerer Nationalismus im Gegenpendelschlag herauszuschälen beginnt. Ein gesunder Ausgleich zwischen nationalen und internationalen Tendenzen, wie er in England von jeher fast eine Selbstverständlichkeit in allen Berufsschichten war, geht leider vielen anderen Völkern noch allzusehr ab. Das Jahr 1927 hat uns gar schon einen „panpazifischen Arbeiterkongreß" beschert — ein deutliches Symptom der Verirrung jener Denkweise, die politische Probleme der Gegenwart rein vom wirtschaftlichen, statt zunächst einmal vom nationalen Gesichtspunkt aus einer Lösung entgegenzuführen sucht. Es ist eine phantastische Utopie, wirtschaftliches Wohlergehen von Dauer in einem kranken Staat zu erhoffen. Nicht nur aus ideellen, sondern auch aus sehr real-materialistischen Beweggründen heraus muß die Losung gelten: Erst die Nation, dann die Person — erst das Land, dann der Stand! Wo man dieses Dogma leugnet, da kann die Wohlfahrt nicht gedeihn. Oder will man es wirklich für einen bloßen Zufall halten, daß zur Zeit die am zuverlässigsten und einheitlichsten ihre Nationalität betonenden Staaten meist auch wirtschaftlich am günstigsten daran sind, während die wirtschaftliche Verelendung der Völker geradezu proportional ihrer nationalen Frigidität und ihrem internationalen Geschwärme wächst? Nicht die an sich gleichgültige Staatsform, auf die heute ungebührlich viel Wert gelegt wird, wohl aber die Staatsgesundheit ist maßgeblich für das wirtschaftliche Wohlergehen aller Stände. Salus communis non nisi in re publica sana!

7. Internationale Verflechtungen im modernen Wirtschaftsleben.

Bestrebungen nach internationaler Zusammenarbeit werden am stärksten von den wirtschaftlich eingestellten Kreisen gefördert und befürwortet. Jedes primär wirtschaftliche Denken neigt dazu, die Landesgrenzen zu überspringen. Wie das Industrie-, Handels- und Börsenkapital an den staatlichen Grenzen nicht Halt macht und in stets steigendem Maße internationale Verflechtungen und Entstaatlichung anstrebt, so sind auch die zumeist unidealistisch und materialistisch fühlenden Stände, Berufe und Parteien geneigt, internationalen Klassenempfindungen den Vorzug vor dem nationalen Sonderdasein innerhalb der Staatsgrenzen bzw. innerhalb der völkischen Kulturgemeinschaft zu geben und den wirtschaftlichen Belangen der Standesgenossen das Primat vor den politischen Belangen der Volksgenossen zuzuerkennen.

Nie zuvor in der Geschichte haben die rein wirtschaftlichen Faktoren eine so entscheidende Rolle in der hohen Politik gespielt wie in unseren

Tagen. Am schärfsten zugespitzt erscheint diese Auffassungsweise in jenem Worte Walter Rathenaus, daß die Wirtschaft das Schicksal sei. Unzweifelhaft ist diese Auffassung falsch. Die Wirtschaft kann immer nur eine Funktion der Politik sein. Die letztere ist der höhere, umfassendere Begriff, und wo keine politisch gesunden Verhältnisse herrschen, ist auch das Wirtschaftsleben krank. Es ist deshalb kein Zeichen von politischem Scharfblick, die wirtschaftlichen Momente in der Politik allzusehr und grundsätzlich in den Vordergrund zu schieben, sei es im außenpolitischen Handeln, sei es im innerpolitischen Geschehen und im Parteiengetriebe. Das materialistische Denken, wie es die sogenannte Wirtschaftspartei und die Sozialdemokratie vorwiegend, die kommunistische Partei ausschließlich zum Leitstern des politischen Handelns machen, kann unmöglich als politisch gesund bezeichnet werden. Dienst am politischen und volkswirtschaftlichen Ganzen im Sinne des amerikanischen „service" können die Verfechter einseitiger Berufs- und Standesinteressen unmöglich leisten: es wäre dies eine contradictio in adiecto!

Freilich ist es ebensowenig ein Zeichen politischer Weisheit, wenn die politischen Handlungen sich allzu unbekümmert über die wirtschaftlichen Rücksichten hinwegsetzen. Wenn in einem Zeitpunkt, da Europa immer verzweifelter ringen muß, seine wirtschaftliche Stellung in der Welt zu behaupten, die Kurzsichtigkeit der Versailler Großen Vier die Zollgrenzen innerhalb unseres Erdteils um 11000 km vergrößert hat, oder wenn der Völkerbund einen einheitlichen Wirtschaftskomplex, der so innig wie die siamesischen Zwillinge zu einem einzigen Organismus zusammengewachsen war, wie es in Oberschlesien geschah, sinnlos auseinanderreißt, so muß eine solche Verachtung der wirtschaftlichen Naturtatsachen zu einem Siechtum des gesamten europäischen Wirtschaftslebens führen, denn auch im Leben der Erdteile gilt, wie im menschlichen Dasein, der Satz, daß ein einziges leidendes Organ das Wohlbefinden des ganzen Körpers in Mitleidenschaft zieht. Wirtschaftliche Krankheitsherde wirken infektiöser als die gefährlichsten Seuchen.

Sicherlich wäre das großzügige alt-englische Freihandelsprinzip, verbunden mit dem allseitig gewahrten Grundsatz der freiwillig gewährten Offenen Tür das sicherste Anzeichen für volle wirtschaftliche und politische Gesundheit der Welt. Gerade die überall einreißende Tendenz, höhere und immer höhere Zollmauern zu errichten und in Übersee tunlichst Monopolvergünstigungen für die nationale Wirtschaft zu schaffen oder zu erhaschen, ist das deutlichste Anzeichen, von wie schweren Fieberschauern unsere Weltwirtschaft der Nachkriegszeit noch geschüttelt wird. Auch im wirtschaftlichen Wettbewerb muß es heißen: „Dem Tüchtigen freie Bahn", aber die Zollmauern und Nicht-offenen Türen sind oft nur ebenso viele Beweise, daß die weniger Leistungsfähigen das Heft in der Hand haben und ihre Macht in dem Sinne eines Handicaps für bessere Könner auszunutzen suchen. Freilich bilden die außerordentlich verschiedenen Arbeitslöhne in verschiedenen Ländern einen Faktor, der einen gewissen Regulator zum Schutze der kulturell und sozial fortgeschritteneren Volkswirtschaften oftmals unentbehrlich macht.

Wie stark heute die wirtschaftlichen Ziele die politischen ersetzt haben, dafür nur ein charakteristisches Beispiel! Es wurde oben (S. 122 ff.) dargelegt, daß dereinst zwei Staaten Europas, Spanien und Portugal, i. J. 1529 eine politische Teilung der gesamten neuentdeckten oder noch zu entdeckenden überseeischen Welt unter sich vornahmen. Heute vollzieht sich ähnliches nach wirtschaftlichen Gesichtspunkten. Oder worin besteht denn ein Unterschied gegenüber jenem alten Vertrage von Saragossa, wenn heute die englischen und die amerikanischen Petroleuminteressenten alle Erdöllager der Welt unter sich geteilt haben? Der wesentlichste Unterschied ist doch nur der, daß damals die politischen Könige und heute die Börsenkönige über den Erdball Verfügungen treffen!

Die Börseninteressen beherrschen in der Gegenwart überhaupt die hohe Politik in einer Weise, die man nicht ohne Besorgnis beobachten kann. Gewiß haben wirtschaftliche Motive immerdar einen besonders großen Teil des historischen Geschehens bedingt, und in der materialistischen Geschichtsauffassung steckt viele Wahrheit. Aber gerade die größten politischen und kulturellen Taten der Vergangenheit sind nie und nimmer zu verstehen, wenn man nicht den ideellen Beweggründen, den sittlichen Energien Rechnung trägt, die sie in erster Linie getragen haben. Das ganz Große in der Geschichte wird immer nur durch sittliche Motive erklärbar sein. Mögen wirtschaftliche Beweggründe dabei fast stets mitwirken, der erzielte Enderfolg ist allein durch materielles Denken nicht zu erzielen, und das Primat der Leistungen ist den sittlichen Kräften gutzuschreiben. Marathon und Salamis, die Zeit des Perikles, die zwei ersten Punischen Kriege, die Tat des Armin, der Siegeszug des Christentums und des Islam, die weltgeschichtlichen Schlachten auf den Katalaunischen Feldern, bei Tours und Poitiers, auf dem Lechfeld, bei Wahlstatt, das Wunder der Kreuzzüge, Morgarten und Sempach, die Sendung der Jungfrau von Orléans, das Zeitalter der Entdeckungen, das Werk Luthers, die Renaissance, die Taten eines Gustav Wasa und Wilhelmus von Nassauen, Gustav Adolfs Opfertod, ein Siebenjähriger Krieg, ein Fridericus und Washington, die Freiheitskriege 1813/14, die griechischen Befreiungskämpfe, der Zug Garibaldis, Moltkes Großtaten, Bismarcks Einigung Deutschlands, die Burenkriege, der deutsche 1. August 1914, ein Hindenburg und zahllose andere Namen der Geschichte — sie kann und wird keine materialistische Geschichtsauffassung jemals vollbefriedigend verstehen und „erklären". Deshalb muß der gegenwärtig so verbreiteten Ansicht, daß die Wirtschaft das Schicksal sei, als einer Verirrung entgegengetreten und widersprochen werden. Wehe uns und wehe der Welt, wenn diese Auffassung die herrschende wird! Der Amerikaner, der alles Welt- und Naturgeschehen nach Dollarwerten bemißt, mag eine solche nüchtern-entgötterte Welt für die beste und zweckmäßigste halten. Denn reiche Nationen verlieren leicht ihre Seele — ein ins Unglück gestürztes Volk aber wird sich nur an seinen sittlichen Energien oder überhaupt nicht wieder aufrichten! Wie der Mensch, lebt auch die Nation und der Staat nicht vom Brot allein!

Darum muß das Messen aller Politik am wirtschaftlichen Zollstock, das sowohl bei den Königen des Handels wie den unteren Millionen immer mehr um sich greift, zu schwerer Sorge Anlaß geben. Der Handarbeiter läßt sich durch Volksverführer nur gar zu gern beschwatzen, er allein schaffe greifbare wirtschaftliche Werte, und er allein habe daher Anspruch darauf, ein Voll-Staatsbürger zu sein. Aber in Sowjet-Rußland, wo diese einseitige Weltbetrachtung aus der Froschperspektive sich als Episode siegreich durchgesetzt hat, ist sie auch am grausamsten ad absurdum geführt worden, denn der Bauer stellt sich dort auf den Standpunkt, er sei der einzige, der wirkliche Nahrungswerte produziere, und der städtische Arbeiter sei nur ein Schmarotzer, der sie wegesse, und — Not, Elend und Hungersnöte, die 1921/22 in Rußland mehr Opfer als der ganze Weltkrieg hinrafften, waren die Folgen einer solchen übertrieben materialistischen Denkweise.

Sollte sich daraus nicht eine Lehre entnehmen lassen, auch in der hohen Politik nicht allzu einseitig auf wirtschaftliche Forderungen und Börsenwünsche zu hören? Der Staatsmann, der nicht lauscht auf die geheimen Quellen des ethischen Empfindens, wird schwerlich Erfolge von Dauer erzielen. Gewiß sind die Wirtschaftsschätze der Welt einer der wichtigsten Faktoren der Geopolitik, und sie sollen es auch sein, aber das skrupellose Unterordnen aller politischen Moral unter die wirtschaftlichen Wünsche des Großkapitals führt nur selten zu wirtschaftlichem und niemals zu kulturellem Wohlergehen der Völker, wohl aber zu häufigem Krieg und Völkerelend. Allerhand Beispiele aus den letzten 100 Jahren sind weiter oben (S. 50) aufgeführt. Mit vollem Recht hat Edwin Hennig, mein Bruder, einmal gesagt:[1])

„Der schwarze Bahnarbeiter, der als früherer Angestellter einer südafrikanischen Diamantmine die erste weiße Kohle im Sande von Deutsch-Südwest beobachtete, hat unschuldig mehr zum Ausbruch des Weltkrieges beigetragen als der ihn nur eröffnende Mörder von Serajewo."

Englands Politik in Südpersien und Mesopotamien ist in erster Linie durch seine Erdöl-Interessen diktiert worden, ebenso seine unfreundliche Haltung gegenüber der Bagdadbahn; seine Unterjochung Ägyptens ist durch den Suezkanal bedingt worden, seine Sudanpolitik dagegen zumeist durch seine Sehnsucht nach möglichst gutem Baumwoll-Land, denn die Baumwolle ist ja das einzige Weltwirtschaftsprodukt ersten Ranges, in dessen Beschaffung England zur Zeit noch empfindlich vom Ausland, von den Vereinigten Staaten, abhängig ist.

Am skrupellosesten aber zeigte sich der Krämerstandpunkt der neueren Politik, als am 16. Juni 1839 im Hafen von Kanton durch die über die

1) Deutsche Kolonialzeitung, 1922, Nr. 2, S. 13.

englische Schmuggeleinfuhr von Massen Opiumgiftes entrüsteten Chinesen 20291 Kisten geschmuggeltes Opium verbrannt worden waren und England durch den Opiumkrieg und den nachfolgenden Frieden von Nanking (29. August 1842) China zwang, die unerwünschte Opiumeinfuhr freizugeben, die wichtige Insel Hongkong an England ganz abzutreten und überdies die fünf Häfen Kanton, Amoy, Futschou, Ningpo und Schanghai den Fremden zu öffnen.

Zwar sind die um den Handel Indiens, um die Herrschaft über die Gewürzinseln geführten Kämpfe ebenfalls bereits Zeiterscheinungen gewesen, die an die moderne Beherrschung der Politik durch die Weltwirtschaft und die Börse erinnern. Aber ganz unerhört in älteren, ritterlicheren Jahrhunderten sind Fälle, wie wir sie 1917 erlebt haben: daß eine große Nation in einen Krieg, der sie durchaus nichts anging, eingriff, um die Rückzahlung der in übergroßen Mengen ausgeliehenen Kapitalien nicht zu gefährden. Oder zweifelt irgend jemand, daß sich die Vereinigten Staaten im Weltkriege auf die Seite der Gegenpartei, der Mittelmächte, gestellt hätten, wenn Deutschland vor dem 1. August 1914 eine Anleihe von mehreren Milliarden Mark in Amerika aufgenommen hätte? Und die riesigen Summen, die in Deutschland gegenwärtig (1928) den Ver. Staaten geschuldet werden, sind ein verläßlicherer Schutz gegen neue Ruhreinbrüche und andre Vergewaltigungen als alle Statuten des Völkerbundes. Merkwürdig ist bei der so beliebten Gleichsetzung materiell-wirtschaftlicher und politischer Zielsetzungen nur eins. Wir leben im Zeitalter der Demokratie; die Stimme des Weltweisen und des politischen Genies soll in der politischen Entscheidung nicht mehr Gewicht haben als die irgendeines politischen Ignoranten und halbreifen Jugendlichen, der gerade das wahlfähige Alter erreicht hat. Warum wird aber dieses demokratische Prinzip nicht logischerweise auch im Wirtschaftsleben angewandt? Warum hat bei den Generalversammlungen der Aktiengesellschaften nicht jeder Aktionär grundsätzlich nur eine Stimme, gleichviel ob er eine Aktie besitzt oder deren 10000 vertritt?

Nur das Überwuchern materialistischer Denkweise über das ethische Moment macht auch die Entscheidung verständlich, die wir 1918 erlebt haben und die in früheren Jahrhunderten vollkommen unvorstellbar gewesen wäre, daß ein Land alle Schlachten gewinnen und dennoch den Krieg verlieren konnte, daß es gezwungen wurde, die Waffen zu strecken, als seine Truppen auf allen Seiten tief im Feindeslande standen, ohne daß eine entscheidende Niederlage vorausgegangen wäre. Ein Wort des Tacitus[1]) über die Germanen trifft ganz erstaunlich auch auf die Zeit nach 1918 zu: „Die jüngste Zeit hat über sie mehr Siege gefeiert als erfochten.“ Nur das materialistische Denken, das der allen höheren Idealen entfremdeten Weltanschauung gewisser einflußreicher politischer Kreise ent-

1) Tacitus, Germania, Kap. 37.

sprach, brachte den Geist vom 1. August zum Erliegen, und ihre wertvollsten Verbündeten fanden die Ententemächte am Ende hinter der feindlichen Front. —

8. Vor wirtschaftlichen Monroedoktrinen? — Schluß.

Wenn die vorwiegend aufs Wirtschaftliche eingestellte Entwicklung der letzten Jahrzehnte weiter fortschreitet, erscheint es beinahe unausbleiblich, daß bei dem fortdauernd schärfer werdenden Wettbewerb der Staaten und der Erdteile eines Tages auch wirtschaftliche Monroedoktrinen, als Ergänzung der früheren politischen, verkündet werden. Es wird ausschließlich eine Machtfrage sein, wann die Vereinigten Staaten für Amerika und England für die Alte Welt, z. B. für die Ausbeutung der Erdölvorkommen, für die die Möglichkeit am meisten gegeben erscheint, grundsätzlich ein Verbot der Erteilung von Konzessionen an Volksangehörige fremder Erdteile oder gar Länder verkünden werden. Das scheint zunächst noch ein unmöglicher, absurder Gedanke, aber seine Verwirklichung liegt im Zuge der Entwicklung. Einen ersten Ansatz dazu bildete seinerzeit schon die Drago-Doktrin des Jahres 1907, die den südamerikanischen Ländern verbieten wollte, Anleihen anderswo als in Amerika selbst aufzunehmen. Von hier ist schließlich nur noch ein Schritt bis zum Verbot von Wirtschaftskonzessionen im ganzen Erdteil an fremde Mächte! Es müßte seltsam zugehen, wenn nicht schon bald weitere Schritte auf diesem Wege versucht werden, und wer weiß, ob nicht das alte Freihandelsparadies England der vornehmste Rufer im Streit dabei sein wird, denn es ist kaum zu sehen, wie es auf andere Weise vermeiden will, von dem übermächtigen amerikanischen Kapital auf manchen besonders wichtigen Gebieten vollkommen an die Wand gedrückt zu werden. Das grundsätzliche Schwärmen für Freihandel und Offene Tür war bisher ein Kennzeichen der stärksten Weltwirtschaftsmacht, die jeder Konkurrenz überlegen war und sich überlegen fühlte. Im 19. Jahrhundert war England diese stärkste Macht; seit 1918 aber sind es die Vereinigten Staaten. England war immerhin ein Land mit stolzer Tradition und mit vielen hohen, übermateriellen Idealen; die Vereinigten Staaten sind traditionslos, allzusehr dem höheren Geistesflug abhold und auf das bloße make money eingestellt. Wenn sie jetzt in der Tat die Vormacht der Erde werden, wird die „Amerikanisierung", die Bewertung aller ethischen Regungen nach Dollars, wird die Vernüchterung und Entgötterung der Welt rasche Fortschritte machen. Aber wer die politische Geschichte der Menschheit kennt, der weiß auch, daß die Überspannung materieller Zielsetzungen stets nur zu Eintagserfolgen geführt und in der Regel eine rasche Degeneration des betreffenden Volkes und Staates nach sich gezogen hat, auf die in den Ver. Staaten ebenfalls schon manche Symptome deuten. Auf die Dauer haben sich doch immer wieder die sittlichen Energien als die eigentlichen Triebkräfte des Weltgeschehens erwiesen. Daran möge sich gerade das gedemütigte und mit heuchlerisch unwahrer Begründung zur Zeit materiell schwer verstümmelte Deutschland immer aufs neue erinnern! Und wenn die europäischen Mächte sich behaupten wollen im konzentrischen Wirtschafts-Trommelfeuer, zu dem sich die außereuropäische Welt anschickt, wenn sie sich behaupten wollen vor allem gegen das erdrückende materielle Übergewicht Amerikas, so werden sie dazu nur in der Lage sein, wenn sie es verstehen, Führer und Vorbild zu bleiben in allem sittlichen Streben und Ringen des Menschengeschlechts. Für die staatlichen Individuen gilt eben genau wie für die Menschenwesen das Dichterwort: „Es ist der Geist, der sich den Körper baut!"

Im Leben der Menschen pflegt das, was wir im schönsten Sinne des Wortes die Persönlichkeit nennen, schlecht zu gedeihen, wenn materielles Sinnen und Trachten das Gefühlsleben allzusehr beherrschen oder wenn der Mensch sich allzu blindlings der Masse Mensch verschreibt, wenn daher die Freude an der Geselligkeit, an Vereinen aller Art, an Stammtisch, Sport und Parteiwesen einen zu breiten Raum einnimmt. Sollte hier nicht abermals eine Parallele bestehen zwischen dem Dasein der menschlichen Einzelwesen und dem organismusähnlichen Leben der Staaten? Wo die Hingabe der Staatsbürger an internationale Ideen und Luftschlösser zu heftig wuchert, da leidet gar leicht der edle Kern des Staatenindividuums selbst. Nicht nur für das Getriebe der Menschen, sondern ebenso für das nationale Sein und Leben der Staaten gilt Goethes herrliches Wort, in dem wir auch eine geopolitische Weisheit ersten Ranges erblicken dürfen: „Höchstes Glück der Erdenkinder ist nur die Persönlichkeit!"

Verzeichnis der Personennamen.

Verzeichnis der geographisch-politischen Namen.

Die Großmächte der Gegenwart

Von Dr. *R. Kjellén,* weil. Prof. an der Univ. Upsala. 3. Aufl. unter Mitarbeit von Prof. Dr. *E. Obst,* Prof. Dr. *H. Hassinger* u. Prof. Dr. *O. Maull* neu hrsg. von Dr. *K. Haushofer,* Prof. an der Univ. München. [Erscheint Herbst 1928]

Die Neuauflage des bahnbrechenden Buches wird unter der Leitung von Herrn Professor Haushofer eine vollständige Neubearbeitung erfahren. Die Darstellung der Vorkriegszeit wird im wesentlichen unverändert bleiben, dagegen werden die die Nachkriegszeit behandelnden Kapitel von den besten Kennern der verschiedenen Erdräume neu bearbeitet. Es haben übernommen: Professor Haushofer: Deutschland und Ostasien, Professor Obst: England und Rußland, Professor Hassinger: Österreich und seine Nachfolgestaaten, Frankreich und Italien, Professor Maull: Nord- und Süd-Amerika. Ein Schlußkapitel aus der Feder von Herrn Professor Haushofer wird die gegenwärtige Lage zusammenfassend und ausblickend auf die Zukunft bringen.

Englands Weltherrschaft

Von Dr. *A. Hettner,* Prof. a. d. Univ. Heidelberg. 4., umgearb. Aufl. des Werkes: Englands Weltherrschaft und der Krieg. Mit 38 Karten im Text. [VI u. 219 S.] 8. 1928. Geb *RM* 9.—

Das schon in den früheren Auflagen glänzend beurteilte Werk des bekannten Heidelberger Geographen ist soeben in 4. Auflage erschienen. Es gibt eine fesselnde Darstellung der geographischen Grundlagen der englischen Weltherrschaft, ihrer Entwicklung und ihrer vielseitigen Auswirkung und sucht die Frage der Dauer oder Veränderlichkeit ihrer günstigen geographischen Bedingungen zu klären. In der soeben erschienenen 4. Auflage sind 38 Kartenskizzen hinzugekommen. Sie erhöhen den Wert des Buches, das bereits in den ersten drei Auflagen eine glänzende Aufnahme gefunden hat, wesentlich. Auch sorgfältige Literaturangaben und ein Register sind beigegeben.

Der britische Imperialismus

Ein geschichtlicher Überblick über den Werdegang des britischen Reiches vom Mittelalter bis zur Gegenwart. Von Dr. *F. Salomon,* Prof. a. d. Univ. Leipzig. 2., neubearb. Aufl. [In Vorb. 1928]

Die Neubearbeitung wird zu einer Darstellung vom „Werdegang und Wesen des britischen Weltreiches". Der Verfasser erschließt damit ein neues Arbeitsgebiet in Deutschland für Forschung und Unterricht, das sich sowohl von der englischen Geschichte wie von der englischen Kolonialpolitik unterscheidet. Er betrachtet das britische Reich als ein Lebewesen, das sich im Anschluß an das Leben von Staat und Nation in England entwickelt, das aus dem englischen Kolonialreich herauswächst, aber im Gange seiner Entwicklung eigene Lebensbedingungen gewinnt und beansprucht. Im Ergebnis wird ein Verständnis für jenes wundersame Gebilde erschlossen werden, das heute ein Viertel der bewohnten Erdoberfläche und über ein Viertel der gesamten Menschheit in sich schließt, und für das der Begriff „Reich" nur noch als Notbehelf Anwendung findet. Das Buch wird in Form eines Handbuches von Literaturangaben begleitet sein.

Japan und die Japaner

Eine Landeskunde. Von Dr. *K. Haushofer,* Prof. an der Univ. München. Mit 11 Karten im Text und auf 1 Tafel. [VI u. 166 S.] gr. 8. 1923. Kart. *RM* 5.—, geb. *RM* 6.—

„Die beste Darstellung des japanischen Staates und der japanischen Kultur, die wir in deutscher Sprache besitzen. Was H. über die Familie und den Volksgeist Japans gibt, ist wohl das Beste, was in dieser Richtung gesagt ist; es ermöglicht jedenfalls, über den Volkscharakter und die politischen Lebensäußerungen Japans ein unparteiisches Urteil zu gewinnen. Die Darstellung verdient hier einmal eine besondere Hervorhebung: sie vereint volle Herrschaft über den Stoff mit einer plastischen Gestaltungskraft und Anschaulichkeit, die die Lektüre des Buches zu einem seltenen Genuß macht. Es ist — um mit einem Worte abzuschließen — in allem ein tiefes und glänzendes Buch." **(Vergangenheit und Gegenwart.)**

China

Eine Landes- und Volkskunde. Von Dr. *G. Wegener,* Prof. a. d. Handelshochschule Berlin. [In Vorb. 1928]

Das außerordentliche Interesse der gegenwärtigen Vorgänge in China für Weltgeschichte, Weltpolitik und Weltwirtschaft macht eine gedrängte und doch nicht allzu knappe Zusammenfassung unserer gegenwärtigen Kenntnisse von Land und Volk der Chinesen dringend erforderlich. Der Verfasser will eine solche, auf Grund eigener Reisen und daran anschließender Studien, in diesem Buche versuchen, und zwar auf geographischer Grundlage. Die Schilderung der Landesnatur soll im Vordergrunde stehen, der Werdegang des Volkes, seine Geschichte, seine Kultur, seine Wirtschaft sollen in steter Beziehung zu ihr dargestellt werden. Auch die Erforschungsgeschichte des Landes und die so fesselnde Entwicklung der Beziehungen zwischen dem Abendlande und dem fernen Osten, bis zu der bedeutsamen neuzeitlichen Rolle der Fremden in China, sollen Berücksichtigung finden, die Hauptzüge der gegenwärtigen inneren Wirren, soweit für uns möglich, klargelegt werden, so daß das Ganze schließlich ein Hilfsmittel zu besserer Deutung und zum weiteren verstehenden Verfolgen der zeitgenössischen Ereignisse im fernen Osten wird.

Springer Fachmedien Wiesbaden GmbH

GPSR Compliance

The European Union's (EU) General Product Safety Regulation (GPSR) is a set of rules that requires consumer products to be safe and our obligations to ensure this.

If you have any concerns about our products, you can contact us on ProductSafety@springernature.com

In case Publisher is established outside the EU, the EU authorized representative is:

Springer Nature Customer Service Center GmbH
Europaplatz 3
69115 Heidelberg, Germany

Batch number: 10815974

Printed by Printforce, the Netherlands